Peter Selke
Statik
De Gruyter Studium

Weitere empfehlenswerte Titel

Technische Mechanik – Band 2: Festigkeitslehre, 18. Auflage
B. Assmann, P. Selke, 2013
ISBN 978-3-486-70886-8, e-ISBN (PDF) 978-3-486-71999-4

Technische Mechanik – Band 3: Kinematik und Kinetik, 15. Auflage
B. Assmann, P. Selke, 2010
ISBN 978-3-486-59751-6, e-ISBN (PDF) 978-3-486-70848-6

Höhere Festigkeitslehre
P. Selke, 2013
ISBN 978-3-486-71407-4, e-ISBN (PDF) 978-3-486-74860-4

Maschinenelemente, Band 1, 4. Auflage
H.Hinzen, 2017
ISBN 978-3-11-054082-6, e-ISBN (PDF) 978-3-11-054087-1,
e-ISBN (EPUB) 978-3-11-054104-5

Peter Selke

Statik

—

DE GRUYTER
OLDENBOURG

Autor
Prof. Dr.-Ing. em. Peter Selke
p.selke@t-online.de

ISBN 978-3-11-042501-7
e-ISBN (PDF) 978-3-11-042503-1
e-ISBN (EPUB) 978-3-11-042396-9

Library of Congress Cataloging-in-Publication Data
Names: Selke, Peter, author.
Title: Statik / Peter Selke.
Description: Berlin ; Boston : De Gruyter, [2018] | Series: De Gruyter
    studium | Includes bibliographical references and index.
Identifiers: LCCN 2018014381| ISBN 9783110425017 (softcover) | ISBN
    9783110423969 (ePUB) | ISBN 9783110425031 (PDF)
Subjects: LCSH: Statics.
Classification: LCC TA351 .S45 2018 | DDC 620.1/053–dc23
LC record available at https://lccn.loc.gov/2018014381

Bibliografische Information der Deutschen Nationalbibliothek
Die Deutsche Nationalbibliothek verzeichnet diese Publikation in der Deutschen
Nationalbibliografie; detaillierte bibliografische Daten sind im Internet über
http://dnb.dnb.de abrufbar.

Umschlaggestaltung: lappes / E+ / getty images
Satz: le-tex publishing services GmbH, Leipzig
Druck und Bindung: CPI books GmbH, Leck

www.degruyter.com

Vorwort

Dieses Buch ist als Grundlagenlehrbuch in erster Linie für das Studium konzipiert. Das Ziel ist, das Verständnis der Grundgesetze der Technischen Mechanik und ein Gefühl für die Wirkung von Kräften und Momenten auf technische Konstruktionen zu vermitteln, die Arbeitsmethoden zu trainieren sowie das Formulieren und Lösen von Ingenieurproblemen anhand der Mechanik zu üben. Mit Hilfe der einfach und systematisch aufgebauten Statik lassen sich logisches Denken und „handwerkliches" Können schulen.

Die Berechnung von Kräften und Momenten in der Statik ist nicht Selbstzweck, sondern eine Voraussetzung für Lösen komplexer technischer Probleme. Deshalb werden dem sich in die Grundlagen einarbeitenden Nutzer dieses Buches – wo es sich anbietet – Hinweise auf die Zusammenhänge und Anwendungen der statischen Grundlagen gegeben, um schon von Anfang an ein Gefühl der Verantwortung für die eigenen Berechnungen zu entwickeln.

Die selbstverständliche Anwendung der Rechentechnik im Ingenieuralltag bringt es mit sich, dass zunehmend Probleme dreidimensional betrachtet und gelöst werden. Das zieht nach sich, dass immer kompliziertere Probleme in Angriff genommen werden. Dem soll auch der Abschnitt Modellbildung als Grundlage für die Beschreibung und Lösung technischer Probleme Rechnung tragen.

Mit der verstärkten Nutzung Rechentechnik ist der Anteil der Mathematik, wie z. B. der Vektorrechnung größer geworden. Die mathematischen Grundlagen in diesem Lehrbuch sind auf die diesbezüglichen Anforderungen der Rechentechnik ausgerichtet.

Die Lösungen der Übungsbeispiele werden in traditioneller – meist analytischer – Form und, wo sinnvoll, auch in Matrizenform angeboten. Erstere sind leichter nachzuvollziehen, letztere sind – nachdem man die Mathematik hierzu begriffen hat – eine übersichtliche und kürzere Beschreibung mehrdimensionaler Probleme.

Anhand gelöster und damit bekannter Beispiele werden – quasi zur Eingewöhnung – am Ende der meisten Abschnitte die Aufgabenlösungen auch mithilfe der Matrizenrechnung gezeigt. Für die davon schon in diesem frühen Stadium des Studiums abgeschreckten Leser, die mathematisch noch nicht vorbereitet bzw. nicht interessiert sind, bleibt die Möglichkeit, die entsprechenden Ausführungen vorerst zu überschlagen um ggf. darauf zurückzukommen.

Zur Lösung der Übungsaufgaben am Ende eine jeden Kapitels ist es Voraussetzung, aber nicht ausreichend, ein Problem verstanden zu haben. Die Anwendung der scheinbar einfachen Lehrsätze kann nur durch *selbstständiges* Lösen von Aufgaben erlernt werden. Nur so erlangt man anwendungsbereite Fertigkeiten – Berufsfertigkeiten. Um dies zu unterstützen (man könnte es auch erzwingen nennen) sind nach altem Vorbild im Lösungsteil nur die Ergebnisse der Aufgaben angegeben. Dieser Weg

https://doi.org/10.1515/9783110425031-201

ist die beste Möglichkeit nicht erst in der Prüfung festzustellen, ob man zur selbständigen Lösung der anstehenden Probleme in der Lage ist.

Zum Einstieg in die Technik des Aufgabenlösens sind viele Beispiele mit sehr ausführlich durchgerechneten – auch verschiedenen – Lösungswegen in den jeweiligen Kapiteln zu finden. *Der Übungsteil ist die Selbstkontrolle.*

Das systematische Durcharbeiten eines Fachbuches von vorn bis hinten ist wohl die Ausnahme. Die Regel wird sein, dass man dort zu lesen beginnt, wo man eine Antwort auf die zu lösende Problematik erwartet oder aber die Beschreibung des interessierenden Sachverhaltes. Dem Rechnung tragend werden im Text viele Hinweise auf Kapitel bzw. Abschnitte, Abbildungen und Formeln gegeben, die dafür Voraussetzung sind oder im Zusammenhang stehen. Der wissenden Leser, für den das Nachschlagen zu mühsam ist, wird diese Hinweise ohnehin überlesen.

Das Begreifen von Zusammenhängen wie auch das eigenständige Nachdenken werden auch durch das Vergleichen unterschiedlicher Darstellungen zum gleichen Sachverhalt gefördert. Das umfangreiche Literaturverzeichnis mit weiterführender Literatur sowie Hinweise im Text zu Weiterungen und Anwendungen sollen dies anregen.

Ein Großteil meiner Zeichnungen wurde von meiner langjährigen Laboringenieurin Frau Dipl.-Ing. (FH) Gabriele Wille in eine EDV-gerechte Form gebracht. Für die – wie immer – fachkundige Ausführung der Zeichnungen danke ich ihr sehr herzlich.

Dem De Gruyter Verlag danke ich für die sorgfältige Ausstattung des Buches. Mein besonderer Dank gilt dabei Herrn Leonardo Milla für sein großes Engagement, das die Realisierung dieses Lehrbuches trotz zahlreicher Schwierigkeiten erst ermöglichte.

Berlin, im November 2017

Peter Selke

Inhalt

1 Einführung

1.1 Begriff und Einteilung der Technischen Mechanik

Die *Mechanik*, deren Wurzeln bis in die Antike zurückreichen, gehört mit der Mathematik zu den ältesten Wissenschaftsdisziplinen. Sie entspringt dem frühen Bemühen des Menschen Naturerscheinungen zu erkunden und zu verstehen.

Seiner fundamentalen mechanischen und mathematischen Erkenntnisse wegen wird ARCHIMEDES[1] heute vielfach als Begründer der Mechanik angesehen. Die Anfänge der Mechanik als *exakte* Naturwissenschaft geht auf GALILEO GALILEI[2] zurück. Sein Wirken stellt den Beginn des mathematischen Abschnittes der heutigen Naturwissenschaft dar und kennzeichnet die Überwindung der antiken Naturphilosophie des ARISTOTELES[3]. Aus Beobachtung und Versuch entstanden, beruht die Mechanik auf nur wenigen, auf Axiomen[4] gegründeten, Gesetzen. Sie basieren auf den Größen **Länge**, **Kraft** und **Zeit**.

Nach der KIRCHOFF[5]schen Definition ist die *Mechanik die Wissenschaft von den Bewegungen und den Kräften*: Die *Kinematik* (Bestimmungsgrößen sind Länge und Zeit) ist danach die Lehre von den Bewegungen, die *Dynamik* die Lehre von den Kräften. Sie gliedert sich in die *Statik* (Länge und Kraft) und die *Kinetik* (Länge, Kraft und Zeit). Die Statik ist die Geometrie der Kräfte und Lehre vom Gleichgewicht, während die Kinetik der Teil der Mechanik ist, der die Wirkung der Kräfte außerhalb des Gleichgewichts, sprich den Zusammenhang zwischen Kräften und Bewegungen, untersucht.

Die *Technische Mechanik*, als ingenieurwissenschaftliche Grundlage entstand als eigenständiges Gebiet aus der Notwendigkeit, Bauteile und technische Systeme auf der Basis möglichst genauer Berechnungen vorherzubestimmen und damit die allgemeinen Erkenntnisse der Mechanik auf konkrete technische Aufgabenstellungen mit *für die Praxis hinreichender Genauigkeit* anzuwenden, was sie von der Physik im Allgemeinen unterscheidet.

Mit dieser Entwicklung haben sich aus den unterschiedlichen Erfordernissen verschiedene Fachdisziplinen herausgebildet. Eine Einteilung nach der Beschaffenheit der untersuchten Körper und nach ihrem Bewegungszustand ist im nachfolgenden Schema aufgeführt (siehe Tabelle 1.1).

Anzumerken ist, dass auch andere Einteilungskriterien existieren; so in Osteuropa, Frankreich, der Schweiz oder auch im anglo-amerikanischen Raum. So findet man z. B. auch die Dynamik als Oberbegriff für die Kinematik und die Kinetik.

Der Inhalt dieses Buches ist die Statik starrer Körper.

---

1 ARCHIMEDES, 287–212 v. Chr., griechischer Mathematiker Physiker und Ingenieur
2 GALILEO GALILEI: 1564–1642, italienischer Mathematiker, Physiker, Astronom und Philosoph
3 ARISTOTELES: 384–322 v. Chr., griechischer Philosoph
4 Axiom ‹griech.›: einleuchtendes, nicht beweisbares Gesetz
5 ROBERTKIRCHHOFF: 1824–1887, deutscher Physiker

https://doi.org/10.1515/9783110425031-001

Tab. 1.1: Gliederung der Technischen Mechanik

Technische Mechanik				
Körper	Kinematik	Dynamik		
		Statik	Kinetik	
starr	Starrkörperkinematik	Statik starrer Körper	Kinetik starrer Körper	
elastisch	Kinematik elastischer Strukturen	Elastostatik Festigkeitslehre	Kinetik elastischer Strukturen	
flüssig		Hydrostatik	Hydrodynamik	Strömungs- lehre
gasförmig		Aerostatik	Gasdynamik	

1.2 Zur Technik des Aufgabenlösens

Die Technische Mechanik basiert auf wenigen einfachen Grundgesetzen, mit denen wir aber sehr verschieden erscheinende praktische Aufgaben lösen können. Das erfordert, dass man sich über das Herangehen zur Lösung der unterschiedlichen Fragestellungen im Klaren sein muss. Es ist immer ein Lösungsplan aufzustellen. Das häufig praktizierte Schema „gegeben – gesucht – Lösungsformel – rechnen" führt in der Regel nicht zum Ziel, wenn das Problem nicht erkannt wird und entspricht auch nicht der praktischen Arbeitsweise des Ingenieurs.

Das Verstehen eines technischen Problems heißt Rückführung auf Bekanntes. Dies geschieht meist am Arbeitsplatz, am besten mit Papier, Bleistift und Radiergummi. Wir versuchen mit Skizzen, Gleichungen und Rechnungen die „Bilder im Kopf" zu erzeugen, die uns helfen das Problem zu erschließen.

Das Denken wird durch konkrete, eindeutige Fragestellungen angeregt; nur auf Fragen gibt es Antworten. Daraus folgt, dass jede Überlegung eine eindeutige Fassung in Worte erfordert. Die folgenden Arbeitsschritte werden empfohlen:
- Verstehen der Aufgabenstellung[6]
- Aufstellen eines Lösungsplanes
- Lösung der Aufgabe
- Kontrolle der Lösung.

Verstehen der Aufgabenstellung

Zur Überprüfung, ob die Aufgabenstellung richtig erfasst wurde, ist es hilfreich, die Aufgabe mit eigenen Worten möglichst anhand von Skizzen (unter Vermeidung unkla-

---

6 Dieser wichtige Schritt wird hinsichtlich seiner Bedeutung für die Aufgabenlösung häufig unterschätzt.

rer Formulierungen) zu beschreiben und sie mit der Problemstellung zu vergleichen; ggf. auch zu korrigieren. Auch der Versuch, die vorgegebene Aufgabenstellung anders zu deuten, schafft oft Klarheit.

In der Berufspraxis sind die Problemstellungen in der Regel nicht so klar formuliert, wie (hoffentlich) im Lehrbuch. Der Bearbeiter muss sich zur Konkretisierung der Aufgabe über Gegebenheiten; Randbedingungen, vorhandene Daten bis hin zur exakten Zielbeschreibung selbst bemühen. Die exakte Formulierung des Zieles spart in der Regel ein Vielfaches der Zeit, die erforderlich war, nicht benötigte Größen zu ermitteln.

Aufstellen eines Lösungsplanes

Dies ist der schwierigste Teil der Aufgabenlösung, weil es darauf ankommt, die geeigneten Lösungsansätze zu finden. Und dies setzt voraus, dass die Aufgabenstellung verstanden und das Problem erkannt ist. Es erfordert neben der Fachkenntnis auch eigene Ideen. Oft helfen vorübergehende Vereinfachungen der Aufgabe (Sonderfälle) oder das Zerlegen eines komplexen Problems in Teilaufgaben.

Der Lösungsplan ist also die gedankliche Abfolge von Frage und Antwort. In jeder gut gestellten Frage ist – wie der Volksmund sagt – schon die halbe Antwort enthalten.

Der häufigste Fehler, der gemacht wird, ist der, dass nach Zusammenstellung aller Werte sofort mit der Formelsammlung oder anhand einer ähnlichen Aufgabe losgerechnet und mit einer (nur im Lehrbuch immer) vorhandenen Lösung verglichen wird, bis es klappt. Die ständige Verwendung der modernen Rechentechnik fördert leider diese Versuch und Irrtum-Methode.

Mit der zahlenmäßigen Lösung wird erst begonnen, wenn der Lösungsplan in lückenloser Folge der Arbeitsschritte mit Skizzen, Gleichungen und allen relevanten Ausgangswerten vorliegt. Dies erleichtert auch die Überprüfung der Rechnung, spätere Fehlersuche und eventuell eine Programmierung der Rechnung.

Lösung der Aufgabe

Bei guter Vorbereitung im Lösungsplan ist die numerische Lösung relativ einfach – oft so einfach, sodass die Gefahr von Flüchtigkeitsfehlern (z. B. Eingabefehlern) besteht. Deshalb ist es empfehlenswert:
- benötigtes Tabellen- und Formelmaterial bereitzustellen[7],
- den Lösungsweg übersichtlich aufzuschreiben und Rechen- und Zeichenfehler sofort zu korrigieren. Verwendete Tabellen- und Erfahrungswerte sind *mit Quellenangabe* festzuhalten,

---

7 In diesem Lehrbuch ist bewusst darauf verzichtet worden, Tabellenwerte und Grundformeln, die in Nachschlagewerken zu finden sind (z. B. Grundformeln zur Schwerpunktberechnung), im Text oder im Anhang anzugeben. Das „Zusammensuchen" von Daten zur Problemlösung gehört zu den Aufgaben des Ingenieurs.

– für die Berechnungen nur Größengleichungen zu verwenden,
– alle Ergebnisse (auch die Zwischenergebnisse) dahin zu überprüfen, ob die errechneten Werte hinsichtlich Zahlenwert und Einheit sinnvoll erscheinen.

Für die technische Rechnung gilt – wie auch bei der Fertigung: So genau wie nötig und so einfach, wie möglich (Aufwand – Nutzen – Kosten).

Kontrolle der Lösung

Jede Tätigkeit birgt immer die Gefahr in sich Fehler zu begehen – oder wie von Max PLANCK treffend formuliert: „Wer es einmal so weit gebracht hat, dass er nicht mehr irrt, der hat auch zu arbeiten aufgehört"[8].

Aus diesem Grunde ist es unverzichtbar das Ergebnis einer Aufgabe (der Arbeit) zu überprüfen. Die Überprüfung bezieht sich auf die festen Werte und die Gleichungen. Bei den festen Werten sind der Zahlenwert und die Einheit zu prüfen. Bei der Überprüfung der Einheit müssen wir – wenn kein Fehler vorliegt – bei Verwendung von Größengleichungen stets die Einheit der jeweiligen physikalischen Größe erhalten. Das ist eine notwendige, aber leider nicht hinreichende Bedingung. Für die Abschätzung der Zahlenwerte ist eine Überschlagsrechnung sinnvoll. Oft hilft auch der Vergleich mit ähnlichen Problemen. Bei offensichtlich unsinnigen Ergebnissen hilft der normale Menschenverstand, später der so genannte Ingenieurverstand.

Gleichungen als Ergebnis lassen sich durch Annahme von Extrem- oder Sonderfällen überprüfen (z. B. Werte gegen Null oder unendlich gehen lassen). Damit wollen wir erreichen, dass die zu überprüfende Gleichung Zusammenhänge liefert, die bekannt oder leicht nachvollziehbar sind.

Auch – oder besonders – bei der Verwendung von Rechenprogrammen (z. B. Gleichungslöser, deren Nutzung an verschiedenen Stellen dieses Buches angeregt und vorbereitet wird) ist eine Verifikation[9] der Ergebnisse unverzichtbar. Erstaunlicherweise vertrauen nicht nur unerfahrene Nutzer den Ergebnissen eines Rechenprogramms oft mehr, als ihrer Handrechnung. Der Satz, gefunden in einer Aufgabensammlung zur Technischen Mechanik aus dem Jahre 1972[10], „...ja selbst modernste Elektronen-Rechenmaschinen sind bei Einzeloperationen nicht so zuverlässig", lässt uns heute verstehend schmunzeln.

Alle durchgeführten Kontrollen fügen wir immer der Lösung bei.

Erfahrungsgemäß werden die obigen Empfehlungen so lange ignoriert, bis erkannt wird, dass das Probieren nicht die gewünschten Erfolge zeitigt. Man erwirbt

---

8 Max PLANCK, 1858–1947, deutscher Physiker und Nobelpreisträger, Begründer der Quantenphysik
9 Verifikation ‹lat.›: Bestätigung, Bewahrheitung
10 Autorenkollektiv: „Aufgabensammlung zur Technischen Mechanik", Leipzig: Fachbuchverlag, 1972

keine Fertigkeiten durch das Durchlesen von Skripten oder dem Glauben an etwas, bloß weil es einem gesagt wird.

Die vor der eigentlichen Rechnung benötigte Zeit für den Lösungsplan ist nicht verloren, sondern eine gute Investition. Ein systematisches Vorgehen nach sinnvollen Regeln, benötigt – egal ob es das Erlernen eines Musikinstrumentes, einer Fremdsprache oder einer handwerklichen Fertigkeit ist – immer ein gehöriges Maß an Übung. Beim Üben kann es nie schade um die Zeit sein – *das* ist das Studium[11].

Die Brauchbarkeit der technischen Berechnungen wird durch die Genauigkeit der numerischen Rechnung (mit den Möglichkeiten der Rechentechnik ist dieser Faktor vernachlässigbar) und von der Genauigkeit der Ausgangsdaten im Zusammenhang mit der Abbildungsgenauigkeit der Modellannahmen, die jeder Rechnung zugrunde liegen, bestimmt. Die mit der Rechentechnik gewonnene Ergebnisdarstellung mit diversen Nachkommastellen sagt somit nichts über die tatsächliche Abweichung zur Realität aus. Es ist also irreführend, ein Ergebnis „genauer" anzugeben, als den ungenauesten Ausgangswert.

Fragen der Toleranzen der Ausgangswerte lassen sich mit Hilfe der Fehlerrechnung untersuchen. Sind die Abhängigkeiten zwischen den Ausgangswerten und dem Rechenergebnis linear, ändert sich der prozentuale Fehler nicht.

Für viele technische Anwendungen sind Abweichungen der Rechenergebnisse von ca. drei bis fünf Prozent zum Versuchsergebnis akzeptabel, wenn man bedenkt, dass durch idealisierte Lastannahmen, Imperfektionen[12] und Streuungen von Werkstoffkennwerten die Eingangsgrößen für die Berechnung niemals den tatsächlichen Gegebenheiten exakt entsprechen können. Das bedeutet für den Bearbeiter die kritische Bewertung der numerisch erzielten Rechenergebnisse mit anschließender sinnvoller Rundung[13].

---

11 „Nichts auf der Welt kann Beharrlichkeit ersetzen. Talent nicht; nichts ist weiter verbreitet als erfolglose Männer mit Talent; Genialität nicht; das verkannte Genie ist schon fast zum geflügelten Sprichwort geworden; Bildung nicht; diese Welt ist voll von gebildeten Versagern; Beharrlichkeit und Entschlossenheit allein sind ausschlaggebend." CALVIN COOLIDGE (1872–1933), 30. US-Präsident, 1923–1929.

12 Imperfektion: Abweichung vom Idealzustand infolge Herstellung und Montage

13 Die im Lehrbuch oft „genauer" angegebenen Ergebnisse von Übungsaufgaben und Beispielen dienen der besseren Kontrolle durch den Übenden.

2 Lehrsätze und Arbeitsprinzipien der Statik

2.1 Die Statik starrer Körper

Die Statik ist die Lehre von der Wirkung von Kräften auf starre Körper im Gleichgewicht. Die Grundlagen der Statik wurden in der Antike von ARCHIMEDES über Hebel, Flaschenzug oder den Auftrieb gelegt; was aber nicht heißt, dass sich nicht die Menschen schon viel früher mechanischer Erkenntnisse bedienten[1].

Der Gleichgewichtsgedanke als das Produkt aus Kraft und Abstand wurde um 100 nach Chr. von HERON VON ALEXANDRIA[2] in dem Bestreben mit geringer Kraft große Lasten zu bewegen, formuliert und führte im Laufe der Jahrhunderte, in denen bis zur Renaissance nichts Wesentliches hinzukam oder bekannt wurde, zu einem allgemeinen Gleichgewichtsprinzip.

Fortschritte erzielten erst LEONARDO DA VINCI[3] und SIMON STEVIN[4] u. a. mit Betrachtungen über das Gleichgewicht auf der schiefen Ebene. Für beliebig gerichtete Kräfte formulierte JOHANN BERNOULLI[5] 1717 einen Gleichgewichtssatz: An einem Körper ist unter der Einwirkung von Kräften **Gleichgewicht** vorhanden, „wenn die Summe der positiven Energien gleich der Summe der negativen Energien ist". Mit „Energie" ist aus heutiger Sicht das skalare Produkt aus Verschiebung und Kraft zu verstehen.

Die zentrale Größe der Statik ist die **Kraft**. Wir können sie nur an ihrer Wirkung erkennen. So kann eine Kraft eine ruhende Masse in Bewegung setzen, sie kann einen Körper, der bereits in Bewegung ist, aus seiner Bahn ablenken und ihn dabei beschleunigen oder verzögern; also den Bewegungszustand eines Körpers ändern. Kräfte können auch Deformationen an Körpern zu verursachen. Ein belasteter Balken biegt sich durch, eine gezogene Feder wird länger.

Eine Kraft ist die Ursache von Bewegungs- und/oder Formänderungen.

Wir kennen verschiedene Erscheinungsformen der Kraft als
- Schwerkraft (Gewichtskraft)
- Federkraft
- Magnetkraft
- Windkraft.

---

[1] Schon unsere sehr frühen Vorfahren nutzten vor ca. 200 000 Jahren die Reibungswärme um Feuer zu machen.

[2] HERON VON ALEXANDRIA, um 100 n. Chr. griechischer Mathematiker und Ingenieur

[3] LEONARDO DA VINCI (eigentlich *Leonardo di ser Piero*): 1452–1519, italienischer Maler, Bildhauer, Architekt, Anatom, Mechaniker, Ingenieur und Naturphilosoph.

[4] SIMON STEVIN, 1548–1620, flämischer Mathematiker, Physiker und Ingenieur

[5] JOHANN BERNOULLI, 1667–1748, schweizer Mathematiker und Arzt

https://doi.org/10.1515/9783110425031-002

Neben den Begriffen Gleichgewicht und Kraft spielt auch die idealisierte Annahme eines **starren Körpers** in der Statik eine zentrale Rolle. Diese Idealisierung vernachlässigt den bekannten Sachverhalt, dass sich ein fester Körper unter einer Belastung immer auch verformt. Wenn die Deformationen, z. B. eine Längenänderung, verglichen mit den Abmessungen des Körpers sehr klein sind, sind auch die Rechenabweichungen für die Praxis meist vernachlässigbar klein. Der Vorteil und Grund für diese in Kauf genommene Ungenauigkeit sind Vereinfachungen bei statischen Berechnungen; der „Preis" dafür ist, dass sich damit nicht alle statischen Probleme lösen lassen. Dies wird im Abschnitt 3.3 im Zusammenhang mit dem Begriff der statischen Bestimmtheit untersucht und im 11. Kapitel mit Beispielen erläutert.

2.2 Die Kraft und ihre Darstellung

Die Muskelkraft, die man beim Tragen einer Last aufbringen muss, um sie im Gleichgewicht zu halten, gibt ein reales Gefühl für den Begriff der Kraft. Jede Größe, die sich mit der Gewichtskraft ins Gleichgewicht setzen lässt, ist eine Kraft.

Aus der Natur sind u. a. Magnetkräfte, Federkräfte, Wind- und Wasserkräfte bekannt. Sie werden entweder durch materiellen Kontakt übertragen, z. B. Reibungskräfte; oder, wie bei Gravitationskräften, auch ohne materielle Verbindung zwischen Körpern. Die Kraft entzieht sich der unmittelbaren Beobachtung. Eine *allgemeine* Definition der Kraft geht auf ISAAC NEWTON[6] zurück:

> Eine angebrachte Kraft ist das gegen einen Körper ausgeübte Bestreben, seinen Zustand zu ändern, entweder den der Ruhe oder der gleichförmigen Bewegung.

Wird der Gleichgewichtszustand der getragenen Last z. B. durch einen Riss des Tragriemens gestört, bewegt sich die Masse m infolge ihrer Gewichtskraft F_G mit der Erdbeschleunigung $g \approx 9,81 \, \text{m/s}^2$ in Richtung Erdmittelpunkt zum Boden[7].

Mit der *kinetischen Grundgleichung*[8] in der geläufigen Form „Kraft ist Masse mal Beschleunigung" haben wir eine Möglichkeit zur Kraftmessung und damit zur Definition für die Krafteinheit,

$$F_G = m \cdot g \qquad (2.1)$$

---

6 Sir ISAAC NEWTON: 1642–1727, englischer Naturforscher, Mathematiker, Alchimist, Theologe und Beamter der königlichen Münzprägeanstalt (Warden and Master oft the Mint).

7 Die Erdbeschleunigung ist wegen der nicht idealen Kugelform der Erde nicht konstant. Der genormte Mittelwert beträgt $g = 9,80665 \, \text{m/s}^2$. Für die Berechnung der Gewichtskräfte genügt meist $g = 9,81 \, \text{m/s}^2$.

8 Das Bewegungsgesetz liegt außerhalb der Statik; Aussagen zur Kinetik, z. B. in: [6, 10, 14, 17, 19, 22].

indem wir Kräfte mit der Schwerkraft vergleichen. Daraus folgt die Einheit für die Kraft im SI-System[9] – das Newton; es gilt:

$$[F] = 1\,\text{N} = 1\,\text{kg}\,\text{m/s}^2\,.$$

Den *Betrag* einer Kraft geben wir als Vielfaches dieser Einheit an.

Mit dieser einen Angabe ist die Wirkung einer Kraft nicht ausreichend beschrieben. Es müssen auch Angriffspunkt und *Kraftrichtung* definiert werden. Letztere wird durch die Lage der Wirkungslinie und den Richtungssinn entlang dieser Linie festgelegt (*Richtungswinkel α*). Für die vollständige Beschreibung sind die folgenden Angaben erforderlich:

- Betrag
- Lage der Wirkungslinie
- Richtung entlang der Wirkungslinie.

Eine Größe, die durch diese Angaben eindeutig definiert ist, bezeichnen wir als Vektor. Einen Vektor können wir auch durch einen in der Wirkungslinie liegenden Pfeil darstellen (siehe Abbildung 2.1). Dabei gibt die Pfeilrichtung den Wirkungssinn und die Pfeillänge den Betrag der Kraft an. Damit werden einfache Überlegungsskizzen mit Kraftpfeilen als anschauliches Hilfsmittel zur Formulierung der Berechnungsgleichungen sowie graphische Lösungen meist sehr leicht möglich.

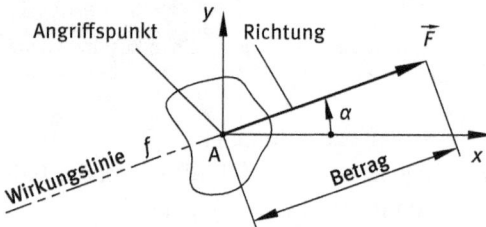

Abb. 2.1: Darstellung des Kraftvektors

Für die zahlenmäßige Auswertung definieren wir für eine maßstäbliche Zeichnung einen Proportionalitätsfaktor, eine Maßstabskonstante

$$m = \frac{\text{tatsächliche Größe}}{\text{Abbildungsgröße}} \qquad \text{Beispiel:} \quad m_\text{F} = 100\,\text{N/mm}\,.$$

Vektoren werden meist durch Fettdruck des Symbols oder durch einen darüber gesetzten Pfeil (z. B. **F** oder $\vec{F}$) gekennzeichnet. Ist die Vektoreigenschaft wie auf Abbildung 2.1 offensichtlich, kann auf diese besondere Kennzeichnung auch verzichtet werden.

---

9 SI: Systéme International d'Unités; internationales Einheitensystem

Die in der Statik häufig getroffene Annahme, dass eine Belastung als Einzel- oder Punktlast auf einem unendlich kleinen Punkt erfolgt, ist eine Idealisierung, die auch nur für starr angenommene Körper ihre Berechtigung hat. Einzelkräfte existieren in der Natur nicht. Tatsächlich sind alle Kräfte Volumen- oder Flächenkräfte.

Volumenkräfte

Volumenkräfte sind, wie der Name schon aussagt, über das Volumen eines Körpers verteilt, im Idealfall gleichmäßig. Typische Beispiele dafür sind Magnetkräfte, elektrische Kräfte oder die Gewichtskraft (Eigengewicht oder Eigenlast[10]) von Körpern. Für jedes differentiell kleine Volumenelement gilt

$$dF_G = \rho \cdot dV \, . \tag{2.2}$$

In der Regel ist die Dichte ρ an jedem Ort eines Körpers unterschiedlich groß.

Flächenkräfte

Flächenkräfte – als *Pressung* bzw. *Flächenpressung* oder auch *Druck* bezeichnet – treten an den Berührungsflächen zweier Körper oder als Wind-oder Schneelasten bzw. Erd- oder Flüssigkeitsdruck auf. Reibungskräfte, die auch Flächenkräfte sind, werden für die Berechnung als Punktlasten idealisiert (siehe Kapitel 10).

Die Belastungen müssen nicht konstant über der Fläche verteilt sein (z. B. Schnee- oder Erdlasten). Für den einfachen Fall einer konstant verteilten Flächenkraft gilt

$$p = \frac{F}{A} \tag{2.3}$$

Die Maßeinheit ist Kraft pro Fläche; z. B. N/mm^2.

Der Zusammenhang zwischen einer Flächenlast p und ihrer resultierenden Einzelkraft F ist in der Regel von komplexer Natur. Im Kapitel 5 über den Schwerpunkt wird darauf gesondert eingegangen.

Streckenlasten

Für praktische Ingenieurrechnung ist neben der Einzellast F die Streckenlast q eine sinnvolle Idealisierung, da die Lastermittlung, z. B. auf einer Schneide, i. A. nicht exakt möglich ist. Ist eine Abmessung der belasteten Fläche im Verhältnis zur anderen sehr viel kleiner, z. B. eine belastete Walze auf harter ebener Unterlage, kann man vereinfachend von einer Belastung auf einer Linie ausgehen. Wir sprechen dann von einer *Linienlast* bzw. *Streckenlast*. Die Maßeinheit ist dann als Kraft pro Länge, z. B.

---

10 Im Sprachgebrauch des Ingenieurs werden die auf eine Konstruktion einwirkenden Kräfte, die die *Belastung* des Tragwerkes bestimmen, als *Lasten* bezeichnet.

in N/mm, anzugeben. Der Betrag der Streckenlast, die *Belastungsintensität*

$$q(x) = \frac{dF}{dx} , \qquad (2.4)$$

kann sich punktuell ändern (Abbildung 2.2).

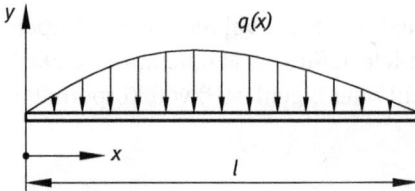

Abb. 2.2: Linienlast

Für Berechnungen am *starren* Körper (aber auch nur dort), z. B. der Berechnung von Lagerkräften, arbeitet man vereinfachend mit der resultierenden Einzellast.

Die Größe und der Angriffspunkt dieser Resultierenden werden nachfolgend für zwei typische lineare Belastungsfälle angegeben (Abbildung 2.3).

Bei einer konstanten Streckenlast q errechnet sich der Betrag der Resultierenden definitionsgemäß als Produkt aus Kraft pro Länge mal der Länge, auf der die Belastung wirkt

$$F_{\text{Res}} = q \cdot l . \qquad (2.5)$$

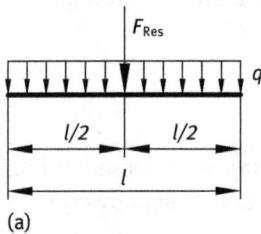
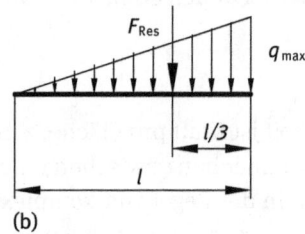

(a)   (b)

Abb. 2.3: Lineare Streckenlasten; (a) konstante Streckenlast, (b) Dreieckslast

Aus Gründen der Äquivalenz in Gleichung (2.4) muss diese Einzellast im Schwerpunkt, bei $l/2$, angreifen (Abbildung 2.3a).

Bei einer Dreieckslast, die durch die maximale Belastungsintensität und die Belastungslänge definiert ist, berechnen wir die Resultierende aus der Anschauung

$$F_{\text{Res}} = \frac{1}{2} \cdot q_{\max} \cdot l . \qquad (2.6)$$

Das entspricht der gezeichneten Dreiecksfläche für die Last. Durch den Schwerpunkt dieser Fläche verläuft bei $l/3$, Abbildung 2.3b, auch die Wirkungslinie der Resultierenden; beides analog zur konstanten Streckenlast.

Für eine nach einer definierten Funktion verteilten Last, z. B. nach Abbildung 2.2, können wir für eine differentiell kleine Länge die Streckenlast als konstant auffassen und durch eine Einzelkraft ersetzen, indem wir die örtliche Intensität $q(x)$ mit der Strecke dx multiplizieren

$$dF = q(x) \cdot dx \, .$$

Die Resultierende der Streckenlast F_{Res} über der Belastungslänge l erhalten wir durch die Summierung aller Elementarkräfte

$$F_{\text{Res}} = \int_0^l q(x) \cdot dx \, , \qquad (2.7)$$

was dem Flächeninhalt zwischen Belastungsverlauf und der Balkenachse entspricht. Der Abstand der Resultierenden vom Bezugspunkt ist gleich dem Schwerpunktabstand der Belastungsfläche. Die hierfür erforderliche Rechnung ist Gegenstand des 5. Kapitels und wird dort ausführlich erklärt.

2.3 Axiome der Statik

Ein *Axiom* ist ein unbestreitbarer Grundsatz, mit dem eine Theorie begründet wird. Das können analytisch formulierte Grundgleichungen oder verbal formulierte Grundtatsachen sein, die empirisch gesichert sind. Sie sind beweisbar, aber nicht ableitbar. Der Beweis wird durch die ständige Erfahrung erbracht oder durch jederzeit wiederholbare Experimente. Alle aus Axiomen gezogenen Schlüsse müssen widerspruchsfrei sein und zu überprüfbar richtigen Ergebnissen führen.

Unter den für die die Statik wichtigen Axiomen nehmen zwei der drei als NEWTONsche Axiome[11] bekannten Gesetze eine herausragende Stellung ein. Allerdings sind in NEWTONS Formulierungen die heutigen Interpretationen so oft nicht zu finden. Auch sind die heutigen Erkenntnisse häufig in die Axiome hineingedeutet worden.

NEWTON war auch keineswegs immer der erste, der diese Aussagen sozusagen aus dem Nichts formuliert hat. Es bedurfte aber seines Genies, um das, was auf astronomischem, physikalischem und mathematischem Gebiet von Forschern, wie GALILEI (die Gesetze zum freien Fall und zum Wurf), KEPLER[12] (die drei Planetengesetze), HUYGHENS[13] (die Untersuchung der Kreisbewegung und Zentripedalbeschleunigung)

---

11 *lex* I das Trägheitsgesetz, *lex* III das Wechselwirkungsgesetz; das Bewegungsgesetz *lex* II ist ein kinetisches Grundgesetz.
12 JOHANNES KEPLER: 1571–1630, deutscher Naturphilosoph, Mathematiker, Astronom, Optiker, evangelischer Theologe und Astrologe WALLENSTEINS.
13 CHRISTIAAN HUYGHENS: 1629–1695, holländischer Astronom, Mathematiker und Physiker

und HOOKE[14] (die qualitativen Annahmen zur Bewegung der Himmelskörper) geschaffen hatten, zu einem Gesamtwerk, der „Principia"[15], zu vereinen.

In diesem Werk, in dem er die Grundlagen der *Klassischen Mechanik* veröffentlichte, stellt er die drei Gesetze (*lex* I bis *lex* III) und einen wichtigen Zusatz (*corrolarium* I[16]) an die Spitze seiner Mechanik.

Zu beachten ist, dass sich die NEWTONSchen Formulierungen auf materielle Punkte beziehen und in seinen Axiomen die Kräftebilanz, aber nicht die Momentenbilanz vorkommt. Die von den Kräften unabhängigen Momente bleiben somit unbeachtet.

Das Trägheitsaxiom

„Jeder Körper beharrt in seinem Zustand der Ruhe oder gleichförmigen, geradliniger Bewegung, wenn er nicht durch einwirkende Kräfte gezwungen wird, den Zustand zu ändern." Das ist die Lex I der „Principia", in der Übersetzung von ERNST MACH[17]. Dieses sog. *Trägheitsgesetz* ist bereits von GALILEI um 1630 als Verharrungsgesetz formuliert worden. Es besagt, dass Bewegungsänderungen von Kräften hervorgerufen werden.

Das Verschiebungsaxiom

Eine Kraft $\vec{F}$ kann beliebig auf ihrer Wirkungslinie verschoben werden, ohne dass sich ihre Wirkung auf einen starren Körper ändert (Abbildung 2.4a). Man bezeichnet deshalb auch die Kraft als „linienflüchtigen Vektor". Dieses Gesetz wird auch 1. Verschiebungssatz genannt. Die Abbildung 2.4b zeigt beispielhaft, dass dieses Axiom für einen verformbaren Körper und damit für Verformungsberechnungen keine Gültigkeit hat.

Das Parallelogrammaxiom

Die Wirkung zweier an einem Punkt angreifenden Kräfte $\vec{F}_1$ und $\vec{F}_2$ ist statisch äquivalent der am gleichen Angriffspunkt angreifenden resultierenden Einzelkraft $\vec{F}_{Res}$. Die Resultierende erhält man als Diagonale aus dem Parallelogramm der beiden Einzelkräfte.

Das Gesetz vom Kräfteparallelogramm geht auf Arbeiten von STEVIN (1586) und VARIGNON[18] (1685) zurück und war bereits LEONARDO DA VINCI für aufeinander senkrecht stehende Kräfte bekannt. Von NEWTON wurde es lediglich als Zusatz zu den drei Gesetzen angegeben (*corrolarium* I).

---

14 ROBERT HOOKE: 1635–1703, englischer Universalgelehrter.
15 *Philosophiae naturalis prinzipia mathematica* (Die mathematischen Prinzipien der Naturlehre), London 1687. Ausführlich und sehr interessant beschrieben in [38] SZABO, I.: „Geschichte der mechanischen Prinzipien", Kapitel I, Abschnitt A, S. 3–18.
16 *corrolarium* ‹lat.›: Kränzchen im Sinne von Geschenk; daher auch Zulage
17 ERNST MACH: 1938–1916, österreichischer Physiker, Philosoph und Wissenschaftstheoretiker
18 PIERRE VARIGNON: 1654–1722, französischer Mathematiker und Physiker

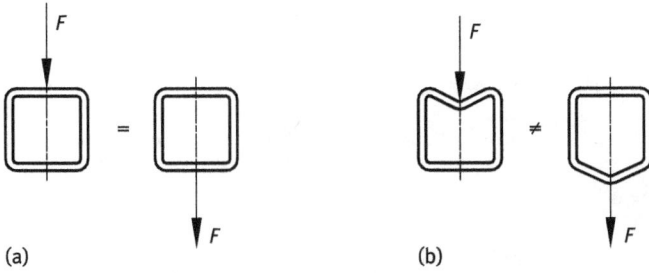

Abb. 2.4: Verschiebbarkeit einer äußeren Kraft; (a) starrer Körper, (b) verformbarer Körper (vereinfacht)

Das Parallelogrammaxiom besagt, dass sich Kräfte wie Vektoren addieren. Es beinhaltet das Überlagerungsprinzip (Superpositionsprinzip) der Kraftwirkungen. Dieses besagt, dass jede Kraft an einem Körper die ihr entsprechende Bewegungsänderung – unabhängig von der gleichzeitigen der Wirkung anderer Kräfte – hervorbringt. Die Abbildung 2.5 zeigt den Versuchsaufbau zur Demonstration dieses Gesetzes.

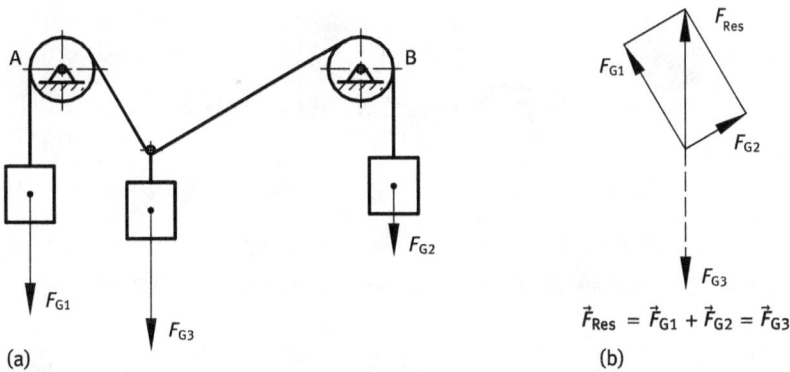

$$\vec{F}_{Res} = \vec{F}_{G1} + \vec{F}_{G2} = \vec{F}_{G3}$$

Abb. 2.5: Versuch zum Parallelogrammsatz; (a) Versuchsaufbau, (b) Kräfteparallelogramm

Das Gleichgewichtsaxiom

Bleibt ein Körper unter Einwirkung beliebiger Kräfte in (relativer) Ruhe, herrscht Gleichgewicht.

Der *Sonderfall*: Unter der Einwirkung *zweier* Kräfte ist ein *starrer* Körper nur dann im Gleichgewicht, wenn die Kräfte
- gleich groß
- entgegengesetzt gerichtet
- auf der gleichen Wirkungslinie liegen.

Diese drei Bedingungen können wir in einer einzigen Vektorgleichung zusammenfassen

$$\vec{F}_1 + \vec{F}_2 = 0 \quad \text{bzw.} \quad \vec{F}_1 = -\vec{F}_2\,, \tag{2.8}$$

die Vektoren sind entgegengesetzt gleich (minus); die Beträge $|F_1| = |F_2|$ sind direkt gleich.

Das Wechselwirkungsaxiom (*actio est reactio*)

Die Wirkung ist stets der Gegenwirkung gleich, oder die Wirkung zweier Körper aufeinander ist stets gleich und von entgegengesetzter Richtung. Das ist die Lex III von NEWTON. Dies auch als Wechselwirkungsgesetz bekannte Axiom wurde auch schon vorher von GALILEI und HUYGHENS formuliert.

Die Kräfte, die zwei Körper aufeinander ausüben, liegen auf der gleichen Wirkungslinie, sind gleich groß und entgegengesetzt gerichtet. Was heißt: Es gibt keine isolierte Wirkung – also keine Wirkung ohne Gegenwirkung. Ein typisches Beispiel hierfür sind alle Kontaktprobleme, wie in Abbildung 2.6 am Beispiel des Zahneingriffs dargestellt.

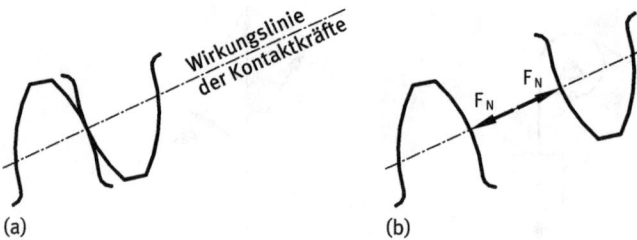

Abb. 2.6: Wechselwirkung der Normalkräfte an den Zahnflanken; (a) Zahneingriff, (b) Zahnkräfte

Auf den genannten Axiomen basiert die „Klassische Mechanik". Diese und weitere Sätze bilden die Grundlage für die gesamte Technische Mechanik.

2.4 Das Schnittprinzip

Kräfte sind nur an ihrer Wirkung erkennbar. Um ihre Wirkung beurteilen und berechnen zu können, müssen sie „sichtbar gemacht" werden. Hierzu bedient man sich des EULERschen Schnittprinzips[19], das eine der wichtigsten Voraussetzung für das Erkennen von Beanspruchungen belasteter Tragwerke ist. Mit diesem grundsätzlichen Verfahren werden zugleich auch komplizierte Probleme auf überschaubare Teilprobleme

---

19 LEONHARD EULER: 1707–1783, schweizer Mathematiker

reduziert. Das Prinzip ist nicht auf die Statik beschränkt. Die Grundidee dafür beruht auf dem Gleichgewichtsprinzip: *Ist das ganze Tragwerk im Gleichgewicht, sind auch alle Teile des Systems im Gleichgewicht.*

Wir schneiden *gedanklich* den zu untersuchenden belasteten Körper mit einem geschlossenen, **alle** Bindungen lösenden Schnitt aus dem System heraus. Seiner Bindungen und Stützungen beraubt, kann der belastete Körper nun nicht mehr im Zustand des Gleichgewichtes sein. Um dieses wieder herzustellen, müssen die an den Schnittstellen gelösten Bindungen durch Kräfte und Momente ersetzt werden. Würde man den Schnitt tatsächlich ausführen, müsste der Körper dann durch an den Schnittstellen angebrachte Stützen gehalten werden. Das heißt, dass die Wirkung der weggeschnittenen Elemente gleichwertig durch zunächst unbekannte Kräfte, so genannte *Schnittkräfte*, ersetzt werden.

Ist der Richtungssinn dieser angesetzten Schnittgrößen nicht vorhersagbar, kann er willkürlich festgelegt werden. Mit der anschließenden Rechnung lässt sich der Richtungssinn über das Vorzeichen gegebenenfalls immer richtigstellen.

Die an den beiden Schnitträndern (*Schnittufer*) anzutragenden Größen treten stets *paarweise* auf. Das heißt, dass an jedem Schnittufer eine Kraft oder Moment gleichen Betrages, auf gleicher Wirkungslinie, entgegengesetzt gerichtet nach dem Wechselwirkungsgesetz actio est reactio anzutragen ist.

Folgend sind die **Arbeitsschritte** zusammengefasst:
- Lageskizze (Lageplan) anfertigen
- Bauteil mit einem geschlossenen Schnitt „herausschneiden"
- Kraftangriffspunkte (Berührungspunkte mit den abgetrennten Teilen) kennzeichnen
- Wirkungslinien der Kräfte an den Kraftangriffspunkten einzeichnen (wenn nicht vorhersagbar, für ein ebenes Problem durch zwei orthogonale Komponenten ausdrücken)
- Kräfte und Momente mit Richtungssinn antragen. Wenn nicht vorhersagbar, willkürlich – am besten positiv definiert – festlegen
- Kontrolle, ob alle Schnittgrößen jeweils zweimal mit umgekehrten Richtungssinn auftreten (actio est reactio)

Am folgenden, vorab schon überschaubaren, einfachen Beispiel sollen die einzelnen Arbeitsschritte nachvollziehbar werden.

Beispiel 2.1. Der Verschlussdeckel eines Überdruckventils nach Abbildung 2.7 ist freizumachen.

Lösung. Die am Verschlussdeckel angreifende Druckkraft wirkt senkrecht zur Deckelfläche, die Zugfeder kann nur Kräfte in Richtung der Verbindungslinie beider Gelenkpunkte an den Federenden aufnehmen. Die unbekannte Richtung der Bolzenkraft in A ersetzen wir durch zwei orthogonale Teilkräfte.

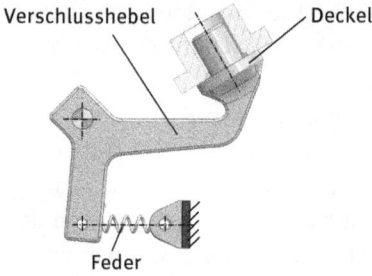

Abb. 2.7: Überdruckventil

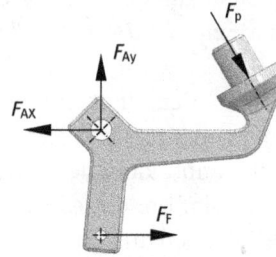

Abb. 2.8: Verschlusshebel

Beispiel 2.2. Auf Abbildung 2.9 ist die Vorderachse eines PKW dargestellt. Zur Bemessung der einzelnen Bauteile müssen bei bekannter Radlast F_{Rad} die von jedem der Bauteile aufzunehmenden Belastungen bekannt sein. Hierzu sind alle Einzelteile freizuschneiden.

Hinweise. Die im Raum symmetrisch belastet angenommene Radaufhängung kann als ebenes Problem vereinfacht werden.

Das Eigengewicht der einzelnen Teile wird im Verhältnis zu ihrer Belastung als vernachlässigbar klein angenommen und somit beim Freischneiden nicht berücksichtigt.

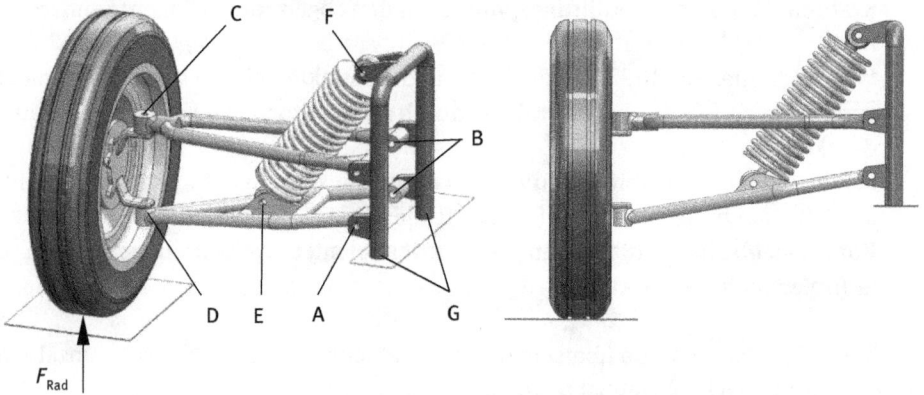

Abb. 2.9: Radaufhängung

Lösung. Es wird prinzipiell mit dem Bauteil, von dem eine Belastung bekannt ist, begonnen. In diesem Fall mit dem durch F_{Rad} belasteten Rad, Teil 1 auf Abbildung 2.10.

Der Schnitt erfolgt in den Gelenken C und D. Die Gegenkraft zur senkrecht wirkenden Radlast F_{Rad} kann nur in den geschnittenen Gelenken aufgebracht werden. Wie aus Abbildung 2.10 ersichtlich, kann die senkrechte Belastung aber nur im Gelenk D aufgenommen werden. Die Gelenkanbindung C für den Stab, Teilenummer 2, kann nach oben ausweichen.

Da die Radlast F_{Rad} und die senkrechte Kraft im Gelenk D, $F_{Dy} = F_{Rad}$, nicht auf einer gemeinsamen Wirkungslinie liegen, wirkt ein Hebelarm. Das Rad würde sich in der Zeichenebene der Abbildung 2.10 entgegen der Uhrzeigerrichtung drehen „wollen", was am realen Objekt tatsächlich nicht geschieht. Das heißt, dass das freigeschnittene Bauteil nicht im Gleichgewicht ist – die realen Verhältnisse so also nicht abgebildet werden. Diese Drehung kann für diese Anordnung nur durch den „gleichen Mechanismus" – zwei parallele, gleich große, entgegengesetzt in den geschnittenen Gelenken wirkende Kräfte – kompensiert werden. Das sind die gleich großen, entgegengesetzt gerichteten Kräfte F_{Dx} und F_C.

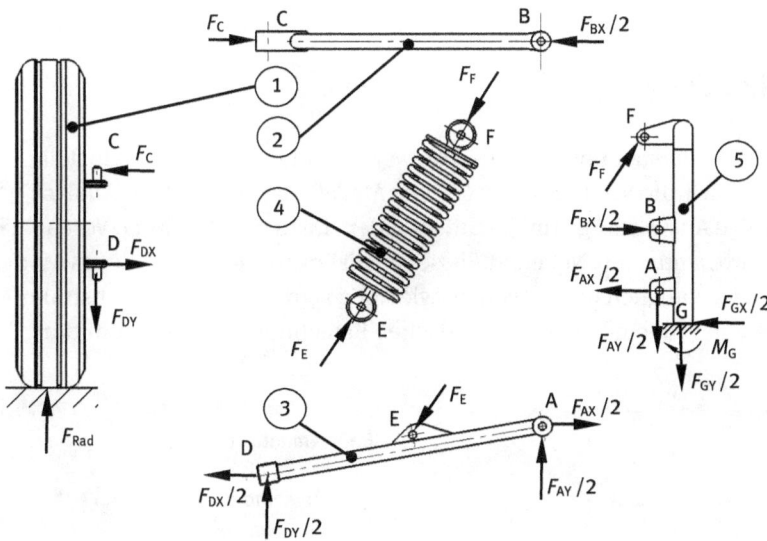

Abb. 2.10: Freigeschnittene Radaufhängung

Bei dem in C angelenkten Bauteil 2 greifen Kräfte nur in den beiden Gelenken B und C an. Gleichgewicht ist somit nur möglich, wenn beide Kräfte auf einer Wirkungslinie liegen, entgegengesetzt gerichtet und gleich groß sind (Gleichgewichtsaxiom). Ein solches Bauteil wird als Stab bezeichnet. Gleiches gilt auch für die Feder, Teil 4, die als (sehr elastischer) Stab wirkt.

Anders sind die Verhältnisse beim Teil 3, bei dem es schon durch die schräg am Gelenk D wirkende Kraft (dargestellt durch F_{Dx} und F_{Dy}) sowie durch die quer zu seiner Längsachse, zwischen den Gelenken angreifende Federkraft F_F keine gemeinsame Wirkungslinie mit der Gelenkkraft in A geben kann. Bauteile mit derartiger Belastung bezeichnet man als Balken (ausführlicher zu diesen Bauteilen im nächsten Abschnitt). Damit sind oft auch nicht die Richtungen aller Teilkräfte vorherbestimmbar und erst durch die nachfolgende Rechnung definiert. In diesen Fällen wird die Richtung der Kräfte nach Anschauung festgelegt und nach Rechnung ggf. korrigiert. Gleiches trifft auch für den Rahmen, Bauteil 5, zu.

Aus dem Gleichgewichtsprinzip ist sofort ablesbar:

$$F_{Dy} = F_{Rad} , \qquad F_{Dx} = F_C = F_B = F_{Ax} .$$

Der nachfolgende Abschnitt, die Modellbildung, erklärt die oben eingeführten Begriffe, wie Stab oder Balken und weitere Elemente und schafft damit die Voraussetzungen für ein strukturiertes Vorgehen bei der Bauteilanalyse. Es wird empfohlen, nach dem Studium des folgenden Abschnittes die Übungen zum Freischneiden mit großer Sorgfalt durchzuführen.

2.5 Modellbildung

Um quantitative Untersuchungen eines Tragwerkes unter Belastungen anstellen zu können, müssen wir die Wirklichkeit in einem *Modell*, das eine solche Analyse und die zahlenmäßige Auswertung ermöglicht, abbilden. Dazu muss es durch Vernachlässigung aller unwesentlichen Nebeneinflüsse idealisiert werden. Ein solches Modell, das so einfach, wie möglich und so genau, wie nötig sein sollte, ist eine Abstraktion.

Die „Bausteine" für ein Modell zur statischen Berechnung sind auf Abbildung 2.11 dargestellt.

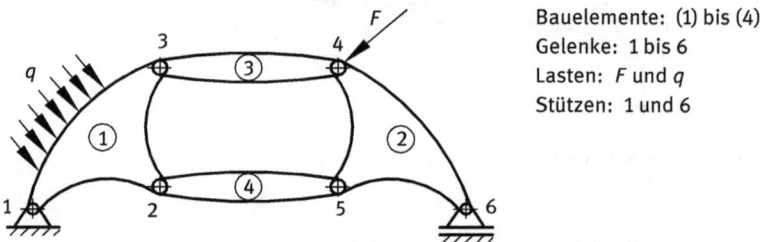

Bauelemente: (1) bis (4)
Gelenke: 1 bis 6
Lasten: F und q
Stützen: 1 und 6

Abb. 2.11: Statisches Modell eines ebenen Tragwerkes

Zu beachten ist dabei, dass jede noch so genaue Rechnung *immer nur das Modellverhalten und nicht das Verhalten des realen Bauteils wiedergibt*; was die Bedeutung eines aussagefähigen Berechnungsmodells unterstreicht.

Die folgende Übersicht zeigt die wichtigsten **Bauelemente** zur Modellierung eines Statikmodells:

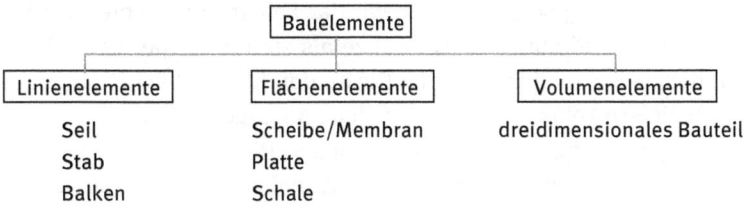

```
                        ┌─────────────┐
                        │ Bauelemente │
                        └─────────────┘
        ┌──────────────────────┼──────────────────────┐
┌────────────────┐    ┌─────────────────┐    ┌──────────────────┐
│ Linienelemente │    │ Flächenelemente │    │ Volumenelemente  │
└────────────────┘    └─────────────────┘    └──────────────────┘
     Seil              Scheibe/Membran       dreidimensionales Bauteil
     Stab              Platte
     Balken            Schale
```

Schema 2.1: Bauelemente des statischen Berechnungsmodell

Bauelemente, bei denen die Querschnittsabmessungen sehr klein gegenüber der Länge sind, werden als eindimensionale Elemente oder auch *Linienelemente* idealisiert:

Als *Seil* bezeichnet man alle Bauelemente, die nur Zugkräfte entlang der Seilachse aufnehmen können (wie auch Ketten und Riemen). Das bedeutet, dass wir diese Bauteile als *masselos*[20] annehmen müssen. Bei in der Richtung abweichenden Belastungen, z. B. durch eine Rolle, wie auf Abbildung 2.12 dargestellt, stellt sich das Seil in die Richtung der wirkenden Kraft ein. Reibungsfreiheit vorausgesetzt, wirken die Berührungskräfte zwischen Seil und Rolle in der Normalenrichtung auf dem Bogen b verteilt zum Rollenmittelpunkt M.

Die resultierende Einzellast F_{Res} steht im Gleichgewicht mit der Resultierenden aus den Seilkräften F_{S1} und F_G (Abbildung 2.12b und c). Damit muss die Seilkraft an allen Stellen den gleichen Betrag haben.

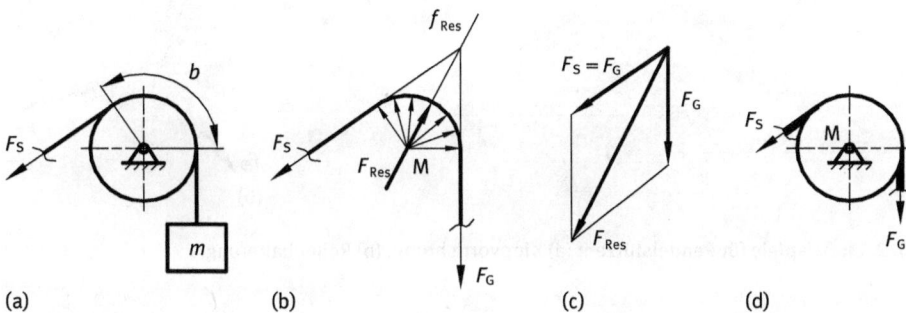

(a)   (b)   (c)   (d)

Abb. 2.12: Freischneiden einer Umlenkrolle; (a) Seilrolle, (b) freigeschnittener Riemen, (c) Resultierende, (d) starres System

---

20 Eigengewichtsbelastung an Seilen in Längs- und Querrichtung (z. B. in Förderanlagen oder Seilbahnen und Hochspannungsleitungen) ist ein spezielles Thema *Seilstatik*, das sich nicht elementar lösen lässt und nicht Gegenstand dieses Grundlagenlehrbuches ist. Siehe dazu z. B.: [3, 6, 10, 23].

Die Wirkungslinie der Seilkraft muss stets mit der Richtung der Tangente an das Seil zusammenfallen. Das bedeutet, dass Seil und Rolle die Wirkungslinie der Kraft umlenken.

Wenn wir die Schnittführung so legen, dass wir das Seil vor und hinter der gewichtslosen Rolle schneiden, können wir das Ganze als starren Körper betrachten (Abbildung 2.12d) und erhalten so die Seilkräfte. Die an den Kontaktflächen auf dem Bogen verteilten Kräfte liefern keine andere, zusätzliche Aussage.

Stäbe sind beidseitig gelenkig gelagerte Bauelemente. Die Belastungen werden nur über die Gelenke eingeleitet. Somit muss für diese Annahme, wie auch beim Seil, die Masse vernachlässigt werden. Die Gelenke werden dabei reibungsfrei angenommen. Mit diesen Idealisierungen können die Stäbe nur Längskräfte (Zug und Druck) übertragen. Wegen des Gleichgewichtsprinzips müssen die Gelenkkräfte gleich groß und auf der Verbindungslinie der beiden Gelenke wirkend entgegengesetzt gerichtet sein.

Stäbe, die zur Verbindung verschiedener Teile eines Systems dienen, bezeichnet man auch als *Pendelstützen*. Auf Abbildung 2.13 sind mit dem Hydraulikzylinder der Kippvorrichtung und der Pendelstange der Rollenhalterung zwei Beispiele gezeigt.

Für die Berechnung mechanischer Strukturen ist es wichtig, belastete Seile und Stäbe als solche zu erkennen, weil wir damit auch die Wirkungslinie der Kräfte kennen. Bei Seilen, die nur Zugkräfte übertragen können, erkennen wir daraus auch die Kraftrichtung.

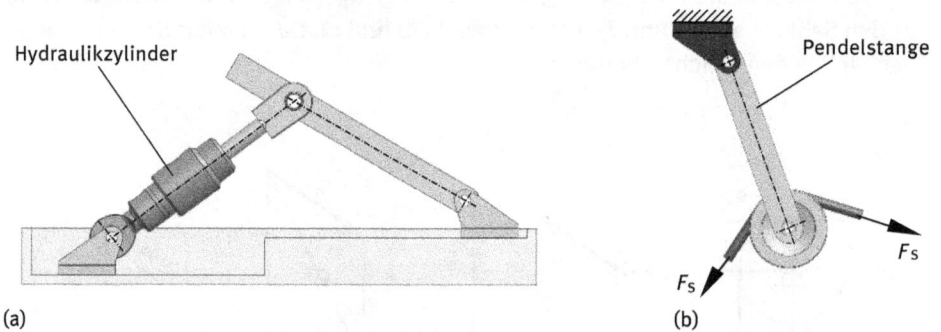

Abb. 2.13: Beispiele für Pendelstützen; (a) Kippvorrichtung, (b) Rollenhalterung

Bei den auf Abbildung 2.14 dargestellten Tragwerken wirken neben Längskräften auch Querkräfte und Biegemomente. Solche Bauelemente werden als *Balken* oder *Träger* bezeichnet (Abbildung 2.14a). Ein gekrümmter Balken (Abbildung 2.14b) heißt *Bogen*. Dabei wird für die Berechnung zwischen stark und schwach gekrümmten Trägern un-

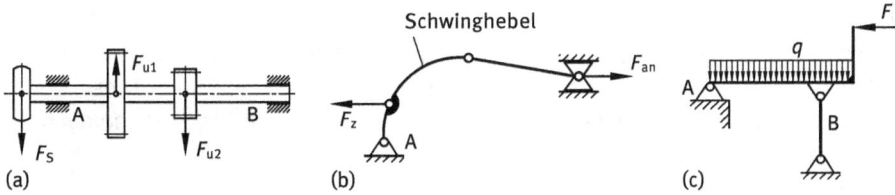

Abb. 2.14: Balkenformen; (a) Balken (Getriebewelle), (b) Bogenträger (Schwinghebel), (c) Rahmen (Lastbühne)

terschieden[21]. Tragwerke aus abgewinkelten starr miteinander verbundenen Balken sind *Rahmen* (Abbildung 2.14c).

Bei den ***Flächenelementen*** handelt es sich um Bauteile, bei denen die Körperdicke gegenüber den Längenabmessungen vernachlässigbar klein ist (z. B. Bleche). Die Unterscheidungskriterien sind aus Abbildung 2.15 ersichtlich.

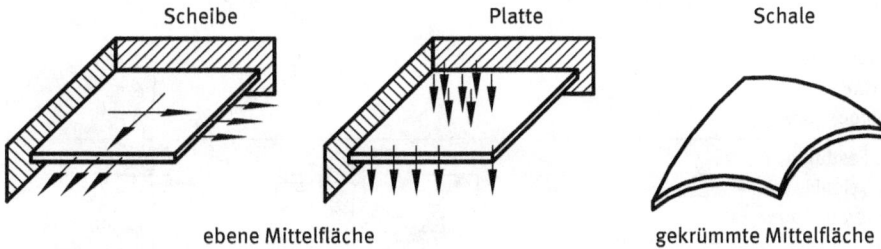

Abb. 2.15: Flächenelemente

Ein ***Volumenmodell***, das wie das reale Bauteil auch dreidimensional ist, entsteht durch sinnvolle Vereinfachungen. Diese richten sich immer nach der Fragestellung für die Rechnung.

So wird ein statisches Modell, das keine Verformungen „kennt", in der Regel einfacher sein, als ein Modell zur Festigkeits- oder Verformungsberechnung.

Die auf ein Tragwerk wirkenden Belastungen müssen nach dem Gleichgewichtsprinzip vom Untergrund der Aufstellung oder von geeigneten Bauelementen, den **Lagern**, aufgenommen werden. Die Lagerungen realisieren neben der Kraftübertragung die Fixierung der gewünschten Lage des Tragwerkes.

Wir betrachten als Beispiel die Abbildung 2.14c: Der durch zwei Einzelkräfte und eine Linienkraft belastete Träger ist im Punkt A und über eine Pendelstütze im

---

21 Für stark gekrümmte Träger (z. B. Kranhaken) kommen nichtlineare Lösungsansätze für die Festigkeitsberechnungen zur Anwendung

Punkt B gelenkig gegen den Boden abgestützt. Über die beiden Lager A und B wird die Kraft auf den Boden übertragen. Nach dem Wechselwirkungsgesetz wirken die gleichen Kräfte in entgegengesetzter Richtung auf den Träger zurück. Diese Kräfte auf das Tragwerk bezeichnen wir als *Reaktionskräfte*, oder auch *Lagerreaktionen* bzw. *Auflagerreaktionen*.

Für die Anzahl der Auflagerreaktionen wird auch der Begriff der *Wertigkeit* verwendet. Je nach Beschaffenheit der Berührungsflächen und der konstruktiven Auslegung der Lagerelemente lassen sich die Lagerungsarten für die Modellannahmen systematisieren und einteilen. Für ebene Systeme ist dies nach der Anzahl der Auflagerreaktionen (Wertigkeit) in der Tabelle 2.1 dargestellt; für räumliche Probleme wird auf das Kapitel 9 verwiesen.

Tab. 2.1: Lagerungsarten mit Wertigkeit in der Ebene

Bezeichnung	Beispiele	Reaktionen	r	f
kurzes Loslager, Rollenlager, verschiebliches Gelenklager, *einstäbiges Lager*		F_v	1	2
kurzes Festlager, festes Gelenklager, *zweistäbiges Lager*		F_h F_v	2	1
(feste) Einspannung, *dreistäbiges Lager*		F_h M F_v	3	0
Parallelführung, querverschiebliche Einspannung		F_h M	2	1
Schiebehülse längsverschiebliche Einspannung		M F_v	2	1

Zunächst beschränken wir uns auf einteilige, in ihrer Ebene belastete Tragwerke. Ein in der Ebene frei beweglicher starrer Körper hat drei unabhängige Bewegungsmöglichkeiten, so genannte Freiheitsgrade. Das sind Verschiebungen in zwei Richtungen in einer Ebene und eine Drehung um eine zur Ebene senkrechte Achse. Durch die Lager (Bindungen) werden diese Bewegungsmöglichkeiten gesperrt (gefesselt).

Bezeichnen wir die Anzahl der Lagerreaktionen mit r, so können wir für die Anzahl der Freiheitsgrade f eines Körpers in der Ebene schreiben:

$$f = 3 - r .\tag{2.9}$$

Die **Lastannahmen** (siehe Abbildung 2.16) basieren auf
– Volumenkräften
– Flächenkräften.

Nach dem Grad der Vereinfachung unterscheiden wir bei den Flächenkräften zwischen
– Linienlasten (Streckenlasten)
– Punktlasten (Einzellasten)
sowie zwischen
– Aktionskräften (Lasten)- und Reaktionskräften (Stütz- oder Lagerkräfte)
– äußeren und inneren Kräften (Schnittkräfte).

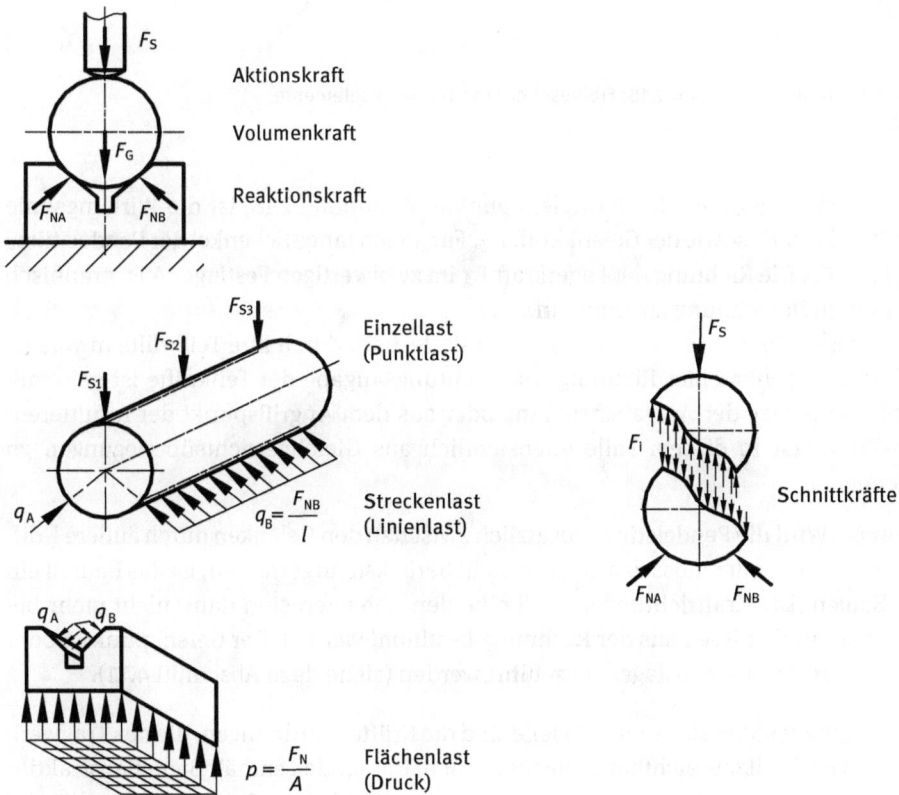

Abb. 2.16: Lastannahmen (Kräfte am Bauteil)

Beispiel 2.3. Für das durch eine Streckenlast q beanspruchte Tragwerk, Abbildung 2.17, sind die einzelnen Teile freizuschneiden.

Lösung. Auf den ersten flüchtigen Blick könnte man meinen, dass das Tragwerk durch zwei Festlager A und B abgestützt wird. Da aber die abgewinkelte Stütze nur in den Gelenken B und C Kräfte aufnimmt, handelt es sich um eine Pendelstütze, die einem einwertigen Loslager entspricht.

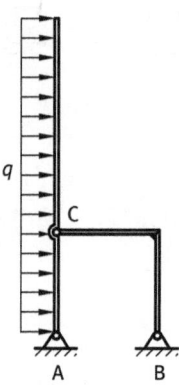

Abb. 2.17: Tragwerk

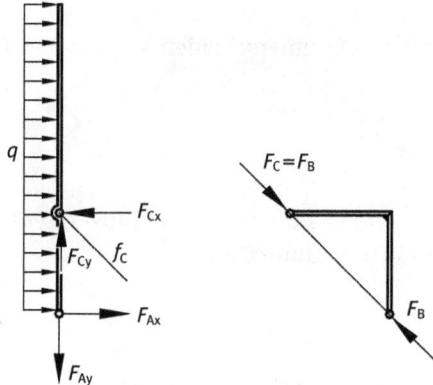

Abb. 2.18: Freigeschnittene Tragwerkselemente

Die Verbindungsgerade beider Gelenkpunkte, Abbildung 2.18, ist die Wirkungslinie der Stützkraft F_B sowie der Gelenkkraft F_C. Für gleich lange Schenkel der Pendelstütze gilt $F_C = F_B$. Die Richtung der Lagerkraft F_A im zweiwertigen Festlager A ist graphisch oder durch Berechnung zu ermitteln.

Zur Berechnung ersetzen wir diese Kraft deshalb durch ihre Teilkräfte in waagerechter und senkrechter Richtung. Die Richtungsangabe der Teilkräfte ist bei maßstäblicher Skizze der Aufgabenstellung oder aus dem Angriffspunkt der resultierenden Einzellast in diesem Falle offensichtlich aus Gleichgewichtsüberlegungen zu erkennen.

Hinweis. Wird die Pendelstütze zusätzlich zwischen den Gelenken durch äußere Kräfte belastet, oder muss das Eigengewicht berücksichtigt werden, ist das Bauteil ein Balken. Die Kraftrichtungen in den beiden Gelenken sind dann nicht mehr bekannt und müssen aus der Rechnung bestimmt werden. Der Gelenkpunkt A oder B muss dann als Loslager ausgeführt werden (siehe dazu Abschnitt 4.7.1).

Mit der Entwicklung statischer Modelle sind die Kräfteanordnungen, die das Tragwerk belasten und stützen, sichtbar gemacht worden. Das Modell enthält Bauteilabstraktionen, Belastungsangaben und Stützsymbole mit vereinbarten Stützreaktionen. Damit werden für die Berechnung nur noch die wesentlichen Merkmale zur Verfügung gestellt.

2.6 Übungen

Aufgabe A2.6.1
Auf Abbildung A2.6.1 ist ein Kippsprungwerk dargestellt. Bei Betätigung des Antrieb-
hebels (1) aus der gezeichneten Stellung nach rechts kippt der Sprunghebel (2) auch
in die rechte Stellung und umgekehrt. Für die gezeichnete Stellung sind der Hebel 2
und die Feder freizuschneiden.

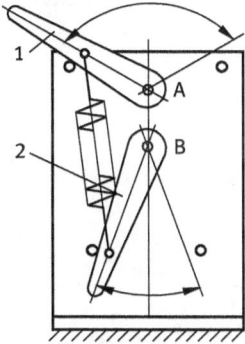

Abb. A2.6.1: Kippsprungwerk   **Abb. A2.6.2:** Hebevorrichtung

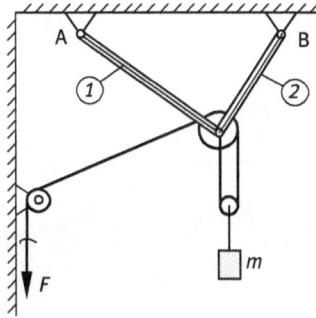

Aufgabe A2.6.2
Für die auf Abbildung A2.6.2 skizzierte Hebevorrichtung sind die Rollen freizuschneiden.

Aufgabe A2.6.3
Für die auf Abbildung A2.6.3 dargestellte Zange sind alle Einzelteile freizuschneiden.

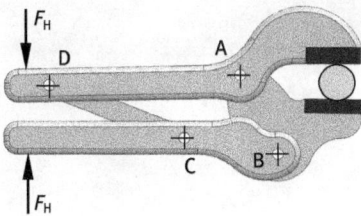

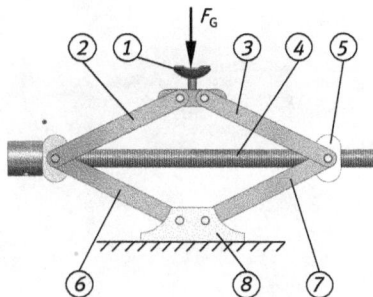

Abb. A2.6.3: Zange   **Abb. A2.6.4:** Scherenwagenheber

Aufgabe A2.6.4

Der auf Abbildung A2.6.4 dargestellte Scherenwagenheber wird zum Anheben der Last F_G durch eine auf die Gewindespindel (5) aufgesteckte Handkurbel durch Drehen betätigt. Es sind die Teile 1 bis 8 freizuschneiden.

Aufgabe A2.6.5

Auf Abbildung A2.6.5 ist die Prinzipskizze einer Kurbelschwinge, die zum Antrieb des Werkstückschlittens einer Waagerecht-Stoßmaschine dient, dargestellt.

Für die gezeichnete Stellung sind die Antriebskurbel (1), die Schleife (2) und der Schlitten (3) freizuschneiden.

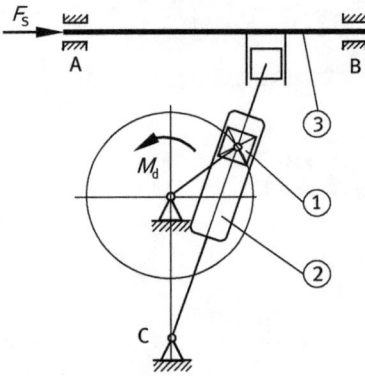

Abb. A2.6.5: Kurbelschleife

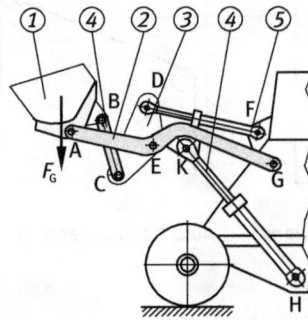

Abb. A2.6.6: Schaufelradlader

Aufgabe A2.6.6

Es sind die Teile 1 bis 6 des auf Abbildung A2.6.6 dargestellten Schaufelradladers in der gezeichneten Position freizuschneiden.

3 Das ebene zentrale Kräftesystem

3.1 Grundlagen

Mit den statischen Modellen, die die Bauteilabstraktionen, Belastungsangaben und Stützsymbole mit vereinbarten Stützreaktionen enthalten und die Kräfteanordnungen sichtbar machen, sind im vorigen Kapitel die Grundlagen für die Berechnung geschaffen.

In diesem Kapitel untersuchen wir Einzelkräfte, die an einem Körper angreifen. Liegen alle Kräfte in einer Ebene sprechen wir von einem ebenen Kräftesystem oder einer ebenen Kräftegruppe.

Zur Systematisierung von Berechnungen können wir die Kräfteanordnungen nach dem statischen Modell in der Ebene folgendermaßen einteilen:

- **Ebenes zentrales Kräftesystem** (Abbildung 3.1a): Sämtliche Kraftwirkungslinien schneiden sich in *einem* Punkt.
- **Ebenes allgemeines Kräftesystem** (Abbildung 3.1b): Kein gemeinsamer Schnittpunkt *aller* Kraftwirkungslinien.

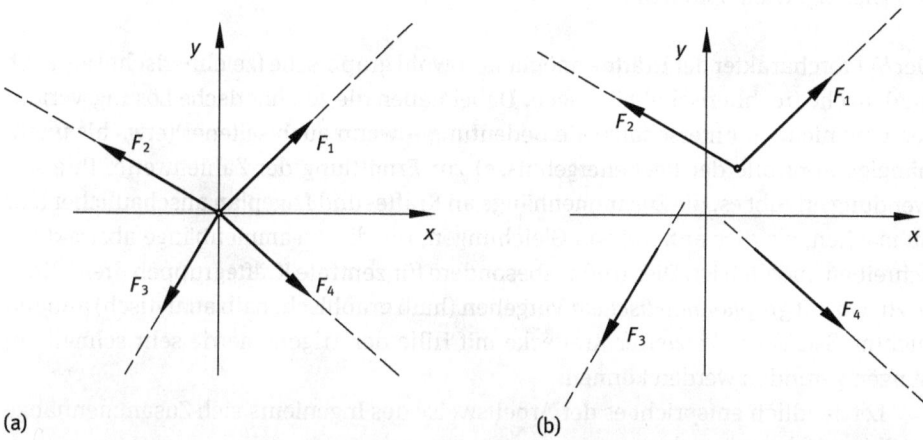

Abb. 3.1: Kräftesysteme in der Ebene; (a) zentrales Kräftesystem, (b) allgemeines Kräftesystem

Handelt es sich um einen *starren* Körper, müssen die Kräfte nicht tatsächlich in einem Punkte angreifen, wie Abbildung 3.2 beispielhaft zeigt, sondern ihre Wirkungslinien müssen sich im Gleichgewichtsfall, alle in *einem Punkt schneiden*. Das folgt aus dem Verschiebungsaxiom.

Beispiel: Die am Verschlussdeckel angreifende Kraft wirkt senkrecht zur Deckelfläche C, die Zugfeder kann nur Kräfte in Richtung der Verbindungslinie beider Gelenkpunkte an den Federenden aufnehmen.

https://doi.org/10.1515/9783110425031-003

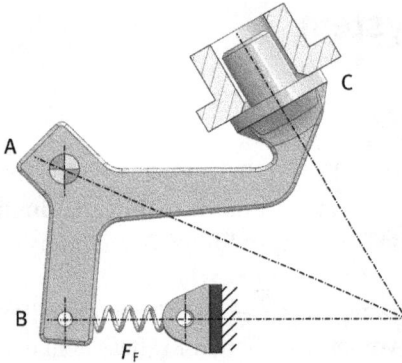

Abb. 3.2: Verschlusshebel

Die Wirkungslinie der Kraft im Drehpunkt A des Hebels muss, wenn Gleichgewicht herrschen soll, den Schnittpunkt der beiden anderen Wirkungslinien schneiden.

Bei der statischen Berechnung starrer Körper sind drei grundsätzliche Aufgabenstellungen zu lösen:

- Zusammensetzen von Kräften (Reduktion auf eine Einzelkraft)
- Kraftzerlegung
- Gleichgewichtsprobleme.

Der Vektorcharakter der Kräfte ermöglicht sowohl graphische (zeichnerische) als auch analytische (rechnerische) Lösungen. Dabei haben die zeichnerische Lösungsverfahren eine nicht zu unterschätzende Bedeutung – wenn auch seltener (etwa als unabhängige Kontrolle der Rechenergebnisse) zur Ermittlung der Zahlenwerte. Ihre Anwendung erlaubt es, die Zusammenhänge an Kräfte- und Lageplan anschaulicher klar zu machen, als dies anhand von Gleichungen, die die Zusammenhänge abstrakt beschreiben, möglich ist. Dies trifft insbesondere für zentrale Kräftegruppen dreier Kräfte zu, wo mit *graphoanalytischem* Vorgehen (halb graphisch, halb analytisch) anhand nichtmaßstäblich skizzierter Kraftecke mit Hilfe der Trigonometrie sehr schnell Lösungen gefunden werden können.

Letztendlich entspricht es der Arbeitsweise des Ingenieurs sich Zusammenhänge an Skizzen klar zu machen.

3.2 Zusammensetzen von Kräften – die Resultierende

Zwei Kräfte $\vec{F}_1$ und $\vec{F}_2$ können durch eine resultierende Kraft $\vec{F}_{Res}$ gleichwertig ersetzt werden. Diese durch die Erfahrung bestätigte Tatsache ergibt sich nach Parallelogrammaxiom als Vektoraddition durch die Parallelogrammkonstruktion nach Abbildung 3.3. Auf diese Weise wird die Wirkung der Einzelkräfte (Abbildung 3.3a) in Größe und Richtung durch eine äquivalente Einzelkraft, der Resultierenden (Abbil-

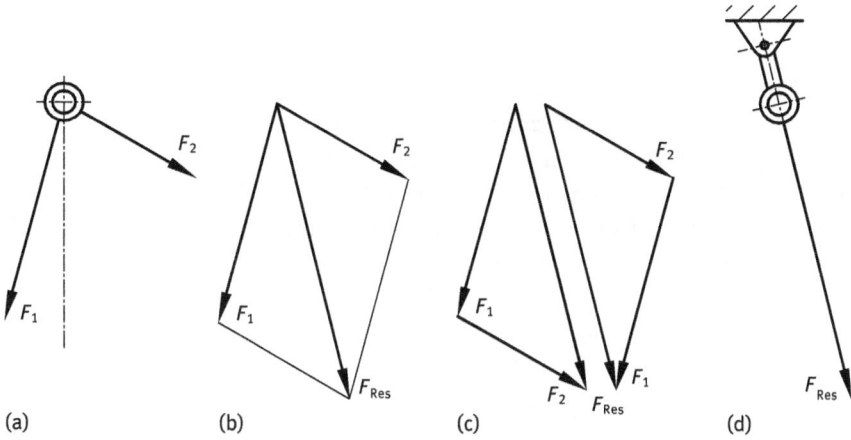

Abb. 3.3: Zeichnerische Ermittlung der Resultierenden; (a) Lageplan, (b) Kräfteparallelogramm, (c) Kraftecke, (d) Resultierende

dung 3.3d), ersetzt. Nach dem Parallelogrammsatz können wir jeweils zwei Kräfte zusammenfassen. Bei mehreren Kräften lässt sich das Verfahren so lange fortsetzen, bis nur noch eine Kraft übrig bleibt (siehe Abbildung 3.4 für fünf Kräfte), was allerdings mit der Anzahl der Kräfte schnell umständlich und unübersichtlich wird.

Nach Abbildung 3.4 gilt für $n = 5$ Kräfte:

$$\vec{F}_{Res1,2} = \vec{F}_1 + \vec{F}_2 \qquad \vec{F}_{Res1,3} = \vec{F}_{Res1,2} + \vec{F}_3$$

$$\vec{F}_{Res1,4} = \vec{F}_{Res1,3} + \vec{F}_4 \qquad \vec{F}_{Res} = \vec{F}_{Res1,4} + \vec{F}_5$$

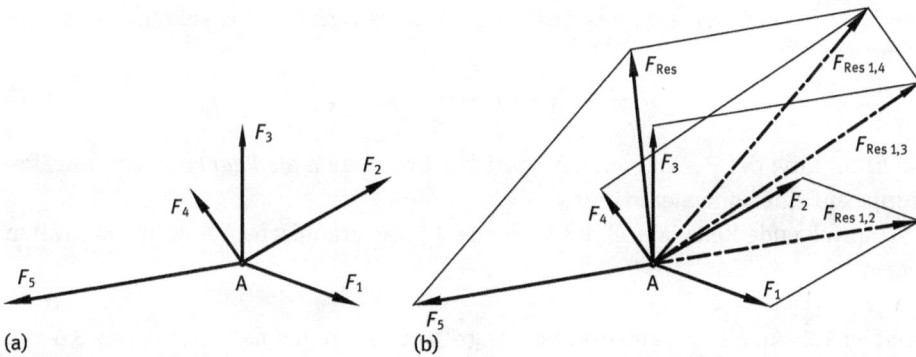

Abb. 3.4: Ermittlung der Resultierenden mit dem Parallelogrammsatz; (a) Lageplan, (b) Lösung mit Parallelogrammsatz

Die Tatsache, dass die Diagonale ein Parallelogramm immer in zwei kongruente Dreiecke teilt (siehe Abbildung 3.3c), führt auf das so genannte *Krafteckverfahren*.

Mit dem auf Abbildung 3.3c gezeigten Krafteckverfahren lässt sich die graphische Addition für mehrere Kräfte wesentlich vereinfachen. Der Nachteil dabei ist, dass wir nicht mehr erkennen können, dass die Wirkungslinien durch einen gemeinsamen Punkt gehen und somit der Angriffspunkt „verloren" geht.

Da es sich bei diesem Verfahren um eine Addition handelt, gilt auch das Kommutativgesetz, d. h. die Kräfte können in beliebiger Reihenfolge, wie Abbildung 3.5 zeigt, hintereinander angetragen werden. Die Resultierende schließt das Krafteck (*Kräftepolygon*) in entgegengesetzter Pfeilrichtung.

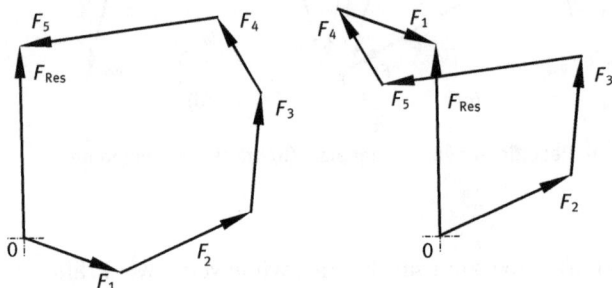

Abb. 3.5: Ermittlung der Resultierenden nach dem Krafteckverfahren (Kommutativgesetz)

Die geometrische Konstruktion für zwei Kräfte nach Abbildung 3.3 entspricht der Vektoraddition

$$\vec{F}_{\text{Res}} = \vec{F}_1 + \vec{F}_2 \; . \tag{3.1}$$

Für n Kräfte ergibt sich die resultierende Kraft durch die aufeinander folgende Anwendung des Parallelogrammsatzes – dem Krafteckverfahren als Vektorsumme aller Kräfte

$$\vec{F}_{\text{Res}} = \vec{F}_1 + \vec{F}_2 + \cdots + \vec{F}_n = \sum_{i=1}^{n} \vec{F}_i \; . \tag{3.2}$$

Die Ermittlung der Resultierenden bezeichnet man auch als *Reduktion* einer Kräftegruppe auf eine äquivalente Kraft.

Das folgende Beispiel soll das Vorgehen für die graphische Addition von Kräften zeigen.

Beispiel 3.1. An einem gemeinsamen Angriffspunkt greifen nach Abbildung 3.6 vier nach Größe und Richtung bekannte Kräfte an. Es ist die resultierende Kraft zeichnerisch zu ermitteln:

Lösung. Für die graphische Lösung des Problems empfiehlt es sich, mit einem Lageplan und einem Kräfteplan zu arbeiten.

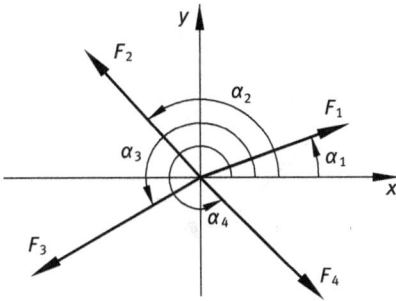

$$F_1 = 3,80 \text{ kN} \qquad \alpha_1 = 20°$$
$$F_2 = 4,50 \text{ kN} \qquad \alpha_2 = 132°$$
$$F_3 = 5,40 \text{ kN} \qquad \alpha_3 = 210°$$
$$F_4 = 4,80 \text{ kN} \qquad \alpha_1 = 315°$$

Abb. 3.6: Kräfte mit gemeinsamem Angriffspunkt

– Der *Lageplan* ist die maßstäbliche Darstellung (Maßstabsfaktor m_L für die Längen festlegen) der geometrischen Größen der zu berechnenden Struktur. Das kann z. B. eine vereinfachte Bauteilzeichnung sein. Die Wirkungslinien der am Bauteil angreifenden Kräfte müssen in Lage und Richtung richtig eingetragen sein. Die maßstäbliche Angabe des Betrages der Kraft (Pfeillänge) ist im Lageplan nicht erforderlich.

– Im *Kräfteplan* werden die Kräfte maßstäblich (Maßstabsfaktor m_F festlegen) in ihrer tatsächlichen Richtung aneinandergefügt.

Beide Pläne sind *unbedingt* voneinander zu trennen.

Der jeweilige Proportionalitätsfaktor, der Maßstabsfaktor m, definiert die tatsächliche Größe (z. B. Betrag der Kraft in N) dividiert durch die Abbildungsgröße (die Länge des Kraftpfeils z. B. in cm). Der Vorteil der Verwendung eines Maßstabsfaktors liegt darin, dass sich die Umrechnungen gegenüber der Eintragung einer Bezugslänge oder der auch häufig verwendeten Angabe wie z. B. $14 \text{ N} \stackrel{\wedge}{=} 10 \text{ cm}$ durch die Gleichungsform sicherer, weil schematisch, gestalten.

Wir definieren einen Maßstabsfaktor mit Blick auf die kleinste und größte Kraft und die Größe der Zeichnung, z. B.

$$m_F = \frac{5 \text{ kN}}{10 \text{ cm}} = 0,5 \, \frac{\text{kN}}{\text{cm}} \, .$$

Damit werden die zu den Beträgen der Kräfte proportionalen Längen (in spitzen Klammern):

$$\langle F_1 \rangle = \frac{F_1}{m_F} = \frac{3,8 \text{ kN} \cdot \text{cm}}{0,5 \text{ kN}} = 7,6 \text{ cm}$$

und analog dazu $\langle F_2 \rangle = 9 \text{ cm}$, $\langle F_3 \rangle = 10,8 \text{ cm}$ und $\langle F_4 \rangle = 9,6 \text{ cm}$.

Im Lageplan (Abbildung 3.7a) werden die Wirkungslinien der Kräfte $f_1 \ldots f_4$ unter den angegebenen Winkeln $\alpha_1 \ldots \alpha_4$ eingetragen.

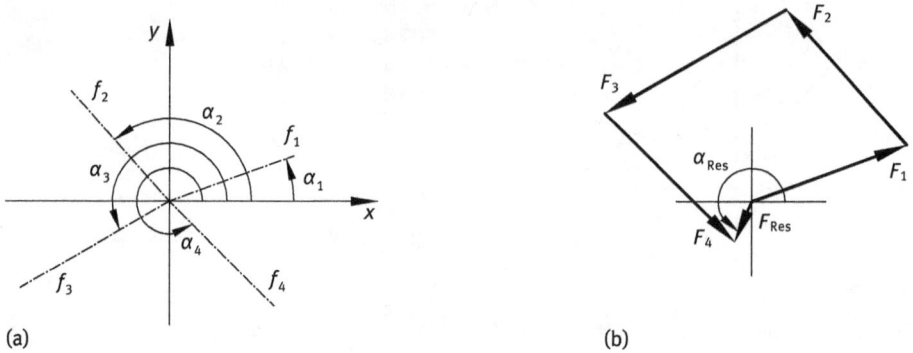

(a)   (b)

Abb. 3.7: Darstellung von Lageplan und Kräfteplan; (a) Lageplan, (b) Kräfteplan

Im Kräfteplan (Abbildung 3.7b) fügen wir die Kräfte unter Berücksichtigung ihrer Richtungen in beliebiger Reihenfolge maßstäblich aneinander.

Das Krafteck wird in entgegengesetzter Pfeilrichtung durch die Resultierende F_{Res} geschlossen. Aus dem Kräfteplan lesen wir im Rahmen der Zeichnungsgenauigkeit ab:

$$\langle F_{Res}\rangle = 3{,}2\,\text{cm} \quad \Rightarrow \quad F_{Res} = \langle F_{Res}\rangle \cdot m_F = 3{,}2\,\text{cm} \cdot 0{,}5\,\frac{\text{kN}}{\text{cm}} = \underline{1{,}6\,\text{kN}}\,,$$

$$\underline{\alpha_{Res} = 244°}\,.$$

Zur Übung sollte obige Vektoraddition in veränderter Reihenfolge der Kräfte durchgeführt werden.

Die exakte Ausdrucksform der Mechanik ist die Mathematik. Für die rechnerische Zusammensetzung bzw. Zerlegung der Kraftvektoren empfiehlt sich die Verwendung einer so genannten Vektorbasis aus orthogonalen Einheitsvektoren (Abbildung 3.8).

Fallen das kartesische[1]Koordinatensystem und die Vektorbasis zusammen, spricht man von einem *Bezugssystem*.

Aus Abbildung 3.8, dem ebenen Sonderfall mit den Basisvektoren $\vec{e}_x$ und $\vec{e}_y$, lässt sich die Komponentendarstellung der Kraft $\vec{F}$ ablesen:

$$\vec{F} = \vec{F}_x + \vec{F}_y = F_x.\vec{e}_x + F_y.\vec{e}_y \tag{3.3}$$

$$\text{mit} \quad \vec{F}_x = F \cdot \cos\alpha \quad \text{und} \quad \vec{F}_y = F \cdot \sin\alpha\,. \tag{3.4}$$

In Gleichung (3.4) sind die Vektoren $\vec{F}_x$ und $\vec{F}_y$ die *Komponenten* der Kraft $\vec{F}$. Die Teilkräfte F_x und F_y sind die *Maßzahlen* oder *Vektorkoordinaten*[2] der Kraft $\vec{F}$.

---

1 Nach René Descartes, 1596–1650, französischer Philosoph, Mathematiker und Naturwissenschaftler

2 Im allgemeinen Sprachgebrauch des Ingenieurs wird diese feinere Unterscheidung zwischen Komponenten und Vektorkoordinaten meist nicht gemacht, sondern es wird in beiden Fällen von Komponenten gesprochen.

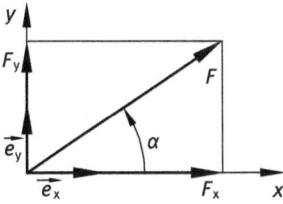

Abb. 3.8: Kraftkomponenten

Den Betrag der resultierenden Kraft erhält man mit dem Satz des PYTHAGORAS[3]:

$$F = |\vec{F}| = \sqrt{F_x^2 + F_y^2} \tag{3.5}$$

und ihre Richtung mit dem Winkel zur positiven x-Achse, dem Richtungswinkel α im Bereich $0° \leq \alpha \leq 360°$ zu

$$\alpha = \arctan \frac{F_y}{F_x} . \tag{3.6}$$

Die Vektoraddition zur Berechnung der Resultierenden zweier in verschiedener Richtung wirkenden Kräfte führen wir so durch, dass ihre Teilkräfte in den den jeweiligen Koordinatenrichtungen addiert werden (siehe Abbildung 3.9).

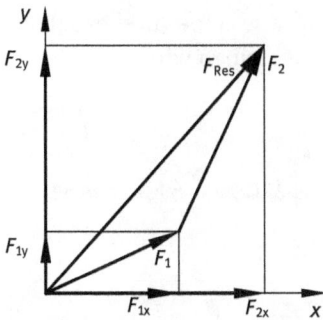

Abb. 3.9: Vektorielle Addition zweier Kräfte

Nach den Rechenregeln der Vektoraddition wird somit:

$$\vec{F}_{Res} = \vec{F}_1 + \vec{F}_2 + \cdots + \vec{F}_n = \sum_{i=1}^{n} \vec{F}_i \tag{3.7}$$

$$\vec{F}_{Res} = (\vec{e}_x \cdot F_{1x} + \vec{e}_y F_{1y}) + (\vec{e}_x \cdot F_{2x} + \vec{e}_y \cdot F_{2y}) + \cdots + (\vec{e}_x \cdot F_{nx} + \vec{e}_y \cdot F_{ny})$$

$$\vec{F}_{Res} = \vec{e}_x \cdot (F_{1x} + F_{2x} + \cdots + F_{nx}) + \vec{e}_y \cdot (F_{1y} + F_{2y} + \cdots + F_{ny})$$

$$\vec{F}_{Res} = \vec{e}_x \cdot F_{Res\,x} + \vec{e}_y \cdot F_{Res\,y} .$$

---

3 PYTHAGORAS VON SAMOS, um 570–500 v. Chr., griechischer Philosoph und. Mathematiker

Die skalaren Teilkräfte

$$F_{\text{Res}\,x} = F_{1x} + F_{2x} + \cdots + F_{nx} \quad \text{bzw.} \quad F_{\text{Res}\,y} = F_{1y} + F_{2y} + \cdots + F_{ny} \,,$$

lassen sich unter Verwendung des Summenzeichens und Gleichung (3.4) darstellen als

$$F_{\text{Res}\,x} = \sum_{i=1}^{n} F_{ix} = \sum_{i=1}^{n} F_i \cdot \cos \alpha_i \tag{3.8a}$$

$$F_{\text{Res}\,y} = \sum_{i=1}^{n} F_{iy} = \sum_{i=1}^{n} F_i \cdot \sin \alpha_i \,. \tag{3.8b}$$

Den Betrag der resultierenden Kraft erhält man zu

$$F_{\text{Res}} = \sqrt{F_{\text{Res}\,x}^2 + F_{\text{Res}\,y}^2} \tag{3.9}$$

und mit dem Richtungswinkel α ihre Richtung

$$\alpha = \arctan \frac{F_{\text{Res}\,y}}{F_{\text{Res}\,x}} \,. \tag{3.10}$$

Beispiel 3.2. Die Aufgabenstellung des vorherigen Beispiels soll nun rechnerisch gelöst werden.

Lösung. Da das Koordinatensystem schon vorgegeben war, ist eine diesbezügliche Überlegung nicht erforderlich. Mit den Gleichungen (3.8) schreiben wir:

$F_{\text{Res}\,x} = F_{1x} + F_{2x} + F_{3x} + F_{4x}$

$F_{\text{Res}\,x} = F_1 \cdot \cos \alpha_1 + F_2 \cdot \cos \alpha_2 + F_3 \cdot \cos \alpha_3 + F_4 \cdot \cos \alpha_4$

$F_{\text{Res}\,x} = 3,8\,\text{kN} \cdot \cos 20° + 4,5\,\text{kN} \cdot \cos 132° + 5,4\,\text{kN} \cdot \cos 210° + 4,8\,\text{kN} \cdot \cos 315°$

$F_{\text{Res}\,x} = -0,72\,\text{kN} \,.$

$F_{\text{Res}\,y} = F_{1y} + F_{2y} + F_{3y} + F_{4y}$

$F_{\text{Res}\,y} = F_1 \cdot \sin \alpha_1 + F_2 \cdot \sin \alpha_2 + F_3 \cdot \sin \alpha_3 + F_4 \cdot \sin \alpha_4$

$F_{\text{Res}\,y} = 3,8\,\text{kN} \cdot \sin 20° + 4,5\,\text{kN} \cdot \sin 132° + 5,4\,\text{kN} \cdot \sin 210° + 4,8\,\text{kN} \cdot \sin 315°$

$F_{\text{Res}\,y} = -1,45\,\text{kN} \,.$

Mit Gleichungen (3.9) und (3.10) wird

$$F_{\text{Res}} = \sqrt{F_{\text{Res}\,x}^2 + F_{\text{Res}\,y}^2} = \sqrt{0,72^2 + 1,45^2} \cdot \text{kN} = \underline{1,62\,\text{kN}} \,,$$

$$\alpha = \arctan \frac{F_{\text{Res}\,y}}{F_{\text{Res}\,x}} = \arctan \frac{-1,45}{-0,72} = 63,5° + 180° = \underline{243,5°} \,.$$

Bei der Berechnung des Richtungswinkels im Bereich $0° \le \alpha \le 360°$ ist die Mehrdeutigkeit der Tangensfunktion zu beachten. Aus den negativen Vorzeichen der beiden Komponenten der Resultierenden $F_{\text{Res}\,x}$ und $F_{\text{Res}\,y}$ erkennen wir Richtung und Wirkungssinn der resultierenden Kraft im 3. Quadranten. Als Hilfestellung hierzu kann die Tabelle 3.1 dienen.

Tab. 3.1: Lage der Resultierenden

Quadrant	1.	2.	3.	4.
$F_{\text{Res}\,x}$	+	−	−	+
$F_{\text{Res}\,y}$	+	+	−	−

Das oben gezeigte Vorgehen erfordert die Angabe des jeweiligen Richtungswinkels $0° \leq \alpha \leq 360°$ mit der positiven x-Achse. Dies ist auf den üblichen Konstruktions- und Werkstattzeichnungen in der Regel nicht der Fall. Bei Rechnungen mit Winkeln, die dieser Vorgabe nicht entsprechen, müssen die angegebenen Winkel entweder umgerechnet oder die Vorzeichen für die Richtungen der Kräfte nach der Anschauung (Tabelle 3.1) selbst festgelegt werden.

Bei einer größeren Anzahl von Kräften kann auch die Anfertigung eines Rechenschemas aus der Vorcomputerzeit für die Berechnung der resultierenden Teilkräfte sinnvoll sein (siehe folgende Tabelle):

i	$\dfrac{F_i}{\text{kN}}$	$\dfrac{\alpha_i}{°}$	$\dfrac{F_{ix}}{\text{kN}}$	$\dfrac{F_{iy}}{\text{kN}}$
1	3,80	20	3,571	1,300
2	4,50	132	−3,011	3,344
3	5,40	210	−4,677	−2,700
4	4,80	315	3,394	−3,394
Σ			−0,723	−1,450

Beispiel 3.3. Die auf Abbildung 3.10 dargestellte Anordnung mit ist $\alpha = \beta = 30°$ durch eine Gewichtskraft von $F_G = 1700\,\text{N}$ belastet.

Zu berechnen sind:
a) der Winkel der Pendelstütze zur Senkrechten,
b) die Kraft in der Pendelstütze,
c) die Kraft, die der Bolzen C der Rollenlagerung aufnehmen muss.

Lösung. Wir schneiden die beiden Rollen frei (siehe Abbildung 3.11). Die resultierende Kraft, äquivalent den Seilkräften, muss durch den Schnittpunkt der Wirkungslinien der Seilkräfte sowie durch den Drehpunkt der Rollen (Kraftübertragung von der Rolle auf den Lagerbolzen) verlaufen.

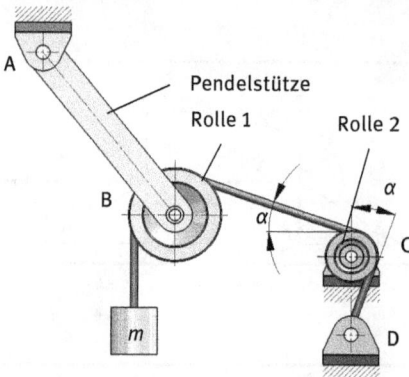

Abb. 3.10: Aufhängung

a) Damit ist die Richtung der jeweiligen Resultierenden durch die geometrischen Verhältnisse (Winkelhalbierende der Seilkräfte) bekannt. Die Pendelstütze stellt sich somit unter einem Winkel von 30° zur Senkrechten ein.

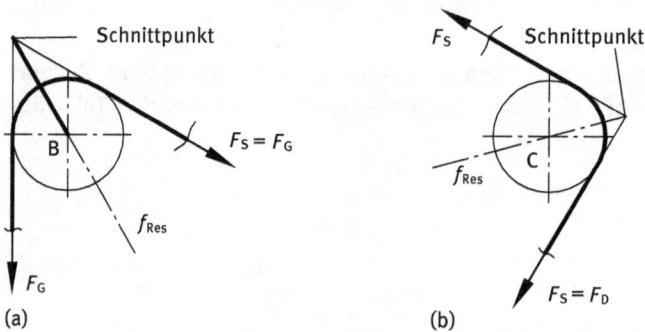

Abb. 3.11: Freigeschnittene Rollen; (a) Lageplan Rolle 1, (b) Lageplan Rolle 2

b) Da an jeder Rolle drei Kräfte wirken, wählen wir den graphoanalytischen Weg zur Berechnung der Beträge der Resultierenden gemäß Abbildung 3.12.

Mit $F_S = F_G$ und den Winkeln der Aufgabenstellung lassen sich aus dem Lageplan die im Kräfteplan eingetragenen Winkel aus der Anschauung finden.

Die Kraft in der Pendelstütze ist die Resultierende; ihren Betrag berechnen mit dem Sinussatz (Abbildung 3.12a):

$$F_{Res} = \frac{\sin 120°}{\sin 30°} \cdot F_S = \underline{2944\,\text{N}}\,.$$

c) Den Betrag der Kraft auf den Bolzen C der Rollenlagerung können wir im rechtwinkligen Dreieck (Abbildung 3.12b) mit der Kosinusfunktion berechnen.

$$F_{Res} = F_C = \frac{F_S}{\cos 45°} = \underline{2404\,\text{N}}\,.$$

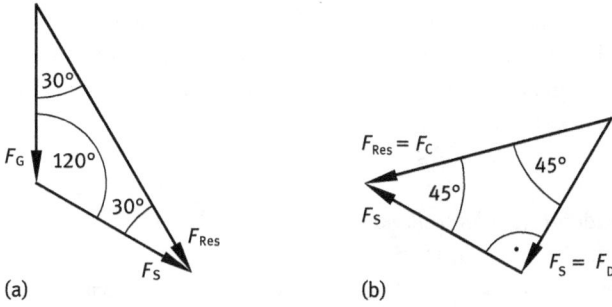

Abb. 3.12: Graphoanalytische Lösung; (a) Kräfteplan Rolle 1, (b) Kräfteplan Rolle 2

Beispiel 3.4. Die auf Abbildung 3.13 skizzierten Federn sind gelenkig miteinander spielfrei verbunden und in der gezeigten Stellung entspannt. Aus dieser Stellung wird der Verbindungspunkt A um $u = 18\,\text{mm}$ waagerecht, wie gezeigt, nach A_1 verschoben.

Es ist zu berechnen, welche Zugkraft $\vec{F}$ erforderlich ist, um das System in der ausgelenkten Lage zu halten, wenn für die Federkonstanten $c_1 = 120\,\text{N/mm}$ und $c_2 = c_3 = 100\,\text{N/mm}$ gilt.

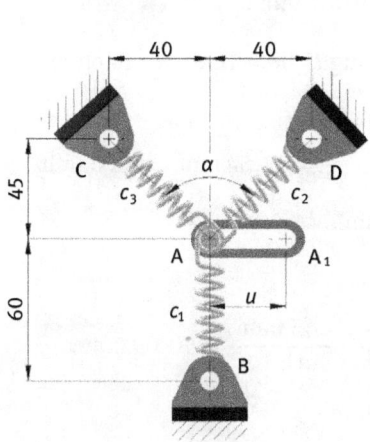

Abb. 3.13: Federsystem

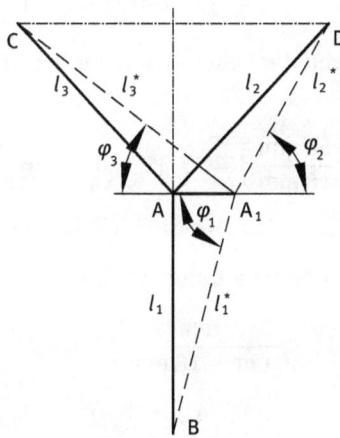

Abb. 3.14: Geometrische Zusammenhänge

Lösung. Die im obigen System gelenkig aufgehängten Federn entsprechen elastischen Stäben. Sie übertragen nur Zug- oder Druckkräfte in Richtung der Verbindungslinie der jeweiligen Gelenkpunkte.

Eine Feder ist im mechanischen Ersatzmodell ein masseloses Element mit Rückstelleigenschaften. Das heißt, dass die Feder auf eine aufgebrachte Verformung mit einer Gegenkraft (Rückstellkraft) reagiert. Trägt man die Federkraft F_F über dem Federweg s auf, so erhält man eine *Federkennlinie*. Für eine *lineare* Federkennlinie[4] ist die Rückstellkraft proportional zum Federweg und damit unabhängig von diesem. Der Proportionalitätsfaktor

$$c = \frac{F_F}{s} \tag{3.11}$$

wird *Federkonstante* (auch *Federzahl*, *Federsteifigkeit* oder *Federrate R*) genannt.

Wenn die Federwege so klein sind, dass sich die geometrischen Verhältnisse durch die Federwege nicht maßgeblich ändern (*steife Federn*), werden – wie in der Statik starrer Körper üblich – die Gleichungen am unverformten System aufgeschrieben (Theorie I. Ordnung).

Unterscheidet sich die Gleichgewichtslage wie bei dieser Aufgabe deutlich von der am unbelasteten System, sprechen wir von *weichen Federn*. Ohne eine Verformungsbetrachtung können dann Aufgaben wie diese nicht gelöst werden.

Wir müssen also aus der Verschiebung des Verbindungspunktes A die daraus resultierenden Längenänderungen (Federwege) mit Hilfe der Abbildung 3.14 ermitteln, um die Federkräfte mit Gleichung (3.11) berechnen zu können.

Die Ausgangslängen der Federn entnehmen wir der Zeichnung ($l_1 = 60\,\text{mm}$) bzw. berechnen sie mit dem Satz des PYTHAGORAS

$$l_2 = l_3 = \sqrt{40^2 + 45^2} \cdot \text{mm} = 60{,}21\,\text{mm} \ .$$

Die Verlängerungen der Federn nach der Verschiebung l_i^* berechnen wir nach Abbildung 3.14 mit

$$\varphi_1 = \arctan\left(\frac{60\,\text{mm}}{18\,\text{mm}}\right) = 73{,}3° \quad \text{zu} \quad l_1^* = \frac{60\,\text{mm}}{\sin 73{,}3°} = 62{,}64\,\text{mm} \quad \text{und damit}$$

$$\Delta l_1 = l_1^* - l_1 = 2{,}64\,\text{mm} \ .$$

Mit den übrigen Federn verfahren wir entsprechend:

$$\varphi_2 = \arctan\left(\frac{45\,\text{mm}}{40\,\text{mm} - 18\,\text{mm}}\right) = 63{,}9° \ ; \quad l_2^* = \frac{45\,\text{mm}}{\sin 63{,}9°} = 50{,}09\,\text{mm} \ ,$$

$$\Delta l_2 = l_2^* - l_2 = -10{,}12\,\text{mm} \ .$$

$$\varphi_3 = \arctan\left(\frac{45\,\text{mm}}{40\,\text{mm} + 18\,\text{mm}}\right) = 37{,}8° \ ; \quad l_3^* = \frac{45\,\text{mm}}{\sin 37{,}8°} = 73{,}41\,\text{mm} \ ,$$

$$\Delta l_3 = l_3^* - l_3 = 13{,}20\,\text{mm} \ .$$

---

4 Die Annahme linearen Verformungsverhaltens ist eine Idealisierung. Praktisch haben alle Federn eine nichtlineare Kennlinie mit Hysteresecharakter, d. h. unterschiedliche Federkräfte bei Be- und Entlastung der Feder. In vielen Fällen lässt sich das Federverhalten aber durch eine Gerade gut annähern.

Damit berechnen wir über die Federkonstante, Gleichung (3.11), die Federrückstellkräfte zu

$$F_i = c_i \cdot \Delta l_i \quad \Rightarrow \quad \begin{cases} F_{F1} = 120\,\text{N/mm} \cdot 2{,}6\,\text{mm} = \underline{317\,\text{N}} \\ F_{F2} = 100\,\text{N/mm} \cdot (-13{,}9\,\text{mm}) = \underline{-1012\,\text{N}} \\ F_{F3} = 100\,\text{N/mm} \cdot 13{,}2\,\text{mm} = \underline{1320\,\text{N}} \, . \end{cases}$$

Zu beachten ist, dass die Feder 2 durch die Verschiebung des Verbindungspunktes gestaucht wird, also als Druckfeder wirkt[5]. Das negative Vorzeichen aus dem Federweg zeigt dies auch an[6].

Um die Frage nach Betrag und Richtung der am Verbindungspunkt der Federn angreifenden Einzelkraft beantworten zu können, müssen wir die Resultierende berechnen. Wir addieren anstelle der Vektoren die skalaren Teilkräfte, Gleichungen (3.8), in einem kartesischen Koordinatensystem (Koordinatenursprung in A_1). Da wir nicht mit dem Richtungswinkel $0° \le \alpha \le 360°$ (siehe oben) arbeiten wollen, definieren wir die Vorzeichen für die Richtung der Kräfte aus der Anschauung nach Abbildung 3.15a und setzen in die Gleichungen nur noch die Beträge der Kräfte ein:

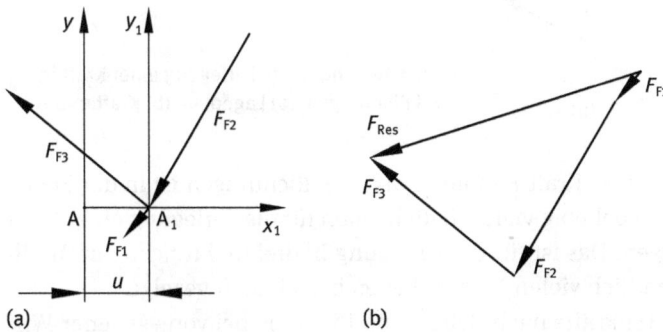

Abb. 3.15: Resultierende Federkraft; (a) Lageplan, (b) Kräfteplan

$$F_{\text{Res}\,x} = -F_{F1} \cdot \cos \varphi_1 - F_{F2} \cdot \cos \varphi_2 - F_{F3} \cdot \cos \varphi_3 = -1579\,\text{N} \, ;$$

$$F_{\text{Res}\,y} = -F_{F1} \cdot \sin \varphi_1 - F_2 \cdot \sin \varphi_2 + F_3 \cdot \sin \varphi_3 = -403\,\text{N} \, .$$

Mit Gleichung (3.9) berechnen wir den Betrag der gesuchten Kraft

$$F_{\text{Res}} = \sqrt{F_{\text{Res}\,x}^2 + F_{\text{Res}\,y}^2} = \underline{1629\,\text{N}} \, .$$

Für die Richtung der Resultierenden erhalten wir mit Gleichung (3.10) unter Beachtung der Tabelle 3.1

$$\tan \beta = \arctan \frac{-F_{\text{Res}\,y}}{-F_{\text{Res}\,x}} = 14{,}3° \quad \Rightarrow \quad \underline{\alpha = 180° + \beta = 194{,}3°} \, .$$

---

5 Bei Druckfedern besteht die Gefahr des seitlichen Ausweichens (Knicken).
6 Es gibt keine negativen mechanischen Kräfte; das Vorzeichen gibt allein die Richtung an.

Die Resultierende ist die Einzelkraft, die definitionsgemäß die Kräfte F_{F1}, F_{F2} und F_{F3} ersetzt; d. h. der Auslenkung entgegenwirkt (Abbildung 3.15b). Die Kraft, die das System in der ausgelenkten Lage hält, ist die Gegenkraft zur Resultierenden $F_{Gl} = -F_{Res}$. Sie wirkt demgemäß unter dem Winkel $\beta = 14{,}3°$.

3.3 Die Kraftzerlegung

Nach dem Parallelogrammsatz lässt sich, wie Abbildung 3.16 zeigt, eine gegebene Kraft durch *zwei* Teilkräfte, mit beliebigen, verschiedenen Wirkungslinien, die sich in *einem* (und damit gemeinsamen) Punkt auf den Wirkungslinien schneiden, ersetzen.

Danach ist das Kräftesystem aus den Teilkräften $\vec{F}_1$ und $\vec{F}_2$ der gegebenen Kraft $\vec{F}$ gleichwertig und die Zerlegung ist eindeutig.

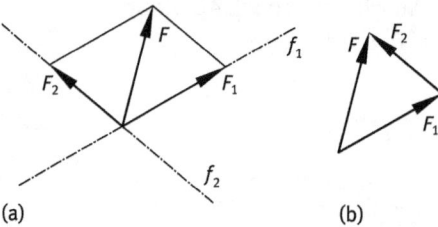

Abb. 3.16: Eindeutige Zerlegung einer Kraft in zwei Richtungen; (a) Lageplan, (b) Kräfteplan

Eine *eindeutige* Zerlegung einer Kraft F in mehr als zwei Richtungen ist in der Ebene nicht möglich. Es existieren beliebig viele Möglichkeiten für die Zerlegung einer Kraft in mehr als zwei Richtungen. Das ist für die Zerlegung in drei Richtungen auf Abbildung 3.17 an drei von unendlich vielen Möglichkeiten beispielhaft gezeigt.

Die Bestimmung der Teilkräfte nach Betrag und Richtung bei vorgegebener Wirkungslinie soll mittels Krafteckverfahren erfolgen. Für die Zerlegung einer Kraft F in zwei vorgegebene Wirkungslinien f_1 und f_2 (Abbildung 3.18a) zeichnen wir das Krafteck, indem wir durch den Anfangs- und Endpunkt von $\vec{F} \equiv \vec{F}_{Res}$ je eine der vorgegebene Wirkungslinien legen.

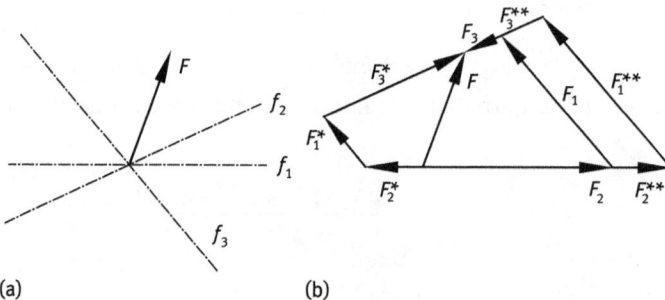

Abb. 3.17: Mehrdeutigkeit der Zerlegung einer Kraft in drei Richtungen; (a) Lageplan, (b) Kräfteplan

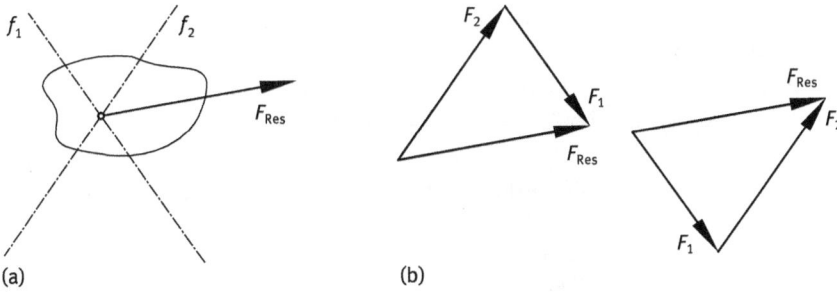

(a)   (b)

Abb. 3.18: Zeichnerische Kräftezerlegung nach dem Krafteckverfahren; (a) Lageplan, (b) Kräfteplan

Damit ergeben sich zwei gleichwertige Varianten (Abbildung 3.18b), aus denen sich die gesuchten Teilkräfte nach Betrag und Richtungssinn ergeben

Für viele Anwendungen ist die Zerlegung von Kräften entsprechend ihrer Darstellung in kartesischen Koordinaten in senkrecht aufeinander stehende Komponenten entsprechend Abbildung 3.8 zweckmäßig.

Mit der Gleichung (3.3) schreiben wir für die Komponenten

$$\vec{F}_x = F_x \cdot \vec{e}_x \quad \text{und} \quad \vec{F}_y = F_y \cdot \vec{e}_y \tag{3.12}$$

und damit gilt Gleichung (3.4) $\vec{F}_x = F_x \cdot \cos\alpha$ und $\vec{F}_y = F_y \cdot \sin\alpha$.

Beispiel 3.5. Für den auf Abbildung 3.19 gezeigten Kurbeltrieb sind bei einer Antriebskraft $F_{an} = 2500\,\text{N}$ für die gezeigte Kurbelstellung von $\varphi = 50°$ die Kraftkomponente in die tangential zum Umfang verlaufende Kraftkomponente F_t, und die in Richtung der Drehpunktes wirkende Radialkomponente F_r im Gelenk A zu berechnen.

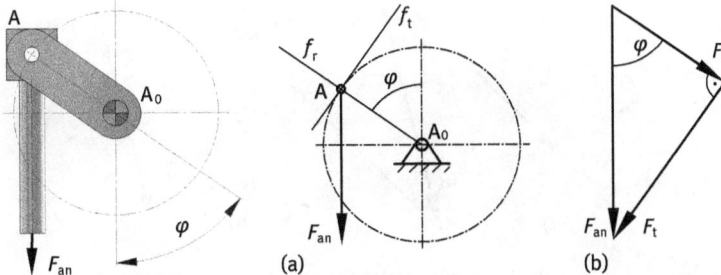

(a)   (b)

Abb. 3.19: Kurbeltrieb   **Abb. 3.20:** Zeichnerische Lösung zum Kurbeltrieb;
                                 (a) Lageplan, (b) Kräfteplan

Lösung. Wir schneiden zunächst wieder den Mechanismus frei und definieren im Lageplan die Kraftrichtungen (Abbildung 3.20a). Damit können wir sofort im Kräfteplan das Krafteck konstruieren. Da die Teilkräfte der Antriebskraft (der Resultierenden) gesucht sind, muss sich das Krafteck in entgegengesetzter Richtung zur Antriebskraft schließen (Abbildung 3.20b).

Für die zeichnerische Lösung können wir, wenn ein Maßstabsfaktor für die Kraft festgelegt wurde, die Beträge der Teilkräfte aus den abgelesenen Längen ausrechnen (siehe Bsp. 3.1).

Die Berechnung der Teilkräfte erfolgt schneller und genauer aus dem Krafteck (Kräfteplan) zu:

$$F_t = F_{an} \cdot \sin \varphi = 2500 \, \text{N} \cdot \sin 50° = \underline{1915 \, \text{N}} \, ,$$

$$F_r = F_{an} \cdot \sin \varphi = 2500 \, \text{N} \cdot \cos 50° = \underline{1607 \, \text{N}} \, .$$

Beispiel 3.6. An der Befestigung greifen gemäß Abbildung 3.21 die Kräfte F_1 = 2,60 kN und F_2 = 5,00 kN unter den Winkeln α = 25° und β = 45° an. Diese Kräfte sind in zwei vorgegebene Richtungen u und v zu zerlegen. Der Winkel zwischen diesen beiden Wirkungslinien soll γ = 75° betragen.

Es sind die Beträge für die Kräfte F_u und F_v zu ermitteln.

Lösung. Wir machen uns die Zusammenhänge anhand zweier Skizzen, Abbildung 3.22, klar. Im ersten Schritt werden die beiden in der Aufgabenstellung vorgegebenen Kräfte F_1 und F_2 zu einer Resultierenden, zusammengefasst (Abbildung 3.22a), die – wie wir wissen – die Äquivalenz der beiden Kräften ist. Diese „Ersatzkraft" zerlegen wir anschließend in die beiden vorgegebenen Richtungen und erhalten die Kräfte F_u und F_v (Abbildung 3.22b).

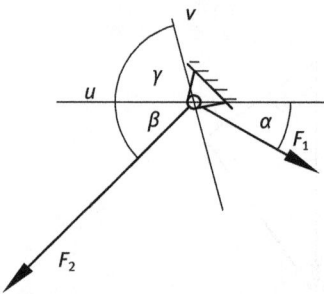

Abb. 3.21: Halterung

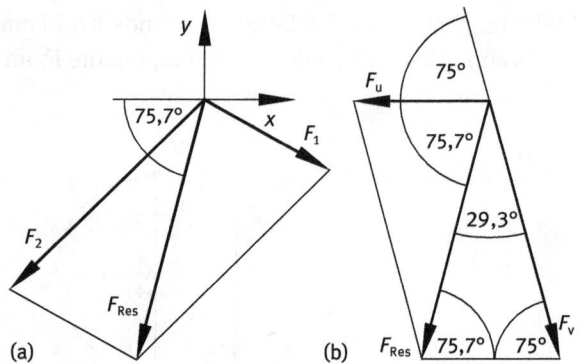

Abb. 3.22: Zeichnerische Lösung (Kräfteplan); (a) Resultierende, (b) Kraftzerlegung

Zur Berechnung der Resultierenden addieren wir die skalaren Teilkräfte von F_1 und F_2. Das orthogonale Bezugssystem wird im Kraftangriffspunkt festgelegt, die x-Achse fällt mit der Richtung u zusammen. Die die Vorzeichen für die Richtung der Kräfte bestimmen wir wieder wie im vorigen Beispiel aus der Anschauung nach Abbildung 3.21.

Damit gilt:

$$F_{\text{Res}\,x} = F_1 \cos \alpha - F_2 \cos \beta = 2,60\,\text{kN} \cos 25° - 5,00\,\text{kN} \cos 45° = -1,18\,\text{kN}$$

$$F_{\text{Res}\,y} = -F_1 \sin \alpha - F_2 \sin \beta = -2,60\,\text{kN} \sin 25° - 5,00\,\text{kN} \sin 45° = -4,63\,\text{kN}$$

$$F_{\text{Res}} = \sqrt{F_{\text{Res}\,x}^2 + F_{\text{Res}\,y}^2} = \underline{4,78\,\text{kN}}$$

$$\tan \alpha_{\text{Res}} = \frac{F_{\text{Res}\,y}}{F_{\text{Res}\,x}} = 3,93 \quad \Rightarrow \quad \underline{\alpha_{\text{Res}} = 75,7° + 180° = 255,7°.}$$

Die Zerlegung der resultierenden Kraft F_{Res} in die Kräfte F_u und F_v mit dem übersichtlichen Parallelogrammverfahren zeigt Abbildung 3.22b. Mit dem aus der Abbildung hervorgehenden Winkel zwischen F_{Res} und F_v von $180° - (75° + 75,7°) = 29,3°$ schreiben wir mit dem Sinussatz:

$$F_\text{u} = \frac{\sin 29,3°}{\sin 75°} \cdot F_{\text{Res}} = \underline{2,42\,\text{kN}}\;,$$

$$F_\text{v} = \frac{\sin 75,7°}{\sin 75°} \cdot F_{\text{Res}} = \underline{4,80\,\text{kN}}\;.$$

3.4 Das Gleichgewicht

Ein beliebig belasteter Körper befindet sich im statischen Gleichgewicht, wenn er bei der Belastung im Zustand der *relativen* Ruhe bleibt; d. h. sich mit konstanter Geschwindigkeit bewegt oder mit dem Sonderfall $v = 0$ in der Ruhelage verharrt.

Wir betrachten noch einmal das Beispiel 3.1 (Abbildung 3.23a): Wir wissen, dass eine Resultierende die Wirkung der Einzelkräfte ersetzt und das Krafteck immer in entgegengesetzter Richtung schließt. Ein nur durch diese Kraftwirkung belasteter Körper würde *beschleunigt* in Richtung der Resultierenden verschoben werden (eine Drehung des Körpers durch ein zentrales Kräftesystem ist ausgeschlossen). Wenn diese

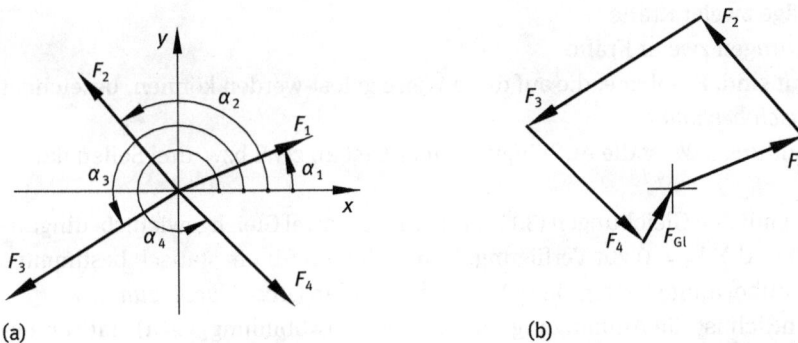

(a) (b)

Abb. 3.23: Kräfte im Gleichgewicht; (a) belasteter Knoten (Bsp. 3.1), (b) geschlossenes Krafteck (Gleichgewichtskraft)

beschleunigte Bewegung verhindert werden soll, muss eine gleich große Kraft $\vec{F}_{Gl}$ auf gleicher Wirkungslinie entgegengesetzt zur Resultierenden wirken. Damit wird die geometrische Summe der Kräfte Null

$$\vec{F}_{Res} = -\vec{F}_{Gl} \quad \Rightarrow \quad \vec{F}_1 + \vec{F}_2 + \vec{F}_3 + \vec{F}_4 + \vec{F}_{Gl} = 0 \,.$$

Das Krafteck schließt sich bei fortlaufendem Pfeilsinn (siehe Abbildung 3.23b im Vergleich zu Abbildung 3.7b) und der damit durch jetzt fünf Kräfte belastete Knoten befindet sich im Gleichgewichtszustand.

Allgemein gilt, dass n Kräfte im Gleichgewicht sind, wenn die vektorielle Summe verschwindet.

$$\vec{F}_{Res} = \vec{F}_1 + \vec{F}_2 + \ldots + \vec{F}_i + \ldots + \vec{F}_n = \sum_{i=1}^{n} \vec{F}_i = 0 \,. \tag{3.13}$$

Somit gilt, entsprechend den Gleichungen (3.8), für die skalaren Teilkräfte

$$F_{Res\,y} = F_{1y} + F_{2y} + \cdots + F_{ny} = 0 \quad \text{bzw.} \quad F_{Res\,y} = F_{1y} + F_{2y} + \cdots + F_{ny} = 0 \,.$$

Unter Verwendung des Summenzeichens und Gleichung (3.4) wird im kartesischen Koordinatensystem mit dem Richtungswinkel $0° \leq \alpha \leq 360°$:

$$\sum_{i=1}^{n} F_{ix} = \sum_{i=1}^{n} F_i \cdot \cos \alpha_i = 0 \tag{3.14}$$

$$\sum_{i=1}^{n} F_{iy} = \sum_{i=1}^{n} F_i \cdot \sin \alpha_i = 0 \,. \tag{3.15}$$

Dies ist eine notwendige Bedingung für das Gleichgewicht. Daraus folgt, dass im zentralen Kräftesystem in der Ebene nur Gleichgewichtsaufgaben gelöst werden können, bei denen nicht mehr als *zwei* Bestimmungsgrößen unbekannt sind. Bei bekanntem Angriffspunkt und mindestens einer bekannten Kraft lassen sich Gleichgewichtsaufgaben lösen, wenn:
- der Betrag und die Richtung einer Kraft
- die Beträge zweier Kräfte
- die Richtungen zweier Kräfte

nicht bekannt sind. Probleme, die auf diese Weise gelöst werden können, bezeichnet man als *statisch bestimmt*.

Auf Abbildung 3.24 ist die Aufhängung einer Last an zwei bzw. drei Seilen dargestellt.

Es stehen mit den Gleichungen (3.14) und (3.15) die zwei Gleichgewichtsbedingungen $\sum F_x = 0$ und $\sum F_y = 0$ zur Verfügung. Damit können für ein statisch bestimmtes System zwei unbekannte Lagergrößen berechnet werden (*Abzählbedingung*).

Offensichtlich ist die Aufhängung an zwei Seilen (Abbildung 3.24a) statisch bestimmt und an drei Seilen (Abbildung 3.24c) *statisch unbestimmt*. Das heißt, dass ein Seil zu viel ist und damit eine Gleichung fehlt. Spätestens bei der Berechnung der Seilkräfte werden wir aber feststellen, dass uns auch für die Berechnung im Falle b) eine

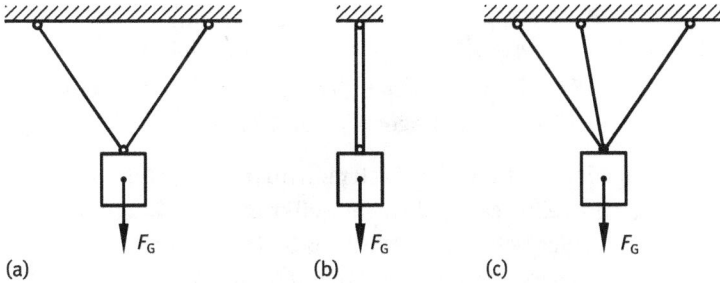

Abb. 3.24: Aufhängung einer Last; (a) statisch bestimmt, (b) überbestimmt, (c) überbestimmt

Gleichung fehlt, weil durch die ohnehin mit 0 = 0 erfüllte Gleichgewichtsbedingung $\sum F_x = 0$ für zwei unbekannte Seilkräfte nur noch die eine Gleichung $\sum F_y = 0$ zur Verfügung steht.

Die „naheliegende" Annahme, dass in diesem Fall die beiden Seilkräfte gleich groß sind, gilt nur für exakt gleiche Seillängen und exakt gleiche Dehnungen (in der Praxis kaum zu realisieren) oder wenn das Seil wie im folgenden Beispiel 3.7 über eine reibungslose Rolle geführt würde.

Für zwei getrennt befestigte Seile ist zwischen dem Extremfall der völligen Entlastung eines Seiles (was bedeutet, dass das andere Seil die ganze Last trägt) und der Gleichbelastung jedes Seils mit der halben Gewichtskraft jede Lösung möglich. Das bedeutet, dass die Aufhängung b) trotz zutreffender Abzählbedingung statisch unbestimmt ist und die Abzählbedingung eine notwendige, aber keine hinreichende Bedingung ist. Die hinreichende Bedingung für die statische Bestimmtheit wird im folgenden Abschnitt aufgezeigt.

Beispiel 3.7. Auf Abbildung 3.25 ist eine Anordnung mit zwei festen Rollen und drei Massen mit den drei Gewichtskräften skizziert.

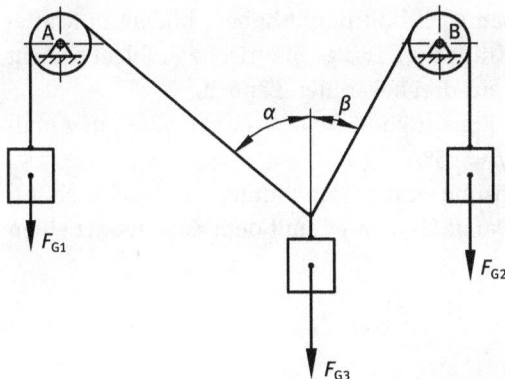

Abb. 3.25: Rolle-Masse-System

Für die Gleichgewichtslage sind mit $F_{G1} = 1{,}70\,\text{kN}$, $F_{G2} = 2{,}70\,\text{kN}$ und $F_{G3} = 3{,}00\,\text{kN}$

a) die erforderlichen Winkel α und β graphisch und analytisch zu bestimmen

b) mit den ermittelten Werten für die Winkel die Stützkraft und ihre waagerechten und senkrechten Komponenten im Rollenlager A zu berechnen

Lösung. a) Das im Gleichgewicht befindliche System wird freigeschnitten (Abbildung 3.26). Ist das Gewicht des Seiles gegenüber der Seilkraft klein, können wir es vernachlässigen und es als masselos betrachten. Wird das Seil über eine Rolle geführt und die Rolle als reibungsfrei gelagert angenommen, so gilt für die Seilkräfte $F_{Si} = F_{Gi}$ (siehe im Abschnitt 2.5 mit Abbildung 2.12).

Eine feste Rolle ist ein zweiarmiger, gleichseitiger Hebel. Das geforderte Gleichgewicht der Gewichtskräfte muss auch am Zusammenschluss der drei Seile gelten. Für den freigemachten Knoten C im Lageplan zeigt Abbildung 3.27 das Krafteck.

Laut Aufgabenstellung sind die Beträge der drei Kräfte und dazu die Richtung von F_{G3} bekannt. Unbekannt sind die Richtungen der beiden anderen Seilkräfte. Das Problem ist also mit den Mitteln der elementaren Statik lösbar.

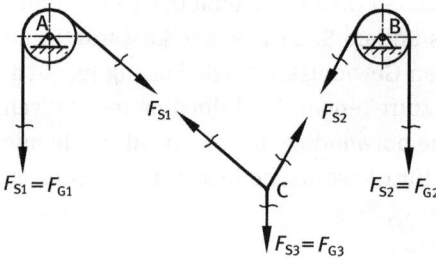

Abb. 3.26: Freigeschnittenes System   **Abb. 3.27:** Krafteck der Seilkräfte

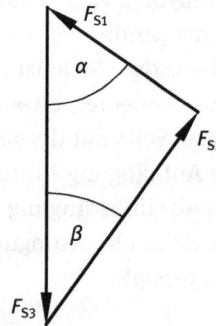

Kräfte, die im Lageplan einen gemeinsamen Schnittpunkt haben, bilden im Kräfteplan einen gemeinsamen Polygonzug (Kräftezug). Das geometrische Problem besteht also in der Konstruktion eines Dreiecks aus drei bekannten Längen.

Die Ergebnisse der maßstäblichen Konstruktion ($m_F = 0{,}3\,\text{kN/cm}$) auf Abbildung 3.27 für die Kraft lauten: $\alpha = 63°$, $\beta = 35°$.

Die sich anbietende rechnerische Lösung wird aus Abbildung 3.27 ersichtlich. Alle Längen des Dreiecks sind bekannt. Damit können wir mit dem Kosinussatz einen Winkel berechnen.

$$\text{Mit} \quad F_{S1}^2 = F_{S2}^2 + F_{S3}^2 - 2 \cdot F_{S2}^2 \cdot F_{S3}^2 \cdot \cos\beta$$

$$\text{wird} \quad \cos\beta = \frac{F_{S2}^2 + F_{S3}^2 - F_{S1}^2}{2 \cdot F_{S2} \cdot F_{S3}} = 0{,}827 \Rightarrow \underline{\beta = 34{,}2°} \,.$$

Mit diesem Winkel berechnen wir mit dem Sinussatz

$$\sin\alpha = \sin\beta \cdot \frac{F_{S2}}{F_{S1}} = 0{,}893 \quad \Rightarrow \quad \underline{\alpha = 63{,}2°} \; .$$

b) Durch den Schnittpunkt der Wirkungslinien der Seilkräfte auf Abbildung 3.28a muss im Gleichgewichtsfall die Wirkungslinie der Stützkraft F_A verlaufen. Damit ist schon die Richtung dieser Kraft zur Senkrechten mit $\gamma_A = \alpha/2 = \underline{31{,}6°}$ bekannt.

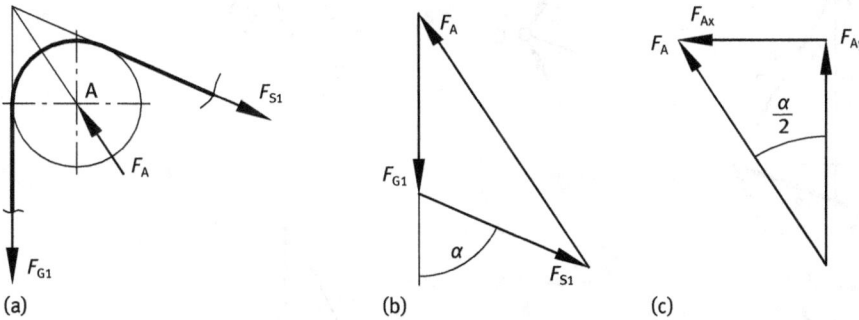

Abb. 3.28: Freigeschnittene Rolle A; (a) Lageplan der Kräfte, (b) Gleichgewicht, (c) Kraftzerlegung

Den Betrag der Stützkraft im Rollenlager A können wir nach Abbildung 3.28b mit dem Kosinussatz berechnen.

$$F_A = \sqrt{F_{G1}^2 + F_{S1}^2 - 2 \cdot F_{G1} \cdot F_{S1} \cdot \cos(180° - \alpha)} = \underline{2{,}90\,\text{kN}} \; .$$

Eine alternative Lösungsmöglichkeit besteht über die Berechnung der Teilkräfte (die ohnehin häufig gefragt sind) nach Abbildung 3.28b und c (Winkelangabe zur Senkrechten).

$$F_{Ax} = F_{S1} \cdot \sin\alpha = \underline{1{,}52\,\text{kN}} \; ,$$
$$F_{Ay} = F_{G1} + F_{S1} \cdot \cos\alpha = F_{S1} \cdot (1 + \cos\alpha) = \underline{2{,}47\,\text{kN}} \; .$$

Mit den Gleichungen (3.5) für die Resultierende F_A und Gleichung (3.6) für die Kraftrichtung γ_A haben wir auch eine Kontrollmöglichkeit zur Bestätigung der Rechnung

$$F_A = \sqrt{F_{Ax}^2 + F_{Ay}^2} = \underline{2{,}9\,\text{kN}}, \; \gamma_A = \arctan(F_{Ax}/F_{Ay}) = \underline{31{,}6°} \; .$$

Für die selbständige Übung wird die Berechnung der Kräfte für das Rollenlager B empfohlen. Zur Kontrolle sind nachfolgend die Lösungen angegeben:

$$F_{Bx} = 1{,}52\,\text{kN} \; (\text{offensichtlich}) \; , \quad F_{By} = 4{,}93\,\text{kN} \; , \quad F_B = 5{,}16\,\text{kN} \; , \quad \gamma_B = 17{,}1° \; .$$

Beispiel 3.8. Der auf Abbildung 3.29 skizzierte Kniehebeltrieb einer Presse soll in der gezeigten Stellung mit $\alpha = 25°$, $\beta = 30°$ und $\gamma = 20°$ eine Presskraft von $F_Q = 5\,\mathrm{MN}$ aufgebracht werden.

Welche Antriebskraft F_{an} ist bei Vernachlässigung der auftretenden Reibungskräfte erforderlich und wie groß sind die Stabkräfte F_{S1} und F_{S2}?

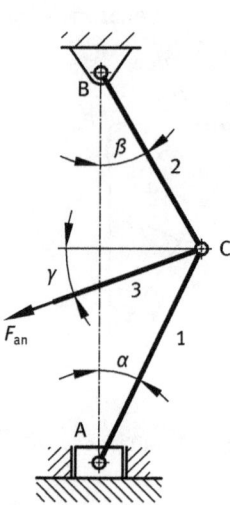

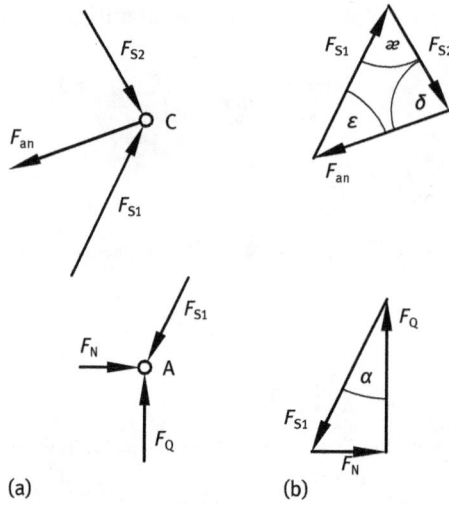

Abb. 3.29: Presse   **Abb. 3.30:** Kräfteplan; (a) freigemachte Gelenke, (b) Kraftecke

Lösung. Zunächst machen wir uns mit Hilfe einer Skizze die Wirkung der einzelnen Kräfte gemäß Aufgabenstellung am Stempel (A) und am Kniegelenk (C) klar. Wir zeichnen einen Kräfteplan (Abbildung 3.30a). Für die graphoanalytische Lösung werden die zugehörigen Kräftezüge mit den aus der Prinzipskizze (Abbildung 3.30b) ermittelten Winkeln skizziert:

$$\delta = \gamma + (90° - \beta) = 80°$$

$$\varepsilon = 90° - (\alpha + \gamma) = 45°$$

$$\kappa = \alpha + \beta = 55° .$$

Aus dem rechtwinkligen Dreieck des Gelenkpunktes A erhalten wir für die vorgegebene Presskraft F_Q die Kraft im Stab 1

$$F_{S1} = \frac{F_Q}{\cos \alpha} = \frac{5\,\mathrm{MN}}{\cos 25°} = \underline{5,517\,\mathrm{MN}} .$$

Mit der Stabkraft F_{S1} berechnen wir aus dem schiefwinkligen Kräftedreieck im Gelenkpunkt C die für diese Stellung des Kniehebels erforderliche Antriebskraft F_{an} mit dem Sinussatz

$$F_{an} = F_{S1} \cdot \frac{\sin \kappa}{\sin \delta} = 5,517\,\mathrm{MN} \cdot \frac{\sin 55°}{\sin 80°} = \underline{4,589\,\mathrm{MN}} .$$

Auf die gleiche Weise erhalten wir die Stabkraft im Stab 2

$$F_{S2} = F_{S1} \cdot \frac{\sin \varepsilon}{\sin \delta} = 5{,}517\,\text{MN} \cdot \frac{\sin 50°}{\sin 80°} = \underline{4{,}291\,\text{MN}}\ .$$

Für eine graphische Lösung (z. B. zur Kontrolle der Lösung) müssen die Kraftecke maßstäblich gezeichnet werden.

Beide Stäbe sind, wie schon aus Abbildung 3.30a ersichtlich, Druckstäbe. Dies erfordert Sicherheitsnachweise gegen Knickung.

Bei Berücksichtigung der in den Gelenken und Führungen auftretenden Reibungskräfte muss die erforderliche Antriebskraft zur Überwindung dieser Reibung tatsächlich größer, als der oben berechnete Wert sein.

Beispiel 3.9. Die Abbildung 3.31a zeigt die Belastungsskizze einer Aufhängung, die durch eine unter dem Winkel $y = 53{,}1°$ angreifende Kraft von $F = 2{,}50\,\text{kN}$ belastetet wird.

Es sind die Stabkräfte F_{S1} und F_{S2} zu berechnen.

Lösung. Zur Lösung dieser Gleichgewichtsproblematik wird der belastete Knoten gemäß (Abbildung 3.31b) freigeschnitten. Dabei werden beide Stabkräfte positiv (als Zugkräfte) angetragen. Für die Stabkräfte werden die in der Aufgabenstellung vorgegebenen (spitzen) Winkel verwendet; das heißt, die Vorzeichen für die Kräfte werden aus der Anschauung nach Abbildung 3.31b festgelegt.

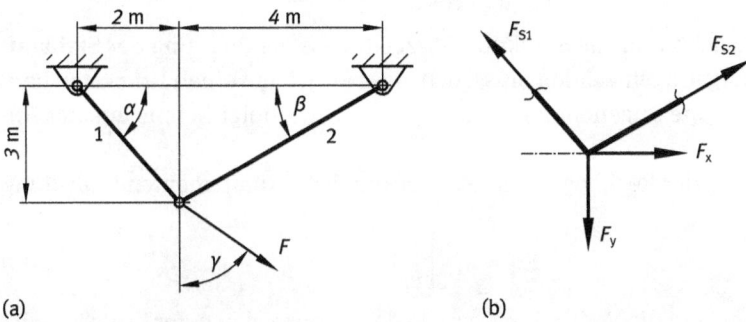

(a)   (b)

Abb. 3.31: Belastete Aufhängung; (a) Lageplan, (b) Kräfteplan

Das Aufstellen der Gleichgewichtsbedingungen (3.14) und (3.15) führt auf:

$$\sum_{i=1}^{3} F_{ix} = 0: \quad -F_{S1x} + F_{S2x} + F_x = 0 \tag{1}$$

$$\sum_{i=1}^{3} F_{iy} = 0: \quad +F_{S1y} + F_{S2y} - F_y = 0\ . \tag{2}$$

Die beiden Gleichungen enthalten vier unbekannte Größen der Stabkräfte. Das heißt, es werden zwei weitere Gleichungen benötigt, die mit den Gleichungen (3.4) gefunden sind. Es gilt

$$-F_{S1} \cdot \cos \alpha + F_{S2} \cdot \cos \beta + F_x = 0$$

$$F_{S1} \cdot \sin \alpha + F_{S2} \cdot \sin \beta - F_y = 0$$

mit den Winkeln

$$\alpha = \arctan \frac{3}{2} = 56{,}3° ; \quad \beta = \arctan \frac{3}{4} = 36{,}9° .$$

Nach Umstellen der beiden Gleichungen jeweils nach F_{S1} und anschließendem Gleichsetzen

$$\frac{F_y}{\sin \alpha} - F_{S2} \cdot \frac{\sin \beta}{\sin \alpha} = \frac{F_x}{\cos \alpha} + F_{S2} \cdot \frac{\cos \beta}{\cos \alpha}$$

wird $\quad F_{S2} \cdot \left(\dfrac{\sin \beta}{\sin \alpha} + \dfrac{\cos \beta}{\cos \alpha} \right) = \dfrac{F_y}{\sin \alpha} - \dfrac{F_x}{\cos \alpha} .$

Mit $\quad F_x = F \cdot \sin \gamma = 2{,}50 \, \text{kN} \cdot \sin 53{,}1° = 2{,}00 \, \text{kN}$

und $\quad F_y = F \cdot \cos \gamma = 2{,}50 \, \text{kN} \cdot \cos 53{,}1° = 1{,}50 \, \text{kN}$

werden die Stabkräfte nach einigen Umstellungen (für die selbständige Übung empfohlen)

$$F_{S2} = \frac{F_y - F_x \cdot \tan \alpha}{\sin \beta + \cos \beta \cdot \tan \alpha} = -0{,}83 \, \text{kN} ,$$

$$F_{S1} = F_{S2} \cdot \frac{\cos \beta}{\cos \alpha} + \frac{F_x}{\cos \alpha} = +2{,}40 \, \text{kN} .$$

Das negative Vorzeichen für die Stabkraft F_{S2} zeigt, dass die Richtung der Stabkraft entgegengesetzt angetragen werden muss; d. h. dass es sich um einen Druckstab handelt. Der Stab 1 ist, wie angenommen, ein Zugstab. Beides folgt bereits aus der Anschauung.

Eine Verkürzung des Rechenganges lässt sich durch die Komponentendarstellung in der Form

$$\vec{F}_{Si} = K_i \cdot \begin{bmatrix} x_i \\ y_i \end{bmatrix} \tag{3}$$

erreichen. Da beim Stab die Verbindungsgerade der Gelenke gleich der Kraftrichtung sind, lassen sich die Komponenten der unbekannten Kräfte durch einen zu bestimmenden Proportionalitätsfaktor $K = F/l$ durch die Längen x und y im Koordinatensystem ausdrücken. Der Faktor K hat den Charakter einer bezogenen Kraft (Kraft pro Länge).

Bei Annahme aller Stäbe als Zugstäbe lässt sich das Gleichgewicht am Knoten wie folgt beschreiben

$$\vec{F}_{S1} + \vec{F}_{S2} + \vec{F} = 0$$

$$K_1 \cdot \begin{bmatrix} -2 \\ 3 \end{bmatrix} \cdot \text{m} + K_2 \cdot \begin{bmatrix} 4 \\ 3 \end{bmatrix} \cdot \text{m} + \begin{bmatrix} F_x \\ F_y \end{bmatrix} = \begin{bmatrix} 0 \\ 0 \end{bmatrix} .$$

In der obigen Gleichung stehen mit den Proportionalitätsfaktoren K_1 und K_2 (in Krafteinheit/Längeneinheit[7]) nur noch zwei Unbekannte, nach denen das System aufgelöst wird.

$$\sum_{i=1}^{3} F_{ix} = 0: \quad -2\,\text{m} \cdot K_1 + 4\,\text{m} \cdot K_2 + F_x = 0 , \tag{4}$$

$$\sum_{i=1}^{3} F_{ix} = 0: \quad 3\,\text{m} \cdot K_1 + 3\,\text{m} \cdot K_2 + F_y = 0 . \tag{5}$$

Gleichung (4) wird nach K_1 aufgelöst:

$$K_1 = 2\,\text{m} \cdot K_2 + \frac{1}{2} F_x$$

und in Gleichung (5) eingesetzt:

$$K_2 = \frac{1}{9\,\text{m}} F_y - \frac{1}{6\,\text{m}} F_x = -\frac{1}{6}\,\text{kN/m} .$$

Damit wird

$$K_1 = \frac{2}{3}\,\text{kN/m} .$$

Die Komponenten der Stabkräfte errechnen wir zu:

$$\vec{F}_{S1} = \begin{bmatrix} F_{S1x} \\ F_{S1y} \end{bmatrix} = K_1 \cdot \begin{bmatrix} -2 \\ 3 \end{bmatrix} \cdot \text{m} = \frac{2}{3}\,\text{kN/m} \cdot \begin{bmatrix} -2 \\ 3 \end{bmatrix} \cdot \text{m} = \begin{bmatrix} -4/3 \\ 6/3 \end{bmatrix} \text{kN} = \begin{bmatrix} -1{,}33 \\ 2{,}00 \end{bmatrix} \text{kN}$$

$$\vec{F}_{S2} = \begin{bmatrix} F_{S2x} \\ F_{S2y} \end{bmatrix} = K_2 \cdot \begin{bmatrix} 4 \\ 3 \end{bmatrix} \cdot \text{m} = -\frac{1}{6}\,\text{kN/m} \cdot \begin{bmatrix} 4 \\ 3 \end{bmatrix} \cdot \text{m} = \begin{bmatrix} -2/3 \\ -1/2 \end{bmatrix} \text{kN} = \begin{bmatrix} 0{,}67 \\ 0{,}50 \end{bmatrix} \text{kN} .$$

Der Betrag der Stabkräfte wird nach Gleichung (3.5)

$$F_{S1} = \frac{2}{3}\,\text{kN} \cdot \sqrt{4+9} = \underline{2{,}40\,\text{kN}}$$

$$F_{S2} = -\frac{1}{6}\,\text{kN} \cdot \sqrt{16+9} = \underline{-0{,}83\,\text{kN}} .$$

Da die Stäbe als Zugstäbe positiv angenommen wurden und der Betrag der Wurzel immer positiv sein muss, zeigt das negative Vorzeichen des Proportionalitätsfaktors vor der Wurzel die Umkehr der Lastrichtung, also einen Druckstab an.

Für drei Kräfte im Gleichgewicht bietet sich auch immer die schnelle trigonometrische (graphoanalytische) Lösung über das Kräftedreieck, Abbildung 3.32, an.

$$\delta = \alpha - (90° - \gamma) = 19{,}4°$$

$$\varepsilon = 180° - (\alpha + \beta) = 86{,}8°$$

$$\varphi = 180° - (\delta + \varepsilon) = 73{,}8°$$

---

7 Wird grundsätzlich nur mit jeweils einer Einheit, hier mit Kilonewton und Meter, gearbeitet, müssen diese Einheiten nicht in der Rechnung mitgeführt werden. Die Längen kürzen sich dabei, wie die nachfolgende Lösung zeigt, heraus.

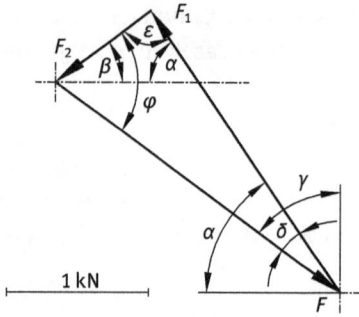

Abb. 3.32: Zeichnerische Stabkraftermittlung

Mit dem Sinussatz wird

$$F_{S1} = F \cdot \frac{\sin \varphi}{\sin \varepsilon} = 2,40\,\text{kN} \,,$$

$$F_{S2} = F \cdot \frac{\sin \delta}{\sin \varepsilon} = 0,83\,\text{kN} \,.$$

Die Richtung der Stabkräfte erkennen wir aus dem Krafteck; das sich bei Gleichgewicht mit fortlaufendem Pfeilsinn schließen muss. Dies ist im Zusammenhang mit einer nicht maßstäblichen Freihandskizze der wohl kürzeste Lösungsweg dieser Aufgabe.

3.5 Anwendung numerischer Methoden

Im Ingenieuralltag sind – insbesondere bei der Berechnung dreidimensionaler Probleme – Computeranwendungen mit numerischen Methoden unverzichtbar. Da bei der Berechnung dreidimensionaler Strukturen die Anschaulichkeit geringer ist, als bei ebener Problematik (entweder arbeiten wir mit mehreren Ansichten oder mit perspektivischen Darstellungen, bei der eine Achse unter einem Winkel verkürzt dargestellt ist) und die Anzahl der Lösungsgleichungen im Quadrat größer ist, ist es sinnvoll, neue mathematische Herangehensweisen schon bei sehr überschaubaren Problemen zu üben. Für die einfachen Probleme der ebenen Statik lassen sich die Lösungen noch problemlos mit einem normalen technischen Taschenrechner mit einem Matrix-Menü durchführen.

Der an dieser Stelle daran noch nicht interessierte Leser wird diesen Abschnitt ohnehin überschlagen um später im Kapitel 8 darauf zurückzukommen.

Zur Einführung wollen wir das im vorigen Abschnitt schon nach verschiedenen Methoden gelöste letzte Beispiel 3.9 verwenden. Dazu überführen wir die zwei Gleichgewichtsbedingungen

$$-F_{S1} \cdot \cos \alpha + F_{S2} \cdot \cos \beta + F_x = 0$$

$$F_{S1} \cdot \sin \alpha + F_{S2} \cdot \sin \beta - F_y = 0 \,.$$

in die Matrixform[8]

$$\underline{\underline{A}} \cdot \underline{x} = \underline{b} \,, \qquad\qquad (3.16)$$

$$\begin{bmatrix} -\cos\alpha & \cos\beta \\ \sin\alpha & \sin\beta \end{bmatrix} \cdot \begin{bmatrix} F_{S1} \\ F_{S2} \end{bmatrix} = \begin{bmatrix} -F \cdot \sin\gamma \\ F \cdot \cos\gamma \end{bmatrix} \,.$$

- Die Matrix $\underline{\underline{A}}$, die nur von geometrischen Größen (hier die Winkel der Wirkungslinien) und nicht von der Belastung auf das System abhängt wird als *Systemmatrix* bezeichnet.
- Der Spaltenvektor $\underline{x}$ enthält die unbekannten Kräfte; er ist der *Lösungsvektor*.
- Der Spaltenvektor $\underline{b}$ enthält die Elemente der äußeren Lasten; er ist der *Lastvektor*.

Mit den Werten der Aufgabenstellung berechnen wir mittels Taschenrechner die Gleichung

$$\begin{bmatrix} -\cos 56{,}31° & \cos 36{,}87° \\ \sin 56{,}31° & \sin 36{,}87° \end{bmatrix} \cdot \begin{bmatrix} F_{S1} \\ F_{S2} \end{bmatrix} = \begin{bmatrix} -2{,}00 \cdot \sin 53{,}1° \\ 1{,}50 \cdot \cos 53{,}1° \end{bmatrix} \cdot \text{kN}$$

mit dem folgenden Ergebnis

$$\underline{x} = \begin{bmatrix} F_{S1} \\ F_{S2} \end{bmatrix} = \begin{bmatrix} 2{,}404 \\ -0{,}833 \end{bmatrix} \text{kN} \,.$$

Abschließend soll an diesem Beispiel das noch offene Problem der statischen Bestimmtheit widerspruchsfrei geklärt werden:

Die notwendige und hinreichende mathematische Bedingung für die statische Bestimmtheit eines Tragwerkes besagt, dass das Gleichungssystem aus den Gleichgewichtsbedingungen für die Auflagerreaktionen eine eindeutige Lösung haben muss. Diese existiert, wenn die Koeffizientendeterminante des Gleichungssystems ungleich Null ist[9].

Die Determinante der Systemmatrix $\underline{\underline{A}}$

$$\det \underline{\underline{A}} = \begin{vmatrix} a_{11} & a_{12} \\ a_{21} & a_{22} \end{vmatrix} = \begin{vmatrix} -\cos\alpha & \cos\beta \\ \sin\alpha & \sin\beta \end{vmatrix}$$

ist für eine 2×2-Matrix noch sehr einfach zu lösen:

$$\det \underline{\underline{A}} = \begin{vmatrix} a_{11} & a_{12} \\ a_{21} & a_{22} \end{vmatrix} = a_{11} \cdot a_{22} - a_{21} a_{12} = -\cos\alpha \cdot \sin\beta - (\sin\alpha \cdot \cos\beta) \approx -1 \,.$$

---

8 Der Begriff „Matrix" wurde 1850 vom englischen Mathematiker JAMES JOSEPH SYLVESTER (1814–1897) eingeführt. Eine Matrix bezeichnet eine rechteckige Anordnung von Größen in m-Zeilen und n-Spalten. Eine einfache Einführung zur Matrizenrechnung für den Ingenieur ist in [26] zu finden, etwas ausführlicher für den „Nichtmathematiker" in [34].

9 Die Determinante einer Matrix ist *eine Zahl*, mit der der Wert der Matrix berechnet wird, indem vom Produkt der Elemente der Hauptdiagonalen das Produkt der Elemente der Nebendiagonalen subtrahiert wird. Sie wird aus den Koeffizienten einer *quadratischen* Matrix gebildet. Sie sagt aus, ob die Koeffizientenmatrix [A] eines Gleichungssystems regulär ($\det[A] \neq 0$) oder singulär ($\det[A] = 0$) ist. Ist die Matrix singulär, kann das Gleichungssystem nicht aufgelöst werden.

Die Lösung det $\underline{\underline{A}} \neq 0$ bestätigt für die obige Aufgabe den bekannten Sachverhalt der statisch bestimmt gelagerten Aufhängung.

Für $\alpha = \beta = 0°$ liegen alle drei Gelenkpunkte auf einer Geraden; die Koeffizientendeterminante wird Null. Die Aufhängung wird beweglich und ist mit Mitteln der Statik nicht zu berechnen. Ein solches System ist technisch unbrauchbar.

Es ist wiederholt darauf hinzuweisen, dass die meist sehr hohe Anzahl der Nachkommastellen der Ergebnisse von den Rechenprogrammen keine Genauigkeitssteigerung darstellt. Die erreichbare Rechengenauigkeit wird – wie immer – von der ungenauesten Eingangsgröße bestimmt.

Wichtiger noch ist die Erkenntnis, dass alle Programme zur Gleichungslösung Rechenhilfen sind, deren Ergebnisse von der fehlerfreien Aufstellung der Gleichungen aus der korrekten Modellannahme sowie der fehlerfreien Eingabe aller Rechengrößen bestimmt werden.

Statik ist mehr, als technisches Rechnen.

3.6 Übungen

Aufgabe A3.6.1
Auf Abbildung A3.6.1 ist eine aus zwei Stäben und einer festen Rolle bestehende Halterung dargestellt. Für eine Seilkraft von $F_S = 3500\,\text{N}$ sind zu berechnen:
a) die Belastung des Rollenbolzens
b) die Stabkräfte

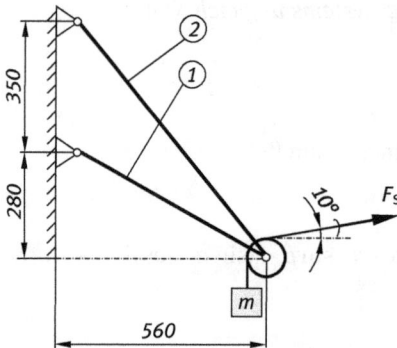

Abb. A3.6.1: Halterung   **Abb. A3.6.2:** Rollenzug

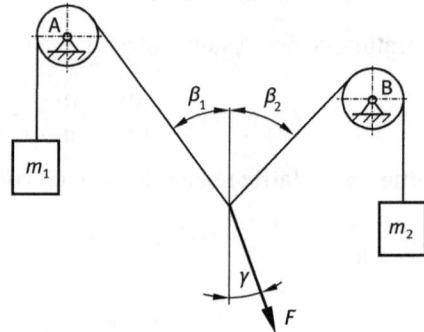

Aufgabe A3.6.2
Auf Abbildung A3.6.2 ist eine Anordnung mit zwei festen Rollen und zwei Massen, die durch eine unter dem Winkel $\gamma = 15°$ angreifende Kraft von $F = 1500\,\text{N}$ in der Gleichgewichtslage gehalten werden sollen, dargestellt. Für die Winkel $\beta_1 = 30°$ und

$\beta_2 = 35°$ sind Massen m_1 und m_2 sowie die Stützkräfte in den Rollenlagern A und B zu berechnen. Die Lösung ist zeichnerisch zu überprüfen.

Aufgabe A3.6.3

Das Abbildung A3.6.3 zeigt einen Riementrieb mit einem Riemenspanner, der über eine Rolle, Teil 3, mit einer Masse von $m = 18\,\mathrm{kg}$ auf den Riemen drückt, um eine Anpresskraft (Vorspannkraft) des Riemens auf die Riemenscheiben, Teile 1 und 2, zu erzeugen.

Es sind zeichnerisch die Spannkraft F_3 und Seilkraft F_S an der Rolle zu ermitteln.

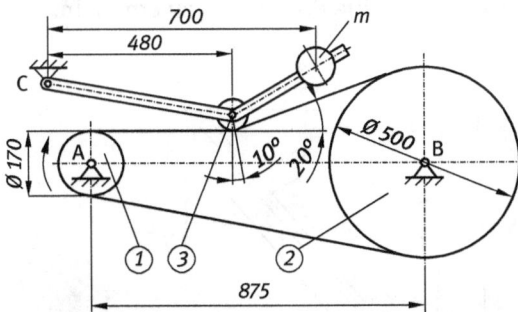

Abb. A3.6.3: Riemenspanner

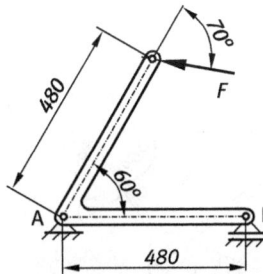

Abb. A3.6.4: Winkelhebel

Aufgabe A3.6.4

Für den auf Abbildung A3.6.4 dargestellten Winkelhebel sind die Stützkräfte bei einer Belastung von $F = 750\,\mathrm{N}$ zeichnerisch und rechnerisch zu ermitteln.

Aufgabe A3.6.5

Abbildung A3.6.5 zeigt einen genieteten Fachwerkknoten. Bei bekannten Lasten F_1 und F_2 sind die Stabkräfte F_3 und F_4 zu berechnen.

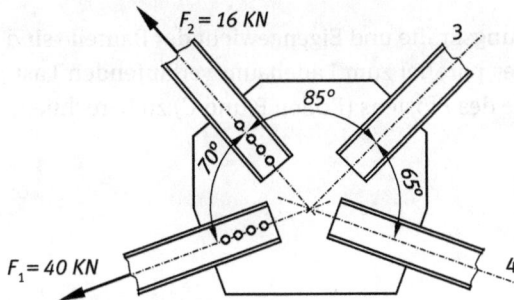

Abb. A3.6.5: Fachwerkknoten

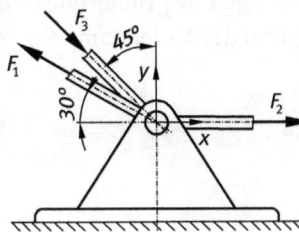

Abb. A3.6.6: Lasche

Aufgabe A3.6.6

Für die auf Abbildung A3.6.6 durch drei Kräfte belastete Lasche sind:

a) der Betrag der Kraft F_3 so zu bestimmen, dass mit $F_1 = 7,45$ kN und $F_2 = 5,20$ kN die aus diesen drei Kräften resultierende Kraft F_{Res} ihren möglichen Kleinstwert erreicht,

b) Betrag und Richtung der Resultierenden zu berechnen.

Aufgabe A3.6.7

Abbildung A3.6.7 zeigt die Prinzipskizze einer Hebevorrichtung.

Bei Nichtberücksichtigung jeglicher Reibungskräfte sind für eine Last $m = 1,80$ t die Zugkraft F_Z zum Heben der Last und die Stabkräfte F_{S1} und F_{S2} zu ermitteln.

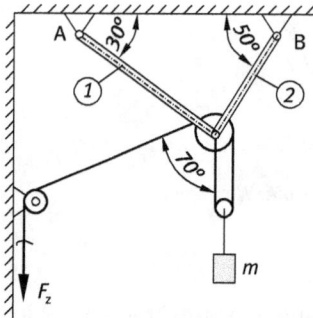

Abb. A3.6.7: Hebevorrichtung

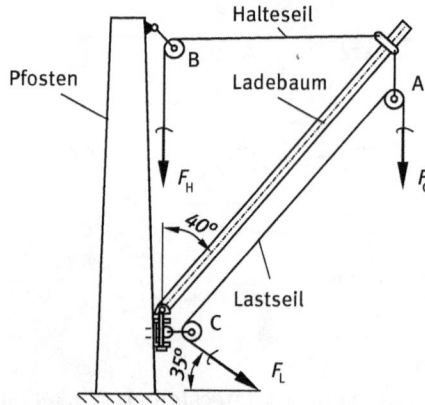

Abb. A3.6.8: Ladegeschirr

Aufgabe A3.6.8

Das auf Abbildung A3.6.8 skizzierte Ladegeschirr, wie es auf Frachtschiffen verwendet wird, ist in der gezeigten Stellung, $\alpha = 42°$, $\beta = 36°$, mit einer Gewichtskraft von $F_G = 34,50$ kN belastet.

Unter Vernachlässigung aller Reibungskräfte und Eigengewicht der Bauteile sind die Belastungen des Halteseiles F_H, des parallel zum Ladebaum verlaufenden Lastseiles F_L und des Ladebaums F_{LB} sowie des Pfostens (Rollen B und C) zu berechnen.

4 Das ebene allgemeine Kräftesystem

4.1 Grundlagen

Die Abbildung 4.1a zeigt einen freigemachten Block, der in Höhe seiner Auflagefläche durch eine horizontale Kraft F belastet wird. Der Block wird durch die als Einzellast idealisierte Reibungskraft F_R im Gleichgewicht (Ruhe oder konstante Geschwindigkeit) gehalten[1]. Das Gleichgewicht in senkrechter Richtung wird durch die Normalkraft F_N, die der Gewichtskraft F_G entgegenwirkt, hergestellt. Die Wirkungslinien aller Kräfte schneiden sich in einem Punkt; es liegt das bekannte zentrale Kräftesystem vor.

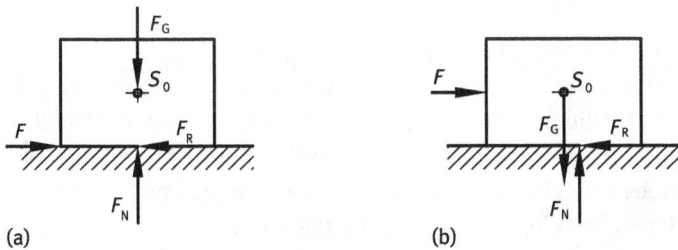

Abb. 4.1: Ebene Kräftesysteme; (a) zentrales Kräftesystem, (b) allgemeines Kräftesystem

Wird der Angriffspunkt der Kraft F nach oben, z. B. in Höhe des Schwerpunktes des Blocks verschoben (Abbildung 4.1b), sind die Gleichgewichtsverhältnisse trotz unverändert gleicher Kraftbeträge- und Richtungen geändert. Durch den mit der Parallelverschiebung der Kraft hervorgerufenen Abstand der Wirkungslinien (Hebelarm) der beiden waagerechten Kräfte wirkt ein *Moment*, welches eine Drehneigung (Kippen) des Körpers hervorruft.

Dieses Moment muss durch ein gleich großes, entgegengesetzt gerichtetes Moment ausgeglichen werden, um den Gleichgewichtszustand wiederherzustellen. Dies ist nur möglich, wenn auch die beiden senkrechten, gleich großen Kräfte nicht mehr auf einer gemeinsamen Wirkungslinie liegen, sondern mit einem Abstand zueinander wirken (siehe Abbildung 4.1b) und somit den Körper in die entgegengesetzte Richtung drehen „wollen". Damit schneiden sich nicht alle Kraftwirkungslinien in einem Punkt und es liegt ein *allgemeines Kräftesystem* vor.

Daraus folgt eine zusätzliche Unbekannte, die *Lage* der Wirkungslinie der resultierenden Kraft, die zusätzlich zu dem Betrag und der Richtung ermittelt werden müssen.

---

1 Die Reibungsproblematik wird im 10. Kapitel ausführlich behandelt.

https://doi.org/10.1515/9783110425031-004

In diesem Kapitel werden ergänzend zum bekannten Kraftbegriff das *Kräftepaar*, das wegen seiner Drehwirkung auch als *Drehmoment* bezeichnet wird und das *statische Moment* eingeführt. Diese Größen werden über die Sonderfälle zweier paralleler Kräfte erklärt.

Der Momentbegriff über Kraft und Hebel existierte schon in der ARCHIMEDESschen Mechanik. Man wusste damals auch, dass dem Bezugspunkt für den Hebel eine besondere Bedeutung zukommt[2].

In der modernen Mechanik werden Kräfte und Momente als primäre Größen definiert; wobei die Momente auch unabhängig von den Kräften existieren können.

Die schon im 3. Kapitel für das zentrale Kräftesystem erläuterten Grundaufgaben:
- Zusammenfassen von Kräften
- Zerlegung einer Kraft
- Gleichgewichtsproblematik

werden nachfolgend auf die erweiterte Problematik übertragen.

Die Aufgaben hierzu werden z. T. auch mithilfe der im 3. Kapitel vorgestellten graphischen Verfahren gelöst; für die Ermittlung der Lage der Wirkungslinie der Resultierenden kommen ausschließlich analytische Lösungsverfahren zur Anwendung. Das hierfür bekannte graphische Seileckverfahren wird im Maschinenbau praktisch nicht mehr angewendet und aus diesem Grunde hier nicht behandelt.

4.2 Das Kräftepaar

Im Abschnitt 3.2 ist gezeigt, wie sich Kräfte, deren Wirkungslinien einen gemeinsamen Schnittpunkt haben, zu einer Resultierenden zusammenfassen lassen. Im Folgenden wird die Zusammenfassung von zwei *parallelen* Kräften $\vec{F}_1$ und $\vec{F}_2$ beschrieben.

Da die parallelen Wirkungslinien keinen gemeinsamen Schnittpunkt haben können, wenden wir das Überlagerungsaxiom[3] an: Wir überlagern nach Abbildung 4.2 den beiden Kräften zwei gleich große, entgegengesetzt auf gleicher Wirkungslinie liegende Hilfskräfte.

Da sich die beiden Hilfskräfte $F_H - F_H = 0$ im Gleichgewicht befinden, ändert sich auch am Gleichgewichtszustand des Kräftesystems überhaupt nichts.

Die aus der Überlagerung der beiden Kräfte mit je einer Hilfskraft zu je einem Kräfteparallelogramm hervorgegangenen Resultierenden F_{Res1} und F_{Res2} setzen wir zur Gesamtkraft F_{Res} zusammen.

---

2 ARCHIMEDES soll sein Hebelgesetz mit den folgenden Worten veranschaulicht haben: „Gib mir einen Punkt, wo ich hintreten kann und ich hebe die Erde aus den Angeln" belegt in Pappos „Synagoge", einer Sammlung mathematischer Abhandlungen.

3 Ein Kräftesystem, das im Gleichgewicht ist, kann jedem beliebigen Kräftesystem überlagert werden, ohne dabei dessen Wirkung zu beeinflussen.

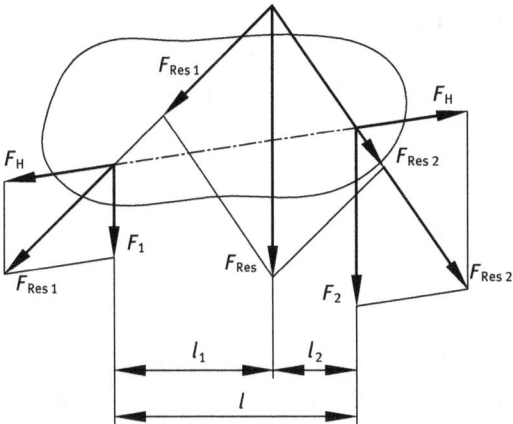

Abb. 4.2: Hilfskräfteverfahren

Aus der Abbildung 4.2 lässt sich bei maßstäblicher Zeichnung ablesen:

Bei parallelen Kräften ist die resultierende Kraft gleich der algebraischen Summe der Einzelkräfte

$$F_{Res} = F_1 + F_2 \,. \tag{4.1}$$

Aus der Gleichheit der Momente bezüglich der Wirkungslinie der Resultierenden folgt

$$l_1 \cdot F_1 = l_2 \cdot F_2 \,. \tag{4.2}$$

Das ist das von ARCHIMEDES aufgestellte Hebelgesetz; auch als „goldene Regel der Mechanik" bekannt. Es besagt, dass sich die Kräfte umgekehrt, wie ihre Abstände von der Resultierenden verhalten.

Mit $l = l_1 + l_2$ können die Abstände berechnet werden:

$$l_1 = \frac{F_2}{F_{Res}} \cdot l \,, \tag{4.3a}$$

$$l_2 = \frac{F_1}{F_{Res}} \cdot l \,. \tag{4.3b}$$

Somit können wir die Größe und Lage der Resultierenden berechnen.

Wenn wir dieses Verfahren nun für zwei Kräfte, die *gleich groß* und im Abstand *a* auf parallelen Wirkungslinien *entgegengesetzt gerichtet* sind anwenden, erhalten wir zwei resultierende Kräfte, die auch wieder parallel liegen (Abbildung 4.3).

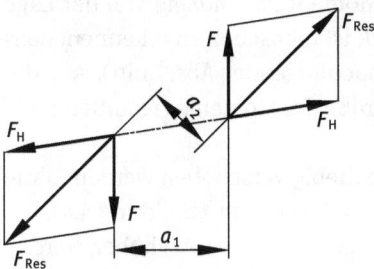

Abb. 4.3: Kräftepaar

Die Anschauung zeigt, dass obwohl die Summe aus beiden Kräften $F - F = 0$ ist, ein so belasteter Körper nicht im Gleichgewicht sein kann. Der Körper wird eine Drehung (in diesem Fall entgegen dem Uhrzeigersinn) ausführen, sofern nicht kinematische Bindungen dies verhindern.

Diese Kraftanordnung
- zwei Kräfte
- gleich groß
- auf parallelen Wirkungslinie
- entgegengesetzt gerichtet

wird als *Kräftepaar* bezeichnet.

Das Kräftepaar hat keine Kraftwirkung ($F_{Res} = 0$) sondern übt ein *Moment* mit einer Drehwirkung aus. Das heißt im Umkehrschluss, dass ein Kräftepaar niemals durch eine Einzelkraft, sondern nur durch ein gleich großes, entgegen gerichtetes Kräftepaar im Gleichgewicht gehalten werden kann und dass jede Drehbewegung von einem Kräftepaar hervorgerufen wird.

Den Betrag des Momentes bezüglich verschiedener Drehpunkte A berechnen wir mit dem Hebelgesetz nach Abbildung 4.4 zu

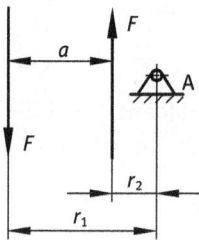

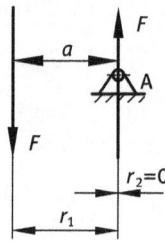

$$M_A = F\,(r_1 - r_2) = F\,a \qquad M_A = F\,r_1 - F\cdot 0 = F\,a \qquad M_A = F\,(r_1 + r_2) = F\,a$$

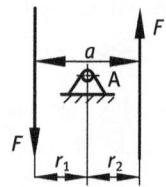

Abb. 4.4: Das Moment des Kräftepaares

Das statische Moment eines Kräftepaares ist gleich dem Produkt aus dem Kraftbetrag F und dem senkrechten Abstand a ihrer parallelen Wirkungslinien

$$M = F \cdot a \qquad F \perp a. \tag{4.4}$$

Es zeigt sich, dass das vom Kräftepaar ausgeübte Moment *unabhängig* von der Lage des Drehpunktes ist. Da beide Größen Vektoren sind, ist hier schon zu erkennen, dass das Moment im Raum Vektorcharakter hat (siehe nachfolgender Abschnitt). Aus der Unabhängigkeit der Lage des Drehpunktes für die Größe des Momentes resultieren die folgenden Sätze:
- Ein Kräftepaar kann in seiner Wirkungsebene beliebig verschoben werden, ohne dass sich seine Wirkung auf den starren Körper ändert (siehe Abbildung 4.4).
- Ein Kräftepaar darf auch in eine neue, parallel liegende Ebene verschoben werden (siehe Abbildung 4.5).

- Ein Kräftepaar lässt sich durch ein anderes Kräftepaar ersetzen (siehe Abbildung 4.3).
- Mehrere Kräftepaare lassen sich durch algebraische Addition zu einem resultierenden Kräftepaar zusammensetzen.

Für die Momente des Kräftepaares gilt somit

$$M_{\text{Res}} = \sum M_i \; . \tag{4.5}$$

Ist die Summe der Momente Null, verschwindet mit dem resultierenden Kräftepaar auch die Drehwirkung auf das Bauteil.

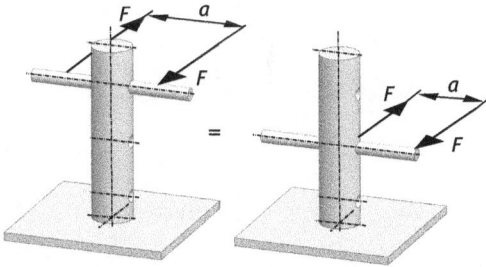

Abb. 4.5: Verschiebbarkeit des Kräftepaares

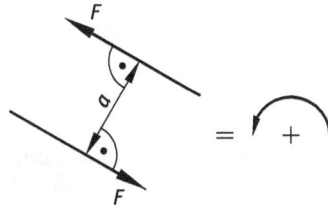

Abb. 4.6: Darstellung des Momentes

Die Gleichgewichtsbedingung lautet

$$M_{\text{Res}} = \sum M_i = 0 \; . \tag{4.6}$$

Wegen der eindeutigen Beschreibung eines Kräftepaares durch sein Moment wird es häufig durch das Moment ersetzt und auf das Zeichnen eines äquivalenten Kräftepaares verzichtet. Für die symbolische Darstellung verwendet man dann die in Abbildung 4.6 angegebene Darstellung mit einem Drehpfeil in mathematisch positivem Drehsinn[4]. Die Maßeinheit für das Moment ist Nm.

Beispiel 4.1. Auf Abbildung 4.7a ist ein vereinfacht dargestelltes Zahnradgetriebe mit Leistungsverzweigung gezeigt. Die Zwischenwelle II wird über das Zahnrad 1, Wälzkreisdurchmesser $d_{\text{w}1} = 176\,\text{mm}$[5], angetrieben. Über das auf der gleichen Welle sitzende Zahnrad 2, Wälzkreisdurchmesser $d_{\text{w}2} = 360\,\text{mm}$, werden parallel die in der Skizze nur angedeuteten zwei Wellen III und IV angetrieben.

---

4 In der älteren Fachliteratur ist die positive Drehrichtung meist im Uhrzeigersinn, also entgegengesetzt zur mathematisch positiven Richtung festgelegt.

5 Durchmesser des Kreises, auf dem der Berührungspunkt (Wälzpunkt) zweier im Eingriff stehenden Zahnräder liegt. Der Wälzkreisdurchmesser ist eine geometrische Größe, die als Konstruktionsmaß gar nicht vorhanden ist. Zum Studium der komplizierten Zusammenhänge der Verzahnungsgeometrie wird auf die einschlägige Maschinenelemente-Literatur, z. B. [25] und [32], hingewiesen.

Für die am Wälzkreisdurchmesser des Zahnrades 2 wirkende Umfangskraft F_{u2} = 890 N ist die am Zahnrad 1 wirkende Umfangskraft $F_{u1} = F_{an}$ sowie das von der Welle II zu übertragende Drehmoment zu berechnen.

Lösung. Die an den Zahnflanken eines Zahnrades angreifenden Zahnkräfte wirken senkrecht zu den Kontaktflächen (siehe Abbildung 2.6).

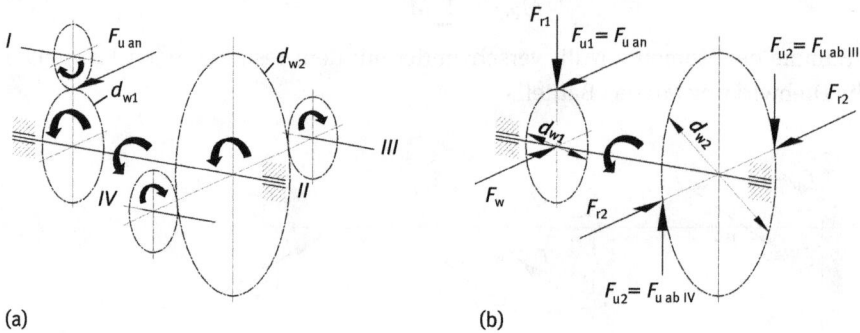

(a)   (b)

Abb. 4.7: Zwischenwelle mit Leistungsverzweigung; (a) Zahnradgetriebe, (b) Zwischenwelle II

Für die Berechnungen der Beanspruchung von Zahnrad, Welle und Lagerung zerlegt man diese Zahnkräfte (Normalkräfte) in die Komponente in Umfangsrichtung F_u und die radial wirkende Teilkraft F_r (Abbildung 4.7b). Ein Drehmoment erzeugen nur die Umfangskräfte.

Die Radialkräfte am Zahnrad 2 heben sich auf oder werden, wie am Zahnrad 1, über die Welle auf die Lager übertragen[6], wo sie mit der Lagerkraft (in der Abbildung nicht eingetragen) ein Kräftepaar bilden, welches eine Biegung der Welle hervorruft.

Das Drehmoment des am Zahnrad 2 angreifende Kräftepaares berechnen wir nach Gleichung (4.4) zu

$$M_d = F_{u2} \cdot d_{w2} = 890\,\text{N} \cdot 360\,\text{mm} \cdot \frac{1\,\text{m}}{1000\,\text{mm}} = 320,4\,\text{Nm} .$$

Auch am Zahnrad 1 wirkt ein Kräftepaar. Beide Kräftepaare müssen im Gleichgewicht sein. Die zu F_{u1} gleich große, entgegengesetzt gerichtete Kraft F_W greift auf der Wellenmittellinie (Wellenachse) in der Zahnradebene (Abbildung 4.7b) an. Wir schreiben:

$$M_d = F_{u2} \cdot d_{w2} = F_{u1} \cdot d_{w1}/2 ,$$

$$F_{u1} = 2 \cdot F_{u2} \cdot \frac{d_{w2}}{d_{w1}} = 2 \cdot 890\,\text{N} \cdot \frac{360\,\text{mm}}{176\,\text{mm}} = \underline{3641\,\text{N}} .$$

---

6 Das räumliche Problem der Berechnung der Lagerkräfte von Getriebewellen bei Berücksichtigung der Radialkräfte wird ausführlich im Kapitel 8 behandelt.

Beispiel 4.2. Für das auf Abbildung 4.8 gezeigte Getriebe mit Leistungsverzweigung sind die horizontalen Kräfte in den Verschraubungspunkten P_1 und P_2 für die nachfolgenden Werte zu berechnen:

Lösung. Getriebe wandeln – im Gegensatz zu Kupplungen, die ein Moment ohne Änderung vom Antrieb zum Abtrieb übertragen – ein Moment um. Das bedeutet, dass die Differenz von Antriebs- und Abtriebsmomenten auf das Fundament abgeleitet werden muss.

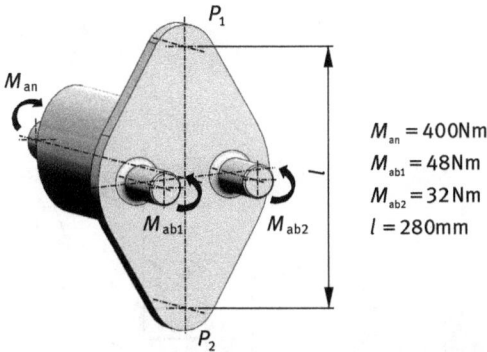

$$M_{an} = 400\,\text{Nm}$$
$$M_{ab1} = 48\,\text{Nm}$$
$$M_{ab2} = 32\,\text{Nm}$$
$$l = 280\,\text{mm}$$

Abb. 4.8: Getriebe

Das resultierende Moment beträgt, wenn wir das Antriebsmoment M_{an} – wie in der Praxis üblich – positiv definieren nach Gleichung (4.5)

$$M_{Res} = M_{an} - (M_{ab1} + M_{ab2}) = 320\,\text{Nm} \,.$$

Dieses Moment muss durch die Verschraubung aufgenommen werden. Das heißt, dass das Kräftepaar das Moment in den Verschraubungspunkten mit umgekehrtem Drehsinn kompensieren muss. Mit Gleichung (4.4) wird damit:

$$-M_{Res} = F_1 \cdot l \quad \Rightarrow \quad F_1 = \frac{-M_{Res}}{l} = \frac{-320\,\text{Nm}}{0,28\,\text{m}} = \underline{-1123\,\text{N}} \leftarrow \,.$$

Die Kraft F_1 am oberen Verschraubungspunkt P_1, muss in Pfeilrichtung, nach links und die gleich große Kraft F_2 am unteren Verschraubungspunkt P_2 entgegengesetzt nach rechts wirken. Würden wir die Verschraubung lösen, arbeitet das Getriebe als Kupplung; ein Effekt, den man in z. B. Kraftfahrzeuggetrieben nutzt.

4.3 Das polare Moment einer Kraft

Aus der Definition des Momentes, Gleichung (4.4) – der Multiplikation zweier vektorieller Größen – ist einsichtig, dass das Moment Vektorcharakter hat. Das polare (auch statische) Moment ist eine vektorielle Größe, die durch Betrag und Richtung im Raum gemäß Abbildung 4.9a definiert ist.

Im Gegensatz zur Kraft, die an ihre Wirkungslinie gebunden ist (*linienflüchtiger Vektor*, siehe Abschnitt 2.2), ist der Momentevektor ein *freier Vektor*, der beliebig parallel zu sich selbst verschoben werden darf. Zur Unterscheidung von den Kraftvektoren wird der Momentvektor, der senkrecht auf der x-y-Ebene steht, durch einen Pfeil mit einer Doppelspitze dargestellt.

In der Ebene (siehe Abbildung 4.9b) gilt für den Betrag des statischen Momentes bezüglich des Polpunktes 0 gemäß dem Kreuzprodukt für die Multiplikation zweier Vektoren

$$\vec{M}_0 = \vec{r} \times \vec{F} \tag{4.7}$$

mit dem Betrag $|\vec{M}_0| = M_0 = F \cdot r \cdot \sin \varphi = F \cdot a$.

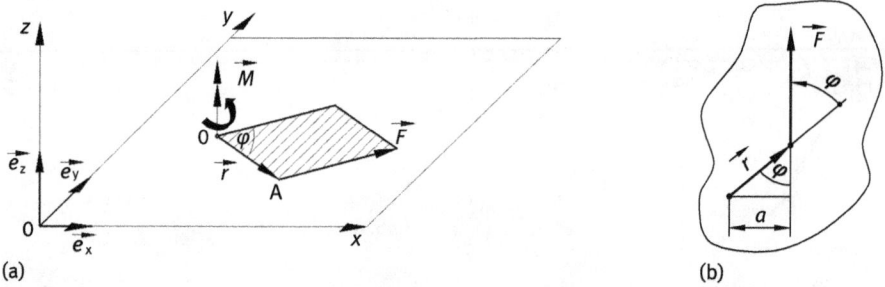

(a)   (b)

Abb. 4.9: Vektorielle Darstellung des statischen Momentes; (a) x-y-z-System, (b) x-y-Ebene

Mit dem Richtungswinkel φ ergibt sich wie die Abbildung 4.10 zeigt, das Vorzeichen für den Drehsinn, gemäß der Sinusfunktion.

Im ebenen Kräftesystem werden, wie aus Abbildung 4.10a zu erkennen, nur statische Momente, die senkrecht auf der Kraftebene stehen, gebildet. Damit lässt sich in der Komponentendarstellung abkürzend schreiben:

$$\vec{M} = \vec{e}_x \cdot 0 + \vec{e}_y \cdot 0 + \vec{e}_z \cdot M_z = M_z = M \,. \tag{4.8}$$

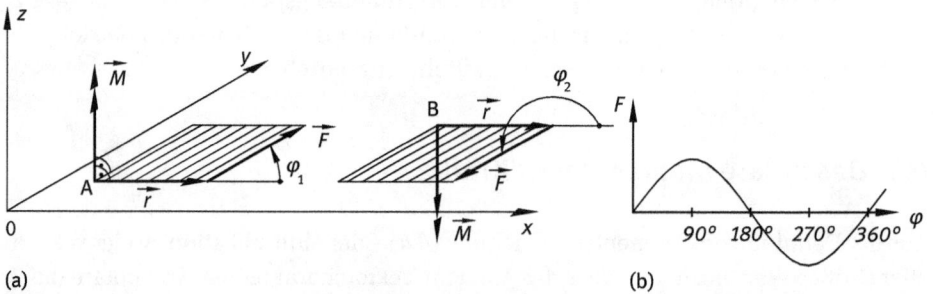

(a)   (b)

Abb. 4.10: Drehsinn des statischen Momentes; (a) Momentenvektor in der x-y-Ebene, (b) $F = f(\varphi)$

Beispiel 4.3. Die Abbildung 4.11 zeigt die Prinzipdarstellng eines Kurbeltriebes (Kurbelgetriebe).

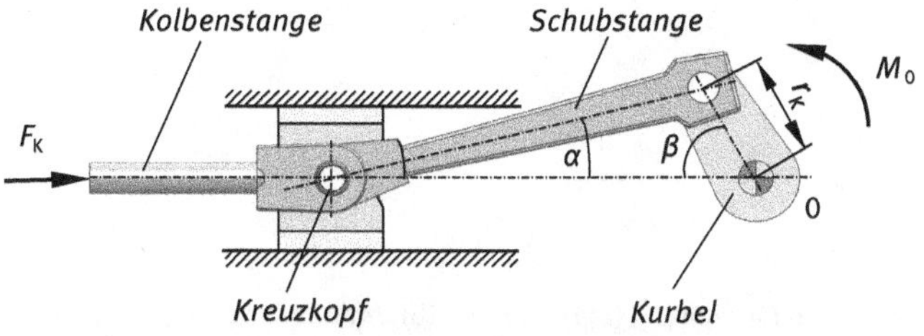

Abb. 4.11: Kurbeltrieb

Für die auf die Kolbenstange wirkende Kraft F_K = 1460 N soll das statische Moment M_0 durch die Schubstange bezüglich des Kurbeldrehpunktes mit den folgenden Werten berechnet werden:

Schubstangenlänge	$l_S = 1060$ mm	
Kurbelradius	$r_K = 260$ mm	
Pleuelwinkel	$\alpha = 12°$	
Kurbelwinkel	$\beta = 60°$	

Lösung. Bei bekannter Kolbenstangenkraft F_K berechnen wir die Kraft der Schubstange F_S aus der Gleichgewichtsbedingung am Kreuzkopfgelenk nach Abbildung 4.12 (zentrales Kräftesystem)

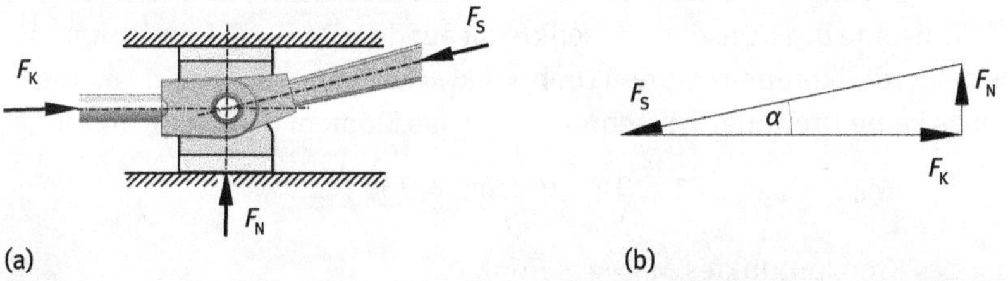

Abb. 4.12: Kräfte am Kreuzkopf; (a) freigeschnittener Kreuzkopf, (b) Krafteck

$$F_S = \frac{F_K}{\cos \alpha} = \frac{1460\,\text{N}}{\cos 12°} = 1493\,\text{N}$$

Für die Berechnung des statischen Momentes werden auf Abbildung 4.13 drei Lösungsmöglichkeiten gezeigt:

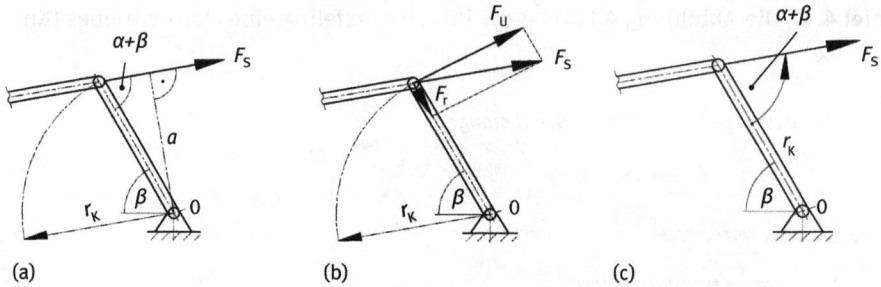

Abb. 4.13: Zur Berechnung des statischen Momentes; (a) Hebelarm, (b) Umfangskraft, (c) Kreuzprodukt

a) Berechnung des Hebelarmes der Kolbenstangenkraft F_K:
Nach Abbildung 4.13a berechnen wir den Hebelarm (Wirkabstand des Kräftepaares) zu

$$a = r_K \cdot \sin(\alpha + \beta) = 260\,\text{mm} \cdot \sin 72° = 247\,\text{mm} \ .$$

Mit Gleichung (4.4) wird

$$M_0 = F_S \cdot a = 1493\,\text{N} \cdot 247\,\text{mm} = \underline{369\,\text{Nm}} \ .$$

b) Berechnung der Umfangskraft F_u am Kurbelkreis:
Nach Abbildung 4.13b berechnen wir die Umfangskraft in der gezeigten Kurbelstellung zu

$$F_u = F_S \cdot \sin(\alpha + \beta) = 1493\,\text{N} \cdot \sin 72° = 1420\,\text{N} \ .$$

Die Umfangskraft F_u (Tangentialkraft) und der Kurbelradius schließen einen rechten Winkel ein (die Tangente des Kreises steht senkrecht auf dem Radius). Damit muss die Wirkungslinie der Radialkomponente den Drehpunkt schneiden und bewirkt mangels eines Hebelarmes keine Drehung. Wir schreiben für das Moment Gleichung (4.4):

$$M_0 = F_u \cdot r_K = 1420\,\text{N} \cdot 260\,\text{mm} = \underline{369\,\text{Nm}} \ .$$

c) Berechnung des Kreuzproduktes $\vec{M}_0 = \vec{r} \times \vec{F}$:
Mit Abbildung 4.13c und Gleichung (4.7) wird

$$M_0 = F_S \cdot r_K \cdot \sin(\alpha + \beta) = 1493\,\text{N} \cdot 260\,\text{mm} \cdot \sin 72° = \underline{369\,\text{Nm}} \ .$$

4.4 Der Satz der statischen Momente

Zur Vereinfachung der Rechnung ersetzt man eine Kraft $\vec{F}$ oft durch ihre kartesischen Teilkräfte F_x und F_y (Abbildung 4.14). Nachfolgend wollen wir den Zusammenhang zwischen dem Moment der Resultierenden und dem der Teilkräfte bezüglich desselben Bezugspunktes untersuchen.

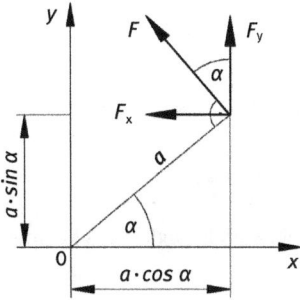

Abb. 4.14: Momentsatz

Mit dem mathematisch positiven Drehsinn, entgegen dem Uhrzeiger, ist das Moment von F bezüglich 0

$$M_0 = F \cdot a .$$

Für das Moment der Teilkräfte gilt mit Abbildung 4.14

$$M_0 = M_{01} + M_{02} = F_x \cdot a \cdot \sin \alpha + F_y \cdot a \cdot \cos \alpha .$$

Mit $F_x = F \cdot \sin \alpha$ und $F_y = F \cdot \cos \alpha$ wird

$$M_0 = F \cdot a \cdot (\sin 2\alpha + \cos 2\alpha) .$$

Mit dem trigonometrischen PYTHAGORAS: $\sin 2\alpha + \cos 2\alpha = 1$ gilt

$$M_0 = F \cdot a .$$

Das bedeutet auch für beliebig viele Kräfte, dass es keine Rolle spielt, ob man die Kräfte erst addiert und dann das Moment bildet, oder ob man die Einzelmomente addiert.

Allgemein: *Die Summe der Momente von Einzelkräften ist gleich dem Moment der Resultierenden.*

$$M_{\mathrm{Res}} = M_1 + M_2 + \cdots + M_n = \sum_{i=1}^{n} M_i . \tag{4.9}$$

Da alle Momentevektoren in der Ebene parallel sind, gilt diese Gleichung so auch für die vektoriellen Beziehungen

$$\vec{M}_{\mathrm{Res}} = \vec{M}_1 + \vec{M}_2 + \cdots + \vec{M}_n = \sum_{i}^{n} \vec{M}_i . \tag{4.10}$$

Diese Gleichung wird als *Satz der statischen Momente* oder kurz Momentensatz bezeichnet. Durch seine Anwendung erhalten wir für das statische Moment $\vec{M} = M$ einer Kraft $\vec{F}$ in beliebiger Lage im x-y-Koordinatensystem mit den Koordinaten x und y des Angriffspunktes der Kraft A gemäß Abbildung 4.15:

$$M_0 = x \cdot F_y - y \cdot F_x . \tag{4.11}$$

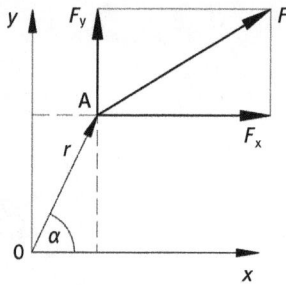

Abb. 4.15: Statisches Moment einer Kraft bezüglich des Koordinatenursprunges

Eine wichtige technische Anwendung des Momentesatzes ist die Berechnung der Standsicherheit von Systemen.

Für den homogenen Quader (Abbildung 4.16) ist zur Feststellung der Standsicherheit bezüglich der Kante K zu untersuchen, ob die Summe der Momente, die den Quader um die Kante auf seine Standfläche drücken (*Standmoment* $M_S = F_G \cdot a/2$) größer ist, als die Summe aller Momente, die es um K zu kippen versuchen (*Kippmoment* $M_K = F \cdot b$). Ist das Standmoment größer als das Kippmoment gilt für die Standsicherheit

$$S = \frac{M_S}{M_K} > 1 \,. \tag{4.12}$$

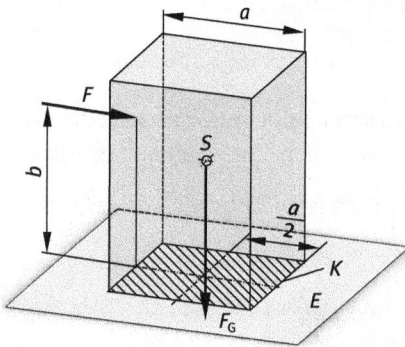

Abb. 4.16: Standsicherheitsproblem

Wirken zusätzlich noch Kräfte, die eine Kippgefährdung um weitere Kippkanten verursachen könnten, ist die Berechnung der Standsicherheit auf diese Kanten auszudehnen.

Beispiel 4.4. Für den auf Abbildung 4.17 dargestellten Mobildrehkran soll die maximale Belastung am Ausleger (Gewichtskraft F_G) in der gezeigten Stellung für eine geforderte Standsicherheit $S_{Agef} = 2$ zur Vorderachse A für die folgenden Werte berechnet werden:

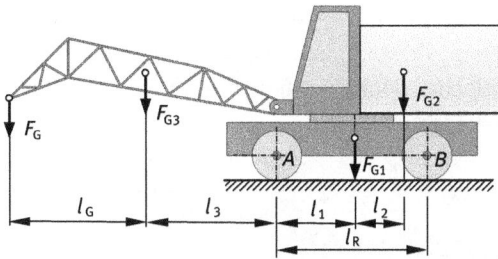

Fahrgestellmasse $m_1 = 4{,}1\,\mathrm{t}$
Aufbaumasse $m_2 = 8{,}7\,\mathrm{t}$
Auslegermasse $m_3 = 0{,}8\,\mathrm{t}$
$l_1 = 3100\,\mathrm{mm}$
$l_2 = 2050\,\mathrm{mm}$
$l_3 = 6250\,\mathrm{mm}$
$l_\mathrm{G} = 6000\,\mathrm{mm}$

Abb. 4.17: Drehkran

Lösung. Zur Berechnung der maximal zulässigen Masse m sind Standmoment M_S und Kippmoment M_K um A nach Abbildung 4.17 zu definieren:

$$M_\mathrm{S} = m_1 \cdot l_1 + m_2 \cdot l_2$$
$$M_\mathrm{K} = m \cdot (l_\mathrm{G} + l_3) + m_3 \cdot l_3 \,.$$

Die Gleichung (4.12) für die Standsicherheit

$$S_\mathrm{A} = \frac{M_\mathrm{S}}{M_\mathrm{K}} = \frac{m_1 \cdot l_1 + m_2 \cdot l_2}{m \cdot (l_\mathrm{G} + l_3) + m_3 \cdot l_3}$$

wird nach m umgestellt

$$m = \frac{m_1 \cdot l_1 + m_2 \cdot l_2 - S_\mathrm{A} \cdot m_3 \cdot l_3}{S_\mathrm{A} \cdot (l_\mathrm{G} + l_3)} = \underline{0{,}84\,\mathrm{t}} \quad \Rightarrow \quad \underline{F_\mathrm{G} = 8{,}23\,\mathrm{kN}} \,.$$

Als zulässige Belastung wird $F_\mathrm{G} = 8\,\mathrm{kN}$ festgelegt, was einer Standsicherheit nach Gleichung (4.12) von

$$S_\mathrm{A} = \frac{m_1 \cdot l_1 + m_2 \cdot l_2}{m \cdot (l_\mathrm{G} + l_3) + m_3 \cdot l_3} = \frac{(4{,}1 \cdot 3{,}1 + 8{,}7 \cdot 2{,}05)\,\mathrm{t} \cdot \mathrm{m}}{(0{,}82 \cdot 12{,}25 + 0{,}8 \cdot 6{,}25)\,\mathrm{t} \cdot \mathrm{m}} = \underline{2{,}03}$$

entspricht.

4.5 Reduktion eines Kräftesystems auf eine Resultierende

Die geometrische Addition von Kräften zu einer resultierenden Kraft bezeichnet man auch als Reduktion auf eine Resultierende. Den Betrag und die Richtung der Resultierenden berechnen wir genauso wie beim zentralen Kräftesystem im kartesischen Koordinatensystem mit den nachstehenden Gleichungen

$$F_{\mathrm{Res}\,x} = \sum_{i=1}^{n} F_{\mathrm{i}x} = \sum_{i=1}^{n} F_\mathrm{i} \cdot \cos\alpha_i \tag{4.13a}$$

$$F_{\mathrm{Res}\,y} = \sum_{i=1}^{n} F_{\mathrm{i}y} = \sum_{i=1}^{n} F_\mathrm{i} \cdot \sin\alpha_i \tag{4.13b}$$

$$F_\mathrm{Res} = \sqrt{F_{\mathrm{Res}\,x}^2 + F_{\mathrm{Res}\,y}^2} \tag{4.14}$$

$$\alpha = \arctan\frac{F_{\mathrm{Res}\,y}}{F_{\mathrm{Res}\,x}} \,. \tag{4.15}$$

Es muss lediglich die Lage der Wirkungslinie zusätzlich bestimmt werden. Auf zeichnerischem Wege steht hierfür das in diesem Lehrbuch nicht mehr behandelte *Seileckverfahren*[7] zur Verfügung. Für die rechnerische Lösung greifen wir dafür auf den oben behandelten Momentesatz, Gleichung (4.9) zurück.

$$M_{\text{Res}} = F_{\text{Res}} \cdot a_{\text{Res}} = \sum_{i=1}^{n} F_i \cdot a_i \,. \tag{4.16}$$

Mit den Koordinaten x_i und y_i des Angriffspunktes einer Kraft F_i erhalten wir mit den Gleichungen (4.9) und (4.11) für die Summe der statischen Momente aller Einzelkräfte bezüglich des Koordinatenursprunges

$$\sum_{i=1}^{n} M_i = \sum_{i=1}^{n} (x_i \cdot F_{iy} - y_i \cdot F_{ix}) = M_0 \,. \tag{4.17}$$

Die Wirkungslinie der Resultierenden ist durch eine Geradengleichung aus der Momentebeziehung, Gleichung (4.17), zu bestimmen. Für den Fall $F_{\text{Res}} \neq 0$ ergibt sich:

$$M_{\text{Res}} = x \cdot F_{\text{Resy}} - y \cdot F_{\text{Resx}} = \sum_{i=1}^{n} M_i = M_0$$

mit den Koordinaten x und y eines beliebigen Punktes auf der Geraden. Die Geradengleichung schreiben wir somit zu

$$x \cdot F_{\text{Resy}} - y \cdot F_{\text{Resx}} = M_0 \tag{4.18}$$

bzw. in der Form

$$y = \frac{F_{\text{Resy}}}{F_{\text{Resx}}} x - \frac{M_0}{F_{\text{Resx}}} \,. \tag{4.19}$$

Die durch die Gleichung (4.19) definierte Gerade bezeichnet man auch als *Zentrallinie*; die auf ihr wirkende resultierende Kraft als *Totalresultierende*. Für $M_0 = 0$ geht die Zentrallinie durch den Koordinatenursprung.

Beispiel 4.5. Für das auf Abbildung 4.18 gezeigte Rohrleitungssystem ist die Lage der Stütze (Länge l) so zu bestimmen, dass für die vorgegeben Gewichtskräfte:

$$F_{\text{G1}} = 2,64\,\text{kN}, \ F_{\text{G2}} = 5,50\,\text{kN}, \ F_{\text{G3}} = 5,72\,\text{kN}, \ F_{\text{G4}} = 8,25\,\text{kN}, \ F_{\text{G5}} = 8,80\,\text{kN}$$

a) kein Moment durch die Gewichtskräfte der Rohre an der Auflagestelle des Balkens auf den Stützenkopf wirkt.

b) Welches Moment wirkt am Stützenkopf, wenn die Stütze in der Balkenmitte angesetzt würde.

---

[7] Dieses, noch bis zum Ende des 20. Jahrhunderts praktizierte, graphische Standardverfahren wird heute praktisch nicht mehr angewendet. Für Interessenten ist es in älteren Statik-Lehrbüchern, in der Literatur zur Baustatik, z. B. [5] sowie in diversen Interneteinträgen zu finden.

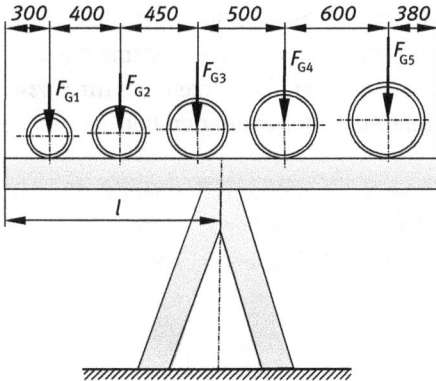

Abb. 4.18: Rohrleitungssystem

Lösung. a) Wenn der Stützenkopf keine Momente aufnehmen soll, muss die Wirkungslinie der Resultierenden der fünf Gewichtskräfte durch den Schwerpunkt der symmetrischen Stütze verlaufen. Da die Gewichtskräfte alle parallel wirken, können wir ihre Beträge gemäß Gleichung (4.13b) addieren:

$$F_{Res} = \sum_{i=1}^{5} F_{Gi} = 30,91\,kN\,.$$

Zur Berechnung der gesuchten Länge *l* legen wir den Bezugspunkt zweckmäßigerweise an das Balkenende. Damit haben alle Einzelmomente den gleichen Drehsinn und somit das gleiche Vorzeichen.

Mit dem Momentesatz, Gleichung (4.16), wird

$$M_{Res} = F_{Res} \cdot a_{Res} = \sum_{i=1}^{n} F_i \cdot a_i \quad \Rightarrow \quad a_{Res} = l = \frac{\sum_{i=1}^{n} F_i \cdot a_i}{F_{Res}}\,,$$

$$l = \frac{(2,64 \cdot 30 + 5,50 \cdot 70 + 5,72 \cdot 115 + 8,25 \cdot 165 + 8,80 \cdot 225) \cdot kN\,cm}{30,91\,kN} = 144,4\,cm$$

Die Stütze muss also um $\Delta L = 12,90\,cm$ nach rechts außerhalb der Balkenmitte $L/2 = 131,5\,cm$ gesetzt werden.

b) Würde die Stütze symmetrisch unter den Balken bei $L/2$ gesetzt, müsste der Stützenkopf ein Moment von

$$M_0 = F_{Res} \cdot \Delta L = 30,91\,kN \cdot 12,90\,cm = 398,7\,kN\,cm$$

in Uhrzeigerrichtung aufnehmen.

Bei diesem einfachen Lehrbeispiel wurde das Vorzeichen für die Momente aus der Anschauung heraus festgelegt. Das ist für viele übersichtliche Anwendungsfälle üblich und auch sinnvoll. Für Gewichtskräfte z. B., die immer nach unten wirken, ist es nicht zweckmäßig negative Werte anzugeben. Wenn alle Kräfte in „eine Richtung drehen" ist hierfür die positive Festlegung üblich.

Für aufwendigere Aufgabenstellungen, wie das nächste Beispiel, ist dieses Vorgehen nicht sinnvoll. Bei Verwendung des Kartesischen Koordinatensystems mit dem mathematisch positiven Drehsinn für das Moment ergeben die Vorzeichen für x bzw. y in der Gleichung (4.17) die Lage der Resultierenden in Bezug auf den Pol.

Beispiel 4.6. An der auf Abbildung 4.19 dargestellten Scheibe greifen vier Kräfte mit den Beträgen $F_1 = 860\,\text{N}$, $F_2 = 620\,\text{N}$, $F_3 = 750\,\text{N}$, $F_4 = 800\,\text{N}$ an.
Es sind Betrag, Richtung und Lage der Resultierenden zu berechnen.

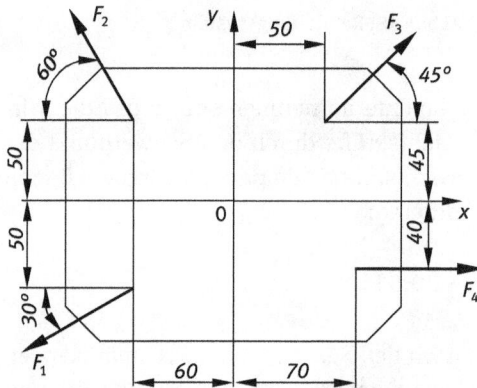

Abb. 4.19: Belastete Scheibe

Lösung. Die Berechnung der Resultierenden im vorgegebenen Koordinatensystem nach Gleichung (4.13) erfolgt zweckmäßig mit dem nachfolgenden tabellarischen Rechenschema.

1	2	3	4	5	6	7	8	9
i	$\dfrac{F_i}{N}$	$\dfrac{F_{ix}}{N}$	$\dfrac{F_{iy}}{N}$	$\dfrac{x_i}{mm}$	$\dfrac{y_i}{mm}$	$\dfrac{x_i \cdot F_{iy}}{N\,m}$	$\dfrac{y_i \cdot F_{ix}}{N\,m}$	$\dfrac{M_i}{N\,m}$
1	510	−442	−255	−60	−50	15,30	22,08	−6,78
2	480	−240	416	−60	50	−24,94	−12,00	−12,94
3	750	530	530	50	45	26,52	−23,87	50,38
4	800	800	0	70	−40	0,00	−32,00	32,00
Σ		649	691			16,88	−45,78	62,66

Dafür werden die Kräfte nach Gleichung (3.4) in ihre Komponenten zerlegt:

$$F_{ix} = F_i \cdot \cos \alpha_i \quad \text{und} \quad F_{iy} = F_i \cdot \sin \alpha_i \,.$$

Die Vorzeichen der Kraftkomponenten (Spalten 3 und 4) und der Abstände der Kraftangriffspunkte (Spalten 5 und 6) lesen wir aus der Zeichnung ab.

Durch Summieren der Spalten 3 und 4 erhalten wir die resultierenden Teilkräfte nach Gleichung (4.13)

$$F_{\text{Res}\,x} = \sum_{i=1}^{n} F_{ix} = 649\,\text{N}\,,$$

$$F_{\text{Res}\,y} = \sum_{i=1}^{n} F_{iy} = 691\,\text{N}\,.$$

Der Betrag und die Richtung der Resultierenden ergeben sich nach den Gleichungen (4.14) und (4.15) zu

$$F_{\text{Res}} = \sqrt{F_{\text{Res}\,x}^2 + F_{\text{Res}\,y}^2} = \sqrt{649^2 + 691^2} \cdot \text{N} = \underline{948\,\text{N}}$$

$$\text{und}\quad \alpha_{\text{Res}} = \arctan\frac{F_{\text{Res}\,y}}{F_{\text{Res}\,x}} = \arctan\frac{691\,\text{N}}{649\,\text{N}} = \underline{46{,}8°}\,.$$

Zur Bestimmung der Lage der Resultierenden in Bezug auf den Koordinatenursprung berechnen wir das statische Moment der angreifenden Kräfte aus der Spalte 9 mit Gleichung (4.9):

$$M_0 = \sum_{i=1}^{n} M_i = 62{,}66\,\text{Nm}\,.$$

Die Lage der Wirkungslinie, berechnet mit der Geradengleichung (4.19)

$$y = \frac{F_{\text{Res}\,y}}{F_{\text{Res}\,x}}x - \frac{M_0}{F_{\text{Res}\,x}}\;;\quad \underline{y = 0{,}73 \cdot x - 66\,\text{mm}}$$

Auf Abbildung 4.20 ist die Resultierende im Koordinatensystem eingezeichnet.

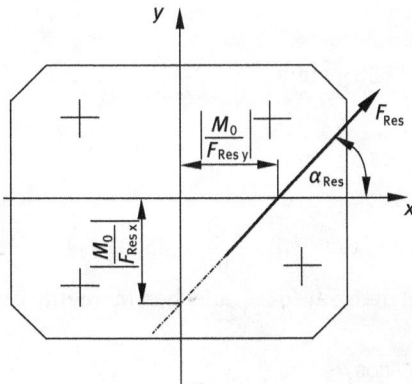

Abb. 4.20: Lage der Resultierenden

Beispiel 4.7. An einer drehbar gelagerten Scheibe aus Stahl (Abbildung 4.21), Außendurchmesser $D = 390\,\text{mm}$, Breite $b = 26{,}7\,\text{mm}$ sind drei Unwuchtmassen m_{U1}, m_{U2} und m_{U3} in der senkrecht zur Drehachse stehenden Mittelebene gemessen worden:

$$
\begin{aligned}
m_{U1} &= 12\,\text{g} & r_{U1} &= 149\,\text{mm} & \alpha_1 &= 75° \\
m_{U2} &= 18\,\text{g} & r_{U2} &= 158\,\text{mm} & \alpha_2 &= 105° \\
m_{U3} &= 10\,\text{g} & r_{U3} &= 153\,\text{mm} & \alpha_2 &= 195°
\end{aligned}
$$

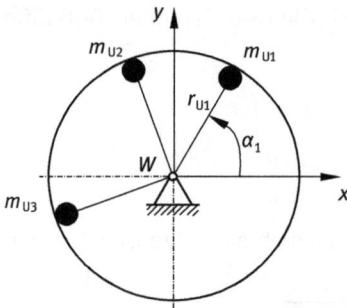

Abb. 4.21: Scheibe mit Unwuchten

Für die vorgegebenen Größen ist die Ausgleichsmasse m_a in Betrag und Lage am Außendurchmesser d_A zu berechnen.

Lösung. Die Unwuchtproblematik ist von den Rädern des Kraftfahrzeuges allgemein bekannt. Um das dynamische Problem des Unwuchtzustandes unabhängig von der Drehzahl beschreiben zu können, definiert man die Unwucht U als Produkt der Unwuchtmasse m_U und dem Radius r_U, mit dem diese um die Achse W kreist (Abbildung 4.21).

$$\vec{U}_i = m_{Ui} \cdot \vec{r}_{Ui} \,. \tag{4.20}$$

Damit kann der Unwuchtzustand einer Scheibe mit einem Vektor vollständig beschrieben werden. Da sich dieser Vektor nur durch einen Proportionalitätsfaktor (dem Quadrat der Drehzahl) von der Fliehkraft unterscheidet, gelten – wie für eine Kraft – auch für die Unwucht die Gesetze der Statik[8].

Wir berechnen die Unwuchtgrößen nach Gleichung (4.20) zu:

$$U_i = m_{Ui} \cdot r_{Ui} \qquad U_1 = 1788\,\text{g} \cdot \text{mm}$$

$$U_2 = 2844\,\text{g} \cdot \text{mm}$$

$$U_3 = 1530\,\text{g} \cdot \text{mm} \,.$$

Mit der Masse

$$m = V \cdot \rho = \frac{\pi}{4}D^2 \cdot b \cdot \rho = \frac{\pi}{4}3{,}9^2\,\text{dm}^2 \cdot 0{,}267\,\text{dm} \cdot 7{,}85\frac{\text{kg}}{\text{dm}^3} = 25{,}0\,\text{kg}$$

können wir nun die Schwerpunktexzentrität[9] mit dem Satz der statischen Momente in den beiden Achsrichtungen berechnen

$$e_x = \frac{U_1 \cdot \cos\alpha_1 + U_2 \cdot \cos\alpha_2 + U_3 \cdot \cos\alpha_3}{m + m_{U1} + m_{U2} + m_{U3}} = -0{,}070\,\text{mm}$$

$$e_y = \frac{U_1 \cdot \sin\alpha_1 + U_2 \cdot \sin\alpha_2 + U_3 \cdot \sin\alpha_3}{m + m_{U1} + m_{U2} + m_{U3}} = +0{,}163\,\text{mm} \,.$$

---

8 Siehe hierzu z. B. [35] oder kürzer in [37]

9 Abweichung des tatsächlichen Schwerpunktes des Rotors von seiner Drehachse – die Ursache für die hinlänglich bekannten Schwingungserscheinungen, die bei hohen Drehzahlen die Lager zusätzlich belasten und bei großer Unwucht der Vorderräder an Kraftfahrzeugen bei hoher Geschwindigkeit am Lenkrad fühlbar sind.

Damit wird die Exzentrität (Resultierende)

$$e = \sqrt{e_x^2 + e_y^2} = 0,177 \, \text{mm}$$

unter der Richtung

$$\alpha = \arctan\left(\frac{e_y}{e_x}\right) = -66,8° \quad \Rightarrow \quad \alpha = 180° - 66,8° = 113,2° \,.$$

Die Ausgleichsmasse für $r_a = 195 \, \text{mm}$ berechnen wir aus dem statischen Gleichgewicht

$$m_a \cdot r_a = m_{ges} \cdot e \quad \Rightarrow \quad m_a = \frac{e}{r_a} \cdot m_{ges} = \underline{22,8 \, \text{g}} \,.$$

Der Ausgleichswinkel beträgt

$$\alpha_a = \alpha + 180° = \underline{293,2°} \,.$$

4.6 Reduktion in Bezug auf einen Punkt

Die Darstellung auf Abbildung 4.22 vermittelt den Eindruck einer Drehwirkung durch nur eine Kraft. Den gleichen Eindruck erwecken Abbildungen belasteter Schalthebel und Pedale oder Schraubenschlüssel beim Anziehen einer Schraube. Die Vorstellung, dass sich ein Körper unter der Wirkung einer Einzelkraft dreht (Umfangskraft F an der Rolle) ist aber eine Täuschung.

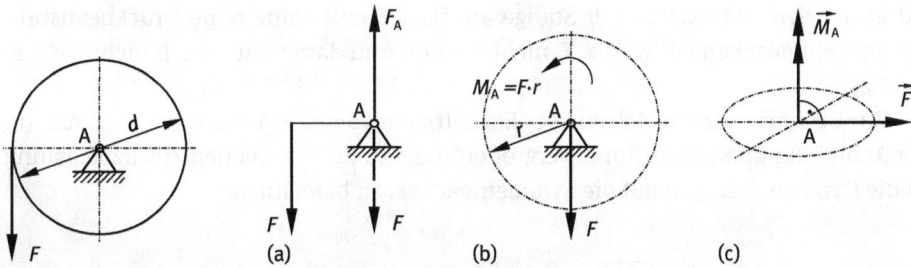

Abb. 4.22: Seiltrommel **Abb. 4.23:** Kräftepaar und Versatzmoment; (a) Kraftverschiebung, (b) Versatzmoment, (c) Dyname

Ohne eine Gegenkraft F_A im Lager (Drehpunkt) ist die Drehbewegung nicht möglich. Der Zusammenhang lässt sich durch die folgende Überlegung verdeutlichen:

Wir fügen im Drehpunkt A zwei gleich große, vom Betrag F, entgegengesetzt wirkende Kräfte, parallel zur Wirkungslinie von $F = F_A$ hinzu (Abbildung 4.23a). Da sich die Wirkung dieser beiden Kräfte aufhebt ($F_{Res} = 0$), hat sich am Gleichgewichtszustand nichts geändert. Wir erkennen ein Kräftepaar $F \cdot r$ und eine Lagerbelastung F. Letztere wird durch die Gegenkraft F_A ausgeglichen. Der Vorgang entspricht einer Parallelverschiebung der Kraft in den Drehpunkt. Das daraus resultierende *Versatzmoment* $M_A = F \cdot r$ muss durch ein Moment gleicher Größe, aber entgegengesetztem Drehsinn ausgeglichen werden (Abbildung 4.23b)[10].

Allgemein lässt sich formulieren: Eine am starren Körper angreifende Kraft darf parallel zur Wirkungslinie verschoben werden, wenn man gleichzeitig ein statisches Moment hinzufügt, das dem statischen Moment, bezogen auf den ursprünglichen Angriffspunkt, der Kraft gleich ist. Dieses Parallelverschiebungsgesetz wird auch als *2. Verschiebungssatz* bezeichnet.

Das auf diese Weise auf *eine Kraft $\vec{F}$ und ein Moment $\vec{M}$* reduzierte Kräftesystem bezüglich eines Punktes bezeichnet man auch als *Dyname*. Die beiden Vektoren $\vec{F}$ und $\vec{M}$ stehen im **ebenen** Kräftesystem stets senkrecht aufeinander (Abbildung 4.23c). Jedes Kräftesystem lässt sich auf eine Dyname reduzieren.

Durch die Reduzierung auf eine Dyname lassen sich Zusammenhänge oft anschaulicher gestalten. Auch lassen sich durch Verschiebung und Zerlegung einer Kraft an einen geschickt gewählten Punkt Vereinfachungen bei der Berechnung der wirkenden Momente erreichen.

So ist zum Beispiel für die Berechnung räumlicher Systeme die Zusammenfassung von Kräften, deren Wirkungslinien keinen gemeinsamen Schnittpunkt im Raum finden (sog. „windschiefe Kräfte"), die Reduzierung auf eine Dyname ein bewährtes Vorgehen.

Beispiel 4.8. Auf die Platte einer Druckstange mit dem Durchmesser $d = 24$ mm wirkt nach Abbildung 4.24 eine Druckkraft von $F = 12,8$ kN. Durch Ungenauigkeiten bei der Fertigung oder Montage der Einzelteile (Lageabweichungen) greift die Kraft nicht exakt in der Symmetrieachse der Stange an. Dass damit keine reine Druckbeanspruchung mehr gegeben ist, wird z. T. nicht erkannt und damit dann auch nicht berücksichtigt.

Zur Bestimmung der sich aus der Exzentrizität von $e_x = 4$ mm und $e_y = 3$ mm (in der Abbildung überproportional vergrößert dargestellt) ergebenden Zusatzbelastung ist die Dyname, bezogen auf die Symmetrieachse, zu berechnen.

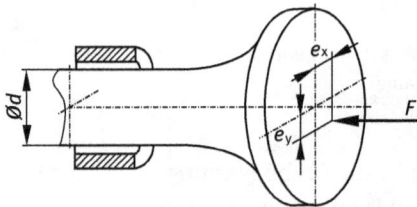

Abb. 4.24: Exzentrisch belastete Druckstange

---

10 In diesem Zusammenhang ist darauf hinzuweisen, dass beim Freimachen von durch ein statisches Moment belasteten Bauteilen, die in den Drehpunkt (Bezugspunkt) verschobene Einzelkraft, welche von der Lagerung aufzunehmen ist und eine Reaktionskraft hervorruft, nicht vergessen werden darf.

Lösung. Das ist per Definition kein ebenes Problem, weil die Last nicht in einer der Symmetrieebenen angreift. Dieser Sonderfall einer räumlichen Belastung lässt sich aber als ebenes Problem lösen. Durch die Parallelverschiebung der Kraft F nacheinander auf jeweils die y- und die x-Achse nach Abbildung 4.25a müssen zwei Komponenten des Versatzmomentes ausgeglichen werden. Da beide Komponenten in einer Ebene liegen, lässt sich diese Aufgabe mit den Mitteln der ebenen Statik lösen.

$$M_x = F \cdot e_y = 12,8\,\text{kN} \cdot 4\,\text{mm} = 51,2\,\text{Nm}$$

$$\text{und} \quad M_y = F \cdot e_x = 12,8\,\text{kN} \cdot 3\,\text{mm} = 38,4\,\text{Nm} \,.$$

Die beiden Momentenvektoren, die senkrecht zur Druckkraft in der x-y-Ebene wirken (Abbildung 4.25b), addieren wir geometrisch nach Abbildung 4.25c entsprechend Gleichung (4.14)

$$M_{\text{Res}} = \sqrt{M_x^2 + M_y^2} = \underline{64,0\,\text{Nm}}$$

mit dem Richtungswinkel, Gleichung (4.15),

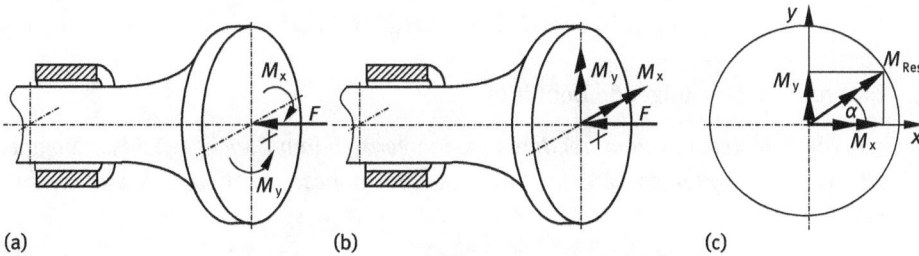

Abb. 4.25: Reduktion in Bezug auf einen Punkt; (a) Parallelverschiebung, (b) Versatzmomentvektoren, (c) resultierendes Moment

$$\alpha_M = \arctan \frac{M_y}{M_x} = 53,1° \,.$$

Die Lösung dieser Aufgabenstellung ist auf Abbildung 4.26 dargestellt.

Aus der Exzentrität des Kraftangriffs und des daraus resultierenden Versatzmomentes ergibt sich für die Druckstange eine zusätzliche Biegebeanspruchung, die dem

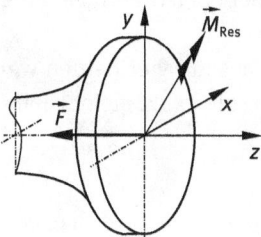

Abb. 4.26: Dyname in der Symmetrieachse

Druck überlagert ist. Diese als *exzentrischer Druck* bezeichnete, meist deutlich höhere Gesamtbeanspruchung, darf deshalb nicht vernachlässigt werden[11].

Für eine schräg auf die Platte wirkende Kraft ist diese Aufgabenstellung nicht mehr als ebenes Problem zu lösen. Der Kraft- und der Momentvektor der Dyname stehen nicht mehr senkrecht aufeinander, sondern schließen einen beliebigen Winkel ein. Dies wird im 8. Kapitel ausführlich dargestellt.

4.7 Gleichgewichtsbedingungen

4.7.1 Die statisch bestimmte Lagerung

In der Ebene hat der starre Körper drei unabhängige Freiheitsgrade f: Verschiebungen in zwei unabhängige Richtungen und eine Drehung um eine Achse senkrecht zur Ebene. Wenn diese Bewegungsmöglichkeiten durch die Lagerung gesperrt werden, bleibt der Körper auch unter Belastung in Ruhe.

Von den verschiedenen Lagerungsmöglichkeiten eines starren Körpers in der Ebene bezeichnet man diesen Fall, der von besonderer praktischer Bedeutung ist, als statisch bestimmte Lagerung.

Dies führt auf die folgende Definition:

Ein beliebig belastetes System bei dem aus den verfügbaren Gleichgewichtsbedingungen alle Auflagerreaktionen berechnet werden können, bezeichnet man als statisch bestimmt.

Das Gleichgewicht wird durch drei Stützgrößen erzwungen. Somit können gemäß Gleichung (2.9), $f = 3 - r$, maximal drei Lagerunbekannte r berechnet werden. Für eine statisch bestimmte Lagerung in der Ebene sind
- eine dreiwertige Lagerung oder
- ein zweiwertiges und ein einwertiges Lager oder
- drei einwertige Lager
möglich.

Auf Abbildung 4.27 sind verschiedene Möglichkeiten für die statisch bestimmte Lagerung eines Balkens schematisch zusammengefasst (siehe dazu Tabelle 2.1).

Ein anschauliches Beispiel für ein statisch bestimmtes System ist ein dreibeiniger Tisch, der auch bei unterschiedlicher Länge der Beine und unebener Unterlage ohne zu „kippeln" stabil steht.

Im Gegensatz dazu sind für den stabilen Stand eines Tisches mit vier Beinen wegen des „überzähligen" Beines (einfach statisch überbestimmt) die exakt gleiche Länge aller Beine *und* eine ebene Aufstandsfläche erforderlich.

---

11 Eine einfache Spannungsberechnung, die Gegenstand der Festigkeitslehre ist, ergibt für die vorgegebenen Werte der Aufgabenstellung eine um 167 % höhere Gesamtspannung gegenüber der reinen Druckbeanspruchung durch das zusätzlich auftretende Biegemoment in der Druckstange.

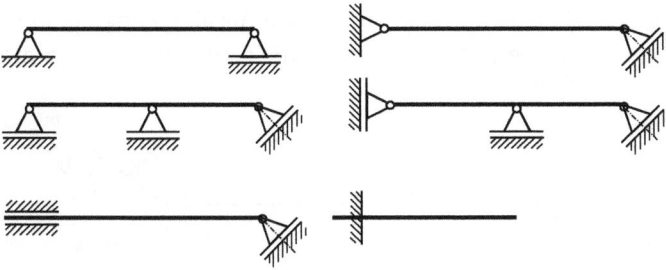

Abb. 4.27: Statisch bestimmt gelagerte Balken

Das bedeutet, dass der Vorteil der zusätzlichen Abstützung immer mit einem erhöhten Aufwand (u. a. der Fertigungsgenauigkeit und -kosten) erkauft werden muss, während bei statisch bestimmter Lagerung kleine Fertigungsungenauigkeiten keinen Einfluss auf die Funktion haben.

Weitere Vorteile der statisch bestimmten Lagerung sind:
- Besonders einfache Berechnung der Auflagerreaktionen mit den Mitteln der Statik starrer Körper.
- Geringe Fertigungs- und Montageungenauigkeiten führen weder zu Bauteilspannungen noch zu verändertem Tragverhalten.
- Dehnungen infolge von Temperaturänderungen können sich ausgleichen und führen nicht zu Spannungen im Bauteil.

Natürlich existieren viele Systeme mit mehr Stützstellen, als Gleichgewichtsbedingungen zur Berechnung zur Verfügung stehen. Systeme mit überzähligen Stützen (was z. B. aus Gründen der Verringerung der Verformung und des Leichtbaus sinnvoll sein kann), sind *statisch überbestimmt* (im Sprachgebrauch des Ingenieurs meist als *statisch unbestimmt* bezeichnet). Ein typisches Beispiel dafür sind Kurbel- oder Nockenwellen von Mehrzylindermotoren.

Für die Berechnung überbestimmter Tragwerke müssen zusätzliche Gleichungen entsprechend dem Grad der Überbestimmtheit des nun nicht mehr starr angenommenen Körpers gefunden werden. Diese lassen sich aus geometrischen Beziehungen – in der Regel aus den Verformungen – oder mittels Energieprinzipien, wie im 11. Kapitel einführend in diese Problematik beschrieben, finden. Die Berechnungen statisch überbestimmter Systeme unter Verwendung zusätzlicher Gleichungen aus der verhinderten Verformung an den Stützstellen ist aber nicht Gegenstand der Starrkörperstatik sondern ein Thema der Festigkeitslehre.

„Fehlende" Stützen (*statisch unterbestimmt*) nehmen dem Körper nicht alle Bewegungsmöglichkeiten und haben die Verschiebbarkeit des Systems unter Belastung zur Folge. Sie werden im allgemeinen Sprachgebrauch als „*verschieblich*" bezeichnet. Verschiebliche Systeme (Mechanismen) sind Gegenstand der Kinematik.

Für überschaubare Systeme bestimmen wir den Grad der statischen Bestimmtheit für ein ebenes Kräftesystem, wenn wir von der Anzahl der Auflagerunbekannten drei

Gleichgewichtsbedingungen abziehen. Wie bekannt, ist die Abzählbedingung aber keine hinreichende Bedingung für die statische Bestimmtheit: Dies zeigen auch die folgenden Beispiele:

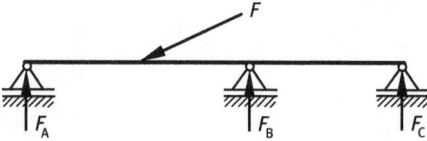

Abb. 4.28: Träger auf drei Loslagern

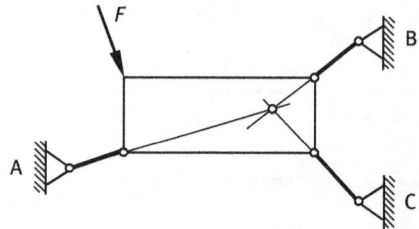

Abb. 4.29: Lagerung durch Stäbe

Bei dem auf drei Loslagern abgestützten Träger (Abbildung 4.28) ist schon aus der Anschauung ersichtlich, dass die Anordnung verschieblich gelagert ist. Die waagerechte Komponente der schräg angreifenden Belastung kann durch keine der Stützen aufgenommen werden. Die Abzählbedingung (drei Gleichgewichtsbedingungen drei unbekannte Stützgrößen) versagt in diesem Fall, weil die Kraft-Gleichgewichtsbedingung in waagerechter Richtung nicht erfüllt werden kann. Das Tragwerk ist beweglich.

Auch die auf Abbildung 4.29 dargestellte Scheibe, die an drei Stäben, deren Wirkungslinien sich in einem Punkte schneiden, aufgehängt ist, ist statisch unbestimmt gelagert. Die Verteilung der Last auf die Stützen hängt von der Steifigkeit der Bauteile, vom Einbauspiel und von den Temperaturverhältnissen (unterschiedliche Wärmedehnung) ab. Dieses System ist technisch unbrauchbar, weil Gleichgewicht in dieser Form nicht möglich ist. Man bezeichnet eine solche Anordnung als *wackelig* oder *im Kleinen verschieblich*. Durch die sehr hohen Stabbelastungen, die sich für ein solches System ergeben, kommt es zu merklichen Deformationen, was zur Verlagerung der Wirkungslinien aus dem gemeinsamen Schnittpunkt heraus führt. Damit ist neben der angenommenen Geometrie auch die Grundannahme des starren Körpers für die Stäbe nicht mehr zutreffend. Daraus können wir die folgende Regel ableiten:

Ein durch drei Kräfte gestützter Körper ist im ebenen allgemeinen Kräftesystem statisch bestimmt gelagert, wenn die drei Lagerkräfte:
– nicht parallel sind
– keinen gemeinsamen Schnittpunkt haben.

Für die Untersuchung der statischen Bestimmtheit einfacher Träger ist die Abzählbedingung unter Beachtung der einschränkenden Bedingungen in der Regel ausreichend, wenn das Tragwerk nicht beweglich ist. Notfalls merkt man bei der Berechnung recht schnell das Fehlen einer Gleichung. Für komplizierte – insbesondere räumliche – Strukturen, die ohnehin meist mittels Matrizen im Zusammenhang mit der Rechentechnik gelöst werden, ist die Determinante der Systemmatrix zu berechnen (siehe Abschnitt 3.4). Rechenprogramme liefern wenn das Gleichungssystem nicht gelöst werden kann, einen Hinweis auf eine singuläre Matrix.

4.7.2 Berechnung der Lagerreaktionen

In den vorangegangenen Abschnitten wurde gezeigt, dass jede Kraft am starren Körper in einen beliebigen Punkt verschoben werden darf, wenn durch ein Versatzmoment der Gleichgewichtszustand nicht verändert wird; sich also jedes Kräftesystem auf eine Dyname zurückführen lässt. Das heißt für das Gleichgewicht des ebenen Kräftesystems, dass die resultierende Kraft $\vec{F}_{Res}$ und das Gesamtmoment $\vec{M}_{Res}$ des auf eine Dyname reduzierten Kräftesystems – jedes für sich – gleich Null sein muss. Den zwei Vektorgleichungen entsprechen in der Ebene drei skalare Gleichungen für das Gleichgewicht:

$$\vec{F}_{Res} = \sum_{i=1}^{n} \vec{F}_i = 0: \qquad \sum_{i=1}^{n} F_{ix} = 0 \qquad (4.21)$$

$$\sum_{i=1}^{n} F_{iy} = 0 \qquad (4.22)$$

$$\vec{M}_{Res} = \sum_{i=1}^{n} \vec{M}_i = 0 \qquad \sum_{i=1}^{n} M_i = 0 \,. \qquad (4.23)$$

Die Bedingung (4.23) muss für jeden beliebigen Drehpunkt (auch außerhalb des Körpers) gelten. Es sind die folgenden Einschränkungen zu beachten:

Jede der Kräftegleichgewichtsbedingungen (4.21) und (4.22) kann durch eine weitere Gleichgewichtsbedingung der Momente ersetzt werden. Dabei ist zu beachten, dass die Bezugspunkte von zwei Momentengleichungen nicht auf einer Geraden liegen, die senkrecht zur Richtung liegt, in der das Kräftegleichgewicht gebildet wird. Wird das Gleichgewicht aus drei Momentegleichungen (4.23) auf drei verschiedene Punkte angewendet, dürfen diese nicht auf einer Geraden liegen.

Diese Einschränkungen sind selbständig anhand eines einfachen Beispiels zu überprüfen.

Beispiel 4.9. Die auf Abbildung 4.30 als dargestellte Antriebswelle wird durch einen Riementrieb mit den am Riemenscheibendurchmesser $d_R = 355$ mm wirkenden Riemenkräften $F_{S1} = 5584$ N und $F_{S2} = 1358$ N[12] sowie den an den Wälzkreisen der Zahnräder wirkenden Umfangskräften von $F_{u1} = 2669$ N am Wälzkreisdurchmesser $d_{w1} = 562$ mm und $F_{u2} = 6303$ N am Wälzkreisdurchmesser $d_{w2} = 238$ mm belastet.

Für einen Grobentwurf der Welle wird das räumliche Problem durch Vernachlässigung der Radialkräfte (siehe Abbildung 4.7b, Beispiel 4.1) an den Zahnrädern auf ein ebenes System reduziert. Die am Teilkreis der Zahnräder in der waagerechten Ebene wirkenden Radialkräfte (nicht eingezeichnet) haben auf die senkrechte Lagerbelastung keinen Einfluss.

Es sind die senkrechten Lagerkräfte sowie die Biegemomente am Lagersitz A und den Zahnradsitzen zu berechnen.

---

12 Riemenscheiben sind keine festen Rollen; durch die notwendigen Reibungskräfte zur Übertragung von Drehmomenten sind die Riemenkräfte ungleich groß (ausführlich dazu im Abschnitt 10.4.3).

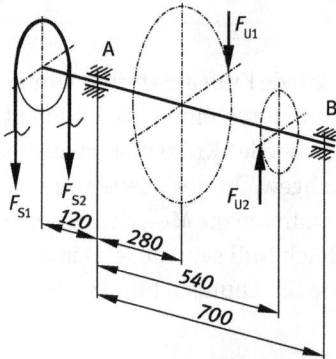

Abb. 4.30: Getriebewelle

Lösung. Um das Aufstellen der Gleichgewichtsbedingungen sowie auch die Fehlersuche zu erleichtern, empfiehlt es sich immer aus der Aufgabenstellung ein Belastungsschema (Kräfteplan) zu erstellen. Der Kräfteplan sollte neben den Lasten mit den bemaßten Angriffspunkten auch die angenommenen Lastrichtungen der Stützkräfte enthalten (Abbildung 4.31).

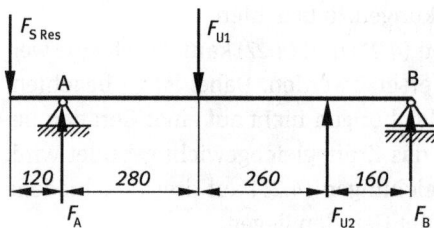

Abb. 4.31: Belastungsschema

Im Kräfteplan fassen wir die senkrecht wirkenden, in diesem Fall parallelen Seilkräfte (Umfangskräfte) F_{S1} und F_{S2} an der Riemenscheibe zu einer Resultierenden

$$F_{S\,Res} = F_{S1} + F_{S2} = 8,253 \text{ kN}$$

in der Drehachse zusammen.

Die Umfangskräfte an den Zahnrädern F_{u1} und F_{u2} verschieben wir in die Drehachse der Welle (2. Verschiebungssatz). Die aus der Verschiebung resultierenden Versatzmomente stehen im Gleichgewicht mit dem Antriebsmoment der Riemenscheibe das sich aus der Differenz der Riemenkräfte errechnen lässt[13] (die Kräftepaare sind aus Abbildung 4.30 ersichtlich).

Für die zahlenmäßige Berechnung arbeiten wir nicht mit den vorzeichenbehafteten skalaren Komponenten der Kraft $\vec{F}$, sondern mit den Beträgen der Teilkräfte. Das

---

13 Das Antriebsdrehmoment $M_d = (F_{S1} - F_{S2}) \cdot d_S/2$ wird von der Welle und nicht von den Lagern aufgenommen.

Vorzeichen (Richtungssinn) der Kräfte entnehmen wir dem Belastungsschema. Das bedeutet dann auch, dass wir nicht mit dem Richtungswinkel $0° \leq \alpha \leq 360°$, sondern mit dem spitzen Winkel im 1. Quadranten arbeiten. Die Lagerkräfte werden zweckmäßig in positiver Koordinatenrichtung angenommen. Ergibt die Rechnung für den Betrag der Kraft einen negativen Wert, ist der tatsächliche Richtungssinn dieser Kraft der angenommenen Pfeilrichtung auf der Zeichnung entgegengesetzt.

Für die Berechnung der zwei unbekannten senkrechten Lagerkräfte F_A und F_B stehen uns zwei Gleichgewichtsbedingungen zur Verfügung. Das senkrechte Kräftegleichgewicht, Gleichung (4.22)

$$\sum F_y = 0: \quad -F_{S\,Res} + F_A - F_{u1} + F_{u2} + F_B = 0$$

enthält beide unbekannte Lagerkräfte. Wir benötigen eine zweite Gleichung. Diese liegt uns mit Gleichung (4.23) vor. Bei der Anwendung einer Momentengleichgewichtsbedingung müssen wir einen Bezugspunkt und auch einen positiven Drehsinn festlegen.

Obwohl durch die Wahl immer neuer Bezugspunkte für das Momentengleichgewicht theoretisch beliebig viele Gleichgewichtsbedingungen aufgeschrieben könnten, lassen sich doch niemals mehr, als zwei Unbekannte aus diesen Gleichungen errechnen, da sie nicht mathematisch unabhängig voneinander sind.

Die Rechnung lässt sich einfacher gestalten, wenn wir die Bezugspunkte jeweils in eine Lagerstelle legen. Wir erhalten dadurch zwei Momentengleichungen mit jeweils nur einer unbekannten Lagerkraft:

$$\sum M_A = 0: \quad F_{S\,Res} \cdot 120\,\text{mm} - F_{u1} \cdot 280\,\text{mm} + F_{u2} \cdot 540\,\text{mm} + F_B \cdot 700\,\text{mm} = 0$$

$$F_B = \frac{-8{,}253\,\text{kN}\,120\,\text{mm} + 2{,}669\,\text{kN}\,280\,\text{mm} - 6{,}303\,\text{kN}\,540\,\text{mm}}{700\,\text{mm}} = \underline{-5{,}210\,\text{kN}}.$$

Die Lagerkraft F_B wirkt entgegengesetzt zur angenommenen Richtung. Mit dem Drehpunkt in B berechnen wir die zweite Auflagerunbekannte.

$$\sum M_B = 0: \quad F_{S\,Res} \cdot 820\,\text{mm} - F_A \cdot 700\,\text{mm} + F_{u1} \cdot 420\,\text{mm} - F_{u2} \cdot 160\,\text{mm} = 0$$

$$F_A = \frac{8{,}253\,\text{kN} \cdot 820\,\text{mm} + 2{,}669\,\text{kN} \cdot 420\,\text{mm} - 6{,}303\,\text{kN} \cdot 160\,\text{mm}}{700\,\text{mm}} = \underline{9{,}829\,\text{kN}}.$$

Da die Berechnung der Lagerkräfte nie Selbstzweck ist, sondern Voraussetzung für die Ermittlung der Beanspruchungen zur Dimensionierung oder Nachrechnung von Bauteilen und Tragwerken, sollten diese Ergebnisse niemals ungeprüft in die folgenden Rechnungen übernommen werden; zumal der Aufwand für die Kontrolle relativ gering ist und die Auswirkungen fehlerhafter Ergebnisse erheblich sein können. Die Kontrolle für die obige Rechnung führen wir jetzt mit der Gleichung (4.22) durch

$$\sum F_y = 0: \quad -F_{S\,Res} + F_A - F_{u1} + F_{u2} - F_B =$$
$$(-8{,}253 + 9{,}829 - 2{,}669 + 6{,}303 - 5{,}210)\,\text{kN} = 0.$$

Für die Berechnung der Biegemomente an definierter Stelle schneiden wir gedanklich den Träger an dieser Stelle und tragen dort ein Schnittmoment an, welches das Gleichgewicht im betrachteten Teilstück wiederherstellt. Somit schreiben wir für das Biegemoment am Lagerzapfen A:

$$M_{bA} = F_{S\,Res} \cdot 120\,mm = 8,253\,kN \cdot 120\,mm = \underline{990\,Nm}\,.$$

Die Biegemomente an den Zahnradsitzen ergeben nach entsprechendem Vorgehen mit den Maßen aus Abbildung 4.31:

$$M_{b1} = F_{S\,Res} \cdot 400\,mm - F_A \cdot 280\,mm = \underline{549\,Nm}$$

und

$$M_{b2} = F_B \cdot 160\,mm = \underline{834\,Nm}\,.$$

Beispiel 4.10. Der auf Abbildung 4.32 dargestellte Träger der Länge l = 3000 mm ist in A gelenkig gelagert, in B durch einen Stab unter dem Winkel α = 60° abgestützt und wird durch eine konstante Streckenlast q = 5,0 kN/m und eine schräg angreifende Einzelkraft F = 12,00 kN unter dem Winkel β = 20° belastet. Es sind:
a) die statische Bestimmtheit zu überprüfen und
b) die Lagerkräfte F_A und F_B zu berechnen.

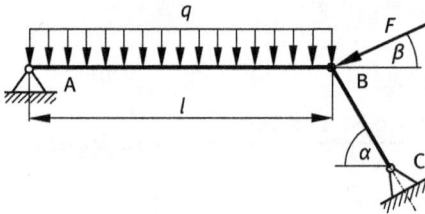

Abb. 4.32: Tragwerk   **Abb. 4.33:** Belastungsschema

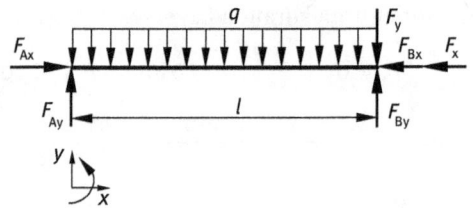

Lösung. a) Statische Bestimmtheit: Das Tragwerk ist auf einem zweiwertigen Lager (Festlager) und einem einwertigen Lager (Pendelstütze) gelagert. Es stehen drei Gleichgewichtsbedingungen zur Verfügung. Mit Gleichung (2.9) gilt: f = 3 − r = 3 − 3 = 0; das System ist statisch bestimmt.

b) Lagerkräfte: Wir schneiden den Träger frei und stellen unter Verwendung von Gleichung (2.5) für die Streckenlast die Gleichgewichtsbedingungen für die auf Abbildung 4.33 positiv definierten Richtungen und Drehsinn auf.

$$\sum F_x = 0: \quad F_{Ax} - F_B \cdot \cos\alpha - F \cdot \cos\beta = 0 \tag{1}$$

$$\sum F_y = 0: \quad F_{Ay} + F_B \cdot \sin\alpha - F \cdot \sin\beta - q \cdot l = 0\,. \tag{2}$$

In den beiden Gleichungen sind je zwei unbekannte Lagerkräfte enthalten. Als dritte Gleichung formulieren wir eine Momentegleichung. Das Lager B ist eine Pendelstütze womit die Richtung der Stützkraft bekannt und nur noch eine Größe, der Betrag, unbekannt ist. Wir wählen aus diesem Grunde A als Bezugspunkt für die Momentegleichung.

$$\sum M_A = 0: \quad F_B \cdot \sin\alpha \cdot l - F \cdot \sin\beta \cdot l - q \cdot l \cdot \frac{l}{2} = 0 \tag{3}$$

und erhalten sofort den Betrag für die Stütze B zu:

$$F_B = F \cdot \frac{\sin\beta}{\sin\alpha} + \frac{q \cdot l}{2 \cdot \sin\alpha} = \frac{2 \cdot F \cdot \sin\beta + q \cdot l}{2 \cdot \sin\alpha} = \underline{13,40\,\text{kN}}.$$

Mit (1) und (2) wird

$$F_{Ax} = F_B \cdot \cos\alpha + F \cdot \cos\beta = \underline{17,98\,\text{kN}},$$
$$F_{Ay} = -F_B \cdot \sin\alpha + F \cdot \sin\beta + q \cdot l = \underline{7,50\,\text{kN}}.$$

Die Probe führen wir mit der Momentegleichung um B:

$$\frac{1}{2}q \cdot l^2 - F_{Ay} \cdot l = 2,50\frac{\text{kN}}{\text{m}} \cdot 9\,\text{m}^2 - 7,50\,\text{kN} \cdot 3\,\text{m} = 0.$$

Abschließend soll an diesem Beispiel die numerische Lösung mit Untersuchung der hinreichenden Bedingung der statischen Bestimmtheit über die Koeffizientendeterminante des Gleichungssystems gezeigt werden. Dazu überführen wir die drei Gleichgewichtsbedingungen in die Matrixform $\underline{\underline{A}} \cdot \underline{x} = \underline{b}$.

$$\begin{bmatrix} 1 & 0 & -\cos\alpha \\ 0 & 1 & \sin\alpha \\ 0 & 0 & \sin\alpha \cdot l \end{bmatrix} \cdot \begin{bmatrix} F_{Ax} \\ F_{Ay} \\ F_B \end{bmatrix} = \begin{bmatrix} F \cdot \cos\beta \\ F \cdot \sin\beta + q \cdot l \\ F \cdot \sin\beta \cdot l + \frac{1}{2} \cdot q \cdot l^2 \end{bmatrix}.$$

Als notwendige und hinreichende Bedingung für ein statisch bestimmtes System muss die Determinante dieser Matrix ungleich Null sein. Für die Berechnung der Determinanten der 3×3-Matrix gibt es einfache Lösungsmöglichkeiten[14]. Wir berechnen die Determinante von $\underline{\underline{A}}$ durch die Entwicklung nach der ersten Spalte

$$\det\underline{\underline{A}} = \begin{vmatrix} 1 & 0 & -\cos\alpha \\ 0 & 1 & \sin\alpha \\ 0 & 0 & \sin\alpha \cdot l \end{vmatrix} = 1 \cdot \begin{vmatrix} 1 & \sin\alpha \\ 0 & \sin\alpha \cdot l \end{vmatrix} = \underline{l \cdot \sin\alpha}; \quad \det\underline{\underline{A}} = \begin{cases} \neq 0 & \text{für} \quad \alpha \neq 0° \\ = 0 & \text{für} \quad \alpha = 0° \end{cases}$$

Das Ergebnis der Rechnung ist sofort anhand der Abbildung 4.32 einsichtig. Für $\alpha = 0°$ liegen alle drei Gelenke auf einer Gerade und die Lagerung ist beweglich; d. h. Konstruktion ist statisch unbrauchbar und das Gleichungssystem nicht lösbar.

---

14 Z. B. die Regel von Sarrus: siehe dazu [34].
Pierre Frédéric Sarrus, 1798–1861, französischer Mathematiker.

Die Matrixgleichung lösen wir mit den Eingabegrößen: $[F] = kN$; $[l] = m$

$$\begin{bmatrix} 1 & 0 & -1/2 \\ 0 & 1 & 1/2 \cdot \sqrt{3} \\ 0 & 0 & 3/2 \cdot \sqrt{3} \end{bmatrix} \cdot \begin{bmatrix} F_{Ax} \\ F_{Ay} \\ F_B \end{bmatrix} = \begin{bmatrix} 12 \cdot \cos 20° \\ 12 \cdot \sin 20° + 15 \\ 36 \cdot \sin 20° + 22{,}5 \end{bmatrix}$$

$$\text{wird} \quad \begin{bmatrix} F_{Ax} \\ F_{Ay} \\ F_B \end{bmatrix} = \begin{bmatrix} 17{,}976 \\ 7{,}500 \\ 13{,}399 \end{bmatrix} \text{kN}$$

Beispiel 4.11. Das Strukturmodell auf Abbildung 4.34 zeigt das Belastungsschema für einen Rahmen, dessen Auflagerkräfte mit den folgenden Werten berechnet werden sollen:

$$F_1 = 12{,}00\,\text{kN}\,, \quad F_2 = 15{,}00\,\text{kN}\,, \quad q_{1\,\text{max}} = 15{,}00\,\text{kN/m}\,,$$

$$q_2 = 7{,}00\,\text{kN/m}\,, \quad a = 500\,\text{mm}\,, \quad \beta = 60°$$

Lösung. Um die Berechnung des Hebelarmes der Kraft F_B um A zu umgehen, ist im Belastungsschema die Stützkraft des schrägen Loslagers in die waagerechte und senkrechte Teilkraft zerlegt dargestellt.

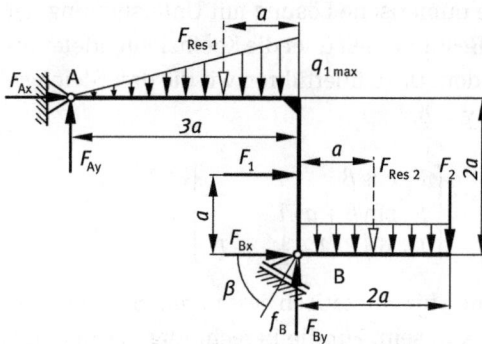

Abb. 4.34: Belastungsschema

Für den Anfang ist es übersichtlicher beim Aufstellen der Gleichgewichtsbedingungen mit den Resultierenden der Streckenlasten (nur für den starren Körper zulässig) zu arbeiten. Die Angriffspunkte dieser Einzellasten sind auf Abbildung 4.34 angegeben.

$$F_{\text{Res}\,1} = \frac{1}{2} q_{1\,\text{max}} \cdot 3a = \frac{3}{2} q_{1\,\text{max}} \cdot a = 11{,}25\,\text{kN} \tag{1}$$

$$F_{\text{Res}\,2} = 2 q_2 \cdot a = 7{,}00\,\text{kN}\,. \tag{2}$$

Wir stellen zunächst vier Gleichgewichtsbedingungen (eine für die Kontrolle) auf.

$$\sum F_x = 0: \quad F_{Ax} + F_1 + F_{Bx} = 0 \tag{3}$$

$$\sum F_y = 0: \quad F_{Ay} - F_{\text{Res}\,1} + F_{By} - F_{\text{Res}\,2} - F_2 = 0 \tag{4}$$

$$\sum M_{\mathrm{A}} = 0: \quad -F_{\mathrm{Res\,1}} \cdot 2a + F_1 \cdot a + F_{\mathrm{Bx}} \cdot 2a + F_{\mathrm{By}} \cdot 3a - F_{\mathrm{Res\,2}} \cdot 4a - F_2 \cdot 5a = 0 \quad (5)$$

$$\sum M_{\mathrm{B}} = 0: \quad -F_{\mathrm{Ax}} \cdot 2a - F_{\mathrm{Ay}} \cdot 3a + F_{\mathrm{Res\,1}} \cdot a - F_1 \cdot a - F_{\mathrm{Res\,2}} \cdot a - F_2 \cdot 2a = 0. \quad (6)$$

In allen vier Gleichungen stehen zwei unbekannte Lagerkräfte. Allerdings ist in Gleichung (5) der Zusammenhang der Teilkräfte F_{Bx} und F_{By} des Loslagers F_{B} über die bekannte Richtung der Lagerkraft gegeben:

$$F_{\mathrm{Bx}} = F_{\mathrm{B}} \cdot \cos\beta \quad \text{und} \quad F_{\mathrm{By}} = F_{\mathrm{B}} \cdot \sin\beta \,.$$

Beide Gleichungen in (5) eingesetzt, durch a dividiert, nach F_{B} umgestellt und die Werte eingesetzt, ergibt

$$F_{\mathrm{B}} = \frac{2F_{\mathrm{Res\,1}} - F_1 + 4F_{\mathrm{Res\,1}} + 5 \cdot F_2}{2 \cdot \cos\beta + 3 \cdot \sin\beta} = \underline{31{,}55\,\mathrm{kN}} \,,$$

$$F_{\mathrm{Bx}} = F_{\mathrm{B}} \cdot \cos\beta = 15{,}77\,\mathrm{kN} \,,$$

$$F_{\mathrm{By}} = F_{\mathrm{B}} \cdot \sin\beta = 27{,}32\,\mathrm{kN} \,.$$

Wir berechnen mit (3)

$$F_{\mathrm{Ax}} = -F_1 - F_{\mathrm{Bx}} = \underline{-27{,}77\,\mathrm{kN}} \,.$$

Was schon aus dem Belastungsschema und aus Gleichung (1) offensichtlich war (die Summe dreier positiver Größen kann nicht null sein), bestätigt die Rechnung; F_{Ax} muss entgegengesetzt, als Zugkraft, wirken.

Mit der Momentbilanz um B, Gleichung (6), durch a dividiert, berechnen wir

$$F_{\mathrm{Ay}} = \frac{-(-2F_{\mathrm{Ax}}) + F_{\mathrm{Res\,1}} - F_1 + F_{\mathrm{Res\,2}} - 2F_2}{3} = 5{,}93\,\mathrm{kN} \,.$$

Die Probe führen wir mit Gleichung (4), dividiert durch a, als Vergleich von Belastung und Stützung:

$$F_{\mathrm{Res\,1}} + F_{\mathrm{Res\,2}} + F_2 = F_{\mathrm{Ay}} + F_{\mathrm{By}} \,; \qquad \underline{33{,}25\,\mathrm{kN} \downarrow = 33{,}25\,\mathrm{kN} \uparrow} \,.$$

Für den in der Handhabung der Matrizenrechnung schon geübten Anwender geht die Lösung dieser Aufgabe mit dem Rechner sicher etwas schneller. Dafür können wir natürlich die Gleichungen in der oben praktizierten Schreibweise in die Matrixform überführen oder – besser – die Gleichgewichtsbedingungen so formulieren, dass die vorgegeben Größen der Aufgabenstellung in die Matrix eingefügt werden und die oben geführten Zwischenrechnungen nicht extra getätigt, sondern dem Rechner überlassen werden.

$$\sum F_{\mathrm{x}} = 0: \quad F_{\mathrm{Ax}} + F_1 + F_{\mathrm{B}} \cdot \cos\beta = 0 \tag{7}$$

$$\sum F_{\mathrm{y}} = 0: \quad F_{\mathrm{Ay}} - \frac{3}{2}q_{1\,\mathrm{max}} \cdot a + F_{\mathrm{B}} \cdot \sin\beta - 2q_2 \cdot a - F_2 = 0 \tag{8}$$

$$\sum M_A = 0: \quad -\frac{3}{2}q_{1\,max} \cdot a \cdot 2a + F_1 \cdot a + F_B \cdot \cos\beta \cdot 2a + F_B \cdot \sin\beta \cdot 3a -$$

$$- 2q_2 \cdot a \cdot 4a - F_2 \cdot 5a = 0 \, ,$$

$$- 3q_{1\,max} \cdot a^2 + F_1 \cdot a + F_B(\cos\beta \cdot 2a + \sin\beta \cdot 3a) - 8q_2 \cdot a^2 - F_2 \cdot 5a = 0 \, ,$$

$$- 3q_{1\,max} \cdot a + F_1 + F_B(2\cos\beta + 3\sin\beta) - 8q_2 \cdot a - 5F_2 = 0 \, . \tag{9}$$

Damit nimmt die Matrixgleichung die folgende Form an:

$$\begin{bmatrix} 1 & 0 & \cos\beta \\ 0 & 1 & \sin\beta \\ 0 & 0 & 2\cos\beta + 3\sin\beta \end{bmatrix} \cdot \begin{bmatrix} F_{Ax} \\ F_{Ay} \\ F_B \end{bmatrix} = \begin{bmatrix} -F_1 \\ \frac{3}{2}q_{1\,max} \cdot a + 2q_2 \cdot a + F_2 \\ 3q_{1\,max} \cdot a + 8q_2 \cdot a - F_1 + 5F_2 \end{bmatrix} .$$

Diese Gleichung können wir mit den Maßeinheiten der Eingabegrößen: $[F]$ = kN; $[l]$ = m mit einem Rechenprogramm (Taschenrechner) lösen.

Sorgfalt bei der Dateneingabe ist ein wesentlicher Faktor, um die Vorteile der Rechentechnik nicht in ihr Gegenteil zu verkehren.

4.8 Übungen

Aufgabe A4.8.1
Beim Bohren der auf Abbildung A4.8.1 dargestellten Platte mit einem Bohrkopf wirken gleichzeitig die Drehmomente M_{d1} = 2,9 Nm, M_{d2} = 2,5 Nm und M_{d3} = 1,8 Nm. Die dadurch hervorgerufene Drehung der Platte auf dem Werkstücktisch wird durch die zwei Befestigungsstifte aufgenommen. Zur Dimensionierung der Befestigungsstifte sind die auf die Stifte wirkenden Kräfte zu berechnen.

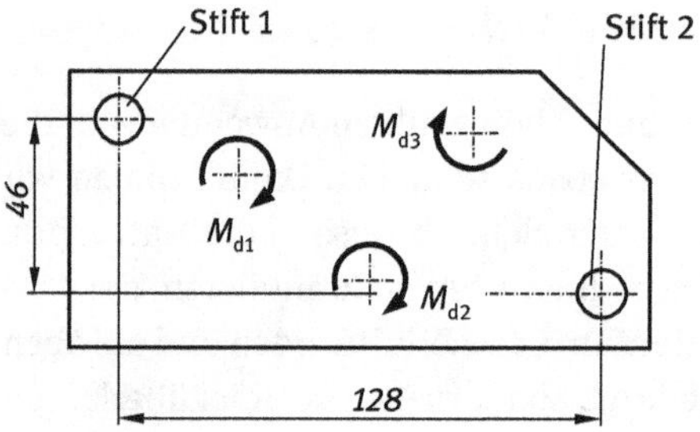

Abb. A4.8.1: Platte

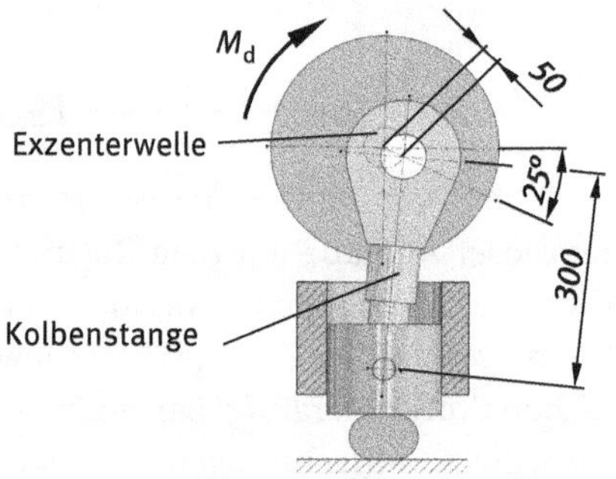

Abb. A4.8.2: Exzenterpresse

Aufgabe A4.8.2
An der Exzenterwelle der auf Abbildung A4.8.2 abgebildeten Presse wirkt ein Drehmoment von M_d = 350 Nm. Wie groß ist die von der Presse ausgeübte Presskraft F_Q?

Aufgabe A4.8.3

Wie groß muss der Radstand l für den fahrbaren Geräteträger (Abbildung A4.8.3) bei folgenden Lasten mindestens sein, wenn eine Standsicherheit bezüglich der Vorderachse von $S = 1,6$ für die folgenden Lasten gefordert ist:

Gewichtskraft des Versuchsstandes $F_E = 6,5$ kN,

Gewichtskraft der Ausgleichsmasse $F_G = 5,0$ kN,

Belastung durch den Behälter $F_S = 14,5$ kN.

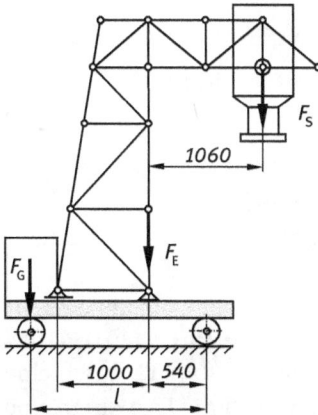

Abb. A4.8.3: Geräteträger

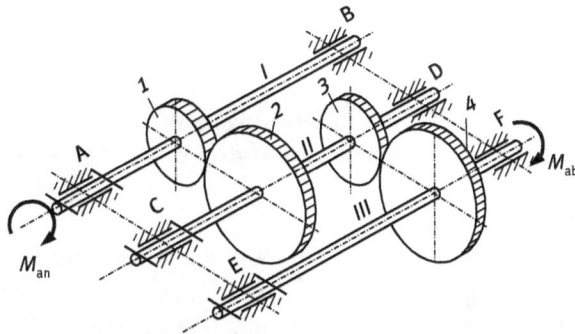

Abb. A4.8.4: Zahnradgetriebe

Aufgabe A4.8.4

Abbildung A4.8.4 zeigt die Prinzipskizze eines zweistufigen Zahnradgetriebes mir Geradverzahnung. Die für das Beispiel auf glatte mmm gerundeten Wälzkreisdurchmesser der Zahnräder betragen:

$$d_{W1} = 152\,\text{mm}, \quad d_{W2} = 244\,\text{mm}, \quad d_{W3} = 160\,\text{mm}, \quad d_{W4} = 232\,\text{mm}.$$

Für ein Antriebsdrehmoment von $M_{an} = 205$ Nm ist das Abtriebsdrehmoment ohne Berücksichtigung des Wirkungsgrades zu berechnen.

Aufgabe A4.8.5

Das Pedal der Tretkurbel eines Rennrades (Abbildung A4.8.5) wird in der waagerechten Stellung durch die Tretkraft F belastet. Die Länge der Tretkurbel beträgt $l_K = 172,5$ mm. Die Durchmesser der Kettenräder für die maximale Übersetzung betragen $D = 213$ mm (52 Zähne) und $d = 49$ mm (12 Zähne). Der Durchmesser der 27″-Lauffräder wird mit Reifen zu $d_R = 690$ mm angenommen. Für eine Tretkraft $F = 350$ N sind zu berechnen:

a) die Drehmomente M_{dT} an der Tretlagerwelle und M_{dK} am kleinen Kettenrad

b) die Zugkraft F_K in der Kette und die Vortriebskraft F_V des Hinterrades (Abstützkraft des Rades am Boden)

Abb. A4.8.5: Fahrradantrieb

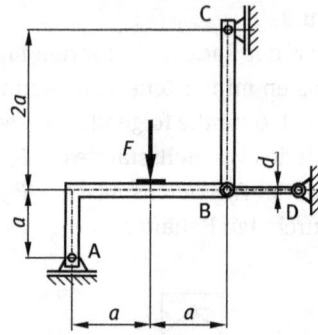

Abb. A4.8.6: Gekröpfter Träger

Aufgabe A4.8.6

Für den zweifach gekröpfte Träger, Abbildung A4.8.6, der durch die Kraft $F = 150\,\text{kN}$ belastet und mit einem Rundstab in B verankert ist, sind die Stützkräfte zu berechnen.

Aufgabe A4.8.7

Der auf Abbildung A4.8.7 dargestellte I-Breitflanschträger IPB 140, DIN EN 10 034 (DIN 1025-2), wird über ein auf das Trägerende geschweißtes Blech 130×12 durch eine Zugkraft von $F = 25\,\text{kN}$ belastet. Für die Nachweisrechnung soll die Last durch eine gleichwertige Belastung im Trägerschwerpunkt ersetzt werden.

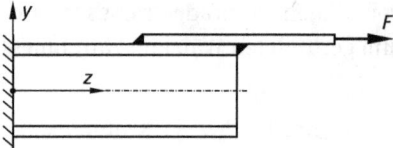

Abb. A4.8.7: Zugbelasteter Träger

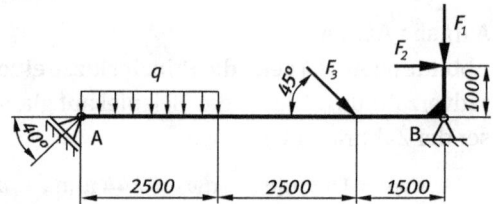

Abb. A4.8.8: Winkelträger

Aufgabe A4.8.8

Der Träger auf Abbildung A8.4.8 ist durch $F_1 = 3,0\,\text{kN}$, $F_2 = 4,5\,\text{kN}$, $F_3 = 4,6\,\text{kN}$, $q = 1,0\,\text{kN/m}$ belastet: Es sind die Auflagerreaktionen zu berechnen.

Aufgabe A4.8.9

Die Lösungsgleichungen für die Aufgabe A4.8.8 sind in der Matrixform aufzuschreiben.

5 Der Schwerpunkt

5.1 Begriff und Grundlagen

Die Kenntnis der Lage des *Schwerpunktes* ist für viele Probleme der Technischen Mechanik Voraussetzung für die verschiedensten Berechnungen: Kann z. B. der Anteil des Eigengewichtes einer Konstruktion an der Belastung nicht vernachlässigt werden, ist die Ermittlung der Schwerpunktlage als Angriffspunkt der Gewichtskraft erforderlich. In der Kinetik wird darüber hinaus der Schwerpunkt als Angriffspunkt der Gesamtträgheitskräfte zur Berechnung benötigt, in der Festigkeitslehre ist die Lage des Flächenmittelpunktes zur Berechnung der Querschnittskennwerte für die Spannungsberechnung Voraussetzung.

Körper unterliegen infolge der Erdanziehung der *Schwerkraft* oder *Gewichtskraft*. Denken wir uns den Körper in kleine Teile zerlegt, wirkt an jedem Teilchen mit dem Rauminhalt ΔV_i eine Gewichtskraft $\Delta \vec{F}_{Gi}$ ($i = 1, 2, 3, \ldots, n$). Das Gravitationsfeld der Erde erzeugt in jedem Körper ein System paralleler Kräfte[1] $\Delta \vec{F}_{Gi}$, deren Resultierende die Gewichtskraft $\vec{F}_G$ ist. Ihre Wirkungslinie wird Schwerlinie genannt, ihr Angriffspunkt ist der *Schwerpunkt* S_0 des Körpers. Alle Linien und Ebenen, die durch den *Schwerpunkt* hindurchgehen, sind *Schwerebenen* bzw. *Schwerlinien*. Demzufolge ist der Schwerpunkt der Schnittpunkt der Schwerebenen bzw. Schwerlinien. In diesem Punkt unterstützt oder aufgehängt, bleibt der Körper in jeder Lage stabil; er befindet sich im Gleichgewicht.

Wird der Körper gedreht, so wirkt die Gewichtskraft unverändert lotrecht; sie verändert ihre Lage relativ zum körperfesten Koordinatensystem. Sind die Abmessungen der Teilkörper ΔV_i klein gegenüber den Körperabmessungen, können wir näherungsweise annehmen, dass sich bei der Drehung auch die Angriffspunkte der Teilgewichtskräfte $\Delta \vec{F}_{Gi}$ relativ zu Körper nicht ändern. Zusammengefasst:

- Der Schwerpunkt eines Körpers ist – unabhängig von seiner Lage – der Punkt bezüglich des Körpers, durch den die Wirkungslinie der auf ihn wirkenden Gewichtskraft hindurchgeht.
- Der Schwerpunkt ist der Schnittpunkt der Schwerebenen bzw. Schwerlinien.
- Jede Symmetrielinie eines Körpers ist auch eine Schwerlinie.
- Der Schwerpunkt eines Rotationskörpers liegt auf der Rotationsachse.

---

[1] Tatsächlich sind alle Teilkräfte lotrecht zum Erdmittelpunkt hin gerichtet, also nicht exakt parallel. Zudem erfahren sie noch Ablenkung durch die Fliehkraft der Erde sowie durch die Anziehung von Sonne, Mond etc. Da diese Einflüsse sehr gering sind, können wir sie bei technischen Berechnungen immer vernachlässigen.

https://doi.org/10.1515/9783110425031-005

Die Ermittlung der Koordinaten des Schwerpunktes ist die Bestimmung der Lage der Resultierenden von parallelen Kräften. Das kann auf verschiedene Weise geschehen

– experimentell
– zeichnerisch
– rechnerisch.

Für die *experimentelle Bestimmung* des Schwerpunktes gibt es verschiedene Möglichkeiten.

Ein einfaches Verfahren zur experimentellen Bestimmung des Schwerpunktes beruht auf der unverändert lotrechten Wirkung der Gewichtskraft auch bei Drehung des Körpers. Hängt man einen flachen Körper an verschiedenen Punkten auf und markiert in Verlängerung des Fadens die jeweilige lotrechte Linie, so erhält man im Schnittpunkt dieser Linien den Schwerpunkt (Abbildung 5.1a).

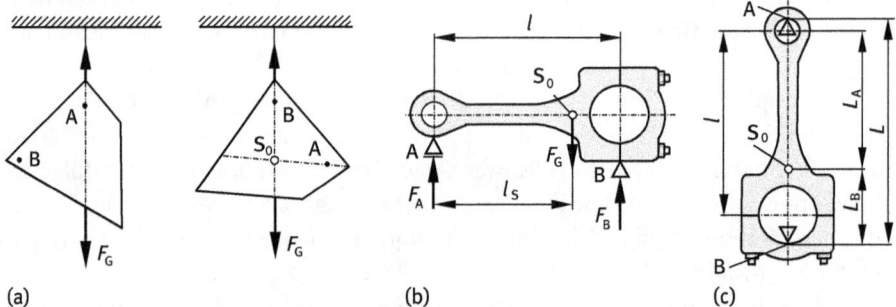

(a)   (b)   (c)

Abb. 5.1: Experimentelle Bestimmung der Schwerpunktlage; (a) Aufhängen, (b) Auswiegen, (c) Auspendeln

Ebenso einfach ist die Methode einen Körper an zwei Stellen A und B abzustützen und die Auflagerkräfte zu messen (bei bekannter Gewichtskraft genügt auch eine). Aus der Gleichgewichtsbedingung lässt sich nach Abbildung 5.1b bei bekannter Gewichtskraft F_G und gemessener Kraft F_B der Schwerpunktabstand als Lage der Gewichtskraft berechnen.

$$l_S = \frac{F_B}{F_G} \cdot l.$$

Eine weitere Möglichkeit ist ein Pendelversuch. Dazu wird das Bauteil nacheinander auf Schneiden A (Abbildung 5.1c) und B aufgehängt, in Schwingungen kleiner Ausschläge versetzt und die Schwingungszeiten gemessen. Aus der gemessenen Schwingungsdauer einer Pendelschwingung lässt sich der Schwerpunktabstand von der Schneide aus der Eigenfrequenzgleichung etwas aufwendiger, als im Auswiegeversuch, berechnen[2].

---

2 Das ist ein kinetisches Problem. Die Schwerpunktberechnung einer Pleuelstange kann in [37] im Abschnitt Pendelschwingungen nachvollzogen werden.

Das *graphische Seileckverfahren* wird in der Praxis für die Schwerpunktermittlung nicht mehr angewendet und bietet auch für die Anschauung keinen Vorteil. Aus diesem Grunde wird das Verfahren hier nicht dargestellt (Literaturhinweis: Fußnote 7 im Abschnitt 4.5).

Für die *rechnerische Ermittlung* steht uns die im Abschnitt 4.4 erklärte Anwendung des Momentensatzes zur Berechnung der Lage der Resultierenden zur Verfügung.

5.2 Schwerpunktberechnung

5.2.1 Massenschwerpunkt

Für ein körperfestes Koordinatensystem (Abbildung 5.2) erfolgt die Berechnung der Schwerpunktkoordinaten mit dem Satz der statischen Momente nach Gleichung (4.16)

$$F_{Res} \cdot a_{Res} = \sum_{i=1}^{n} F_i \cdot a_i \, .$$

Diese Gleichung wenden wir für die drei raumfesten Achsen X, Y, Z an, indem wir das körperfeste Koordinatensystem x, y, z gemäß Abbildung 5.2 drehen.

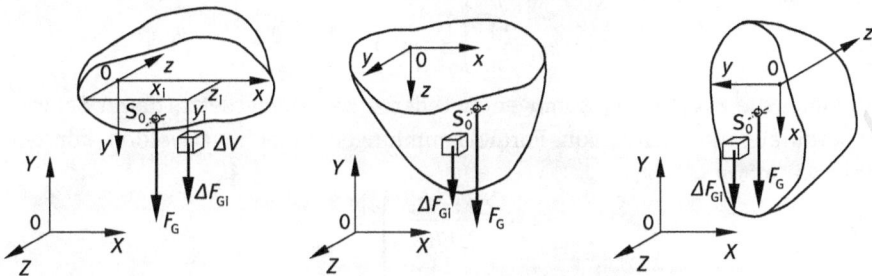

Abb. 5.2: Körper im gedrehten Koordinatensystem

Einen Körper mit der Masse m können wir uns aus vielen Einzelmassen Δm_i aufgebaut vorstellen. Wenn alle Einzelmassen die gleiche Dichte ρ haben, ist der Körper homogen. Für diesen Fall beschreiben wir für die aus Einzelmassen Δm_i aufgebaute Masse m, an denen die Gewichtskraft $\Delta \vec{F}_{Gi}$ angreift, die *Schwerpunktkoordinaten* mit $F_G = \sum F_{Gi}$ zu

$$\left. \begin{aligned} x_S &\approx \frac{1}{F_G} \cdot \sum x_i \cdot \Delta F_{Gi} \\ y_S &\approx \frac{1}{F_G} \cdot \sum y_i \cdot \Delta F_{Gi} \\ z_S &\approx \frac{1}{F_G} \cdot \sum z_i \cdot \Delta F_{Gi} \, . \end{aligned} \right\} \qquad (5.1)$$

Die Schwerpunktkoordinaten in den Gleichungen (5.1) können nur Näherungswerte sein, da die Angriffspunkte der Teilgewichtskräfte nicht bekannt sind. Je feiner jedoch der Körper unterteilt wird, umso genauer sind die Werte. Wenn die Anzahl der Teilchen $n \to \infty$ wächst und der Grenzwert der Summen (Integrale) für diesen Fall bestimmt wird, erhält man mit

$$F_G = \int dF_{Gi}$$

den genauen Wert der Schwerpunktkoordinaten:

$$\left. \begin{array}{l} x_S = \dfrac{1}{F_G} \displaystyle\int x \, dF_{Gi} \\[2mm] y_S = \dfrac{1}{F_G} \displaystyle\int y \, dF_{Gi} \\[2mm] z_S = \dfrac{1}{F_G} \displaystyle\int z \, dF_{Gi} \, . \end{array} \right\} \tag{5.2}$$

Die Gewichtskraft $F_G = m \cdot g$ bzw. $\Delta F_{Gi} = \Delta m_i \cdot g$ in die Gleichungen (5.2) eingesetzt und durch die Erdbeschleunigung g gekürzt, ergibt nach Grenzwertbildung mit $m = \int dm$ den so genannten *Massenmittelpunkt*

$$\left. \begin{array}{l} x_S = \dfrac{1}{m} \displaystyle\int x \, dm \\[2mm] y_S = \dfrac{1}{m} \displaystyle\int y \, dm \\[2mm] z_S = \dfrac{1}{m} \displaystyle\int z \, dm \, . \end{array} \right\} \tag{5.3}$$

Sind inhomogene Körper aus homogenen Teilen zusammengesetzt, deren Schwerpunktkoordinaten mit Hilfe von Formelsammlungen berechnet werden können, schreiben wir mit $m = \sum m_i$

$$\left. \begin{array}{l} x_S = \dfrac{\sum x_i \cdot m_i}{\sum m_i} \\[3mm] y_S = \dfrac{\sum y_i \cdot m_i}{\sum m_i} \\[3mm] z_S = \dfrac{\sum z_i \cdot m_i}{\sum m_i} \, . \end{array} \right\} \tag{5.4}$$

Sollen die Gleichungen (5.4) für Körper mit Ausschnitten angewendet werden, sind die Massen der Ausschnitte mit negativem Vorzeichen in die Gleichung einzusetzen.

Für einen Körper mit homogener Dichte $\rho = dm/dV$ schreiben wir mit $V = \int dV$ analog zu den Gleichungen (5.3)

$$\left. \begin{array}{l} x_S = \dfrac{1}{V} \displaystyle\int x \, dV \\[2mm] y_S = \dfrac{1}{V} \displaystyle\int y \, dV \\[2mm] z_S = \dfrac{1}{V} \displaystyle\int z \, dV \, . \end{array} \right\} \tag{5.5}$$

Für *homogene* Körper ist die Lage des Schwerpunktes unabhängig von seiner Dichte ρ (s.o) und nur von den Abmessungen des de Körpers abhängig. Die Lage des Schwerpunktes hängt nicht von der Masse, sondern nur von der Verteilung des Volumens ab.

Man nennt den *Volumenmittelpunkt* meist *Volumenschwerpunkt*[3] obwohl er sich ohne die Wirkung von Kräften oder Gewichten berechnen lässt.

Beispiel 5.1. Für den auf Abbildung 5.3a dargestellten homogenen Rotationsparaboloid ist die Schwerpunktlage zu berechnen.

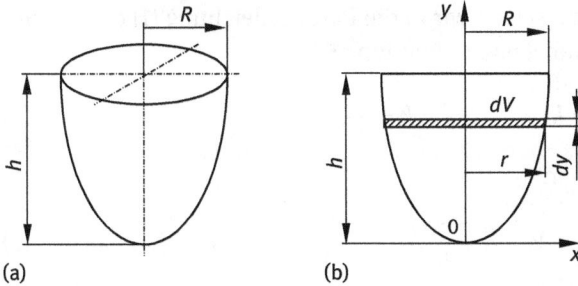

(a)   (b)

Abb. 5.3: Rotationsparaboloid; (a) Maßangaben, (b) Berechnungsmodell

Lösung. Wir legen den Koordinatenursprung in den Scheitel des rotationssymmetrischen Körpers (Abbildung 5.3b). Wegen der Symmetrie des Paraboloids liegt der Schwerpunkt S_0 auf der y-Achse. Die Umrisslinie des Körpers in der x-y-Ebene ist eine Parabel mit der Gleichung

$$y = k \cdot x^2 . \tag{1}$$

Die Berechnung des Schwerpunktabstandes y_S erfolgt nach Gleichung (5.5)

$$y_S = \frac{1}{V} \int y \, dV .$$

Wir schneiden aus dem Paraboloid eine dünne Kreisscheibe dy mit dem Volumen

$$dV = A \cdot dy = \pi \cdot r^2 \cdot dy = \pi \cdot x^2 \cdot dy \tag{2}$$

heraus (Abbildung 5.3b) und ersetzen die Variable x mit der Parabelgleichung (1) durch y. Das führt auf

$$dV = \pi \cdot \frac{y}{k} \cdot dy . \tag{3}$$

---

3 definieren wir „Schwere" über das Gewicht, ist die übliche Bezeichnung „Schwerpunkt", wie auch für die folgenden Flächen und die Längen nicht korrekt.

Damit wird das Integral in Gleichung (5.5)

$$\int y\,dV = \frac{\pi}{k} \cdot \int\limits_0^h y^2\,dy = \frac{\pi}{k} \cdot \frac{h^3}{3}\,. \tag{4}$$

Das Volumen des Paraboloids wird mit (2)

$$V = \int dV = \frac{\pi}{k} \cdot \int\limits_0^h y\,dy = \frac{\pi}{k} \cdot \frac{h^2}{2}\,. \tag{5}$$

Zur Bestimmung des Parameters k setzen wir in die Parabelgleichung (1) die Maßangaben für die Endpunkte der Parabel nach Abbildung 5.3b ein:

$$h = k \cdot R^2 \quad \Rightarrow \quad k = \frac{h}{R^2}\,. \tag{6}$$

In (5) eingesetzt, wird das Volumen

$$V = \frac{\pi \cdot R^2 \cdot h}{2}\,. \tag{7}$$

Das Volumen eines Rotationsparaboloids ist halb so groß, wie das des entsprechenden Kreiszylinders mit dem Radius R. Die Gleichungen (4), (6) und (7) in Gleichung (5.4) eingesetzt, ergibt

$$y_S = \frac{1}{V}\int y\,dV = \frac{2}{\pi \cdot R^2 \cdot h} \cdot \frac{\pi \cdot R^2 \cdot h^2}{3} = \underline{\frac{2}{3}h}\,.$$

Wir erkennen, dass der Schwerpunktabstand vom Scheitel y_S nicht vom Radius R abhängt.

Das Ergebnis dieser Rechnung für den Schwerpunktabstand eines Rotationsparaboloids finden wir auch als Formel – wie auch für viele geometrisch einfach bestimmbare Körper, Flächen und Kurven – in mathematischen oder technischen Taschenbüchern[4], Formelsammlungen und Tabellenbüchern.

Nicht immer ist die Ermittlung des Schwerpunktes durch formelmäßige Integration möglich. Für die Auswertung von Integralen komplizierter Funktionen oder solcher, für die keine geschlossene Lösung möglich ist, besteht die Möglichkeit der *numerischen Integration* mit dem Computer.

Beispiel 5.2. In das auf Abbildung 5.4 dargestellte Gelenkstück aus Messing ($\rho = 8{,}5\,\text{kg/dm}^3$) ist nach Abbildung ein gehärteter Stahlbolzen ($\rho = 7{,}9\,\text{kg/dm}^3$), $d = 10\,\text{mm}$ linksbündig eingepresst. Für das montagebedingt vorgegebene Koordinatensystem ist die Schwerpunktlage zu berechnen.

---

4 z. B. DUBBELs Taschenbuch für den Maschinenbau

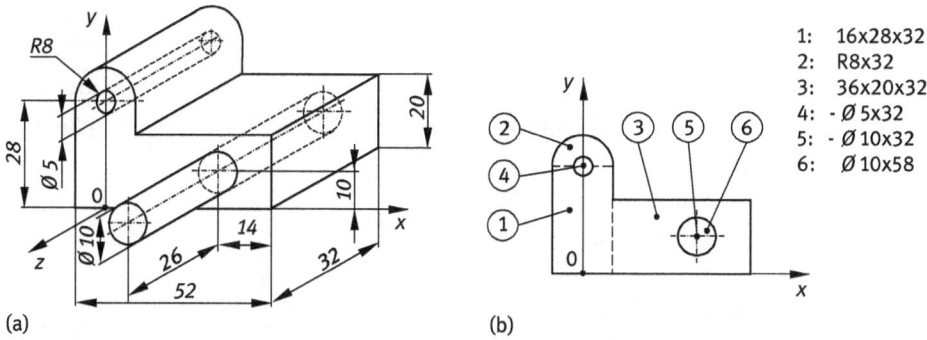

1:	16x28x32
2:	R8x32
3:	36x20x32
4:	- Ø 5x32
5:	- Ø 10x32
6:	Ø 10x58

(a) (b)

Abb. 5.4: Gelenkstück; (a) Maßangaben, (b) Teilkörper

Lösung. Das Gelenkstück mit Bolzen wird in Teilstücke aufgeteilt, die wir nummerieren (Abbildung 5.4b). Die Berechnung der Volumina und der Schwerpunktabstände der Einzelkörper zum vorgegebenen Koordinatensystem erfolgt tabellarisch mit den Maßen der Zeichnung nach Formeln aus einem einschlägigen Tabellenbuch. Dabei sind unbedingt die Vorzeichen aus den Koordinatenrichtungen und den „negativen" Volumina zu beachten.

1	2	3	4	5	6	7	8	9
i	$\dfrac{V_i}{\mathrm{cm}^3}$	$\dfrac{m_i}{\mathrm{g}}$	$\dfrac{x_i}{\mathrm{cm}}$	$\dfrac{y_i}{\mathrm{cm}}$	$\dfrac{z_i}{\mathrm{cm}}$	$\dfrac{x_i \cdot m_i}{\mathrm{cm\,kg}}$	$\dfrac{y_i \cdot m_i}{\mathrm{cm\,kg}}$	$\dfrac{z_i \cdot m_i}{\mathrm{cm\,kg}}$
1	14,34	121,86	0	1,4	−1,6	0	170,60	−194,97
2	3,22	27,34	0	3,14	−1,6	0	85,85	−43,75
3	23,04	195,84	2,6	1	−1,6	509,18	195,84	−313,34
4	−0,63	−5,34	0	2,8	−1,6	0	−14,95	−8,55
5	−2,51	−21,36	3	1	−1,6	−64,09	−21,36	−34,18
6	4,46	35,99	3	1	−0,3	−107,96	35,99	−10,80
Σ		354,32				337,14	451,96	−605,59

$$x_S = \frac{\sum x_i \cdot m_i}{\sum m_i} = \frac{337,14\,\mathrm{cm} \cdot \mathrm{kg}}{354,32\,\mathrm{kg}} = 0,95\,\mathrm{cm} = \underline{9,5\,\mathrm{mm}}$$

$$y_S = \frac{\sum y_i \cdot m_i}{\sum m_i} = \frac{451,96\,\mathrm{cm} \cdot \mathrm{kg}}{354,32\,\mathrm{kg}} = 1,28\,\mathrm{cm} = \underline{12,8\,\mathrm{mm}}$$

$$z_S = \frac{\sum z_i \cdot m_i}{\sum m_i} = \frac{-605,59\,\mathrm{cm} \cdot \mathrm{kg}}{354,32\,\mathrm{kg}} = -1,71\,\mathrm{cm} = \underline{-17,1\,\mathrm{mm}} \,.$$

Die in diesem Beispiel demonstrierte Tabellenrechnung lässt sich leicht auch für die Berechnung von Körper- und Linienschwerpunkten modifizieren und auch recht einfach programmieren. Damit werden auch aufwendige Berechnungen erleichtert, wenn die Aufteilung der Körper/Flächen/Linien in Teile mit bekannten Schwerpunktkoordinaten gegeben ist.

5.2.2 Flächenschwerpunkt

Flächige Körper, Scheiben, Platten oder Schalen (siehe Abschnitt 2.5), sind durch die Angabe einer sog. *Mittelfläche A* und der Wanddicke *s* an jeder Stelle der Mittelfläche beschrieben (Abbildung 5.5).

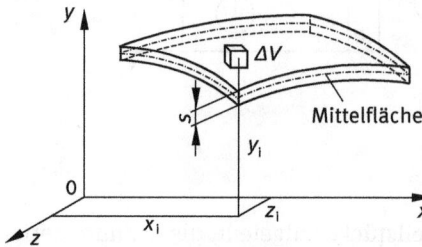

Abb. 5.5: Schale

Für eine konstante Wanddicke *s* ist das Volumen der Schale mit $V = s \cdot A$ und das Volumenelement durch $dV = s \cdot dA$ definiert. Die Koordinaten für den Schwerpunkt erhalten wir, wenn wir die obigen Ausdrücke in die Gleichungen (5.5) einsetzen.

Mit der Fläche $A = \int dA$ und der gekürzten (konstanten) Wanddicke *s* gilt für die Koordnaten des *Flächenschwerpunktes* (*Flächenmittelpunkt*)

$$
\left.
\begin{aligned}
x_S &= \frac{1}{A} \int x \, dA \\
y_S &= \frac{1}{A} \int y \, dA \\
z_S &= \frac{1}{A} \int z \, dA \, .
\end{aligned}
\right\}
\tag{5.6}
$$

Für ebene Flächen mit der Wanddicke $s = 0$ muss $z_S = 0$ sein, der Schwerpunkt liegt in der Fläche. Die in den Gleichungen (5.6) auftretenden Integrale

$$
S_y = \int x \, dA \quad \text{und} \quad S_x = \int y \, dA
\tag{5.7}
$$

werden als *statisches Flächenoment*[5] bzw. *statisches Moment der Fläche* oder (etwas sperrig) als *Flächenmoment erster Ordnung* bezeichnet. Diese Querschnittsgröße wird in der Festigkeitslehre, z. B. für die Berechnung von Schubspannungen benötigt.

Fallen Koordinatenursprung und Schwerpunkt zusammen, sind x_S und y_S in Gleichung (5.6) gleich Null. Weil Achsen, die durch den Schwerpunkt verlaufen,

---

5 Dieser Begriff ist – wie viele *geometrische* Begriffe in der Statik – nicht korrekt (Statik als Lehre von den Kräften) und ist begrifflich nicht mit dem statischen Moment einer Kraft nach Gleichung (4.11) zu verwechseln.

Schwerachsen sind, sind *Symmetrieachsen auch immer Schwerachsen*. In Bezug auf die Schwerachse ist das Flächenmoment, Gleichung (5.7), Null, da neben jedem Flächenelement mit positivem Abstand zur Symmetrieachse auch ein gleich großes Flächenelement mit negativem Abstand existiert.

Sind die zu berechnenden Querschnitte aus ebenen Teilflächen, deren Schwerpunktkoordinaten mit Hilfe von Formelsammlungen berechnet werden können, zusammengesetzt, schreiben wir mit $A = \sum A_i$

$$x_S = \frac{\sum x_i \cdot A_i}{\sum A_i} \quad \text{und} \quad y_S = \frac{\sum y_i \cdot A_i}{\sum A_i} \,. \tag{5.8}$$

Für die Schwerpunktberechnung von Flächen mit Ausschnitten sind die Ausschnittsflächen mit negativem Vorzeichen in die Gleichungen einzusetzen.

Beispiel 5.3. Für den nach Abbildung 5.6 aus zwei Flachstählen und zwei genormten Winkeln zusammengesetzten Profilträger ist der Flächenschwerpunkt zu berechnen.

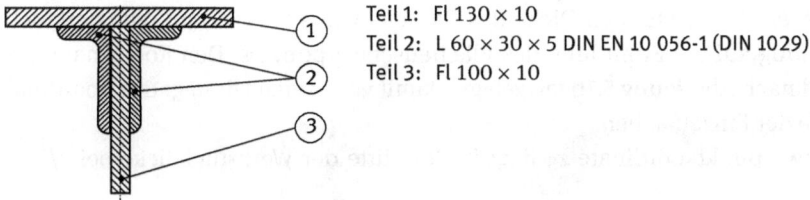

Teil 1: Fl 130 × 10
Teil 2: L 60 × 30 × 5 DIN EN 10 056-1 (DIN 1029)
Teil 3: Fl 100 × 10

Abb. 5.6: Zusammengesetzter Profilträger

Lösung. Das Querschnittsprofil ist symmetrisch zur senkrechten Achse. Der Koordinatenursprung der y-Achse wird mittig auf die Oberkante des Teil 1, Koordinatenrichtung nach unten gelegt. Die Oberkante ist die x-Achse. Damit berechnen wir nur den senkrechten Abstand y_S zur x-Achse.

Die Flächeninhalte (Rechteckflächen) und Teileschwerpunkte der Flachstähle berechnen wir mit den Maßen aus den Profilbezeichnungen. Für die genormten Winkelprofile finden wir diese Größen in Tabellenbüchern für den Maschinen- oder Stahlbau oder direkt in der DIN.

Damit lässt sich die Berechnung mit Gleichung (5.8) sofort aufschreiben. Die Längenmaße setzen wir in cm ein.

$$y_S = \frac{y_1 \cdot A_1 + y_2 \cdot A_2 + 2(y_3 \cdot A_3)}{A_1 + A_2 + 2 \cdot A_3} = \frac{0,5 \cdot 13 + 6 \cdot 10 + 2(3,15 \cdot 4,29)}{13 + 10 + 8,58} = 2,96 \,\text{cm}$$

$$y_S = \underline{29,6\,\text{mm}} \,.$$

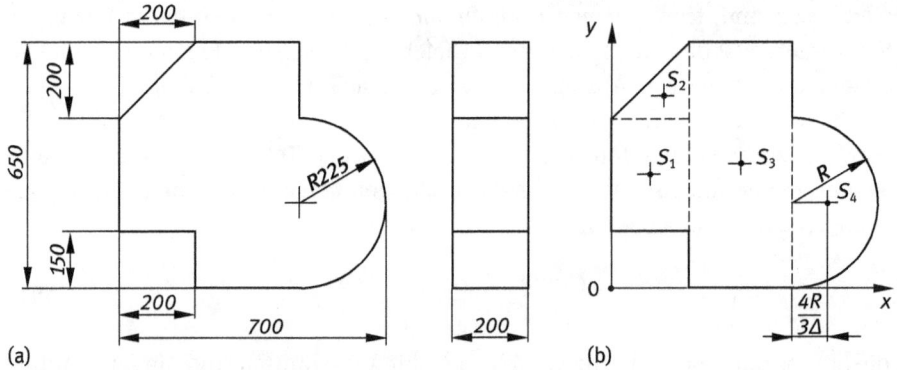

Abb. 5.7: Profilstück; (a) Werkstattzeichnung, (b) Berechnungsskizze

Beispiel 5.4. Für das auf Abbildung 5.7a in zwei Ansichten dargestellte Profilstück ist der Schwerpunkt zu berechnen

Lösung. Wegen der konstanten Dicke des Bauteils von $s = 200\,\text{mm}$ reduziert sich die Berechnung auf die Ermittlung des Flächenschwerpunktes. Den Koordinatenursprung wird nach Abbildung 5.7b festgelegt. Damit vermeiden wir negative Koordinatenabstände der Einzelflächen.

Die Schwerpunktkoordinate z_S liegt in der Mitte der Werkstückdicke bei $s/2 = 100\,\text{mm}$.

Die Aufteilung in Einzelflächen geht aus Abbildung 5.6b hervor. Wir arbeiten wieder mit einer Tabelle mit den Längenmaßen in cm.

1	2	3	4	5	6
i	$\dfrac{A_i}{\text{cm}^2}$	$\dfrac{x_i}{\text{cm}}$	$\dfrac{y_i}{\text{cm}}$	$\dfrac{x_i \cdot A_i}{\text{cm}^3}$	$\dfrac{y_i \cdot A_i}{\text{cm}^3}$
1	600,0	10,0	30,0	6000,0	18.000,0
2	200,0	13,3	51,7	2666,7	10.333,3
3	1787,5	33,8	32,5	60.328,1	58.093,8
4	795,2	57,1	22,5	45.366,5	17.892,4
Σ	3382,7			114.361,3	104.319,4

Mit den Summen der Spalten 2, 5 und 6 berechnen wir mit Gleichung (5.8)

$$x_S = \frac{\sum x_i \cdot A_i}{\sum A_i} = \frac{114.361,3}{3382,7} = 33,8\,\text{cm} = \underline{338\,\text{mm}}\,,$$

$$y_S = \frac{\sum y_i \cdot A_i}{\sum A_i} = \frac{104.319,4}{3382,7} = 30,9\,\text{cm} = \underline{309\,\text{mm}}\,.$$

5.2.3 Linienschwerpunkt

Ein homogener, langgezogener dünner Balken oder Draht mit konstantem Querschnitt A und der Bogenlänge l als Raumkurve (Abbildung 5.8) kann als materielle Linie idealisiert werden. Da die Lage des Schwerpunktes somit nur vom Verlauf der Linie abhängt, nennt man den Schwerpunkt auch *Linienschwerpunkt (Linienmittelpunkt)*.

Mit $V = A \cdot l$ und $dV = A \cdot dl$ folgen mit Kürzen der Fläche A analog zur Berechnung der Flächenkoordinaten

$$\left. \begin{aligned} x_S &= \frac{1}{l} \int x \, dl \\ y_S &= \frac{1}{l} \int y \, dl \\ z_S &= \frac{1}{l} \int z \, dl \, . \end{aligned} \right\} \tag{5.9}$$

Für einen *geraden* Stab oder Balken mit der Fläche $A = 0$ ist $z_S = 0$, der Schwerpunkt liegt in der Linie.

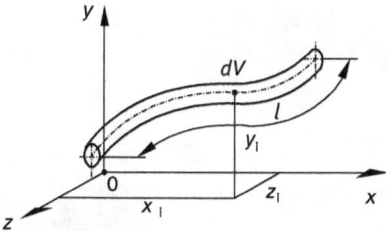

Abb. 5.8: Bogenträger

Für Linien, die aus bekannten Teillängen mit bekannten Schwerpunktlagen zusammengesetzt sind, folgen aus Gleichung (5.9) entsprechend Gleichung (5.8) mit $l = \sum l_i$ die Schwerpunktkoordinaten

$$\left. \begin{aligned} x_S &= \frac{\sum x_i \cdot l_i}{\sum l_i} \\ y_S &= \frac{\sum y_i \cdot l_i}{\sum l_i} \\ z_S &= \frac{\sum z_i \cdot l_i}{\sum l_i} \, . \end{aligned} \right\} \tag{5.10}$$

Beispiel 5.5. Das auf Abbildung 5.9 gezeichnete Blechteil soll mit einem Schneidstempel in einem Arbeitsgang (Komplettschnitt) ausgeschnitten werden. Die Schnittkräfte sind Linienlasten entlang aller Schnittkanten des Stempels. Damit der Einspannzapfen, mit dem der Schneidstempel in seiner Halterung aufgenommen wird, durch die Schnittkräfte nicht verkantet, muss er im Schwerpunkt dieser Linienlasten liegen. Dazu ist der Linienschwerpunkt zu berechnen.

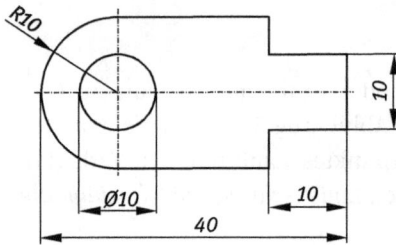

Abb. 5.9: Ausgeschnittenes Blechteil

Lösung. Das Teil ist symmetrisch. Wir legen den Koordinatenursprung auf die Symmetrieachse in den Mittelpunkt des Loches Durchmesser 10 mm. Damit wird $y_S = 0$; der Schwerpunkt x_S liegt auf der Symmetrieachse.

Für der Schwerpunkt des Halbkreises R10 gilt nach Tabellenbuch $x_S = 2R/\pi$. Wir arbeiten von links nach rechts mit der Tabelle. Die Längenmaße werden in mm eingesetzt.

1	2	3	4
i	$\dfrac{l_i}{mm}$	$\dfrac{x_i}{mm}$	$\dfrac{x_i \cdot l_i}{mm^2}$
1	$10 \cdot \pi$	$-2 \cdot R10/\pi$	-200
2	$10 \cdot \pi$	0	0
3	$2 \cdot 20$	10	400
4	$2 \cdot 5$	20	200
5	$2 \cdot 10$	25	500
6	10	30	300
Σ	142,83		1200

Mit Gleichung (5.10) erhalten wir für $x_S = \dfrac{\sum x_i \cdot l_i}{\sum l_i} = \dfrac{1200\,mm}{142,83\,mm^2} = \underline{8,4\,mm}.$

Beispiel 5.6. Für den auf Abbildung 5.10 dargestellten Fachwerkausleger ist zur Berücksichtigung des Eigengewichtes der Angriffspunkt der Gewichtskraft für die folgenden Werte zu berechnen.

Werte: $a = 2400\,mm$, $b = 1800\,mm$, $c = 1200\,mm$.

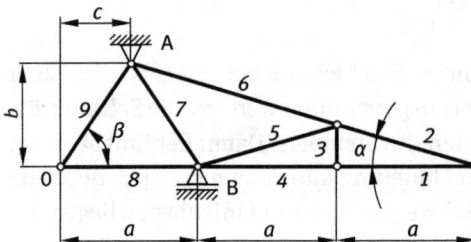

Abb. 5.10: Fachwerkausleger

Lösung. Die Stäbe dieser ebenen Fachwerkkonstruktion[6] sind als materielle Linien aufzufassen. Es ist der Linienschwerpunkt des Stabverbundes zu berechnen. Das x-y-Koordinatensystem wird in den Knoten 0 gelegt. Wir arbeiten mit der Tabelle; Längenmaße sind in m angegeben.

Zum leichteren Nachvollziehen bzw. Überprüfen der in den Spalten 5, 6 und 7 der Tabelle aufgeführten Zahlenwerte sind die Spalten 2, 3 und 4 vorangestellt.

Die in diesen Spalten verwendeten Winkel werden wie folgt berechnet:

$$\alpha = \arctan\left(\frac{2b}{5a}\right) = 16{,}7°\,,$$

$$\beta = \arctan\left(\frac{2b}{a}\right) = 56{,}3°\,.$$

1	2	3	4	5	6	7	8	9
i	$\dfrac{l_i}{-}$	$\dfrac{x_i}{a}$	$\dfrac{y_i}{b}$	$\dfrac{l_i}{m}$	$\dfrac{x_i}{m}$	$\dfrac{y_i}{m}$	$\dfrac{x_i \cdot l_i}{m^2}$	$\dfrac{y_i \cdot l_i}{m^2}$
1	a	2,50	0	2,400	6,0	0	14,4	0
2	$a/\cos\alpha$	2,50	0,2	2,506	6,0	0,36	15,034	0,902
3	$0{,}4b$	2,00	0,2	0,720	4,8	0,36	3,456	0,259
4	a	1,50	0	2,400	3,6	0	8,640	0
5	$a/\cos\alpha$	1,50	0,2	2,506	3,6	0,36	9,020	0,902
6	$1{,}5a/\cos\alpha$	1,25	0,7	3,759	3,0	1,26	11,276	4,736
7	$b/\sin\beta$	0,75	0,5	2,163	1,8	0,90	3,894	1,947
8	a	0,50	0	2,400	1,2	0	2,880	0
9	$b/\sin\beta$	0,25	0,5	2,163	0,6	0,90	1,298	0,540
Σ				**21,017**			**69,898**	**10,693**

Mit den Summen der Spalten 5, 8 und 9 berechnen wir nach Gleichung (5.10) die Schwerpunktkoordinaten

$$x_S = \frac{\sum x_i \cdot l_i}{\sum l_i} = 3{,}326\,\text{m} = \underline{3326\,\text{mm}}\,,$$

$$y_S = \frac{\sum y_i \cdot l_i}{\sum l_i} = 0{,}509\,\text{m} = \underline{509\,\text{mm}}\,.$$

---

6 Ein Fachwerk ist ein Verbund aus Stäben, was im 7. Kapitel behandelt wird. Die Lösung des geometrischen Problems des Beispiels 5.6 setzt keine spezielle Kenntnis zur Fachwerkskonstruktion voraus.

5.3 Übungen

Aufgabe A5.3.1
Für die auf Abbildung A5.3.1 dargestellte Führungsleiste aus Stahl ist die Schwerpunktlage im vorgegebenen Koordinatensystem zu berechnen.

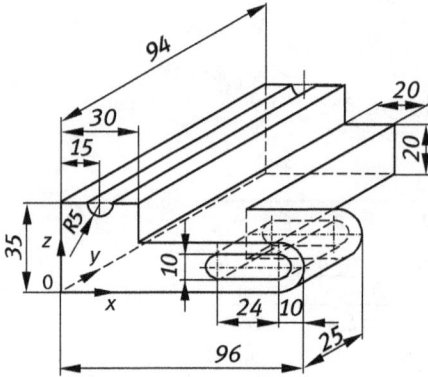

Abb. A5.3.1: Führungsleiste

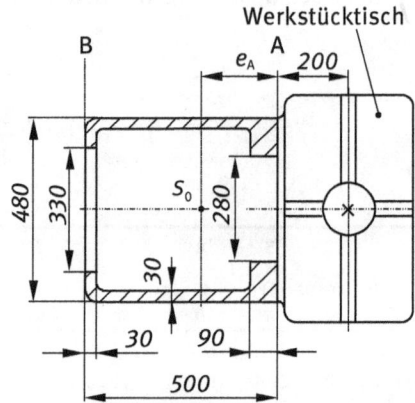

Abb. A5.3.2: Gestellquerschnitt

Aufgabe A5.3.2
Die Abbildung A5.3.2 zeigt den Querschnitt durch das Gestell einer Presse aus Stahlguss. Zur festigkeitsmäßigen Untersuchung des Querschnittes muss der Randfaserabstand der Gestellvorderkante e_A zum Schwerpunkt berechnet werden (siehe Abbildung). Die Berechnung für diese Anwendung wird vereinfacht, indem die Radien des Gestellquerschnittes nicht berücksichtigt werden.

Aufgabe A5.3.3
Für die auf den Abbildungen A5.3.3a, b und c dargestellten Querschnittsprofile sind die Flächenschwerpunkte bezogen auf das jeweils vorgegebene Koordinatensystem zu berechnen.

Aufgabe A5.3.4
Für die auf den Abbildungen A5.3.4a und b dargestellten Blechscheiben sind sowohl die Flächenschwerpunkte als auch die Linienschwerpunkte zu berechnen.

Aufgabe A5.3.5
Zur Berücksichtigung des Eigengewichtes des auf Abbildung A5.3.5 dargestellten Fachwerkes sind die Schwerpunktkoordinaten zum Bezugspunkt A (Loslager) zu berechnen.

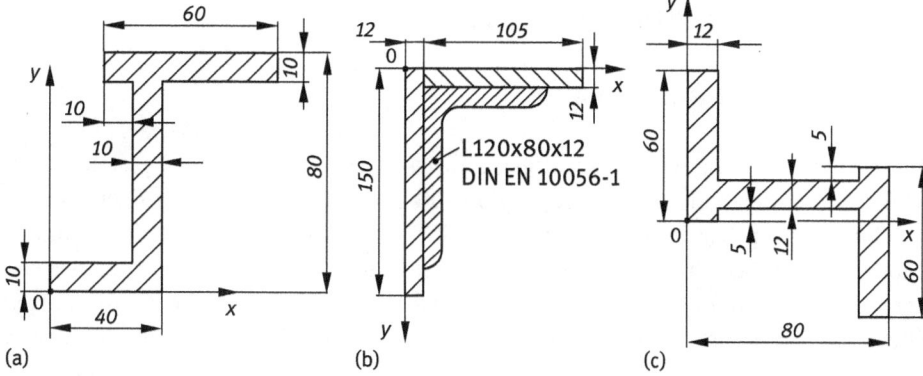

Abb. A5.3.3: Querschnittsprofile

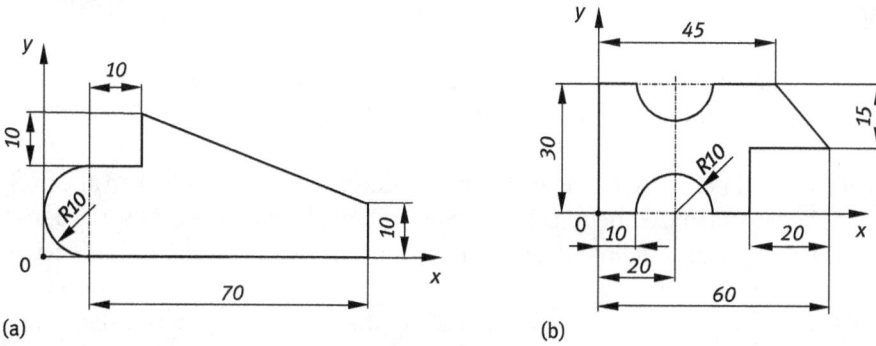

Abb. A5.3.4: Blechteile

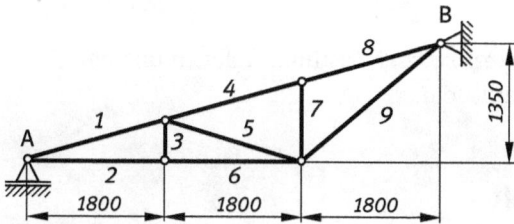

Abb. A5.3.5: Fachwerk

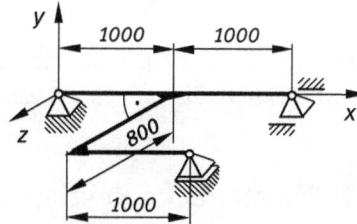

Abb. A5.3.6: Rahmen

Aufgabe A5.3.6

Zur Ermittlung der Auflagerkräfte durch das Eigengewicht sind für den auf Abbildung A5.3.6 dargestellten, unbelasteten Rahmen die Schwerpunktkoordinaten zu berechnen.

6 Ebene Tragwerksysteme

6.1 Begriff und Aufgaben

Jede Struktur, die Lasten oder sonstigen Einwirkungen ausgesetzt ist, bezeichnen wir als Tragwerk. Beispiele sind Bücken, Kräne, die tragenden Teile von Fahrzeugen etc.

Technischen Konstruktionen sind gewöhnlich aus verschiedenen Teilen aufgebaut, die durch verschiedene Elemente, wie Gelenke, Scharniere, Führungen in geeigneter Weise miteinander verbunden sind und zusammenwirken. Wenn wir von starren Einzelteilen ausgehen, wird es als *System aus starren Scheiben* bezeichnet. Unter einer *Scheibe* ist in diesem Zusammenhang ein ebenes Teilsystem zu verstehen, das
- durch mehr als zwei Kräften *in der Ebene* belastet wird
- in sich kinematisch unverschieblich ist
- und als starrer Gesamtkörper betrachtet werden kann[1].

Für den exakten aber sperrigen Ausdruck „System aus starren Scheiben" wird im allgemeinen Sprachgebrauch des Ingenieurs auch der Begriff *mehrteiliges Tragwerk* verwendet.

In diesem Kapitel werden Tragwerksysteme untersucht, deren Scheiben alle in einer Ebene liegen und die eindeutig miteinander verbunden sind. Die Kräfte, mit denen die Teile eines Systems aufeinander wirken, werden als *Zwischenreaktionen* bezeichnet. Es sind innere Kräfte.

Die Gleichgewichtsuntersuchung eines Tragwerkes beinhaltet zwei Aufgabenbereiche:
- Überprüfung der statischen Bestimmtheit
- Berechnung der Lager- und Zwischenreaktionen.

Voraussetzung dafür ist, dass das Tragwerk statisch bestimmt gelagert und berechenbar ist. Beide Bedingungen müssen erfüllt sein.

6.2 Die statische Bestimmtheit

Tragwerke erfüllen ihren Zweck nur, wenn sie keine Bewegungsmöglichkeiten besitzen, d. h. die Anzahl der Bindungen nicht kleiner ist, als die Zahl der Freiheitsgrade.

Die Untersuchung mechanischer Systeme beginnt gewöhnlich in der Bestimmung der Auflagerreaktionen. Dem geht in der Regel die Untersuchung der statischen Be-

---

1 Mit dem Begriff „Scheibe" werden in der Technik auch Maschinenelemente (z. B. Unterlegscheibe) bezeichnet, die, wie auch die Fensterscheibe, hinsichtlich der Belastung nicht der obigen Definition entsprechen.

https://doi.org/10.1515/9783110425031-006

stimmtheit voraus. In den Abschnitten 3.3 und 3.4 sowie 4.7.1 ist dies für einteilige Tragwerke erläutert und berechnet worden.

Im Falle einer rechnerischen Untersuchung lässt sich durch Abzählen leicht feststellen, ob wenigstens die Anzahl der zur Verfügung stehenden Gleichungen mit der Zahl der unbekannten Größen übereinstimmt.

Ein starrer Körper ist in der Ebene mit drei unabhängigen Auflagerreaktionen statisch bestimmt gelagert. Ein mehrteiliges ebenes Tragwerk kann mehr als drei unabhängige Auflagerreaktionen aufweisen und trotzdem statisch bestimmt gelagert sein. Die Frage, ob ein Tragwerksystem statisch bestimmt und berechenbar ist, kann man beantworten, wenn man sich über den Zusammenbau der einzelnen Teile im Klaren ist. Die Konstruktion ist dann statisch bestimmt und berechenbar, wenn die Bauteile ohne Zwang montiert werden können; also nicht „hineingepresst" oder nachgestellt werden müssen.

Da Körpersysteme in ihrem Aufbau durchaus komplex sein können, wird aus diesem Grunde ein zahlenmäßiges Kriterium für die statische Bestimmtheit aufgestellt. Um dies zu untersuchen, greifen wir auf die Schnittmethode zurück.

Zusätzlich zu den Auflagerpunkten, die das System abstützen, wird das Tragwerk in den Gelenken, die die einzelnen Scheiben verbinden, getrennt. Die an den Schnittstellen erforderlichen Kräfte, die die separierten Teilsysteme im Gleichgewicht zu halten, sind die Zwischenreaktionen. Diese wirken entsprechend Abbildung 6.1b im Gelenk C nach dem Prinzip actio est reactio an den jeweiligen Schnittstellen paarweise entgegengesetzt.

Die Verbindungen zwischen zwei Scheiben können mittels verschiedener Bauelemente (Stäbe, Gelenke, Führungen) mit unterschiedlichen Freiheitsgraden realisiert werden. Zur Bestimmung Wertigkeiten der verschiedenen Lagerarten greifen wir auf die Tabelle 2.1 zurück.

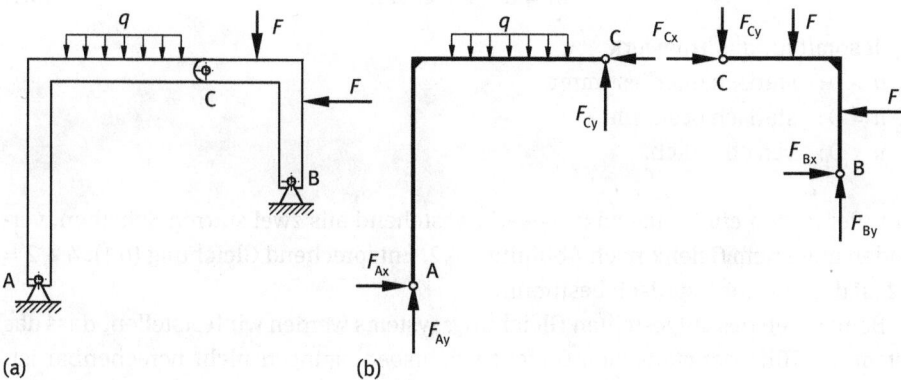

Abb. 6.1: Auflager- und Zwischenreaktionen am Dreigelenkrahmen; (a) belastetes Tragwerk, (b) Belastungsschema

Die statisch bestimmte Lagerung eines starren Körpers in der Ebene durch drei Auflagerreaktionen bedeutet, dass für n Teilsysteme des Tragwerkes $3 \cdot n$ Auflagerreaktionen bzw. Wertigkeiten vorliegen müssen. Folglich können wir mit der Anzahl a der Auflagerunbekannten und z der Zwischenreaktionen die notwendige Bedingung für die statische Bestimmtheit eines ebenen Tragwerks (3 Gleichgewichtsbedingungen) mit n Scheiben schreiben:

$$a + z = 3 \cdot n \,. \tag{6.1}$$

Wenn wir das über den ebenen Sonderfall hinaus verallgemeinern, folgt:

$$a + z = g \cdot n \tag{6.2}$$

mit a: Anzahl der Auflagerreaktionen
$\quad$ z: Anzahl der Zwischenreaktionen (nur einmal pro Gelenk zählen)
$\quad$ g: Anzahl der Gleichgewichtsbedingungen (3 in der Ebene; 6 im Raum)
$\quad$ n: Anzahl der Scheiben.

Mit $n = 1$ und damit $z = 0$ ist in den obigen Gleichungen auch der Sonderfall des einteiligen Tragwerks enthalten.

Für $a + z > 3 \cdot n$ ist das Tragwerk statisch überbestimmt. Das bedeutet, zur Realisierung eines statisch bestimmten Systems Lager entfernt oder Gelenke hinzugefügt werden müssten.

Für $a + z < 3 \cdot n$ ist das System beweglich und stellt einen Mechanismus, z. B. ein Getriebe, dar. Es ist als Tragwerk statisch unbrauchbar.

Der Grad der statischen Unbestimmtheit u lässt sich durch Überlegung aus der Gleichung (6.2) bestimmen:

$$u = a + z - g \cdot n \,. \tag{6.3}$$

Es gilt somit für das Tragwerk
$\quad$ $u > 0$: statisch überbestimmt
$\quad$ $u = 0$: statisch bestimmt
$\quad$ $u < 0$: verschieblich.

Wir untersuchen ein Dreigelenktragwerk, bestehend aus zwei starren Scheiben, verbunden mit einem Gelenk nach Abbildung 6.2. Entsprechend Gleichung (6.1): $4 + 2 = 3 \cdot 2$ ist das Tragwerk statisch bestimmt.

$\quad$ Beim Lösen des aufgestellten Gleichungssystems werden wir feststellen, dass das System mit Hilfe der statischen Gleichgewichtsbedingungen nicht berechenbar ist. Wir erhalten Triviallösungen, wie z. B. $F_A = F_A$ oder $0 = 0$. Das Tragwerk ist nicht berechenbar.

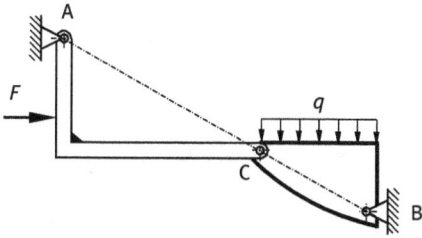

Abb. 6.2: Bewegliches Dreigelenktragwerk

Da alle drei Gelenkpunkte auf einer Geraden liegen, ist das Zwischengelenk C beweglich. Die starren Scheiben können kleine Bewegungen ausführen, wobei die Gelenke einer sehr hohen Belastung ausgesetzt sind. Das Tragwerk ist *kinematisch unbestimmt*. Solche Systeme sind statisch unbrauchbar.

Regel: *Ein Dreigelenktragwerk ist statisch bestimmt gelagert, wenn die drei Gelenke nicht auf einer Geraden liegen.*

Die hinreichende Bedingung für eine statisch *und* kinematisch bestimmte Lagerung ist eine eindeutige Lösung des Gleichungssystems aus den Auflager- und Zwischenreaktionen (Koeffizientendeterminante ungleich Null). Daraus folgt dann auch, dass das Tragwerk unbeweglich ist.

Zusammengefasst: *Wenn die notwendige und hinreichende Bedingung für $a+z-g\cdot n = 0$ erfüllt sind, ist das System statisch und kinematisch bestimmt.*

Statisch bestimmte Systeme lassen sich leichter berechnen und auch hinsichtlich der Kräfteverhältnisse besser überschauen, als die statisch überbestimmten. Auch treten keine zusätzlichen Beanspruchungen durch Stützensenkungen oder Dehnungsbehinderungen durch Temperaturänderungen auf.

Statisch überbestimmte Systeme sind typisch für Konstruktionen, bei denen die Verformungen klein gehalten werden sollen. Ein Vorteil ist auch, dass bei Ausfall eines Bauteils die Tragfähigkeit des Systems erhalten bleiben kann.

Für die Berechnung der statisch überbestimmten Systeme fehlen entsprechend des Grades der statischen Überbestimmung Gleichungen. Diese sind nur mit statischen Methoden nicht zu gewinnen. Der Grund dafür ist die Annahme eines starren Körpers. Wird diese Idealisierung aufgegeben und werden kleine elastische Verformungen zugelassen, lassen sich aus den Berechnungsgleichungen für die elastischen Verformungen die überzähligen Unbekannten berechnen. Zu den Gleichgewichtsbedingungen der Statik müssen die geometrischen Bedingungen des verformten Systems aufgestellt werden. Mit Hilfe des Arbeitsbegriffes, dem skalare Produkt aus Verschiebung und Kraft können zusätzliche Gleichungen gewonnen werden[2].

---

2 siehe dazu 11. Kapitel; ausführlich vom Autor [36] mit einer Übersicht verschiedener Lösungsverfahren mit Beispielen und Lösungen

6.3 Berechnung der Gelenkkräfte

6.3.1 Gelenkbalken

Soll ein Träger große Längen überbrücken, kann es bei einer vergleichsweise großen Spannweite des Trägers (Abbildung 6.3a) zu einer unzulässig großen Durchbiegung zwischen den Stützen kommen. Durch den Einbau einer zusätzlichen Stütze zwischen den Randlagern, Abbildung 6.3b, wird die Durchbiegung verringert. Durch den Einbau der zusätzlichen Stütze ist das System nun mit $u = a + z - g \cdot n = 4 + 0 - 3 \cdot 1 = 1$ einfach statisch überbestimmt.

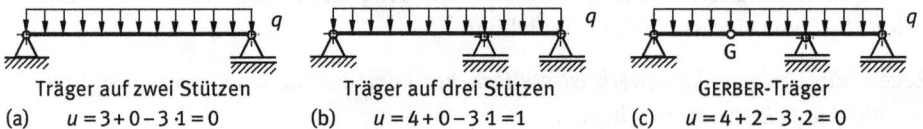

Träger auf zwei Stützen Träger auf drei Stützen GERBER-Träger
(a) $u = 3 + 0 - 3 \cdot 1 = 0$ (b) $u = 4 + 0 - 3 \cdot 1 = 1$ (c) $u = 4 + 2 - 3 \cdot 2 = 0$

Abb. 6.3: Balken mit und ohne Zwischengelenk

Die statische Bestimmtheit lässt sich durch den Einbau eines Gelenkes an einer beliebigen Stelle des Trägers wiederherstellen (Abbildung 6.3c). Ein solcher Träger wird nach seinem Erfinder GERBER-Träger[3] genannt.

Formal handelt es sich bei dem auf Abbildung 6.3c dargestellten Tragwerk um einen Verband aus zwei Scheiben, die durch ein Gelenk verbunden sind.

Wenn wir die beiden Scheiben durch einen Schnitt durch das Gelenk G trennen, werden zusätzlich zu den drei unbekannten Auflagerkräften zwei weitere unbekannte Zwischenreaktionen freigelegt. Damit sind sechs unbekannte Kräfte vorhanden. Dem stehen je Scheibe drei Gleichgewichtsbedingungen – also insgesamt sechs Gleichungen gegenüber. Das System ist statisch bestimmt und berechenbar.

Beispiel 6.1. Für den auf Abbildung 6.4 idealisierten Gelenkträger, Länge $a = 1\,$m, durch $q = 30\,$kN$/$m und $F = 40\,$kN belastet, sind die Auflagerkräfte und die Zwischenreaktionen zu berechnen.

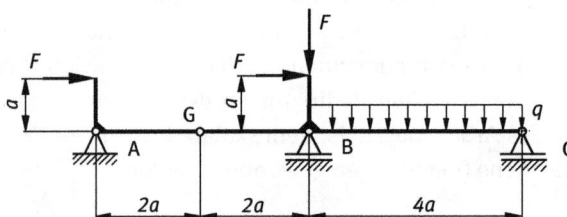

Abb. 6.4: Gelenkträger

---

3 HEINRICH GERBER: 1832–1912, deutscher Brückenbauingenieur. Er untersuchte diese Träger konstruktiv und führte sie in die Praxis ein.

Lösung. Exemplarisch werden nachfolgend die Lösungsschritte vorgegeben.

Lösungsschritte:
- Strukturidealisierung/Modellbildung
- Statische Bestimmtheit prüfen
- Freischneiden
- Gleichgewichtsbedingungen aufstellen
- Gleichungen lösen
- Kontrolle der Ergebnisse

Strukturidealisierung/Modellbildung:

Das mechanische Modell ist mit der Aufgabenstellung, Abbildung 6.4, bereits vorgegeben.

Statische Bestimmtheit prüfen:

Gleichung (6.1): $a + z = 3 \cdot n = 4 + 2 = 3 \cdot 2$; das System ist statisch bestimmt.

Freischneiden:

Axiom: *Wenn das ganze Tragwerk im Gleichgewicht ist, müssen auch alle Teile des Tragwerks im Gleichgewicht sein.*

Wir trennen das Tragwerk von den Stützen A, B und C sowie im Gelenk G. An den zwei Teilsystemen (Scheiben) lassen sich aufgrund der überschaubaren Geometrie und Belastung die Richtungen der unbekannten Kräfte vorherbestimmen (Abbildung 6.5).

Gleichgewichtsbedingungen aufstellen:

Scheibe I:

$$\sum F_x = 0: \quad -F_{Ax} + F_{Gx} + F = 0 \tag{1}$$

$$\sum F_y = 0: \quad -F_{Ay} + F_{Gy} = 0 \tag{2}$$

$$\sum M_A = 0: \quad F_{Gy} \cdot 2a - F \cdot a = 0 \tag{3}$$

Scheibe II:

$$\sum F_x = 0: \quad -F_{Gx} + F = 0 \tag{4}$$

$$\sum F_y = 0: \quad -F_{Gy} + F_B + F_C - F - q \cdot 4a = 0 \tag{5}$$

$$\sum M_B = 0: \quad F_{Gy} \cdot 2a + F_C \cdot 4a - F \cdot a - q \cdot 4a \cdot 2a = 0 . \tag{6}$$

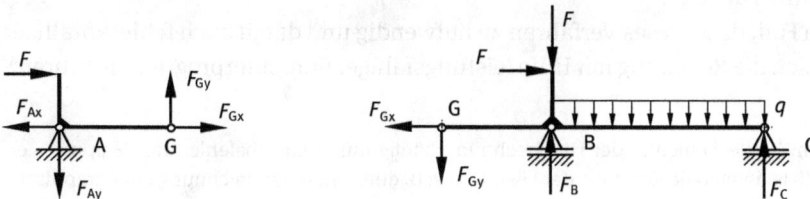

Abb. 6.5: Freigeschnittener Gelenkträger

Gleichungen lösen

$$(4): \quad F_{Gx} = F = \underline{40\,kN}$$

$$(1): \quad F_{Ax} = 2F = \underline{80\,kN}$$

$$(3): \quad F_{Gy} = F/2 = \underline{20\,kN}$$

$$(2): \quad F_{Ay} = F/2 = \underline{20\,kN}$$

$$(6): \quad F_C = 2q\,a = \underline{60\,kN}$$

$$(5): \quad F_B = 3/2F + 2q\,a = \underline{120\,kN}\;.$$

Kontrolle der Ergebnisse:

Zur Kontrolle stellen wir die Kräftebilanz der der senkrechten Kräfte am Gelenkträger auf:

$$\sum F_y = 0: \quad -F_{Ay} + F_B + F_C - F - q \cdot 4a = (-20 + 120 + 60 - 40 - 120)\,kN = 0\;.$$

Eine in diesem Fall einfachere Möglichkeit zur Berechnung der vier Auflagerreaktionen ergibt sich, wenn wir die drei Gleichgewichtsbedingungen für das ungeschnittene System aufstellen.

$$\sum F_x = 0: \quad -F_{Ax} + F + F = 0 \tag{7}$$

$$\sum F_y = 0: \quad -F_{Ay} + F_B + F_C - F - q \cdot 4a = 0 \tag{8}$$

$$\sum M_B = 0: \quad F_{Ay} \cdot 4a + F_C \cdot 4a - F \cdot a - F \cdot a - q \cdot 4a \cdot 2a = 0\;. \tag{9}$$

Die fehlende vierte Gleichung erhalten wir aus der Gleichgewichtsbedingung $\sum M_G = 0$ bezüglich des geschnittenen Gelenkpunktes G eines Teilsystems. Gewählt Scheibe I:

$$\sum M_G = 0: \quad F_{Ay} \cdot 2a - F \cdot a = 0\;. \tag{10}$$

Da die Wirkungslinien der Gelenkkräfte durch den Gelenkpunkt verlaufen, gehen sie nicht als zusätzliche Unbekannte in die Gleichung ein. Diese vierte Gleichung wird auch als *Zwischen- oder Nebenbedingung* bezeichnet.

Die Auflösung des kleineren Gleichungssystems muss das identische Ergebnis ergeben (zur Nachrechnung empfohlen).

Für große Systeme wird die Zahl der aufzuschreibenden Gleichgewichtsbedingungen auch dem entsprechend groß. Durch eine geschickte Schnittführung, sorgfältige Wahl der Bezugspunkte sowie Bevorzugung der Momenten-Gleichgewichtsbedingungen lässt sich das Gleichungssystem entkoppeln und es führt in vielen Fällen die Handrechnung zum Ziel.

Für den Fall, dass dieses Verfahren zu aufwendig und damit auch fehleranfälliger wird, lässt sich die Rechnung mit Hilfe leistungsfähiger Computerprogramme führen[4].

---

4 hier werden die Rechenfehler der Handrechnung häufig durch Eingabefehler am Computer „ersetzt". Deshalb ist immer die Kontrolle der Lösungen z. B. durch eine Handrechnung oder graphische Lösung für ausgewählte Bereiche zu führen.

Wie schon im Abschnitt 3.4 einführend gezeigt, überführen wir das Gleichungssystem in die Matrixschreibweise (obige Gleichungsnummern sind der Matrix vorangestellt)

$$\underline{\underline{A}} \cdot \underline{x} = \underline{b} \tag{6.4}$$

mit der Koeffizientenmatrix $\underline{\underline{A}}$, dem Lösungsvektor $\underline{x}$ und dem Lastvektor $\underline{b}$.

$$
\begin{matrix}
(1) \\
(2) \\
(5) \\
(6) \\
(4) \\
(3)
\end{matrix}
\begin{bmatrix}
-1 & 0 & 0 & 0 & 1 & 0 \\
0 & -1 & 0 & 0 & 0 & 1 \\
0 & 0 & 1 & 1 & 0 & -1 \\
0 & 0 & 0 & 4 & 0 & 2 \\
0 & 0 & 0 & 0 & 1 & 0 \\
0 & 0 & 0 & 0 & 0 & 2
\end{bmatrix}
\begin{bmatrix}
F_{Ax} \\
F_{Ay} \\
F_B \\
F_C \\
F_{Gx} \\
F_{Gy}
\end{bmatrix}
=
\begin{bmatrix}
-F \\
0 \\
F + 4q\,a \\
F + 8q\,a \\
F \\
F
\end{bmatrix} .
$$

Dieses lineare inhomogene Gleichungssystem mit sechs Unbekannten in der Matrixform lässt sich per Rechner mit geeignetem Computerprogramm lösen.

Bei diesem konkreten übersichtlichen Beispiel geht die oben gezeigte Handrechnung möglicherweise schneller.

6.3.2 Dreigelenktragwerke

Bei den *Dreigelenktragwerken* dürfen – wie schon anhand Abbildung 6.2 erläutert – die Gelenke nicht auf einer Geraden liegen. Bei der Bauausführung unterscheidet man zwischen dem *Dreigelenkrahmen* und dem *Dreigelenkbogen* (siehe Abbildung 6.6).

Weil die Berechnung der Auflagerkräfte unabhängig von der Form der Scheiben ist, kommt diese Unterscheidung nur bei der Ermittlung der Schnittkräfte zum Tragen. Nicht ganz korrekt wird aus diesem Grunde die Bezeichnung „Dreigelenkbogen" (Abbildung 6.6c) z. T. auch verallgemeinernd für die Dreigelenktragwerke verwendet.

Ein Vorteil der Bauausführung eines Tragwerks als Dreigelenkbogen gegenüber einem statisch bestimmt gelagerten Bogenträger ist ein besseres Verformungsverhalten unter der Last.

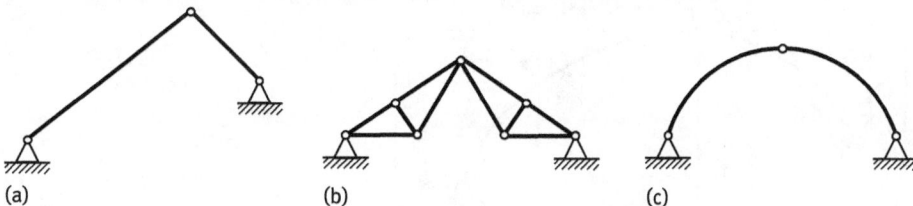

(a)   (b)   (c)

Abb. 6.6: Dreigelenktragwerke; (a) Dreigelenkrahmen (Balken), (b) Dreigelenkrahmen (Fachwerk), (c) Dreigelenkbogen (Balken)

Zur Veranschaulichung betrachten wir die auf Abbildung 6.7 stark vergrößert dargestellte Verformungen der beiden durch eine Streckenlast belasteten Träger.

Infolge der Belastung kommt es beim Bogenträger (Abbildung 6.7b) zur Verschiebung x_B des Loslagers B. Diese kann schnell unzulässig große Werte annehmen. Zudem wird sich durch diese Verschiebung der Träger unter der Last auch weiter durch-
senken, als der Dreigelenkbogen. Das heißt $f_b > f_a$.

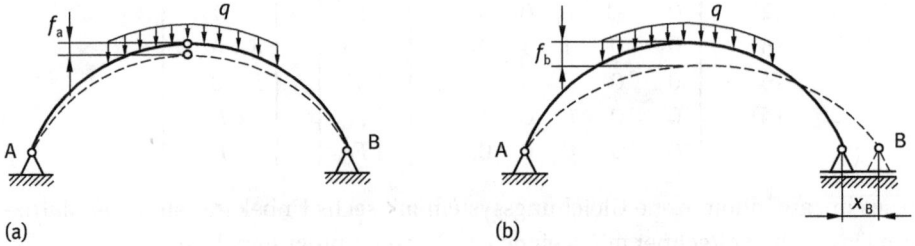

Abb. 6.7: Vergleich Bogenträger und Dreigelenkbogen; (a) Dreigelenkbogen, (b) Bogenträger

Für die statische und kinematische Bestimmtheit gilt:

*Ein Dreigelenktragwerk ist statisch bestimmt gelagert, wenn die Verbundgelenke nicht
auf einer Geraden liegen.*

Beispiel 6.2. Für den auf Abbildung 6.8 dargestellten Dreigelenkbogen mit einer
Spannweite von 10 m und der maximalen Höhe von 3,8 m bei 1,6 m Niveauunter-
schied der Stützen sind die Auflagerkräfte für die folgenden Belastung zu berechnen:

$$F_1 = 58,50\,\text{kN}, \quad \alpha = 30°; \quad F_2 = 45,30\,\text{kN}, \quad \beta = 40°.$$

Lösung. Mit Gleichung (6.1): $a + z = 3 \cdot n = 4 + 2 = 3 \cdot 2$ ist das System statisch
bestimmt gelagert.

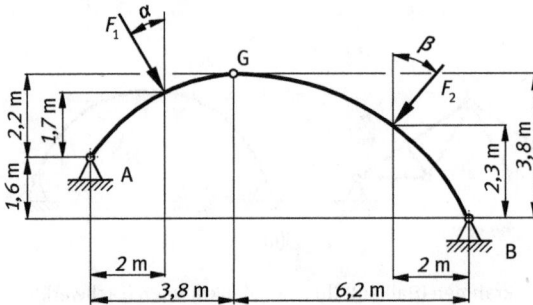

Abb. 6.8: Dreigelenkbogen

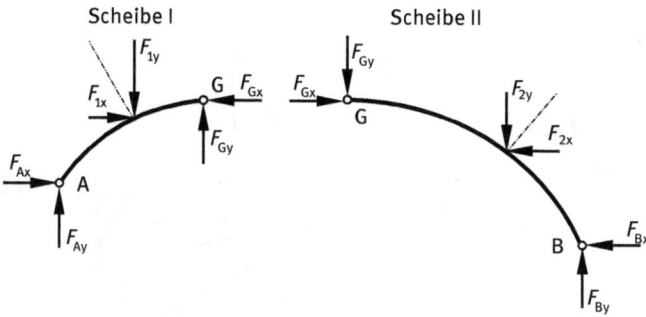

Abb. 6.9: Freigeschnittener Dreigelenkbogen

Zur Berechnung der vier unbekannten Kräfte der Auflager A und B benötigen wir vier Gleichungen.

Das im Gelenk G geschnittene, freigemachte System zeigt Abbildung 6.9. Wir stellen zunächst die Gleichgewichtsbedingungen für das ungeschnittene Gesamtsystem auf.

$$\sum F_x = 0: \qquad F_{Ax} + F_{1x} - F_{2x} - F_{Bx} = 0 \tag{1}$$

$$\sum F_y = 0: \qquad F_{Ay} - F_{1y} - F_{2y} + F_{By} = 0 \tag{2}$$

$$\sum M_B = 0: \quad -F_{Ax} \cdot 1{,}6\,\text{m} - F_{Ay} \cdot 10\,\text{m} - F_{1x} \cdot 3{,}3\,\text{m} + F_{1y} \cdot 8\,\text{m} +$$

$$+ F_{2x} \cdot 2{,}3\,\text{m} + F_{2y} \cdot 2\,\text{m} = 0\,. \tag{3}$$

Die fehlende vierte Gleichung erhalten wir aus der Zwischenbedingung $\sum M_G = 0$ bezüglich des geschnittenen Gelenkpunktes G des Teilsystems I.

$$\sum M_G = 0: \quad F_{Ax} \cdot 2{,}2\,\text{m} - F_{Ay} \cdot 3{,}8\,\text{m} + F_{1x} \cdot 0{,}5\,\text{m} + F_{1y} \cdot 1{,}8\,\text{m} = 0\,. \tag{4}$$

Die Auflösung der Gleichungen ergibt:

$$(4) \rightarrow (3): \quad F_{Ay} = \frac{(-2{,}936F_{1x} + 9{,}309F_{1y} + 2{,}3F_{2x} + 2F_{2y})\,\text{kN}\,\text{m}}{12{,}764\,\text{m}} = \underline{40{,}91\,\text{kN}}$$

$$(3): \quad F_{Ax} = \frac{(-10F_{Ay} - 3{,}3F_{1x} + 8F_{1y} + 2{,}3F_{2x} + 2F_{2y})\,\text{kN}\,\text{m}}{1{,}6\,\text{m}} = \underline{22{,}56\,\text{kN}}$$

$$(2): \quad F_{By} = -F_{Ay} + F_{1y} + F_{2y} = \underline{44{,}46\,\text{kN}}$$

$$(1): \quad F_{Bx} = F_{Ax} + F_{1x} - F_{2x} = \underline{22{,}69\,\text{kN}}\,.$$

Damit werden die Auflagerkräfte

$$F_A = \sqrt{(F_{Ax}^2 + F_{Ay}^2)} = \underline{46{,}71\,\text{kN}}\,, \qquad F_B = \sqrt{(F_{Bx}^2 + F_{By}^2)} = \underline{49{,}31\,\text{kN}}\,.$$

Anstelle der Kontrolle der Rechnung mit einer weiteren unabhängigen Gleichung, z. B. $\sum M_B = 0$, wird die graphische Lösung, Abbildung 6.10, die mit überschaubarem Aufwand alle Kräfte in Größe und Richtung am Dreigelenkbogen sehr übersichtlich verdeutlicht, demonstriert:

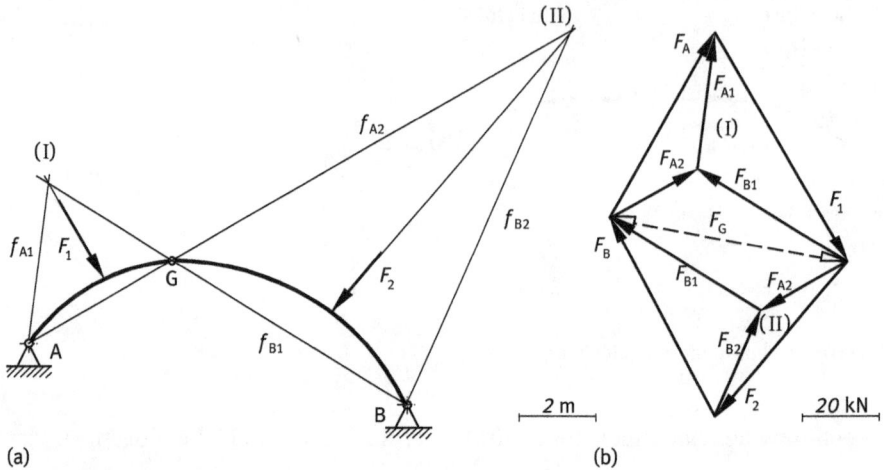

Abb. 6.10: Graphische Lösung für den Dreigelenkbogen; (a) Lageplan, (b) Kräfteplan

Im ersten Schritt nehmen wir an, dass das Tragwerk nur durch $\vec{F}_1$ belastet wird. Da das Biegemoment im Gelenk G Null ist, muss die Wirkungslinie f_{B1} der Auflagerkraft $\vec{F}_B$ durch den Gelenkpunkt G verlaufen.

Durch den Schnittpunkt der Wirkungslinie f_{B1} mit der von $\vec{F}_1$ muss aus Gründen des Gleichgewichtes auch die Wirkungslinie f_{A1} der Auflagerkraft $\vec{F}_A$ gehen (siehe hierzu Kapitel 3). Dem gemeinsamen Schnittpunkt (I) dieser drei Wirkungslinien im Lageplan (Abbildung 6.10a) entspricht im Kräfteplan (Abbildung 6.10b) ein gemeinsames Krafteck (I). Das ist die Bedingung für das Gleichgewicht der Scheibe I.

Dies Krafteck (I) aus der bekannten Kraft $\vec{F}_1$ und den Wirkungslinien f_{B1} und f_{A1} konstruieren wir im Kräfteplan. Es stellt die Teillösung der Auflagerkräfte aus der Belastung des Trägers allein durch $\vec{F}_1$ dar.

Im zweiten Schritt nehmen wir eine Belastung des Tragwerks nur durch die Kraft $\vec{F}_2$ an. Jetzt bilden die Wirkungslinien von $\vec{F}_2$ und der Auflagerkraft $\vec{F}_A$ den gemeinsamen Schnittpunkt (II). Durch diesen muss im Gleichgewichtsfall die Wirkungslinie der Auflagerkraft $\vec{F}_B$ verlaufen.

Wir addieren die Kraft $\vec{F}_1$ und $\vec{F}_2$ zum Vektorzug und konstruieren das Krafteck (II) aus der bekannten Kraft $\vec{F}_2$ und den Wirkungslinien f_{A2} und f_{B2}.

Durch die Parallelverschiebung der Kräfte $\vec{F}_{B1}$ und $\vec{F}_{A2}$ erhalten wir die Kraftecke $\vec{F}_A = \vec{F}_{A1} + \vec{F}_{A2}$ und $\vec{F}_B = \vec{F}_{B1} + \vec{F}_{B2}$.

Damit können wir aus dem geschlossenen Krafteck $\vec{F}_1 + \vec{F}_2 + \vec{F}_B + \vec{F}_A = 0$ die Stützkräfte $\vec{F}_A$ und $\vec{F}_B$ nach Betrag und Richtung abnehmen.

Im Kräfteplan lassen sich zusätzlich auch leicht die waagerechten und senkrechten Kraftkomponenten der Auflagerkräfte graphisch ermitteln. Auf die Darstellung dieser Komponenten im Kräfteplan wird aber aus Gründen der Übersichtlichkeit verzichtet (für das eigene Verständnis aber durchaus empfohlen).

Weil sich die Wirkungslinien der Auflagerkräfte f_{A2} und f_{B1} im Lageplan im Punkt G schneiden, muss im Gleichgewichtsfall ein gemeinsames Krafteck mit der Gelenkkraft existieren. Das ergibt Betrag und Richtung der Gelenkkraft F_G (gestrichelt, offene Pfeilspitzen auf Abbildung 6.10b).

Mit entsprechender Software führt die rechnergestützte Lösung wohl aber schneller zum Ziel. Hierfür stellen wir die sechs Gleichgewichtsbedingungen der beiden Teilsysteme auf.

Scheibe I:

$$\sum F_x = 0: \qquad F_{Ax} + F_1 \cdot \sin\alpha - F_{Gx} = 0 \tag{5}$$

$$\sum F_y = 0: \qquad F_{Ay} - F_1 \cdot \cos\alpha + F_{Gy} = 0 \tag{6}$$

$$\sum M_A = 0: \qquad -F_1 \cdot \sin\alpha \cdot 1,7\,\text{m} - F_1 \cdot \cos\alpha \cdot 2\,\text{m} + F_{Gx} \cdot 2,2\,\text{m} + F_{Gy} \cdot 3,8\,\text{m} = 0 \tag{7}$$

Scheibe II:

$$\sum F_x = 0: \qquad F_{Gx} - F_2 \cdot \sin\beta - F_{Bx} = 0 \tag{8}$$

$$\sum F_y = 0: \qquad -F_{Gy} - F_2 \cdot \cos\beta + F_{By} = 0 \tag{9}$$

$$\sum M_B = 0: \qquad -F_{Gx} \cdot 3,8\,\text{m} + F_{Gy} \cdot 6,2\,\text{m} + \sin\beta \cdot 2,3\,\text{m} + F_2 \cdot \cos\beta \cdot 2\,\text{m} = 0 \tag{10}$$

Dies Gleichungssystem als Matrixgleichung formuliert

$$
\begin{matrix}
(5) \\ (6) \\ (8) \\ (9) \\ (7) \\ (10)
\end{matrix}
\begin{bmatrix}
1 & 0 & 0 & 0 & -1 & 0 \\
0 & 1 & 0 & 0 & 0 & 1 \\
0 & 0 & -1 & 0 & 1 & 0 \\
0 & 0 & 0 & 1 & 0 & -1 \\
0 & 0 & 0 & 0 & 2,2 & 3,8 \\
0 & 0 & 0 & 0 & -3,8 & 6,2
\end{bmatrix}
\cdot
\begin{bmatrix}
F_{Ax} \\ F_{Ay} \\ F_{Bx} \\ F_{By} \\ F_{Gx} \\ F_{Gy}
\end{bmatrix}
=
\begin{bmatrix}
-F_1 \cdot \sin\alpha \\
F_1 \cdot \cos\alpha \\
F_2 \cdot \sin\beta \\
F_2 \cdot \cos\beta \\
F_1(1,7 \cdot \sin\alpha + 2 \cdot \cos\alpha) \\
-F_2(2,3 \cdot \sin\beta + 2 \cdot \cos\beta)
\end{bmatrix}
$$

ist mit einem entsprechenden Rechenprogramm zu lösen. Mit der Lösung dieses Gleichungssystems erhalten wir auch die gerechneten Ergebnisse für die Gelenkkräfte

$$F_{Gx} = \underline{51,807\,\text{kN}}, \quad F_{Gy} = \underline{9,757\,\text{kN}} \quad \text{und damit}$$

$$F_G = \sqrt{(F_{Gx}^2 + F_{Gy}^2)} = \underline{52,718\,\text{kN}}.$$

6.3.3 Mehrgelenksysteme

Unabhängig von der Anzahl der Scheiben und der Gelenke ist der Ablauf der Rechnung für statisch und kinematisch bestimmte Systeme der gleiche, wie oben beschrieben.

Nach Überprüfung der statischen Bestimmtheit trennen wir die Scheiben und Stäbe in den Gelenken. Die Gleichgewichtsbedingungen können wir sowohl am Einzelteil als auch an einer Baugruppe ansetzen. Damit stehen mehr Gleichungen als Unbekannte zur Verfügung, was eine Auswahl der einfachsten Gleichungen ermöglicht. Die überzähligen und damit abhängigen Gleichungen lassen sich zudem zur Kontrolle nutzen.

Beispiel 6.3. Auf Abbildung 6.11 ist ein Spezialtraktor (Rodegerät) mit seinen Abmessungen dargestellt.

Längen: $\overline{LD} = \overline{KF} = \overline{AN} = 1000\,\text{mm}$, $\overline{DE} = 800\,\text{mm}$, $\overline{KE} = 650\,\text{mm}$,
Zylinderlängen in der aktuellen Stellung: $\overline{HF} = 1700\,\text{mm}$, $\overline{B_0C} = 885\,\text{mm}$.

Für zwei verschiedene Arbeitsphasen sind unter Vernachlässigung des Eigengewichtes der Bauteile sowie der Reibungskräfte in den Gelenken die Kolben- und Gelenkkräfte zu berechnen:

a) Berechnung der Kraft F_F am Hydraulikkolben (9) und der Gelenkkräfte F_L, F_D, F_K während des Rodevorganges bei einem Arbeitswiderstand $F_W = 25\,\text{kN}$. Der Rahmen (2) stützt sich dabei auf dem Boden ab.

b) Berechnung der Kraft F_C am Hydraulikkolben (4) und der Gelenkkräfte F_A, F_{A0}, F_{C0} während des Anhebens des Rodegestänges in die Transportstellung; $F_G = 12\,\text{kN}$, $F_W = 0$.

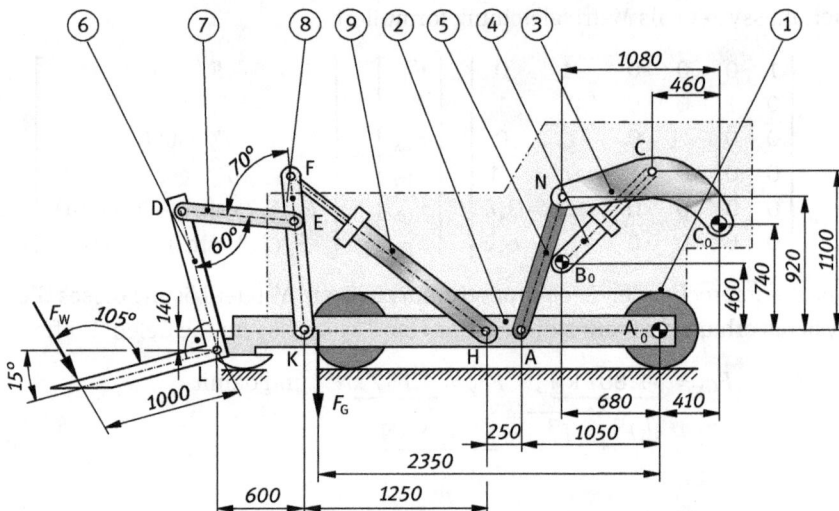

Abb. 6.11: Rodegerät

Lösung. Das Rodegetriebe ist über den Rahmen (2) beidseitig angeordnet; es wirken auf jeder Seite $F_G/2$. Wenn wir vereinfachend eine jeweils gleiche Belastung beider Rodezähne annehmen, wirken auch auf jeder Seite $F_W/2$.

a) Arbeitsstellung:

Wir zerlegen das durch den Arbeitswiderstand $F_W/2$ belastete Getriebeteil in den Rodezahn, Teilenummer (6), Abbildung 6.12a und den Balken Teilenummer (8), Abbildung 6.12b, die nach Abbildung 6.11 durch den Stab Teilenummer (7) gelenkig verbunden sind.

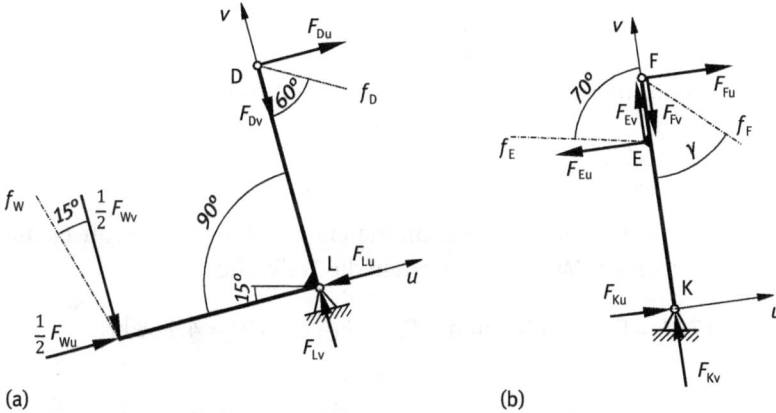

Abb. 6.12: Freigeschnittenes Getriebe in der Arbeitsstellung; (a) Rodezahn (6), (b) Balken (8)

Scheibe I: Rodezahn (6)

Gemäß Abbildung 6.12a berechnen wir mit einem auf die Scheibe (6) bezogenen lokalen u-v- Koordinatensystem zunächst die Teilkräfte der Belastung:

$$\frac{F_{Wu}}{2} = \frac{F_W}{2} \cdot \sin 15° = 3{,}235 \, \text{kN} \quad \text{und} \quad \frac{F_{Wv}}{2} = \frac{F_W}{2} \cdot \cos 15° = 12{,}074 \, \text{kN} \, .$$

Aus dem Momentengleichgewicht um das Gelenk L folgt

$$\sum M_L = 0 : \quad \frac{F_{Wv}}{2} \cdot 1 \, \text{m} - F_{Du} \cdot 1 \, \text{m} = 0 \quad \Rightarrow \quad F_{Du} = \frac{F_{Wv}}{2} = 12{,}074 \, \text{kN} \, .$$

$$\text{Mit} \quad F_{Dv} = \frac{F_{Du}}{\tan 60°} = 6{,}971 \, \text{kN}$$

wird nach Abbildung 6.12a die Stabkraft

$$F_D = \sqrt{F_{Du}^2 + F_{Dv}^2} = \underline{13{,}94 \, \text{kN}} = F_E \, .$$

Das Kräftegleichgewicht in Richtung der lokalen Koordinaten u und v liefert die Teilkräfte der Gelenkkraft in L

$$\sum F_u = 0 : \quad F_{Lu} = F_{Wu} + F_{Du} = 15{,}309 \, \text{kN} \, ,$$
$$\sum F_v = 0 : \quad F_{Lv} = F_{Wv} + F_{Dv} = 19{,}045 \, \text{kN} \, .$$

Die Gelenkkraft berechnen wir zu

$$F_L = \sqrt{F_{Lu}^2 + F_{Lv}^2} = \underline{24{,}44\,\text{kN}}\,.$$

Probe: $\sum M_F = 0$:

$$\frac{F_{Wu}}{2} \cdot 1\,\text{m} + \frac{F_{Wv}}{2} \cdot 1\,\text{m} - F_{Lu} \cdot 1\,\text{m} = (3{,}235 + 12{,}074 - 15{,}309)\,\text{kN m} = 0\,.$$

Scheibe II: Balken (8)

Mit dem Kosinussatz berechnen wir den Winkel γ, Abbildung 6.12b

$$\cos\gamma = \frac{(1{,}7^2 + 1^2 - 1{,}25^2)\text{m}^2}{(2 \cdot 1{,}7 \cdot 1)\text{m}^2} = 0{,}865 \quad\Rightarrow\quad \gamma = 46{,}8°\,.$$

Im auf die Scheibe (8) bezogenen lokalen Koordinatensystem wird die Kraft F_F am Hydraulikkolben (9) berechnet. Mit $F_E = F_D$ werden die Teilkräfte

$$F_{Eu} = F_E \cdot \sin 70° = 13{,}101\,\text{kN} \quad \text{und} \quad F_{Ev} = F_E \cdot \cos 70° = 4{,}768\,\text{kN}\,.$$

Mit

$$\sum M_K = 0: \quad F_{Eu} \cdot 0{,}65\,\text{m} - F_{Fu} \cdot 1\,\text{m} = 0$$

$$F_{Fu} = \frac{F_E \cdot \sin 70° \cdot 0{,}65\,\text{m}}{1\,\text{m}} = 8{,}516\,\text{kN}\,,$$

$$F_{Fv} = \frac{F_{Fu}}{\tan\gamma} = 7{,}997\,\text{kN}\,,$$

wird die Kolbenkraft

$$F_F = \sqrt{F_{Fu}^2 + F_{Fv}^2} = \underline{11{,}68\,\text{kN}} = F_H\,.$$

Damit lässt sich die Gelenkkraft F_K berechnen:

$$\sum F_u = 0: \quad F_{Ku} = F_{Eu} - F_{Fu} = 4{,}585\,\text{kN}\,,$$

$$\sum F_v = 0: \quad F_{Kv} = F_{Fv} - F_{Ev} = 3{,}229\,\text{kN}\,,$$

$$F_K = \sqrt{F_{Ku}^2 + F_{Kv}^2} = \underline{5{,}61\,\text{kN}}\,.$$

Probe: $\sum M_E = 0$: $F_{ku} \cdot 0{,}65\,\text{m} - F_{Fu} \cdot 0{,}35\,\text{m} = (4{,}585 \cdot 0{,}65 - 8{,}516 \cdot 0{,}35)\,\text{Nm} = 0$

b) Transportstellung:

Das freigeschnittene System ist auf Abbildung 6.13 dargestellt. Das Getriebeteil wird in den Träger, Teilenummer (2), Abbildung 6.13a und den Bügel, Teilenummer 3, Abbildung 6.13b, zerlegt. In dieser Stellung ist die Rahmenstütze vom Boden abgehoben; es wirkt nur die Gewichtskraft des Rahmens mit dem Getriebe auf zwei Rahmenholme.

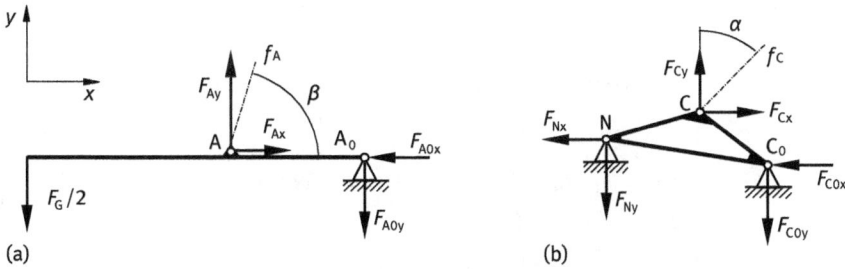

Abb. 6.13: Freigeschnittenes Getriebe in der Transportstellung; (a) Balken (2), (b) Scheibe (3)

Scheibe III: Balken (2)

In analogem Ablauf zur Rechnung an den Scheiben I und II berechnen wir mit den Maßen aus Abbildung 6.11 den Winkel β (Abbildung 6.13a)

$$\tan\beta = \frac{0,92\,\mathrm{m}}{0,38\,\mathrm{m}} = 2,421 \quad\Rightarrow\quad \beta = 67,6°\,.$$

Mit dem Momentengleichgewicht um die Achse A_0

$$\sum M_{A0} = 0: \quad \frac{F_G}{2}\cdot 2,35\,\mathrm{m} - F_{Ay}\cdot 1,05\,\mathrm{m} = 0$$

$$\Rightarrow\quad F_{Ay} = \frac{F_G\cdot 2,35\,\mathrm{m}}{2\cdot 1,05\,\mathrm{m}} = 13,429\,\mathrm{kN}$$

$$F_{Ax} = \frac{F_{Ay}}{\tan\beta} = 5,547\,\mathrm{kN}$$

wird die Zugkraft F_A in der Pendelstange (5)

$$F_A = \sqrt{F_{Ax}^2 + F_{Ay}^2} = \underline{14,53\,\mathrm{kN}} = F_N\,.$$

Die Kraft, die die Achse A_0 aufnehmen muss, wird aus dem Kräftegleichgewicht berechnet

$$\sum F_x = 0: \quad F_{A0x} = F_{Ax} = 5,547\,\mathrm{kN}$$
$$\sum F_y = 0: \quad F_{A0y} = F_{Ay} - F_G/2 = 7,429\,\mathrm{kN}$$

$$F_{A0} = \sqrt{F_{A0x}^2 + F_{A0y}^2} = \underline{9,27\,\mathrm{kN}}\,.$$

Probe: $\sum M_A = 0$: $\frac{F_G}{2}\cdot 1,3\,\mathrm{m} + F_{A0y}\cdot 1,05\,\mathrm{m} = (6\cdot 1,3 + 7,429\cdot 1,05)\,\mathrm{Nm} = 0$.

Scheibe IV: Bügel (3)

Mit den Maßen aus Abbildung 6.11 berechnen wir den Winkel α, Abbildung 6.13b

$$\tan\alpha = \frac{0,63\,\mathrm{m}}{0,64\,\mathrm{m}} = 0,984 \quad\Rightarrow\quad \alpha = 44,5°\,.$$

Mit $F_N = F_A$ wird

$$\sum M_{C0} = 0: \quad F_{Nx} \cdot 0{,}18\,\text{m} + F_{Ny} \cdot 1{,}08\,\text{m} - F_{Cx} \cdot 0{,}36\,\text{m} - F_{Cy} \cdot 0{,}46\,\text{m} = 0$$

und

$$F_{Cx} = F_C \cdot \sin\alpha \quad \text{und} \quad F_{Cy} = F_C \cdot \cos\alpha$$

wird

$$F_C = \frac{F_{Nx} \cdot 0{,}18\,\text{m} + F_{Ny} \cdot 1{,}08\,\text{m}}{(0{,}36 \cdot \sin\alpha + 0{,}46 \cdot \cos\alpha)\,\text{m}} = 26{,}709\,\text{kN} = F_{B0}\,.$$

Die Gelenkkraft F_{C0} wird mit

$$F_{Cx} = F_C \cdot \sin\alpha = 18{,}737\,\text{kN} \quad \text{und} \quad F_{Cy} = F_C \cdot \cos\alpha = 19{,}035\,\text{kN}$$

aus dem Kräftegleichgewicht ermittelt:

$$\sum F_x = 0: \quad F_{C0x} = F_{Cx} - F_{Nx} = 13{,}191\,\text{kN}$$
$$\sum F_y = 0: \quad F_{C0y} = F_{Cy} - F_{Ny} = 5{,}606\,\text{kN}$$
$$F_{C0} = \sqrt{F_{C0x}^2 + F_{C0y}^2} = \underline{14{,}33\,\text{kN}}\,.$$

Probe: $\sum M_C = 0: \ - F_{Nx} \cdot 0{,}18\,\text{m} + F_{Ny} \cdot 0{,}62\,\text{m} - F_{C0x} \cdot 0{,}36\,\text{m} - F_{C0y} \cdot 0{,}46\,\text{m} = 0.$

Beispiel 6.4. Für den auf Abbildung 6.14 dargestellte Hubmechanismus sind für eine Last von $F = 12\,\text{kN}$ die Kräfte in den Gelenken A, B und C zu berechnen.

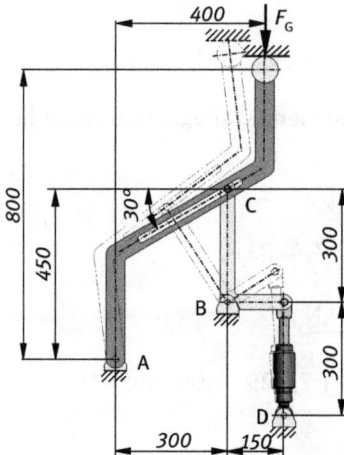

Abb. 6.14: Hubvorrichtung

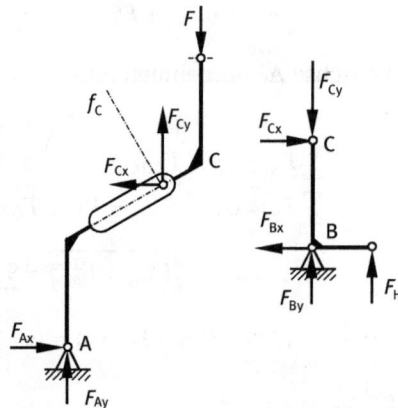

Abb. 6.15: Freigeschnittene Hubvorrichtung

Lösung. Statische Bestimmtheit: $a + z = 3 \cdot n \Rightarrow 4 + 2 = 3 \cdot 2$. Das System ist statisch bestimmt.

Gleichgewichtsbedingungen:

Scheibe I:

$$\sum F_x = 0: \qquad F_{Ax} - F_{Cx} = 0 \tag{1}$$

$$\sum F_y = 0: \qquad F_{Ay} + F_{Cy} - F = 0 \tag{2}$$

$$\sum M_A = 0: \qquad F_{Cx} \cdot 4{,}5 \, \text{dm} + F_{Cy} \cdot 3 \, \text{dm} - F \cdot 4 \, \text{dm} = 0 \tag{3}$$

Scheibe II:

$$\sum F_x = 0: \qquad -F_{Bx} + F_{Cx} = 0 \tag{4}$$

$$\sum F_y = 0: \qquad F_{By} - F_{Cy} + F_H = 0 \tag{5}$$

$$\sum M_B = 0: \qquad -F_{Cx} \cdot 3 \, \text{dm} + F_H \cdot 1{,}5 \, \text{dm} = 0 \tag{6}$$

Gesamtsystem:

$$\sum F_y = 0: \qquad F_{Ay} + F_{By} + F_H - F = 0 \, . \tag{7}$$

Dieses Gleichungssystem wollen wir für die Computerrechnung aufbereiten. Das Gleichungssystem wird in die Matrixform $\underline{A} \cdot \underline{x} = \underline{b}$ gebracht. Damit die Elemente der Koeffizientenmatrix reine Zahlenwerte sind, wurden die beiden Momentengleichgewichtsbedingungen durch die Längeneinheit dm dividiert.

$$
\begin{matrix}
(1) \\ (2) \\ (4) \\ (5) \\ (3) \\ (6) \\ (7)
\end{matrix}
\begin{bmatrix}
1 & 0 & 0 & 0 & -1 & 0 & 0 \\
0 & 1 & 0 & 0 & 0 & 1 & 0 \\
0 & 0 & -1 & 0 & 1 & 0 & 0 \\
0 & 0 & 0 & 1 & 0 & -1 & 1 \\
0 & 0 & 0 & 0 & 4{,}5 & 3 & 0 \\
0 & 0 & 0 & 0 & -3 & 0 & 1{,}5 \\
0 & 1 & 0 & 1 & 0 & 0 & 1
\end{bmatrix}
\cdot
\begin{bmatrix}
F_{Ax} \\ F_{Ay} \\ F_{Bx} \\ F_{By} \\ F_{Cx} \\ F_{Cy} \\ F_H
\end{bmatrix}
=
\begin{bmatrix}
0 \\ F \\ 0 \\ 0 \\ 4F \\ 0 \\ F
\end{bmatrix}
$$

Die Auflösung der Matrix liefert den Vektor $\underline{x}$ der berechneten Gelenkkräfte.

$$
\underline{x} =
\begin{bmatrix}
F_{Ax} \\ F_{Ay} \\ F_{Bx} \\ F_{By} \\ F_{Cx} \\ F_{Cy} \\ F_H
\end{bmatrix}
=
\begin{bmatrix}
4{,}950 \\ 3{,}426 \\ 4{,}950 \\ -1{,}326 \\ 4{,}950 \\ 8{,}574 \\ 9{,}901
\end{bmatrix}
\text{kN}
$$

6.4 Übungen

Aufgabe A6.4.1

Für die nachfolgend auf Abbildung A6.4.1 dargestellten Körpersysteme ist die statische Bestimmtheit anhand der Abzählbedingung zu überprüfen

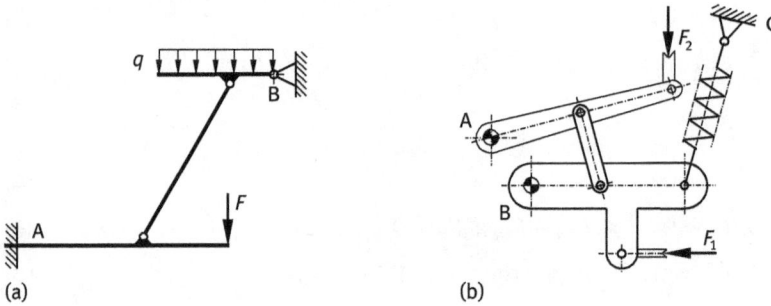

Abb. A6.4.1: Körpersysteme; (a) Tragwerk, (b) Hebelsystem

Aufgabe A6.4.2

Der GERBER-Träger auf Abbildung A6.4.2 wird durch die Punktlasten F_1 = 20 kN und F_2 = 15 kN sowie durch eine Dreieckslast von q_{max} = 12 kN/m belastet. Für a = 1 m sind die Auflager- und Gelenkkräfte zu berechnen.

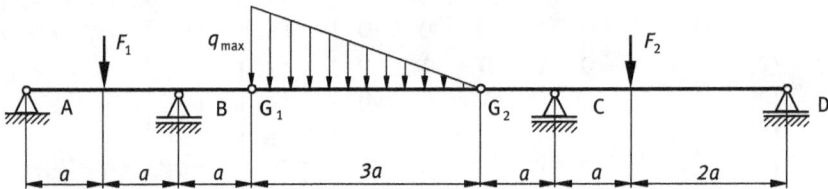

Abb. A6.4.2: GERBER-Träger

Aufgabe A6.4.3

Auf Abbildung A6.4.3 ist ein symmetrischer Dreigelenkrahmen dargestellt. Für die Belastung durch die Kräfte F_1 = 3,00 kN und F_2 = 4,00 kN sind die Auflager- und Gelenkkräfte zu berechnen.

Aufgabe A6.4.4

Auf Abbildung A6.4.4 ist Tragwerk aus zwei abgewinkelten Trägern, die durch einen Stab miteinander verbunden sind, dargestellt. Mit a = 500 mm sind für eine Belastung von q = 6 N/mm die Lagerreaktionen und die Stabkraft zu berechnen.

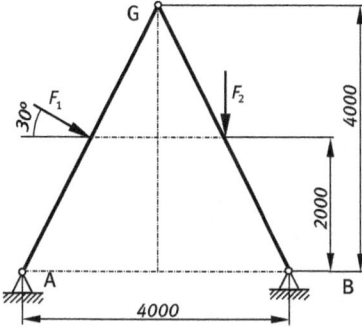

Abb. A6.4.3: Dreigelenkrahmen

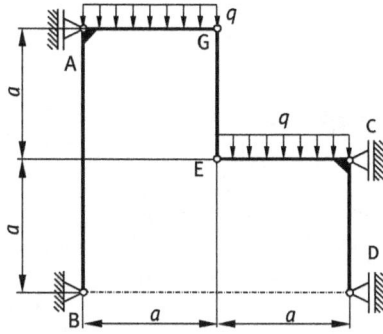

Abb. A6.4.4: Gemischttragwerk

Aufgabe A6.4.5

Abbildung A6.4.5 zeigt ein durch die Kräfte $F_1 = 2500\,\text{N}$ und $F_2 = 1000\,\text{N}$ belastetes Gelenksystem. Es sind die Auflager- und Gelenkkräfte zu berechnen.

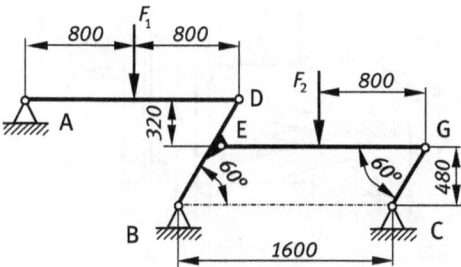

Abb. A6.4.5: Gelenksystem

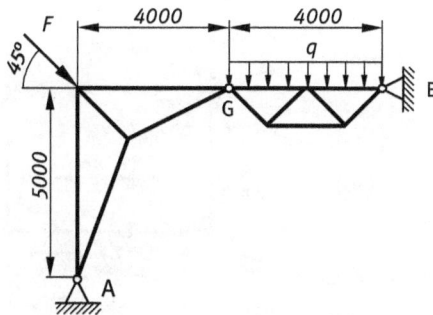

Abb. A6.4.6: Fachwerk-Dreigelenkrahmen

Aufgabe A6.4.6

Das auf Abbildung A6.4.6 dargestellten Tragwerk wird durch $F = 48\,\text{kN}$ und $q = 9\,\text{kN/m}$ belastet. Es sind Auflager- und Gelenkkräfte zu berechnen.

Aufgabe A6.4.7

Für den auf Abbildung A6.4.7 vereinfacht dargestellten Schaufelradlader sollen bei einer Schaufelkraft $F_G = 80\,\text{kN}$ mit den Maßen der Tabelle für die gezeigte Stellung unter Vernachlässigung des Eigengewichtes der Bauteile und der Reibungskräfte in den Gelenken die Kolben- und Gelenkkräfte berechnet werden.

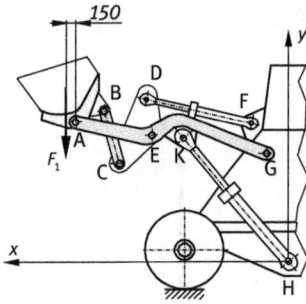

Gelenk	$\dfrac{x}{mm}$	$\dfrac{y}{mm}$
A	3230	2145
B	2795	2320
C	2585	1520
D	2145	2470
E	2035	1955
F	530	2110
G	305	1670
H	0	0
K	1560	1880

Abb. A6.4.7: Schaufelradlader

Aufgabe A6.4.8

Das Gestänge auf Abbildung A6.4.8 soll durch die Feder so gehalten werden, dass die Stützrolle mit einer Kraft von $F = 30\,\text{N}$ gegen den Druckbolzen drückt. Es sind die Kraft F_z in der Zugstange, die erforderliche Federkraft F_F sowie die Lagerkräfte in A und B zu berechnen.

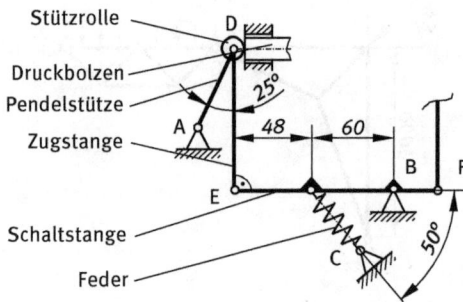

Abb. A6.4.8: Gestänge

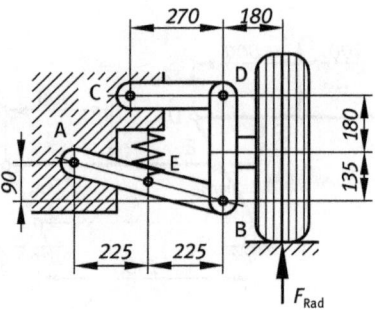

Abb. A6.4.9: Radaufhängung

Aufgabe A6.4.9

Für die auf Abbildung A6.4.9 gezeichnete Radaufhängung eines Kraftfahrzeuges sind für eine angenommene Radlast von $F_{\text{Rad}} = 2,5\,\text{kN}$ die Lager- und Gelenkkräfte zu berechnen

7 Ebene Fachwerke

7.1 Grundlagen

Als Fachwerk[1] werden in sich unverschiebliche Konstruktionen bezeichnet, die aus starren geraden Stäben zusammengesetzt sind. Dem liegt der Gedanke zugrunde, dass ein Stab gegen reine Längsbelastung sehr widerstandsfähig ist und dass eine Konstruktion, die ausschließlich aus Stäben besteht, eine material-und gewichtssparende Lösung darstellt.

Als Tragwerk ist das Fachwerk deshalb dort anzutreffen, wo ein Vollwandträger mit großer Spannweiten und der ihm eigenen geringen Materialausnutzung unwirtschaftlich wird. Typische, allgemein bekannte Anwendungen für Fachwerke sind Brücken, Kräne, Dachbinder, Strommasten oder Gerüste.

Um den Bedingungen für reine Stäbe zu entsprechen, geht man von den folgenden idealisierten Annahmen aus:
- Die Stäbe sind gerade und gewichtslos.
- Die Stabachsen schneiden sich exakt in den Knotenpunkten.
- Jeder Stab ist nur an zwei Knotenpunkten angeschlossen.
- Die Stäbe sind in den Knotenpunkten durch reibungsfreie Gelenke verbunden.
- Alle Lasten greifen nur in den Knoten des Fachwerkes an.

Mit diesen Idealisierungen sind alle Stäbe Pendelstützen (siehe Abschnitt 2.5). Diese übertragen zwischen den Gelenken nur konstante Kräfte in Stabrichtung (Längskräfte), die als *Stabkräfte* bezeichnet werden. Es treten also keine Querkräfte und Momente auf.

Aufgrund der Vereinfachungen spricht man auch von einem *idealen Fachwerk*, dessen Annahmen beträchtlich von den Gegebenheiten für das *reale Fachwerk* abweichen. Die Voraussetzungen für ein ideales Fachwerk sind praktisch nicht erfüllbar. So sind gewöhnlich die „reibungsfreie Gelenke" fest miteinander verschraubt, vernietet oder verschweißt. Sind die Verbindungen tatsächlich gelenkig, treten Reibungskräfte auf. Auch wirken auf die Fachwerkkonstruktionen, wie Kranausleger, Brückenträger und Gittermasten Windkräfte oder das Eigengewicht zwischen den Knoten längs der Träger als Querkräfte.

Im Allgemeinen sind aber die durch die idealisierten Annahmen nicht berücksichtigten Biegebeanspruchungen klein gegenüber den Normalkräften. Da das wesentliche Tragverhalten erfasst werden soll, liefern die Idealisierungen des Fachwerksmodells zutreffende Ergebnisse. Die Vorteile der vereinfachten Berechnung sind erheblich.

---

1 Der Begriff Fachwerk stammt ursprünglich aus dem Holzbau (Fachwerkhaus)

https://doi.org/10.1515/9783110425031-007

Aus maßgeblichen, nicht zutreffenden Annahmen sind allerdings Zusatzbetrachtungen erforderlich. So lassen sich z. B. kontinuierlich zwischen den Knoten verteilte Lasten als äquivalente Punktlasten auf die benachbarten Knoten verteilen. Damit wird die Stabwirkung auf das Fachwerk nicht verändert. Die Biegebeanspruchung des Stabes durch die aufgeteilte Querkraft lässt sich durch eine gesonderte Rechnung berücksichtigen.

Liegen alle Stabachsen und die Wirkungslinien aller äußeren Kräfte in einer Ebene, handelt es sich um ein ebenes Fachwerk. Man unterscheidet *ebene Fachwerke* und *Raumfachwerke*.

Wenn wir die Auflagerkräfte des in sich unbeweglichen Fachwerkes allein aus den Gleichgewichtsbedingungen ermitteln können, ist es statisch bestimmt gelagert und wird als *äußerlich statisch bestimmt* bezeichnet. In der Ebene sind damit also drei unabhängige Lagerreaktionen zu berechnen.

Innerlich statisch bestimmt nennt man ein Fachwerk, wenn alle Stabkräfte aus den Gleichgewichtsbedingungen der Statik berechnet werden können.

Nach dem EULERschen Schnittprinzip gilt: Wenn das ganze Fachwerk im Gleichgewicht ist, müssen auch die an einem freigemachten Knoten angreifenden äußeren Kräfte und Stabkräfte im Gleichgewicht sein.

Jeder Fachwerksknoten stellt ein zentrales Kräftesystem dar. Die Wirkungslinien von s Stäben schneiden sich in k Knoten. Jeder Knoten liefert in der Ebene zwei Gleichgewichtsbedingungen. Damit stehen zur Berechnung der s Stabkräfte und der 3 Auflagerkräfte $2k$ Gleichgewichtsbedingungen zur Verfügung.

Nur wenn die Anzahl der Gleichgewichtsbedingungen mit der Anzahl der Unbekannten übereinstimmt (*äußerlich statisch bestimmt*), können diese mit Mitteln der Statik berechnet werden. Daraus folgt die Bedingung für die innerliche statische Bestimmtheit:

$$s = 2k - 3 \,. \tag{7.1}$$

- Für $s > 2k - 3$ ist das Fachwerk *innerlich statisch unbestimmt* (*überbestimmt*);
- für $s < 2k - 3$ ist das Fachwerk *verschieblich* und damit nicht tragfähig.

Auf Abbildung 7.1 sind diese drei Möglichkeiten der innerlichen statischen Bestimmtheit gezeigt.

Mit den Auflagerunbekannten a eines äußerlich statisch bestimmten Fachwerkes lässt sich diese Abzählbedingung wie folgt auch allgemein schreiben:

$$s + a = 2k \,. \tag{7.2}$$

Wie alle bisher formulierten Abzählbedingungen, ist auch diese nicht hinreichend für die statische Bestimmtheit. Dies wird im folgenden Abschnitt anhand der Abbildungen 7.5 bis 7.8 erläutert.

Statisch bestimmte Systeme versagen bei Erreichen einer bestimmten Last, der elastischen Grenzlast. Dagegen lässt sich bei statisch überbestimmten Systemen die

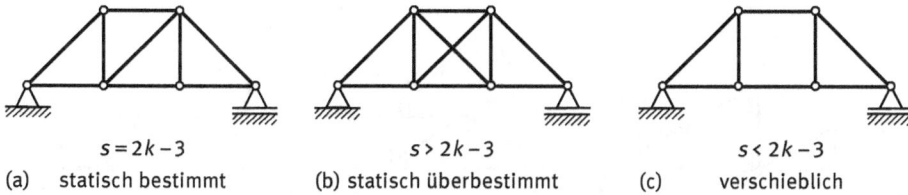

(a) statisch bestimmt $\quad$ $s = 2k - 3$

(b) statisch überbestimmt $\quad$ $s > 2k - 3$

(c) verschieblich $\quad$ $s < 2k - 3$

Abb. 7.1: Innerliche statische Bestimmtheit eines Fachwerkes

Belastung über diese Grenzlast hinaus vergrößern, weil durch die einsetzende plastische Verformung an der höchstbeanspruchten Stelle ein so genanntes Fließgelenk entsteht. Dies entspricht dem im Abschnitt 6 erläuterten Einbau eines zusätzlichen Gelenkes, wie etwa beim GERBER-Träger. Dieser Effekt wird bei Traglastberechnungen vorteilhaft zur Erhöhung der Belastbarkeit ausgenutzt. In diesem Kapitel werden nur statisch bestimmte Fachwerke gerechnet.

Für die Berechnung der Stabkräfte wird das Knotenpunktverfahren als Voraussetzung zur numerischen Ermittlung der Stabkräfte sowie das RITTERsche Schnittverfahren[2] und die graphische Lösung mittels CREMONA-Plan[3] als unabhängige Kontrollmöglichkeiten numerischer Lösungen beschrieben.

7.2 Aufbau eines statisch bestimmten Fachwerkes

Die Grundform einer statisch bestimmten, in sich unverschieblichen Fachwerkscheibe besteht aus einem *Stabdreieck* (in Abbildung 7.2 schraffiert).

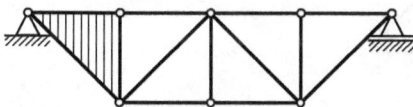

Abb. 7.2: Aufbauprinzip eines Fachwerkes

Durch den Anschluss je eines Stabes an zwei beliebige Knoten des Dreiecks und Verbindung der beiden Stäbe zu einem neuen Knoten (die nicht auf einer Gerade liegen), entsteht ein neues Dreieck. Dieses Verfahren lässt sich beliebig fortsetzen. Es wird als *1. Bildungsgesetz* bezeichnet.

Nach dieser Regel aufgebaute Fachwerke werden als *einfache Fachwerkscheiben* oder *Fachwerke mit einfachem Aufbau* bezeichnet (Abbildung 7.3a). Es lässt sich nachweisen, dass ein nach diesem Bildungsgesetz aufgebautes Fachwerk unverschieblich (*kinematisch bestimmt*) ist. Es erfüllt die Bedingung (7.1) bzw. (7.2).

---

2 GEORG DIETRICH AUGUST RITTER, 1826–1908, deutscher Professor für Mechanik
3 ANTONIO LUIGI GAUDENZIO GUISEPPE CREMONA, 1830–1903, italienischer Mathematiker und Statiker

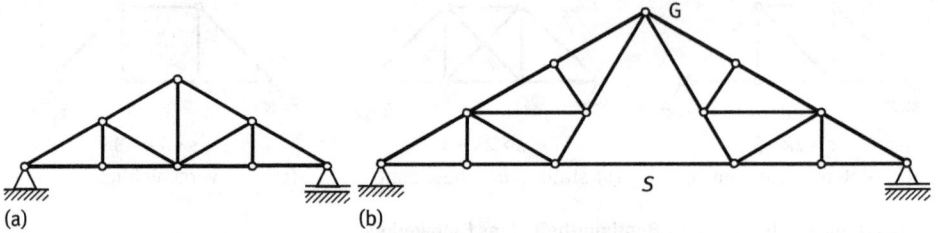

Abb. 7.3: Dreiecksträger mit unterschiedlichem Aufbau; (a) einfacher Aufbau, (b) nicht einfacher Aufbau

Auch der Fachwerksträger nach Abbildung 7.1b erfüllt die Bedingung (7.1). Er ist aber nicht nach dem oben beschriebenen Aufbauprinzip konstruiert. Das mittlere Fach ist nicht nach diesem Prinzip entwickelt. Diese Scheibe ist ein *Fachwerk mit nicht einfachem Aufbau*.

Diese Möglichkeit des Aufbaus besteht in der Verbindung zweier Fachwerke, von denen jedes für sich nach dem 1. Bildungsgesetz aufgebaut ist. Soll auch dieses Fachwerk statisch bestimmt und unverschieblich sein, muss die Verbindung durch drei Stäbe, deren Achsen keinen gemeinsamen Schnittpunkt haben dürfen oder durch einen Stab (S) und ein Gelenk (G), siehe Abbildung 7.1b, erfolgen. Das ist das *2. Bildungsgesetz*.

3. Bildungsgesetz: Aus Fachwerkscheiben, die nach dem 1. oder 2. Bildungsgesetz entstanden sind, lassen sich durch Stabvertauschung andere statisch bestimmte Fachwerkscheiben bilden (Abbildung 7.4).

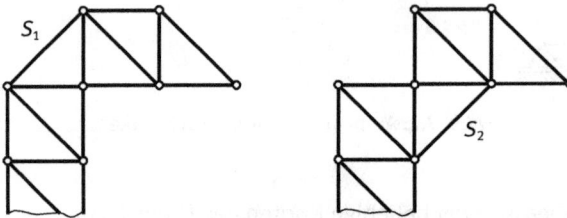

Abb. 7.4: Stabvertauschung

Durch die Entfernung eines Stabes (z. B. S_1 im linken Bild) wird das vorher starre Fachwerk beweglich. Damit das Fachwerk wieder starr wird, ist der neue Stab (S_2 im rechten Bild) zwischen solchen Knoten anzuordnen, die sich nach Entfernung des ausgetauschten Stabes relativ zueinander bewegen können. Die Anzahl der Stäbe und der Knoten bleibt damit gleich und die Bedingung (7.1) erfüllt.

Für jedes Fachwerk wird die Unverschieblichkeit des Systems gefordert. Damit darf kein starrer Stab seine Lage gegenüber den anderen Stäben oder den Auf-

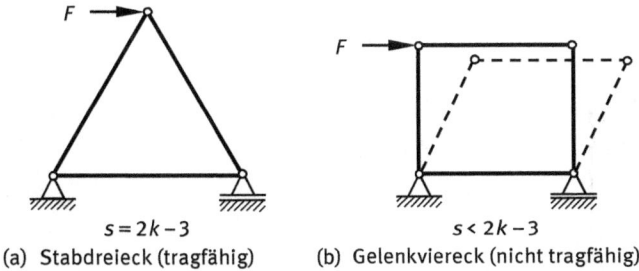

(a) Stabdreieck (tragfähig)   (b) Gelenkviereck (nicht tragfähig)

Abb. 7.5: Stabverband

lagerpunkten verändern (Abbildung 7.5a). Ein Stabverbund aus einem *Gelenkviereck*, Abbildung 7.5b, weicht unter Belastung aus und ist somit nicht tragfähig: Es ist mit $s < 2k - 3$ verschieblich oder *kinematisch unbestimmt* und stellt einen Mechanismus dar.

Dass der Nachweis der statischen Bestimmtheit mittels der Abzählbedingung kein vollständiger Beweis für die Unverschiebbarkeit ist, zeigen die folgenden Abbildungen. Auch wenn für das Fachwerk auf Abbildung 7.6 die Abzählbedingung erfüllt ist, ist das Fachwerk unbrauchbar, weil es im „Kleinen" beweglich ist. Eine im Knoten K angreifende lotrechte Kraft würde in den beiden angeschlossenen Stäben unendlich große Kräfte hervorrufen, die erst nach einer Lageänderung durch Verschiebung des Knotens endliche Größe annehmen könnten.

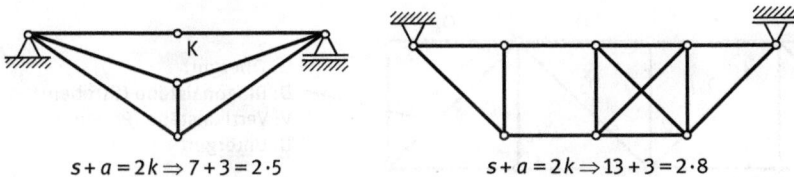

Abb. 7.6: Nicht tragfähiges, bewegl128
ches Fachwerk

Abb. 7.7: Verschiebbares Fachwerk mit innerlich statisch unbestimmten Fächern

Für mehrteilige Tragwerke wie z. B. auf Abbildung 7.3b, das aus der Verbindung zweier Fachwerke, durch das Gelenk G und den Stab S besteht, gilt in Analogie zum Stabverband (Abbildung 7.5):

- Drei Teilkörper, gelenkig an drei verschiedenen Punkten verbunden, sind innerlich statisch bestimmt.
- Vier Teilkörper, gelenkig an vier verschiedenen Punkten verbunden, sind verschieblich und statisch unbrauchbar.

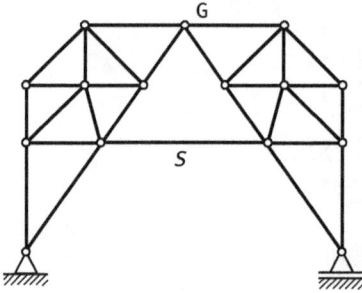

Abb. 7.8: Mehrteiliges Fachwerk

Das Tragwerk auf Abbildung 7.8, das aus der Verbindung zweier Fachwerke, durch das Gelenk G und den Stab S besteht, ist trotz nicht zutreffender Abzählbedingung $(29 > 2 \cdot 15 - 3 = 27)$ statisch bestimmt. Das wird durch folgende Überlegung deutlich: Entfernen wir den Stab S, so wird das Gesamtsystem mit einem Gelenk sowie einem Fest- und einem Loslager verschieblich.

Auch hier, wie in allen anderen Fällen gilt: Die hinreichende Bedingung für die innerliche statische Bestimmtheit erhält man aus der Koeffizientendeterminante (ungleich Null) des Gleichungssystems zur Berechnung von Lager- und Stabkräften.

Für die Berechnungen der Stabkräfte werden im Allgemeinen die Knoten mit römischen und die Stäbe mit arabischen Ziffern nummeriert. Üblich ist auch für die Stabnummerierung die ergänzende Unterscheidung in Obergurt, Untergurt, Vertikal- und Diagonalstäbe mit O, U, V und D nach Abbildung 7.9.

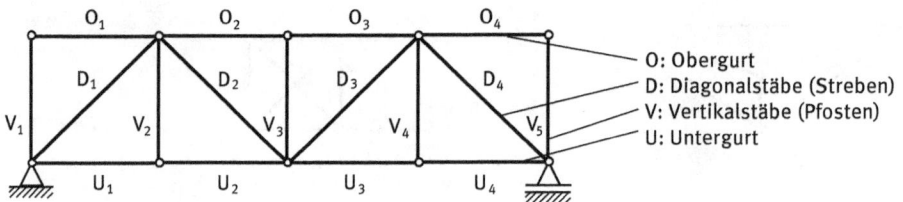

Abb. 7.9: Stabbezeichnung am Beispiel eines Strebenfachwerkes mit Pfosten

7.3 Ermittlung der Stabkräfte

7.3.1 Hinweise zu den Lösungsverfahren

Stabkräfte sind innere Kräfte; d. h. wir müssen zur Ermittlung der Beträge die Stäbe schneiden. Die Richtung der Stabkraft ist durch die Stabrichtung vorgegeben. Die Grundlage aller Lösungsverfahrens ist somit das *Schnittprinzip*. Wird der Schnitt so durch das Tragwerk geführt, dass es in zwei Teile getrennt wird, ist das ein so genannter *Totalschnitt* (z. B. RITTERsches Schnittverfahren). Das Gegenstück dazu, bei dem nur ein Teil des Tragwerks herausgeschnitten wird, bezeichnet man als *Elementschnitt* (z. B. Knotenpunktverfahren).

Neben diesen beiden Verfahren existieren noch verschiedene andere Lösungen zur Ermittlung der Stabkräfte, die aber weitgehend an Bedeutung verloren haben. Die früher sehr beliebten graphischen Verfahren, vor allem der CREMONA-Plan sind heute durch die Computeranwendungen weitgehend verdrängt. Durch den Computereinsatz ist das Knotenpunktverfahren (in der Baustatik Rundschnittverfahren), welches sehr schnell auf ein großes Gleichungssystem führt (was im Vorcomputerzeitalter ein Problem war) zum wohl wichtigsten Berechnungsverfahren geworden.

Dabei ist allerdings die Formulierung des Berechnungsmodells für die Computerrechnung durch die umfangreiche Dateneingabe eine sehr fehleranfällige Aufgabe. Für die deshalb immer erforderlichen Kontrollen steht für die Handrechnung einzelner Stabkräfte z. B. das RITTERsche Schnittverfahren zur Verfügung. Für eine zeichnerische Überprüfung auch der Kraftrichtungen bietet sich das Knotenpunktverfahren als graphisches Verfahren der einzelnen Kraftecke bzw. der CREMONA-Plan als zusammenfassende Lösung, an.

7.3.2 Nullstäbe

Als *Nullstäbe* (auch *Blindstäbe*) bezeichnet man Stäbe, deren Stabkraft null ist. Theoretisch bräuchten sie gar nicht in das Fachwerk eingebaut werden. Dadurch wird weder die statische Bestimmtheit beeinflusst noch wird die Kraftverteilung auf die Stäbe geändert.

In den in der Praxis ausgeführten Fachwerken sind trotzdem Nullstäbe vorhanden. Aus Stabilitäts- oder auch Symmetriegründen werden gelegentlich zur Aussteifung in ein Fachwerk Stäbe eingesetzt, die bei bestimmten Belastungsfällen keine Kräfte übertragen.

Besonders werden Nullstäbe auch zur Verkürzung von Stäben verbaut. Ohne die Stäbe V_2, V_3 und V_4 auf Abbildung 7.9 würden die Oberstäbe O_2, O_3 und die Unterstäbe U_1, U_2 sowie U_3, U_4 jeweils einen langen Stab darstellen. Durch die Verkürzung langer Stäbe lassen sich die Biegebeanspruchung und -verformung durch das Eigengewicht eingrenzen. Noch wichtiger ist es, die Gefahr des Ausknickens bei Druckstäben[4], die mit der Länge überproportional zunimmt, zu mindern.

Es ist sinnvoll, vor der Berechnung das Fachwerk auf Nullstäbe zu untersuchen, da diese bei der Behandlung als ideales Fachwerk bei der Berechnung fortgelassen werden können. Dadurch reduziert sich die Anzahl der unbekannten Kräfte. Die Null-

---

4 Die Stabknickung – mit den Mitteln der Starrkörperstatik nicht zu berechnen – ist in der Ingenieurpraxis eines der wichtigsten Stabilitätsprobleme der Elastostatik; siehe dazu auch ergänzend Fußnote 5 im Abschnitt 9.4.

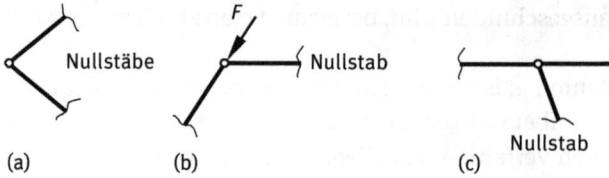

Abb. 7.10: Nullstabkriterien; (a) Bedingung 1, (b) Bedingung 2, (c) Bedingung 3

stäbe können wir oft sofort ohne Rechnung mit den auf Abbildung 7.10 gezeigten Nullstabkriterien herausfinden:

- 1. *unbelastete Ecke* (Knoten mit zwei Stäben): beide sind Nullstäbe
- 2. *belastete Ecke* (Knoten mit zwei Stäben), *bei dem ein Stab in die Kraftrichtung fällt*: der andere Stab ist ein Nullstab
- 3. *unbelasteter Knoten mit drei Stäben, von denen zwei die gleiche Wirkungslinie haben*: der dritte ist ein Nullstab

Beispiel 7.1. Für das belastete Fachwerk, Abbildung 7.11, sind die Nullstäbe durch Anwendung der Nullstabkriterien zu bestimmen.

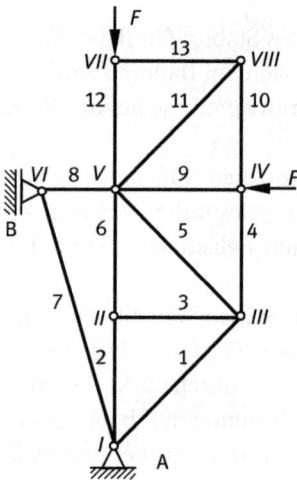

Abb. 7.11: Fachwerk mit Nullstäben

Lösung. Nullstäbe sind:

Abbildung 7.12a: Knoten VI und VII; Stab 7 und Stab 13 nach Kriterium 2

Abbildung 7.12b: Knoten VIII; Stab 10 und Stab 11 nach Kriterium 1

Knoten IV; Stab 4 nach Kriterium 2

Knoten II; Stab 3 nach Kriterium 3

Abbildung 7.12c: Knoten III; Stab 1 und Stab 5 nach Kriterium 1

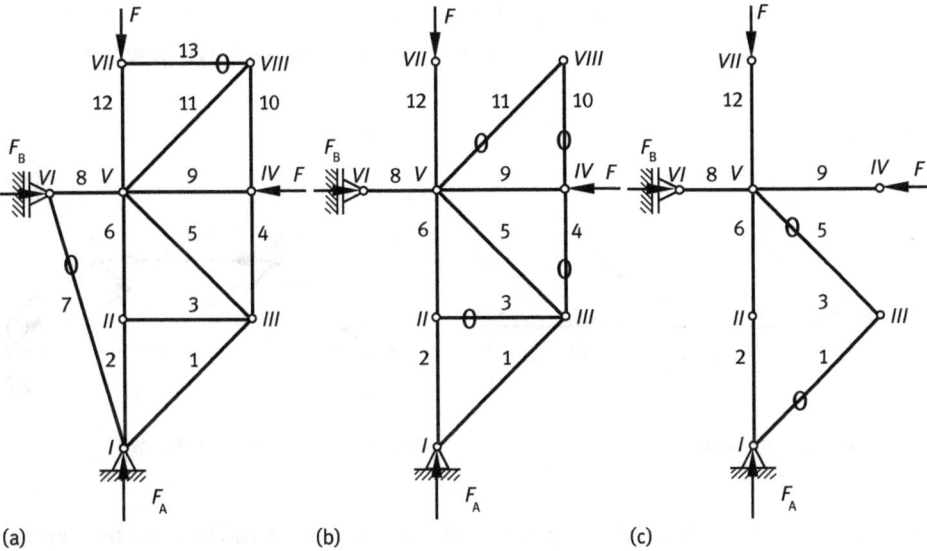

Abb. 7.12: Nullstabbestimmung; (a) 1. Schritt, (b) 2. Schritt, (c) 3. Schritt

Das Beispiel zeigt deutlich, dass die Nullstäbe tatsächlich nicht entfernt werden dürfen. Es ist einsichtig, dass die Nullstabbedingungen nur für ideale Fachwerke bei einer konkreten Belastung Gültigkeit haben.

7.3.3 Das Knotenpunktverfahren

Beim *Knotenpunktverfahren* werden die Stabkräfte aus den Gleichgewichtsbedingungen für die Knoten berechnet. Es ist ein systematisches Verfahren, das bei statisch bestimmten Fachwerken, die nach dem 1. Bildungsgesetz aufgebaut sind, immer zum Ziel führt. Dazu werden sämtliche Knoten freigeschnitten (Elementschnitte) und für jeden Knoten die Gleichgewichtsbedingungen aufgestellt.

Da sich bei einem idealen Fachwerk alle Stäbe eines Elementschnittes in einem Knoten schneiden, bildet jeder Knoten ein zentrales Kräftesystem. Für ein Gesamtsystem im Gleichgewicht muss sich auch jeder Knoten im Gleichgewicht befinden. Es stehen an jedem Knoten die beiden Gleichgewichtsbedingungen $\sum F_h = 0$ und $\sum F_v = 0$ zur Verfügung. Die Anzahl der Unbekannten setzt sich somit aus der Summe der Stäbe und der Anzahl der Auflagerreaktionen zusammen ($s + a = 2k$). Für größere Fachwerke sind die dabei entstehenden Gleichungssysteme nur mit der entsprechenden Rechentechnik zu lösen. Das Knotenpunktverfahren wird am folgenden Beispiel demonstriert.

Beispiel 7.2. Für das auf Abbildung 7.13 gezeigte Fachwerk sind die statische Bestimmtheit zu untersuchen, die Auflagerkräfte und die Stabkräfte zu berechnen.

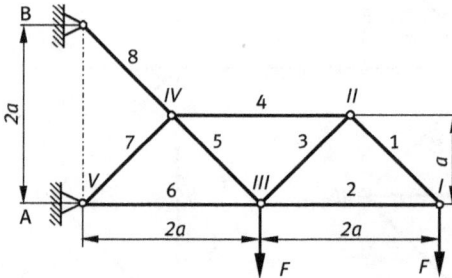

Abb. 7.13: Fachwerkausleger

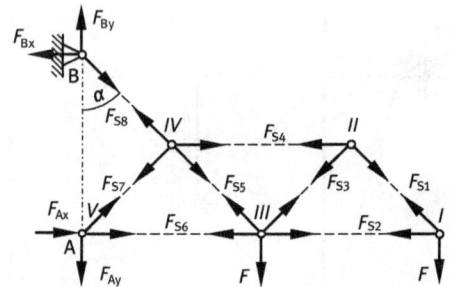

Abb. 7.14: Freigeschnittene Knoten

Lösung. Statische Bestimmtheit: Stab 8 ist eine Pendelstütze und kein Fachwerkstab, somit gilt

$$s + a = 2 \cdot k = 7 + 3 = 2 \cdot 5 \,.$$

Auflagerkräfte: Mit Abbildung 7.14, auf dem die Lagerkräfte in der offensichtlichen Richtung eingetragen sind, wird mit dem Winkel $\alpha = 45°$ für Stab 8

$$\sum M_A = 0: \quad F_{Bx} = F_{By} = \frac{F \cdot 2a + F \cdot 4a}{2a} = \underline{3F}$$

$$F_B = F_{S8} = \sqrt{F_{Bx}^2 + F_{By}^2} = \sqrt{18}F = \underline{4{,}243 \cdot F}$$

$$\sum F_x = 0: \quad F_{Ax} = F_{Bx} = \underline{3F}$$

$$\sum F_y = 0: \quad F_{Ay} = F_{By} - 2F = \underline{F} \,.$$

Stabkräfte: Auf Abbildung 7.14 sind alle Stabkräfte als Zugkräfte angetragen. Wir beginnen mit einem belasteten Knoten mit nicht mehr als zwei unbekannten Stabkräften; dem Knoten I. Die Gleichgewichtsbedingungen werden durch einen Pfeil symbolisiert.

Alle Diagonalstäbe schließen mit der Waagerechten einen Winkel $\alpha = 45°$ ein. Es gilt: $\sin 45° = \cos 45° = \sqrt{2}/2$.

Knoten I:

$$\uparrow: \quad F_{S1} \cdot \sin 45° - F = 0 \qquad \Rightarrow \quad F_{S1} = \frac{2F}{\sqrt{2}} = \sqrt{2} \cdot F = \underline{1{,}414 \cdot F} \,,$$

$$\rightarrow: \quad -F_{S1} \cdot \cos 45° - F_{S2} = 0 \qquad \Rightarrow \quad F_{S2} = -\frac{2F}{\sqrt{2}} \cdot \frac{\sqrt{2}}{2} = \underline{-F} \,.$$

Knoten II:

$$\uparrow: \quad -F_{S1} \cdot \sin 45° - F_{S3} \cdot \sin 45° = 0 \qquad \Rightarrow \quad F_{S3} = -\sqrt{2} \cdot F = \underline{-1{,}414 \cdot F} \,,$$

$$\rightarrow: \quad -F_{S1} \cdot \cos 45° - F_{S2} = 0 \qquad \Rightarrow \quad F_{S2} = -\frac{2F}{\sqrt{2}} \cdot \frac{\sqrt{2}}{2} = \underline{2F} \,.$$

Knoten III:

$\uparrow: \quad F_{S3} \cdot \sin 45° + F_{S5} \cdot \sin 45° - F = 0 \quad \Rightarrow \quad F_{S5} = \dfrac{4F}{\sqrt{2}} = \underline{2\sqrt{2} \cdot F = 2{,}828 \cdot F}$,

$\rightarrow: \quad F_{S2} + F_{S3} \cdot \cos 45° - F_{S5} \cdot \cos 45° - F_{S6} = 0$

$F_{S6} = -F - \sqrt{2}F \cdot \dfrac{\sqrt{2}}{2} - 2\sqrt{2}F \cdot \dfrac{\sqrt{2}}{2} = \underline{-4F}$.

Knoten V:

$\uparrow: \quad F_{S7} \cdot \sin \alpha - F_{Ay} = 0 \quad F_{S7} = \dfrac{2F}{\sqrt{2}} = \underline{\sqrt{2} \cdot F = 1{,}414 \cdot F}$.

Ist ein Fachwerk nicht nach dem 1. Bildungsgesetz aufgebaut, können an einem Knoten mehr als zwei unbekannte Stabkräfte auftreten. Das oben gezeigte schrittweise Herangehen ist dann oft nur unter Verwendung ergänzender anderer Verfahren – z. B. RITTER-Schnitt oder graphische Verfahren – möglich. In solchen Fällen, wie auch für räumliche oder groß dimensionierte ebene Fachwerke ist die Anwendung numerischer Verfahren der übliche Weg.

Für die Computerrechnung müssen wir die Auflagerkräfte nicht vorab berechnen und können die Gleichungen zur Probe verwenden. Es werden mit $F_{S8} = F_B$ zehn Gleichgewichtsbedingungen benötigt.

Knoten I

$\rightarrow: \quad -F_{S1} \cdot \cos \alpha - F_{S2} = 0$ \hfill (1)

$\uparrow: \quad F_{S1} \cdot \sin \alpha - F = 0$ \hfill (2)

Knoten II

$\rightarrow: \quad F_{S1} \cdot \cos \alpha - F_{S3} \cdot \cos \alpha - F_{S4} = 0$ \hfill (3)

$\uparrow: \quad -F_{S1} \cdot \sin \alpha - F_{S3} \cdot \sin \alpha = 0$ \hfill (4)

Knoten III

$\rightarrow: \quad F_{S2} + F_{S3} \cdot \cos \alpha - F_{S5} \cdot \cos \alpha - F_{S6} = 0$ \hfill (5)

$\uparrow: \quad F_{S3} \cdot \sin \alpha + F_{S5} \cdot \sin \alpha - F = 0$ \hfill (6)

Knoten IV

$\rightarrow: \quad F_{S4} + F_{S5} \cdot \cos \alpha - F_{S7} \cdot \cos \alpha - F_B \cdot \cos \alpha = 0$ \hfill (7)

$\uparrow: \quad -F_{S5} \cdot \sin \alpha - F_{S7} \cdot \sin \alpha + F_B \cdot \sin \alpha = 0$ \hfill (8)

Knoten V

$\rightarrow: \quad F_{S6} + F_{S7} \cdot \cos \alpha + F_{Ax} = 0$ \hfill (9)

$\uparrow: \quad F_{S7} \cdot \sin \alpha - F_{Ay} = 0$ \hfill (10)

Werden die Auflagerreaktionen vorab berechnet, was meist ein geringer Aufwand ist, wird die Zahl der Unbekannten und damit das Gleichungssystem entsprechend kleiner. Bei dieser Demonstration werden die Auflagerreaktionen in der Matrix mit berechnet. Mit

$$C = \cos \alpha \quad \text{und} \quad S = \sin \alpha$$

schreiben wir das Gleichungssystem in der Matrixform in der Reihenfolge der Gleichungsnummerierungen auf:

$$
\begin{bmatrix}
-C & -1 & 0 & 0 & 0 & 0 & 0 & 0 & 0 & 0 \\
S & 0 & 0 & 0 & 0 & 0 & 0 & 0 & 0 & 0 \\
C & 0 & -C & -1 & 0 & 0 & 0 & 0 & 0 & 0 \\
-S & 0 & -S & 0 & 0 & 0 & 0 & 0 & 0 & 0 \\
0 & 1 & C & 0 & -C & -1 & 0 & 0 & 0 & 0 \\
0 & 0 & S & 0 & S & 0 & 0 & 0 & 0 & 0 \\
0 & 0 & 0 & 1 & C & 0 & -C & -C & 0 & 0 \\
0 & 0 & 0 & 0 & -S & 0 & -S & S & 0 & 0 \\
0 & 0 & 0 & 0 & 0 & 1 & C & 0 & 1 & 0 \\
0 & 0 & 0 & 0 & 0 & 0 & S & 0 & 0 & -1
\end{bmatrix}
\cdot
\begin{bmatrix}
F_{S1} \\ F_{S2} \\ F_{S3} \\ F_{S4} \\ F_{S5} \\ F_{S6} \\ F_{S7} \\ F_B \\ F_{Ax} \\ F_{Ay}
\end{bmatrix}
=
\begin{bmatrix}
0 \\ F \\ 0 \\ 0 \\ 0 \\ F \\ 0 \\ 0 \\ 0 \\ 0
\end{bmatrix}
$$

Die Voraussetzungen für eine eindeutige Lösung des linearen Gleichungssystems sind
- die Übereinstimmung der Anzahl der Unbekannten mit der Anzahl der Gleichungen (quadratische Matrix)
- Koeffizientenmatrix muss regulär sein (Koeffizientendeterminante ungleich null).

Für korrekt aufgeschriebene Gleichgewichtsbedingungen eines statisch bestimmten Systems sind diese Bedingungen immer erfüllt.

7.3.4 Das RITTERsche Schnittverfahren

Grundlage dieses Berechnungsverfahrens ist ein *Totalschnitt*. Voraussetzung für das RITTER-*Schnittverfahren* ist, dass alle Auflagerkräfte bekannt sind. Das Verfahren bietet sich besonders an, wenn nur einige Stäbe eines Fachwerkes berechnet werden sollen. Durch geschickte Schnittführung und Scheibenauswahl lässt sich der Rechenaufwand beeinflussen.
- Der Schnitt ist so zu führen, dass nicht mehr als drei Stäbe geschnitten werden (drei Gleichgewichtsbedingungen in der Ebene) und mindestens eine Kraft am abgeschnittenen Teil in Größe und Richtung bekannt ist.
- Günstig ist, den Schnittpunkt zweier Stäbe als Drehpunkt für die Gleichgewichtsbedingung $\sum M = 0$ wählen.
- Bei parallelen Stäben mit der Gleichgewichtsbedingung $\sum F = 0$ arbeiten.
- Es ist sinnvoll alle Stabkräfte an den Schnittstellen als Zugkräfte anzusetzen.

Beispiel 7.3. Das Fachwerk, Länge $a = 1\,\text{m}$, wird nach Abbildung 7.17 durch eine Kraft $F = 144\,\text{kN}$ belastet. Es sind Stabkräfte F_{S1}, F_{S4} und F_{S7} zu berechnen.

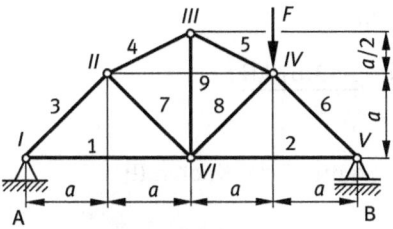

Abb. 7.15: Fachwerkträger

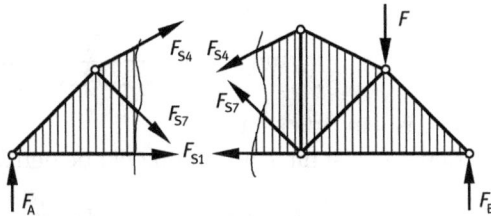

Abb. 7.16: Schnittführung

Lösung. Das Fachwerk ist nach dem 1. Bildungsgesetz aufgebaut und statisch bestimmt gelagert. Die Auflagerkräfte berechnen wir aus der Anschauung zu

$$F_A = \frac{1}{4}F = 36\,\text{kN} \qquad F_B = \frac{3}{4}F = 108\,\text{kN}\;.$$

Für die drei gesuchten Stabkräfte wird der Schnitt, wie auf Abbildung 7.16 gezeigt, geführt, sodass zwei Scheiben entstehen, die jede für sich die Gleichgewichtsbedingungen erfüllen müssen. Für die geschnittenen Stäbe gilt actio est reactio; d. h. die Stabkräfte müssen beim Zusammenfügen der beiden Teilsysteme verschwinden. Zum Aufstellen der jeweiligen Momentenbedingungen steht uns grundsätzlich frei, mit welcher Scheibe wir arbeiten wollen.

Wir arbeiten mit der linken Scheibe (Abbildung 7.17) und legen den ersten Pol für die Momentengleichung in den Schnittpunkt der beiden Stäbe 1 und 7, dem Knoten VI.

Damit berechnen wir die Stabkraft F_{S4} zu

$$\sum M_{VI} = 0: \quad F_{S4} \cdot l_4 + F_A \cdot a \quad \Rightarrow \quad F_{S4} = -\frac{2a}{l_4} \cdot F_A\;.$$

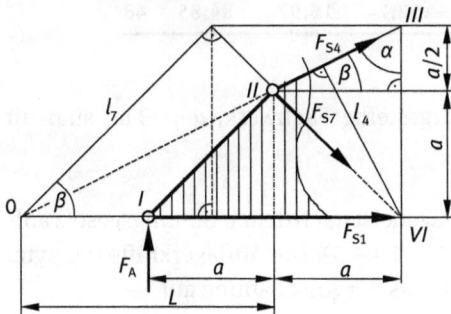

Abb. 7.17: Geometrie

Den Hebelarm l_4 für die Stabkraft F_{S4} berechnen wir nach Abbildung 7.17.

$$\text{Mit} \quad \arctan \alpha = \frac{a}{0,5a} = 2 \quad \Rightarrow \quad \alpha = 63,4°$$

$$\text{wird} \quad l_4 = 1,5a \cdot \sin \alpha = 1,342a$$

$$\text{und} \quad F_{S4} = -\frac{2a}{1,342a} \cdot 36\,\text{kN} = \underline{-53,67\,\text{kN}} \; ;$$

der Stab ist ein Druckstab.

Neuer Pol ist im Schnittpunkt der beiden Stäbe 4 und 7, der Knoten II:

$$\sum M_{II} = 0: \quad F_{S1} \cdot a - F_A \cdot a \quad \Rightarrow \quad F_{S1} = F_A = \underline{36\,\text{kN}} \; .$$

Mit dem Drehpunkt 0 im Schnittpunkt der beiden Stäbe 1 und 4, der kein Fachwerkknoten ist (und auch nicht sein muss), wird die Stabkraft F_{S7} berechnet.

$$\sum M_0 = 0: \quad F_{S7} \cdot l_7 - F_A \cdot (L - a) \quad \Rightarrow \quad F_{S7} = \frac{(L - a)}{l_7} F_A \; .$$

Den Hebelarm l_4 für die Stabkraft F_{S4} berechnen wir nach Abbildung 7.17:

Die Länge $L = 2a$ folgt aus der Ähnlichkeit der Dreiecke mit dem Winkel β. Die Länge l_7 ist die Hypotenuse des gleichschenkligen Dreieckes mit der Seitenlänge $1,5a$:

$$l_7 = \sqrt{(1,5a)^2 + (1,5a)^2} = 2,121a \; .$$

Damit folgt

$$F_{S7} = \frac{a}{l_7} F_A = \frac{a}{2,121a} \cdot 36\,\text{kN} = \underline{16,97\,\text{kN}} \; .$$

Zur Übung dieses Verfahrens wird empfohlen, mit neuer Schnittführung die übrigen Stäbe des Fachwerkes zu berechnen bzw. alle Stäbe mit jeweils beiden Scheiben zu berechnen.

Die Kontrolle der Ergebnisse kann anhand der nachfolgend aufgeführten Tabelle erfolgen.

F_{Si}	F_{S1}	F_{S2}	F_{S3}	F_{S4}	F_{S5}	F_{S6}	F_{S7}	F_{S8}	F_{S9}
kN	36	108	−50,91	−53,67	−53,67	−152,74	16,97	−84,85	48

Beispiel 7.4. Für das auf Abbildung 7.18 dargestellte Fachwerk, $a = 3\,\text{m}$, sind für $F = 12\,\text{kN}$ alle Stabkräfte zu ermitteln.

Lösung. Das statisch bestimmt gelagerte Fachwerk ist nach dem 1. Bildungsgesetz aufgebaut; es ist unverschieblich ($s = 2k - 3; 11 = 14 - 3$). Die Auflagerkräfte des symmetrisch belasteten Tragwerkes schreiben wir aus der Anschauung auf

$$F_A = F_B = \frac{5}{2} F = 30\,\text{kN} \; .$$

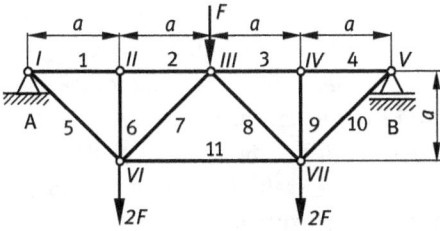

Abb. 7.18: Strebenfachwerk mit Pfosten

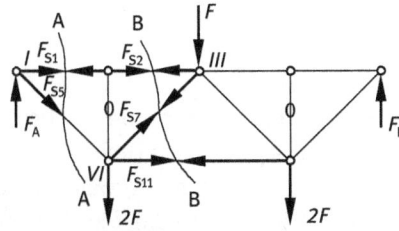

Abb. 7.19: Lageplan mit Schnittführung

Nach der 3. Bedingung sind die Stäbe 6 und 9 Nullstäbe. Das Fachwerk ist neben der symmetrischen Belastung auch symmetrisch aufgebaut. Das bedeutet, dass wir für die Berechnung aller Stäbe nur zwei unabhängige Schnitte führen müssen (siehe Abbildung 7.19).

Zur Geometrie: Der Winkel aller Diagonalstäbe mit der Waagerechten (wie auch mit der Senkrechten) beträgt $\alpha = 45°$; die Länge aller Diagonalstäbe beträgt $l = \sqrt{2} \cdot a = 4,243$ m.

<u>Schnitt A-A:</u> Knotenpunktschnitt bzw. RITTERschnitt (oder direkt aus der Anschauung des Kraftecks)

$$F_{S1} = \frac{F_A}{\tan 45°} = \frac{F_A}{1} = \underline{30\,\text{kN}}$$

Da keine äußeren waagerechten Kräfte wirken, muss $F_{S1} = F_{S2} = F_{S3} = F_{S4}$ gelten.

$$F_{S5} = \frac{F_A}{\sin 45°} = \frac{2 \cdot F_A}{\sqrt{2}} = \underline{42,43\,\text{kN}}\ .$$

Aus Symmetriegründen gilt $F_{S5} = F_{S10}$.

<u>Schnitt B-B:</u> RITTERschnitt

$$\sum M_{III}:\ -F_A \cdot 2a - 2F \cdot a + F_{S11} \cdot a = 0 \quad \Rightarrow \quad F_{S11} = 2(F_A - F) = \underline{36\,\text{kN}}$$

$$\sum M_{II}:\ -2F \cdot a + F_{S11} \cdot a + F_{S7} \cdot l_5 = 0 \quad \Rightarrow \quad F_{S7} = \frac{(2F - F_{S11}) \cdot a}{l_5} = \underline{-8,49\,\text{kN}}\ .$$

Aus Symmetriegründen gilt $F_{S7} = F_{S8}$.

7.3.5 Der CREMONA-Plan

Der CREMONA-*Plan* war vor dem Computerzeitalter ein sehr häufig benutztes Lösungsverfahren zur Ermittlung der Stabkräfte von größeren Fachwerken. Er ist die zeichnerische Anwendung des Knotenpunktverfahrens. Für die Kontrolle der Ergebnisse der effizienten, aber auch in der Eingabe fehleranfälligen numerischen Rechenverfahren ist dieses Verfahren immer noch eine Option.

An jedem Fachwerksknoten wirkt ein zentrales Kräftesystem. Die zeichnerische Bedingung für das Gleichgewicht (siehe 3. Kapitel) ist, dass sich der Polygonzug aller am Knoten angreifenden Kräfte schließt. Da aber jeder Stab zwei Knoten verbindet, muss jeder Kraftvektor eines Stabes in zwei Kraftecken gezeichnet werden. Der grundsätzliche Gedanke des CREMONA-Plans besteht darin, die Kraftecke aller Knoten in *einem* Plan zu zeichnen, was bedeutet, dass jede Kraft nur einmal gezeichnet werden muss. Hierfür sind die folgenden Grundregeln einzuhalten.

– Das Krafteck der äußeren Kräfte (Belastungen, Auflagerkräfte) ist so zu zeichnen, dass bei der Umfahrung des Fachwerkes[5] ein beliebig gewählter aber für alle weiteren Kraftecke einheitlicher Umlaufsinn besteht.
– Anordnung der äußeren Kräfte außerhalb der Fachwerkscheibe.
– Die Kräftereihenfolge für jedes Knotenkrafteck im gewählten Umlaufsinn beginnt immer mit einer bekannten Kraft.
– Knotenfolge ist so zu wählen, dass nicht mehr als zwei unbekannte Kräfte am Knoten auftreten.

Für die zeichnerische Lösung mit dem CREMONA-Plan *sind vorab immer alle Nullstäbe zu entfernen.* Die Durchführung des Verfahrens soll am folgenden einfachen Beispiel deutlich werden.

Beispiel 7.5. Der auf Abbildung 7.20 dargestellte Fachwerkträger wird durch eine am Knoten III angreifende Kraft $F = 9,00$ kN belastet. Es sind alle Stabkräfte zeichnerisch zu ermitteln.

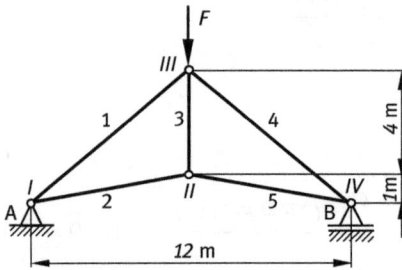

Abb. 7.20: Dreiecksträger

Lösung. Das nach dem 1. Bildungsgesetz aufgebaute, statisch bestimmt gelagerte Fachwerk ist innerlich statisch bestimmt ($s + a = 2k$, $5 + 3 = 2 \cdot 4$).

Für die Ermittlung der Stabkräfte ist die Berechnung der Auflagerkräfte notwendig. Sie folgen aus der Anschauung: $F_A = F_B = F/2 = 4,5$ kN.

Die zeichnerische Ermittlung der Stabkräfte erfordert die Festlegung eines Längen- sowie eines Kräftemaßstabes (siehe hierzu Abschnitt 3.2).

---

5 gemeint ist die Reihenfolge der nacheinander zu bearbeitenden Knoten

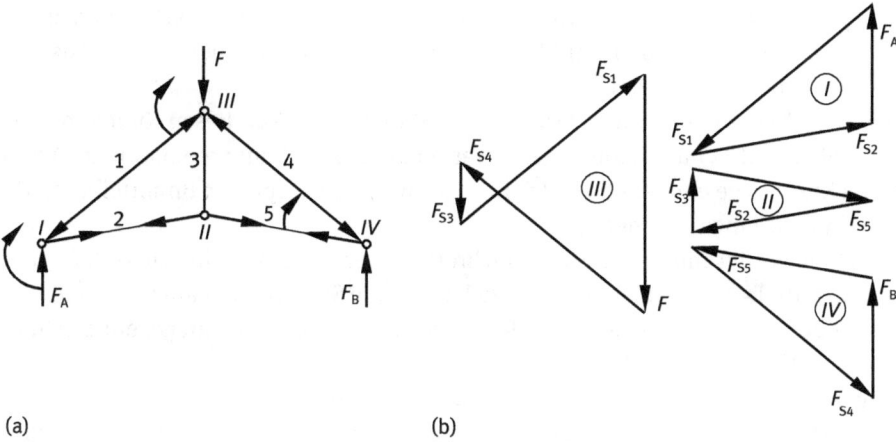

(a)   (b)

Abb. 7.21: Zeichnerisches Knotenpunktverfahren; (a) Lageplan, (b) Kräftepläne der Knoten

Auf der Grundlage des zeichnerischen Knotenpunktverfahrens wird zeichnerisch schrittweise das Gleichgewicht an jedem Knoten hergestellt. Es dürfen somit an jedem Knoten in der Ebene nur zwei unbekannte Kräfte auftreten. Im Beispiel bedeutet dies, dass wir mit dem Knoten I oder IV beginnen müssen. Mit der bekannten Stützkraft F_A wird das Krafteck I, Abbildung 7.21b gezeichnet. Dabei wird, beginnend mit der bekannten Kraft F_A, ein Umfahrungssinn für die Reihenfolge der anzutragenden Kräfte (in diesem Beispiel der Uhrzeigersinn) festgelegt. Auf Abbildung 7.21b sind zum besseren Verständnis die Kraftecke einzeln konstruiert.

Die zusammenfassende Konstruktion, der CREMONA-Plan, ist auf Abbildung 7.22 gezeigt:

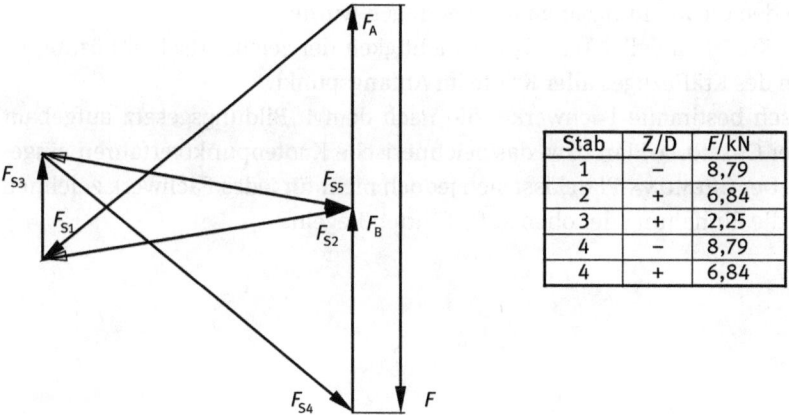

Stab	Z/D	F/kN
1	–	8,79
2	+	6,84
3	+	2,25
4	–	8,79
4	+	6,84

Abb. 7.22: CREMONA-Plan

Indem wir die sich aus den Kraftecken ergebenden Kraftrichtungen für den jeweiligen Knoten in den Lageplan, Abbildung 7.21a, übertragen, können wir die Aussage „Zug- oder Druckstab" treffen.

Für den Knoten I erkennen wir, dass die Stabkraft F_{S1} auf diesen Knoten drückt und die Stabkraft F_{S2} am Knoten zieht, was auch der Anschauung entspricht. Die so aus dem Krafteck gewonnenen Kraftrichtungen wird im Lageplan in unmittelbarer Nähe des Knotens eingezeichnet.

Der Stab 1 drückt mit seinem anderen Ende mit der nun bekannte Stabkraft F_{S1} auf den Knoten III. Der Stab 2 zieht mit der auch bekannte Stabkraft F_{S2} am Knoten II, was ebenfalls durch Pfeile in der Nähe der jeweiligen Knoten im Lageplan gekennzeichnet wird (siehe Abbildung 7.21a).

Die aus dem Krafteck ermittelten Beträge tragen wir für die Zugstäbe mit positivem, die Druckstäbe mit negativem Vorzeichen zweckmäßigerweise in eine Tabelle, Abbildung 7.22, ein.

Das weitere analoge Vorgehen erfolgt wahlweise am Knoten II oder III und ist anhand Abbildung 7.21b leicht nachvollziehbar. Mit drei Kraftecken sind alle Kräfte nach Betrag und Richtung bekannt. Das vierte Krafteck dient der Kontrolle.

Da jeder Stab an zwei Knotenpunkten angeschlossen ist, tritt in jedem Krafteck jede Stabkraft zweimal mit entgegengesetztem Richtungssinn auf. Wenn wir diese Kräfte aneinanderlegen, erhalten wir die auf Abbildung 7.22 gezeigte Darstellung – den CREMONA-Plan.

Das nur einmalige Zeichnen jeder Stabkraft erhöht die Genauigkeit der Konstruktion der Kraftecke.

Der Richtungssinn der Stabkräfte wird im obigen Plan fortlaufend durch geschlossene Pfeilspitzen gekennzeichnet, die entgegengesetzte Richtung an dem anderen Stabende ist mit einer offenen Pfeilspitze dargestellt. In vielen Fällen wird auch auf die Angabe des Richtungssinns im CREMONA-Plan verzichtet und auf den Lageplan verwiesen, in den die Richtungsangabe eingetragen wurde.

Eine gute Kontrollmöglichkeit für die Richtigkeit der zeichnerischen Lösung ist das Schließen des Kräftezuges aller Kräfte im Anfangspunkt.

Für statisch bestimmte Fachwerke, die nach dem 1. Bildungsgesetz aufgebaut sind, kann der CREMONA-Plan bzw. das zeichnerische Knotenpunktverfahren eingesetzt werden. Der CREMONA-Plan lässt sich jedoch nicht für jedes Fachwerk zeichnen und verlangt die Einhaltung der oben aufgeführten Regeln.

7.4 Übungen

Aufgabe A7.4.1

Für die auf den Abbildungen A7.4.1a–c abgebildeten Fachwerkkonstruktionen ist die statische Bestimmtheit zu untersuchen.

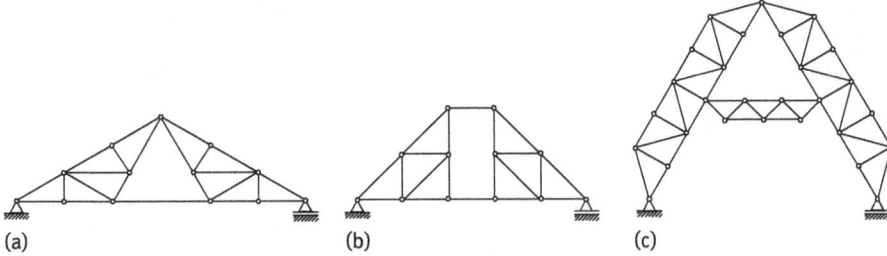

Abb. A7.4.1: Fachwerkkonstruktionen; (a) Dreieckträger, (b) Trapezträger, (c) zusammengesetztes Tragwerk

Aufgabe A7.4.2

Für den Strebenfachwerkträger, Abbildung A7.4.2, sind die statische Bestimmtheit zu untersuchen und die Nullstäbe anzugeben.

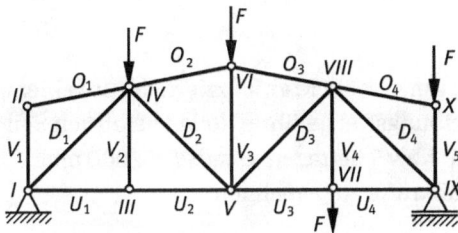

Abb. A7.4.2: Strebenfachwerk

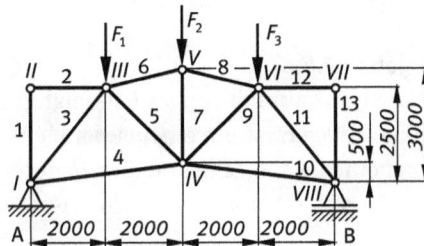

Abb. A7.4.3: Fachwerk

Aufgabe A7.4.3

Das auf Abbildung A7.4.3 dargestellte Fachwerk wird durch die Kräfte $F_1 = F_3 = 30\,\text{kN}$ und $F_2 = 40\,\text{kN}$ belastet.

Es sind alle Stabkräfte zeichnerisch und rechnerisch zu ermitteln.

Hinweis. Der Umfahrungssinn für die zeichnerische Lösung ist im Ergebnisteil mathematisch positiv festgelegt.

Aufgabe A7.4.4

Der auf Abbildung A7.4.4 dargestellte Gittermast ist durch eine waagerecht am Mastkopf angreifende Kraft von $F = 15\,\text{kN}$ belastet. Es sind alle Stabkräfte zu ermitteln.

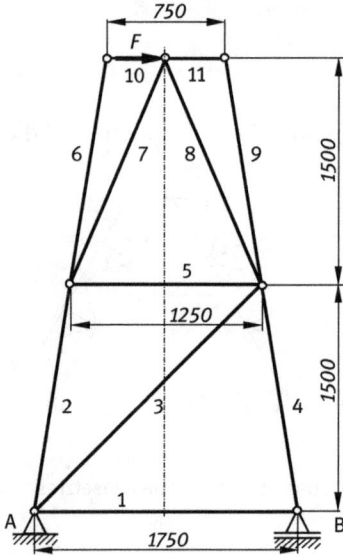

Abb. A7.4.4: Gittermast

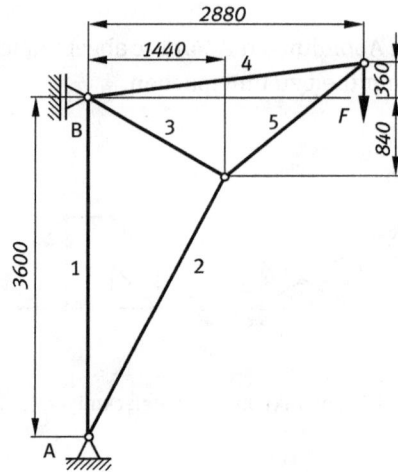

Abb. A7.4.5: Wanddrehkran

Aufgabe A7.4.5
Für den auf Abbildung A7.4.5 dargestellten Wanddrehkran sind für ein Last von $F = 16\,\text{kN}$ sind die Stabkräfte F_{S2}, F_{S3}, F_{S4} zu berechnen.

Aufgabe A7.4.6
Bei dem auf Abbildung A7.4.6 gezeigten Tragwerk ist ein Kran skizziert, der auf einem Balken gelagert ist. An einem über kleine, reibungsfrei geführte Rollen geführten Seil hängt eine Last F_G. Die Stablängen der Stäbe 1 bis 5 betragen jeweils $l = 2000\,\text{mm}$.
Für $F_G = 6\,\text{kN}$ sind die Auflager- und Stabkräfte zu berechnen.

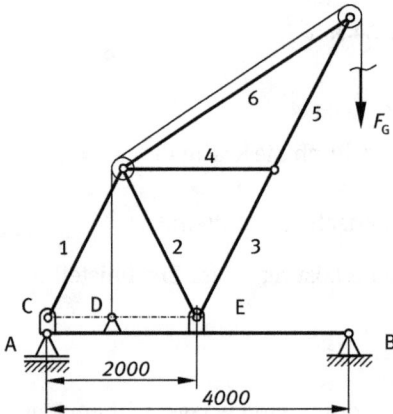

Abb. A7.4.6: Tragwerk

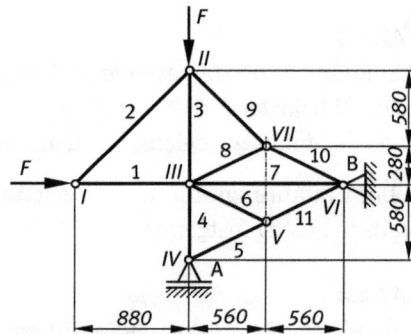

Abb. A7.4.7: Fachwerk

Aufgabe A7.4.7

Die auf Abbildung A7.4.7 dargestellte Fachwerkkonstruktion wird durch zwei Kräfte von jeweils $F = 1,5$ kN belastet. Es sind alle Stabkräfte zu ermitteln.

Aufgabe A7.4.8

Der auf Abbildung A7.4.8 dargestellte K-Fachwerkträger mit $a = 1$ m ist durch wird durch drei Kräfte von jeweils $F = 8$ kN belastet.

Es ist die statische Bestimmtheit zu überprüfen und alle Stabkräfte zu ermitteln.

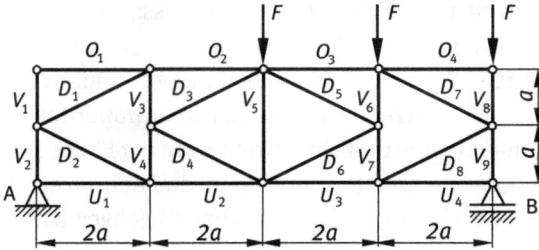

Abb. A7.4.8: Fachwerkträger

Aufgabe A7.4.9

Der aus zwei Fachwerken gebildete Dreigelenkträger mit $a = 2000$ mm wird durch drei Kräfte von jeweils $F = 5000$ N nach Abbildung A7.4.9 belastet.

Es ist die äußerliche und innerliche statische Bestimmtheit zu überprüfen, die Auflagerkräfte und alle Stabkräfte zu berechnen.

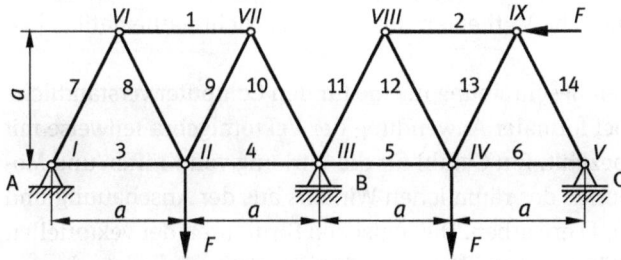

Abb. A7.4.9: Fachwerkträger

Aufgabe A7.4.10

Für das im Beispiel 7.3 auf Abbildung 7.20 dargestellte Strebenfachwerk mit Pfosten, ist das Gleichungssystem zur Berechnung der Stabkräfte in der Matrixform anzugeben sowie der CREMONA-Plan zu zeichnen und die Ergebnisse zu vergleichen.

8 Das räumliche Kräftesystem

8.1 Einführung

Viele technische Probleme lassen sich, wie die vorhergehenden Kapitel zeigen, als ebene Aufgabenstellungen beschreiben (siehe dazu die Beispiele 4.8, 4.9 und 6.3) oder stellen auch tatsächlich ein in einer Ebene wirkendes Kräftesystem dar. Dass dies aber nur einen Sonderfall des allgemeinen, also des räumlichen Systems, darstellt, wissen wir aus der täglichen Anschauung.

In diesem Kapitel werden nun die bisherigen Erkenntnisse und Aussagen auf den räumlichen, den dreidimensionalen Zustand, erweitert. Damit werden keine prinzipiell neuen Gesetzmäßigkeiten eingeführt – allerdings sind die Rechnungen umfangreicher. Der Rechenaufwand steigt durch die zusätzliche Raumachse überproportional: Den zwei möglichen Verschiebungskomponenten und einer Drehung in der Ebene stehen im Raum drei Verschiebungskomponenten und Drehungen um drei Achsen eines (kartesischen) Koordinatensystems zur Beschreibung des statischen Gleichgewichtes gegenüber.

Auch die Anschaulichkeit ist geringer, da räumliche Anordnungen in ebenen und damit nicht immer eindeutigen Darstellungen oder Mehrebenenprojektionen abgebildet werden müssen. Damit sind auch graphische Lösungen nur selten ein sinnvoller Lösungsweg, da sie meist zu aufwendig sind.

Der erhöhte mathematische Aufwand durch umfangreichere Gleichungssysteme führt zur Anwendung rechnergestützter Lösungsverfahren. Da diese sich komfortabel mit den Gesetzen der Matrizenrechnung beschreiben und lösen lassen, werden auch in diesem Kapitel die dafür erforderlichen mathematischen Verfahren angewendet[1]. Zur Auffrischung der Kenntnisse zu den Grundlagen der Vektor- und Matrizenrechnung wird auf das gut verständliche Mathematiklehrbuch für Nichtmathematiker [34] verwiesen.

Der Vorteil der vektoriellen Beschreibung in eine für den Computer verständliche Handlungsanweisung wird bei formaler Anwendung der Vektoralgebra teilweise mit dem Verlust an Vorstellung bezahlt. Ein Gefühl für die Wirkung von Kräften und Momenten wird durch das Erkennen des räumlichen Wirkens aus der Anschauung und der Vorstellung (Bilder im Kopf) erworben. Die logischen Strukturen der vektoriellen Schreibweise gestalten den Lösungsweg übersichtlicher, ersetzen aber nicht das berufsnotwendige Vorstellungsvermögen. Wichtiger noch ist die Erkenntnis, dass jedem Lösungsalgorithmus die fehlerfreie Aufstellung der mathematischen Gleichungen aus der korrekten Modellannahme zugrunde liegen muss. Aus diesem Grunde wird auch in diesem Kapitel der vektoriellen Beschreibung das auf der räumlichen Vorstellung

---

1 dazu sind die Grundlagen im Abschnitt 3.4 sowie auch in den Abschnitten 4.7, 6.3 und 7.3 zu finden

https://doi.org/10.1515/9783110425031-008

basierende Lösen der Aufgaben vorangestellt. Der Nutzer des Buches ist gut beraten, beide Herangehensweisen zu üben.

8.2 Das zentrale räumliche Kräftesystem

8.2.1 Die Darstellung der Kraft im räumlichen Koordinatensystem

Für die Beschreibung der Kraft im Raum wird ein kartesisches rechtssinniges Koordinatensystem mit den Einheitsvektoren $\vec{e}_x$, $\vec{e}_y$, $\vec{e}_z$ (Abbildung 8.1), dessen Ursprung der Schnittpunkt mit der Wirkungslinie der Kraft ist, zugrunde gelegt.

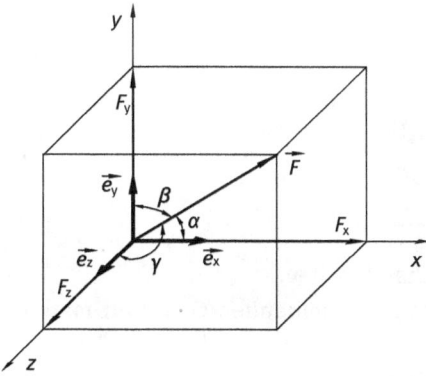

Abb. 8.1: Die Kraft im kartesischen Koordinatensystem

Die Kraft ist im Raum bestimmt durch:
- Betrag (Produkt aus Zahlenwert und Einheit)
- Lage (Angriffspunkt)
- Richtung (Richtungswinkel zu zwei Koordinatenachsen).

In kartesischen Koordinaten stellen wir den Kraftvektor mit Hilfe der Einheitsvektoren als

$$\vec{F} = \vec{F}_x + \vec{F}_y + \vec{F}_z = \vec{e}_x \cdot F_x + \vec{e}_y \cdot F_y + \vec{e}_z \cdot F_z \tag{8.1}$$

dar; kürzer als Zeilen- oder als Spaltenvektor geschrieben

$$\vec{F} = \begin{bmatrix} F_x & F_y & F_z \end{bmatrix} \quad \text{oder} \quad \vec{F} = \begin{bmatrix} F_x \\ F_y \\ F_z \end{bmatrix}.$$

Der Betrag wird aus den Teilkräften mit dem Satz des PYTHAGORAS im Raum analog zur Gleichung (3.5) zu

$$F = \sqrt{F_x^2 + F_y^2 + F_z^2} \tag{8.2}$$

berechnet.

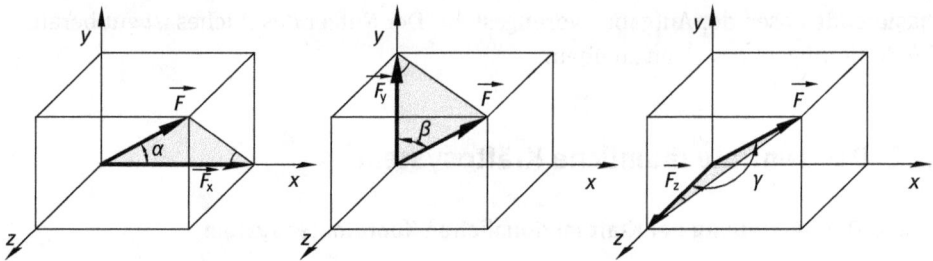

Abb. 8.2: Richtungswinkel der Kraftkomponenten

Die Richtung im Raum lässt sich einfach nach Abbildung 8.2 durch die Richtungskosinus beschreiben:

$$\cos\alpha = \frac{F_x}{F} \quad \cos\beta = \frac{F_y}{F} \quad \cos\gamma = \frac{F_z}{F} \,. \tag{8.3}$$

Für die Komponenten gilt somit

$$F_x = F \cdot \cos\alpha \, F_y = F \cdot \cos\beta \, F_z = F \cdot \cos\gamma \,. \tag{8.4}$$

Zusammengefasst zu

$$\frac{F_x}{\cos\alpha} = \frac{F_y}{\cos\beta} = \frac{F_z}{\cos\gamma} = F \tag{8.5}$$

gestattet diese Gleichung ein besonders einfaches Arbeiten.

Die Winkel α, β und γ sind nicht unabhängig voneinander. Quadriert man die Gleichung (8.2)

$$F^2 = F_x^2 + F_y^2 + F_z^2$$

und setzt für die Komponenten Gleichung (8.4) ein, wird

$$F^2 = F^2 \cdot (\cos^2\alpha + \cos^2\beta + \cos^2\gamma) \,.$$

Daraus ergibt sich der Zusammenhang der Richtungskosinus bzw. der Richtungswinkel

$$\cos^2\alpha + \cos^2\beta + \cos^2\gamma = 1 \,. \tag{8.6}$$

Somit liegt der dritte Richtungswinkel im Raum fest, wenn zwei Winkel bestimmt sind.

Bei der Berechnung von Seilen oder Stäben können wir die Gleichung (8.2) für die Berechnung der Längen zwischen zwei Punkte mit dem Abstand

$$l = \sqrt{x^2 + y^2 + z^2} \tag{8.7}$$

übernehmen, wenn wir den Koordinatenursprung entsprechend Abbildung 8.1 in einen Endpunkt der Länge legen. Die Winkel α, β und γ lassen sich dann analog zu Gleichung (8.3) wie folgt berechnen:

$$\cos\alpha = \frac{x}{l} \quad \cos\beta = \frac{y}{l} \quad \cos\gamma = \frac{z}{l} \,. \tag{8.8}$$

Nach Einsetzen in Gleichung (8.5) gilt

$$\frac{F_x}{x} = \frac{F_y}{y} = \frac{F_z}{z} = \frac{F}{l} \,. \tag{8.9}$$

8.2.2 Die Resultierende

Die Erweiterung der für die Ebene abgeleiteten Beziehung auf die z-Achse ergibt unter Verwendung der Gleichungen (3.7) bis (3.10) für die resultierende Kraft

$$\vec{F}_{\text{Res}} = \vec{F}_1 + \vec{F}_2 + \cdots + \vec{F}_n = \sum_{i=1}^{n} \vec{F}_i \tag{8.10}$$

mit den Teilkräften in den Achsenrichtungen

$$\left.\begin{aligned}
F_{\text{Res}\,x} &= \sum_{i=1}^{n} F_{ix} = \sum_{i=1}^{n} F_i \cdot \cos \alpha_i \\
F_{\text{Res}\,y} &= \sum_{i=1}^{n} F_{iy} = \sum_{i=1}^{n} F_i \cdot \cos \beta_i \\
F_{\text{Res}\,z} &= \sum_{i=1}^{n} F_{iz} = \sum_{i=1}^{n} F_i \cdot \cos \gamma_i \,.
\end{aligned}\right\} \tag{8.11}$$

Für den Betrag gilt

$$F_{\text{Res}} = \sqrt{F_{\text{Res}\,x}^2 + F_{\text{Res}\,y}^2 + F_{\text{Res}\,z}^2} \,. \tag{8.12}$$

Die Richtung der resultierenden Kraft wird durch drei Raumwinkel berechnet

$$\alpha = \arccos \frac{F_{\text{Res}\,x}}{F_{\text{Res}}} \quad \beta = \arccos \frac{F_{\text{Res}\,y}}{F_{\text{Res}}} \quad \gamma = \arccos \frac{F_{\text{Res}\,z}}{F_{\text{Res}}} \,. \tag{8.13}$$

Beispiel 8.1. Eine Verspannung ist nach Abbildung 8.3 belastet. Für die drei gegebenen Kräfte $F_1 = 4000\,\text{N}$, $F_2 = 5000\,\text{N}$, $F_3 = 7000\,\text{N}$, ist die Resultierende nach Größe und Richtung zu berechnen.

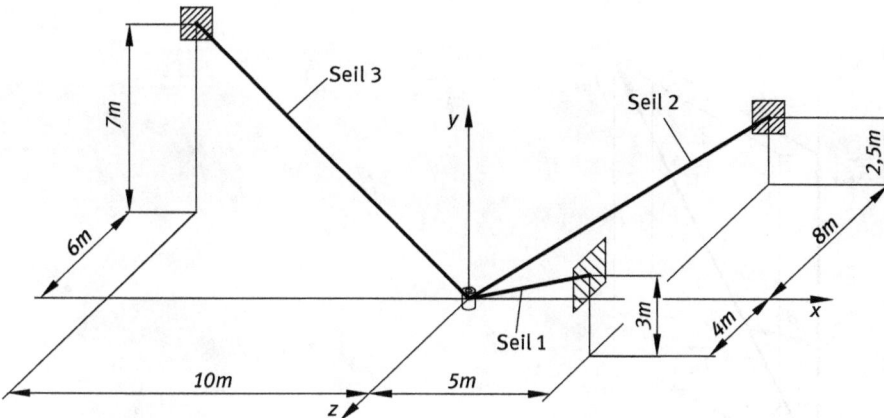

Abb. 8.3: Verspannung

Lösung. Die Berechnung der Komponenten der resultierenden Kraft führen wir zunächst tabellarisch durch. Nachdem wir die Seillängen nach den Gleichung (8.7) mit den Maßen der Zeichnung errechnet und in die Tabelle (Spalte 5) eingetragen haben, berechnen wir die Teilkräfte nach Gleichungen (8.4) und (8.8).

Die Kontrolle jeder Zeile können wir mit Gleichung (8.2) führen.

	1	2	3	4	5	6	7	8
i	$\dfrac{F_i}{kN}$	$\dfrac{x_i}{m}$	$\dfrac{y_i}{m}$	$\dfrac{z_i}{m}$	$\dfrac{l_i}{m}$	$\dfrac{F_{ix}}{kN}$	$\dfrac{F_{iy}}{kN}$	$\dfrac{F_{iz}}{kN}$
1	4,000	5,000	3,000	4,000	7,071	2,828	1,679	2,263
2	5,000	5,000	2,500	−8,000	9,760	2,562	1,281	−4,099
3	7,000	−10,000	7,000	−6,000	13,601	−5,147	3,603	−3,088
					Σ	0,244	6,580	−4,924

Betrag und Richtung der Resultierenden, mit den Gleichungen (8.12) und (8.13) errechnet, sind auf Abbildung 8.4 dargestellt.

$$F_{Res} = \sqrt{F_{Res\,x}^2 + F_{Res\,y}^2 + F_{Res\,z}^2} = \sqrt{0,244^2 + 6,580^2 + 4,924^2}\ kN = \underline{8,222\,kN}$$

$$\alpha = \arccos\left(\frac{F_{Res\,x}}{F_{Res}}\right) = \arccos\left(\frac{0,244\,kN}{8,222\,kN}\right) = \underline{88,3°}$$

$$\beta = \arccos\left(\frac{F_{Res\,y}}{F_{Res}}\right) = \arccos\left(\frac{6,580\,kN}{8,222\,kN}\right) = \underline{36,8°}$$

$$\gamma = \arccos\left(\frac{F_{Res\,z}}{F_{Res}}\right) = \arccos\left(\frac{-4,924\,kN}{8,222\,kN}\right) = \underline{126,8°}\ .$$

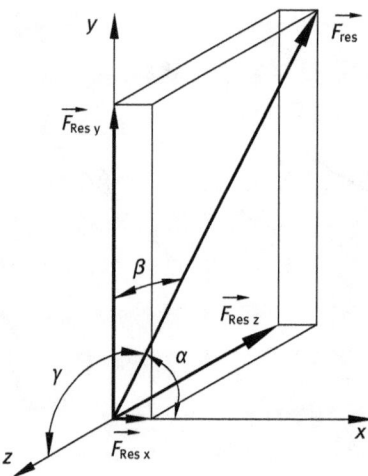

Abb. 8.4: Richtung der Resultierenden

Das gleiche Problem wird im Folgenden in der Koordinatenschreibweise beschrieben (siehe dazu auch Beispiel 3.9).

Dies ist Voraussetzung für die Berechnung von Systemen starrer Körper, bei denen die Anzahl der aufzuschreibenden Gleichungen sehr groß werden kann und die in Rechenanlagen gelöst werden. Aber auch für die Handrechnung mit dem Taschenrechner, die das Berechnen kleiner Matrizen erlauben, ist das unten beschriebene Vorgehen eine Voraussetzung.

Die Resultierende nach Gleichung (8.10) $\vec{F}_{Res} = \vec{F}_1 + \vec{F}_2 + \vec{F}_3$

wird mit dem Spaltenvektor für die Kraft $\vec{F}_i = \dfrac{F_i}{l_i} \begin{bmatrix} x_i \\ y_i \\ z_i \end{bmatrix}$:

$$\vec{F}_{Res} = \begin{bmatrix} F_{Res\,x} \\ F_{Res\,y} \\ F_{Res\,z} \end{bmatrix} = \frac{F_1}{l_1} \cdot \begin{bmatrix} x_1 \\ y_1 \\ z_1 \end{bmatrix} + \frac{F_2}{l_2} \cdot \begin{bmatrix} x_2 \\ y_2 \\ z_2 \end{bmatrix} + \frac{F_3}{l_3} \cdot \begin{bmatrix} x_3 \\ y_3 \\ z_3 \end{bmatrix}.$$

Die Zahlenwerte $[F_i] = kN$, $[l_i] = m$, eingesetzt

$$\begin{bmatrix} F_{Res\,x} \\ F_{Res\,y} \\ F_{Res\,z} \end{bmatrix} = \frac{4}{7,071} \cdot \begin{bmatrix} 5 \\ 3 \\ 4 \end{bmatrix} + \frac{5}{9,760} \cdot \begin{bmatrix} 5,0 \\ 2,5 \\ -8,0 \end{bmatrix} + \frac{7}{13,601} \cdot \begin{bmatrix} -10 \\ 7 \\ -6 \end{bmatrix}$$

und ausgerechnet

$$\begin{bmatrix} F_{Res\,x} \\ F_{Res\,y} \\ F_{Res\,z} \end{bmatrix} = \begin{bmatrix} 2,828 \\ 1,679 \\ 2,263 \end{bmatrix} + \begin{bmatrix} 2,562 \\ 1,281 \\ -4,099 \end{bmatrix} + \begin{bmatrix} -5,147 \\ 3,603 \\ -3,088 \end{bmatrix} = \begin{bmatrix} 0,244 \\ 6,580 \\ -4,924 \end{bmatrix} kN$$

ergeben die resultierenden Teilkräfte der drei Achsrichtungen in der Summenzeile der obigen Berechnungstabelle für die oben gezeigte nachfolgende Rechnung.

8.2.3 Das Gleichgewicht

Im Raum hat der starre Körper sechs unabhängige Freiheitsgrade f; Verschiebungen in drei unabhängige Richtungen und eine Drehung um die drei Achsen. Das bedeutet nach der Definition für ein beliebig belastetes statisch bestimmtes System, dass für die Sperrung dieser sechs Freiheitsgrade auch sechs Gleichgewichtsbedingungen zur Berechnung von $r = 6$ Auflagerunbekannten zur Verfügung stehen müssen

$$f = 6 - r. \tag{8.14}$$

Die hierfür zur Verfügung stehenden Lagerungsarten für räumliche Tragwerke sind in der Praxis vielfältig. Allgemeine Symbole, wie wir sie für die ebenen Systeme aus der Tabelle 2.1 kennen, sind für räumliche Systeme kaum verbreitet.

In der Tabelle 8.1 sind Lagerbezeichnungen, Freiheitsgrade, Lagerreaktionen mit Skizzen in Analogie zur Tabelle 2.1 zusammenfassend dargestellt.

Tab. 8.1: Lagerungsarten mit Wertigkeit im Raum

Bezeichnung	Beispiele		Reaktionen	r	f
Punktlager (Kugel), Seil/Stab	Kugel	Seil oder Stab	1 Kraft	1	5
Rolle/Schiene, kurzes Radiallager	Rolle u. Schiene	kurzes Radiallager	2 Kräfte	2	4
Kugelgelenk, kurzes Festlager	Kugelgelenk	kurzes Festlager	3 Kräfte	3	3
Kardangelenk			3 Kräfte 1 Moment	4	2
Scharnier (axial verschiebbar)	Scharnier axial verschiebbar		2 Kräfte 2 Momente	4	2
Scharnier (axial fixiert)	Scharnier axial fixiert		3 Kräfte 2 Momente	5	1
Einspannung			3 Kräfte 3 Momente	6	0

Ein zentrales räumliches Kräftesystem ist im Gleichgewicht, wenn die Summe aller angreifenden Kräfte Null wird, d. h., dass deren Resultierende verschwindet. Dann muss für Gleichung (8.10) gelten:

$$\vec{F}_{Res} = \sum_{i=1}^{n} \vec{F}_i = 0 \,. \tag{8.15}$$

Da ein Vektor nur verschwindet, wenn jede Komponente für sich gleich Null ist, heißt das für das Kräftegleichgewicht

$$\left. \begin{aligned} F_{Res\,x} &= \sum_{i=1}^{n} F_{ix} = \sum_{i=1}^{n} F_i \cdot \cos \alpha_i = 0 \\ F_{Res\,y} &= \sum_{i=1}^{n} F_{iy} = \sum_{i=1}^{n} F_i \cdot \cos \beta_i = 0 \\ F_{Res\,z} &= \sum_{i=1}^{n} F_{iz} = \sum_{i=1}^{n} F_i \cdot \cos \gamma_i = 0 \,. \end{aligned} \right\} \tag{8.16}$$

Diese drei skalaren Gleichungen, die der Vektorgleichung (8.15) entsprechen, gestatten die Berechnung von genau drei Auflagerreaktionen. Das ist die notwendige, aber nicht hinreichende Bedingung. Die hinreichende Bedingung liefert die Mathematik mit der Determinante der Koeffizienten der Gleichungen. Nur wenn die Koeffizientendeterminante ungleich Null ist, hat das Gleichungssystem reelle Lösungen und das System ist statisch bestimmt.

Bei Berechnungen mit überschaubarer Bauteilgeometrie wird stattdessen gewöhnlich mit den anschaulichen Regeln gearbeitet, wie sie schon im Abschnitt 4.7.1 diskutiert wurden.

Beispiel 8.2. Die auf Abbildung 8.5 skizzierte dreibeinige Halterung ist in der x-y-Ebene durch eine Zugkraft von $F = 12{,}75$ kN unter dem Winkel $\delta = 30°$ in der x-y-Ebene belastet. Es sind die drei Stabkräfte für $a = 1$ m zu berechnen.

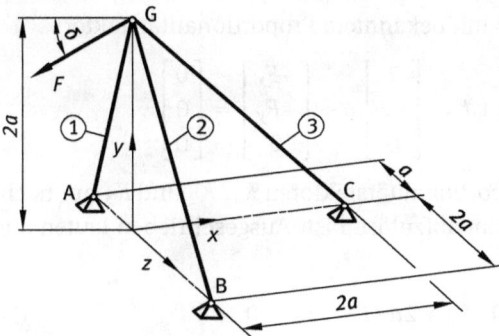

Abb. 8.5: Dreibein

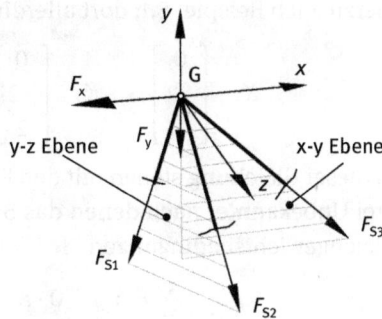

Abb. 8.6: Freigeschnittener Knoten

Lösung. Die vorliegende Geometrie ist ein einfacher Sonderfall, der sich in zwei ebene Kräftesysteme, deren Ebenen senkrecht zueinander stehen, zerlegen lässt (siehe Abbildung 8.6). Dieser Lösungsweg wird für die selbständige Übung empfohlen.

An diesem überschaubaren einfachen Problem sollen verschiedene Lösungswege demonstriert werden, um sie ggf. auf umfangreichere Probleme übertragen zu können:

Für die Berechnung der drei Stabkräfte stehen drei Gleichgewichtsbedingungen zur Verfügung; das Tragwerk ist statisch bestimmt gelagert.

Werden alle Stäbe als Zugstäbe angenommen und wird das Koordinatensystem in den Schnittpunkt der Stäbe nach Abbildung 8.6 gelegt (keine Bedingung, aber praktisch), lassen sich die Gleichgewichtsbedingungen am Knoten nach Gleichung (8.16) wie folgt schreiben:

$$\sum F_x: \qquad F_{S3x} - F_x = 0 \tag{1}$$

$$\sum F_y: \qquad -F_{S1y} - F_{S2y} - F_{S3y} - F_y = 0 \tag{2}$$

$$\sum F_z: \qquad -F_{S1z} + F_{S2z} = 0 . \tag{3}$$

In diesen 3 Gleichungen sind 6 unbekannte Teilkräfte enthalten. Die fehlenden 3 Gleichungen können wir aus den bekannten Stabrichtungen (gleich Kraftrichtung) gewinnen und in die obigen Gleichungen einsetzen oder – ausgehend von der Gleichung (8.15)

$$\vec{F}_{S1} + \vec{F}_{S2} + \vec{F}_{S3} + \vec{F} = 0 ,$$

auf die Koordinatendarstellung in der Form

$$\vec{F}_{Si} = K_i \cdot \begin{bmatrix} x_i \\ y_i \\ z_i \end{bmatrix} \tag{4}$$

des Beispiels 8.1 zurückgreifen. Mit der Gleichung (8.9) lassen sich die jeweils drei Komponenten der unbekannten Stabkräfte über einen zu bestimmenden Proportionalitätsfaktor $K = F/l$ durch die Längen x, y, z im Koordinatensystem ausdrücken (siehe hierzu auch Beispiel 8.1; dort allerdings mit bekanntem Proportionalitätsfaktor).

$$K_1 \cdot \begin{bmatrix} 0 \\ -2 \\ -1 \end{bmatrix} a + K_2 \cdot \begin{bmatrix} 0 \\ -2 \\ 2 \end{bmatrix} a + K_3 \cdot \begin{bmatrix} 2 \\ -2 \\ 0 \end{bmatrix} a + \begin{bmatrix} -F_x \\ -F_y \\ 0 \end{bmatrix} = \begin{bmatrix} 0 \\ 0 \\ 0 \end{bmatrix} .$$

In dieser Gleichung stehen mit den Proportionalitätsfaktoren K_1, K_2 und K_3 nur noch drei Unbekannte, nach denen das System aufzulösen ist. Ausgeschrieben lauten die Gleichgewichtsbedingungen

$$\sum F_x: \qquad 0 \cdot K_1 + 0 \cdot K_2 + 2a \cdot K_3 - F_x = 0 \tag{5}$$

$$\sum F_y: \qquad -2a \cdot K_1 - 2a \cdot K_2 - 2a \cdot K_3 - F_y = 0 \tag{6}$$

$$\sum F_z: \qquad -a \cdot K_1 + 2a \cdot K_2 \pm 0 \cdot K_3 \pm 0 = 0 . \tag{7}$$

Zur Lösung des Gleichungssystems wird Gleichung (5) umgestellt nach

$$K_3 = \frac{F_x}{2a} = \frac{12{,}75\,\text{kN} \cdot \cos 30°}{2\,\text{m}} = \underline{+5{,}521\,\text{kN/m}}\,.$$

Aus Gleichung (7) folgt $K_1 = 2K_2$,
eingesetzt in (6) $-4K_2 - 2K_2 = F_y + 2K_3$,

$$K_2 = -\frac{1}{6}\,(F \cdot \sin 30° + 2K_3) = \underline{-2{,}903\,\text{kN/m}}\,,$$

$$K_1 = \underline{-5{,}806\,\text{kN/m}}\,.$$

Die Teilkräfte der Stäbe berechnen wir nach Gleichung (4) und daraus nach Gleichung (8.2) die Stabkräfte

$$\vec{F}_{S1} = -5{,}806\,\frac{\text{kN}}{\text{m}} \cdot \begin{bmatrix} 0 \\ -2 \\ 1 \end{bmatrix}\,\text{m} = \begin{bmatrix} 9 \\ 11{,}61 \\ -5{,}81 \end{bmatrix}\,\text{kN}\,.$$

Die Stabkraft F_{S1} errechnet sich

$$F_{S1} = -5{,}806\,\frac{\text{kN}}{\text{m}}\,\sqrt{2^2 + 1^2}\,\text{m} = \underline{-12{,}98\,\text{kN}} \quad \text{(Druckstab)}\,.$$

Entsprechend lassen sich für die Stäbe 2 und 3 die Teilkräfte und Beträge berechnen

$$\vec{F}_{S2} = -2{,}903\,\frac{\text{kN}}{\text{m}} \cdot \begin{bmatrix} 0 \\ -2 \\ 2 \end{bmatrix}\,\text{m} = \begin{bmatrix} 0 \\ -5{,}806 \\ 5{,}806 \end{bmatrix}\,\text{kN}\,,$$

$$F_{S2} = -2{,}903\,\frac{\text{kN}}{\text{m}}\,\sqrt{2^2 + 2^2}\,\text{m} = \underline{-8{,}21\,\text{kN}} \quad \text{(Druckstab)}\,.$$

$$\vec{F}_{S3} = 5{,}521\,\frac{\text{kN}}{\text{m}} \cdot \begin{bmatrix} 2 \\ -2 \\ 0 \end{bmatrix}\,\text{m} = \begin{bmatrix} 11{,}04 \\ -11{,}04 \\ 0 \end{bmatrix}\,\text{kN}$$

$$F_{S3} = +5{,}521\,\frac{\text{kN}}{\text{m}}\,\sqrt{2^2 + 2^2}\,\text{m} = \underline{+15{,}62\,\text{kN}} \quad \text{(Zugstab)}\,.$$

Da alle Stäbe als Zugstäbe angenommen wurden und die Wurzel positiv sein muss, bedeutet das negative Vorzeichen der Proportionalitätsfaktoren (Umkehr der Lastrichtung), dass es sich dabei jeweils um einen Druckstab handeln muss. Dies entspricht auch der Anschauung auf Abbildung 8.5.

Wenn wir die obige Handrechnung durch eine Rechnung mit dem Computer ersetzen wollen, formulieren wir Gleichgewichtsbedingungen (5) bis (7), die ein lineares Gleichungssystem $\underline{A} \cdot \underline{x} = \underline{b}$ darstellen, in der Matrixform

$$\begin{bmatrix} 0 & 0 & 2 \\ -2 & -2 & -2 \\ -1 & 2 & 0 \end{bmatrix} \cdot \begin{bmatrix} K_1 \\ K_2 \\ K_3 \end{bmatrix} = \begin{bmatrix} F_x \\ F_y \\ 0 \end{bmatrix}\,.$$

Zur Lösung dieses Gleichungssystems darf die Determinante der Matrix nicht Null, d. h. die Matrix nicht singulär werden. Eine singuläre Koeffizientenmatrix lässt keine eindeutige Lösung des Gleichungssystems zu, was die Computerrechnung in der Regel abbricht.

Bei diesem Beispiel ergibt die Rechnung mit der CRAMER[2]schen Regel, entwickelt nach der ersten Zeile:

$$\det \underline{\underline{A}} = \begin{bmatrix} 0 & 0 & 2 \\ -2 & -2 & -2 \\ -1 & 2 & 0 \end{bmatrix} = 0 - 0 + 2(-4 - 2) = -12 \ .$$

Das Gleichungssystem ist lösbar. Für das betrachtete Beispiel ergibt sich mit

$$\underline{b} = \begin{bmatrix} F_x \\ F_y \\ 0 \end{bmatrix} = \begin{bmatrix} F \cdot \cos 30° \\ F \cdot \sin 30° \\ 0 \end{bmatrix}$$

für den Lösungsvektor

$$\underline{x} = \begin{bmatrix} K_1 \\ K_2 \\ K_3 \end{bmatrix} = \begin{bmatrix} -5{,}806 \\ -2{,}903 \\ 5{,}521 \end{bmatrix} \ \text{kN/m}$$

das Ergebnis für die gesuchten Proportionalitätsfaktoren.

Für umfangreichere Probleme mit einer Vielzahl von Unbekannten, die numerisch gelöst werden sollen, ist der direkte Weg die Lösung der Gleichgewichtsbedingungen (1) bis (3) als Matrixgleichung. Dazu bestimmen wir vorbereitend die Richtungen der Stäbe. Dies ist für die Richtungskosinus aus der gegebene Aufgabenstellung mithilfe der Gleichungen (8.7) und (8.8) – ansonsten mit den berechneten oder vorgegebenen Winkeln – zu realisieren.

Mit den Maßen, die wir Abbildung 9.5 entnehmen, berechnen wir nach Gleichung (8.7):

$$l_1 = \sqrt{0^2 + 2^2 + 1^2} \cdot a = \sqrt{5} \cdot a \ ,$$

$$l_2 = \sqrt{0^2 + 2^2 + 2^2} \cdot a = \sqrt{8} \cdot a \ ,$$

$$l_3 = \sqrt{2^2 + 2^2 + 0^2} \cdot a = \sqrt{8} \cdot a \ .$$

Die Winkelkosinus für α, β und γ werden mit Gleichung (8.8)

$$\cos \alpha_i = \frac{x_i}{l_i} \qquad \cos \beta_i = \frac{y_i}{l_i} \qquad \cos \gamma_i = \frac{z_i}{l_i} \ .$$

berechnet. Damit nehmen die Gleichgewichtsbedingungen die folgende Form an:

(1): $\ F_{S3} \cdot \cos \alpha_3 = \dfrac{2}{\sqrt{8}} F_{S3} = F \cdot \cos \delta$

(2): $-F_{S1} \cdot \cos \beta_1 - F_{S2} \cdot \cos \beta_2 - F_{S3} \cdot \cos \beta_3 = -\dfrac{2}{\sqrt{5}} F_{S1} - \dfrac{2}{\sqrt{8}} F_{S2} - \dfrac{2}{\sqrt{8}} F_{S3} = F \cdot \sin \delta$

(3): $-F_{S1} \cdot \cos \gamma_1 + F_{S2} \cdot \cos \gamma_2 = -\dfrac{1}{\sqrt{5}} \cdot F_{S1} + \dfrac{2}{\sqrt{8}} \cdot F_{S2} = 0 \ .$

---

2 GABRIEL CRAMER, 1704–1752, schweizer Mathematiker

Dieses Gleichungssystem, in der Matrixform geschrieben

$$\begin{bmatrix} 0 & 0 & \frac{2}{\sqrt{8}} \\ -\frac{2}{\sqrt{5}} & -\frac{2}{\sqrt{8}} & -\frac{2}{\sqrt{8}} \\ -\frac{1}{\sqrt{5}} & \frac{2}{\sqrt{8}} & 0 \end{bmatrix} \cdot \begin{bmatrix} F_{S1} \\ F_{S2} \\ F_{S3} \end{bmatrix} = \begin{bmatrix} F \cdot \cos \delta \\ F \cdot \sin \delta \\ 0 \end{bmatrix}$$

ist numerisch zu lösen.

$$\text{Die Lösung } \begin{bmatrix} F_{S1} \\ F_{S2} \\ F_{S3} \end{bmatrix} = \begin{bmatrix} -12{,}982 \\ -8{,}210 \\ 15{,}615 \end{bmatrix} \text{ kN bestätigt die obige Rechnung.}$$

Auch an dieser Stelle sei wiederholt darauf hingewiesen, dass die rechentechnischen Möglichkeiten auch in diesem Fall immer nur eine Rechenhilfe sind. Die richtige Formulierung der Gleichgewichtsbedingungen kann der Computer nicht leisten. Eine falsche Annahme (z. B. Vorzeichenfehler) wird vom Rechner weder erkannt noch korrigiert: Es wird, wenn die Systemmatrix nicht singulär ist, meist ein plausibles – im Sinne der Aufgabenstellung aber falsches – Ergebnis ausgewiesen. Eine Kontrolle der Ergebnisse der numerischen Rechnung ist also immer unverzichtbar.

Beispiel 8.3. Auf Abbildung 8.7 ist eine Halterung dargestellt, die durch eine waagerechte Teilkraft $F_h = 2{,}40\,\text{kN}$ und eine senkrechte Komponente $F_v = 3{,}00\,\text{kN}$ belastet wird. Es sind die Kräfte in den Stäben zu berechnen.

Lösung. An diesem Beispiel soll der Aufwand für die Lösung mit dem klassischen Einsetzverfahren dem mit dem Matrixverfahren gegenübergestellt werden.

Es wird empfohlen die einzelnen Lösungsschritte, die nachfolgend verkürzt wiedergegeben sind, allein, selbständig und ausführlich auszuführen und erst im Anschluss daran mit der Lösung zu vergleichen.

Der belastete Knoten wird freigeschnitten. Dabei werden alle Stäbe zweckmäßigerweise als Zugstäbe angenommen. Das Koordinatensystem wird in den Knoten gelegt (Abbildung 8.8). Damit lässt sich das Gleichgewicht am Knoten nach den Abbildungen 8.7 und 8.8 wie folgt beschreiben.

Die Gleichgewichtsbedingungen

$$\sum F_x = 0: \quad -F_{S1x} + F_{S2x} - F_{S3} = 0$$

$$\sum F_y = 0: \quad F_{S1y} + F_{S2y} - F_v = 0$$

$$\sum F_y = 0: \quad F_{S1z} - F_{S2z} - F_h = 0$$

führen auf drei Gleichungen mit sieben Unbekannten.

Mit den Gleichungen (8.4) wird das Problem auf drei unbekannte Stabkräfte reduziert

$$-F_{S1} \cdot \cos \alpha_1 + F_{S2} \cdot \cos \alpha_2 - F_{S3} = 0 \tag{1}$$

$$F_{S1} \cdot \cos \beta_1 + F_{S2} \cdot \cos \beta_2 - F_v = 0 \tag{2}$$

$$F_{S1} \cdot \cos \gamma_1 - F_{S2} \cdot \cos \gamma_2 - F_h = 0 \,. \tag{3}$$

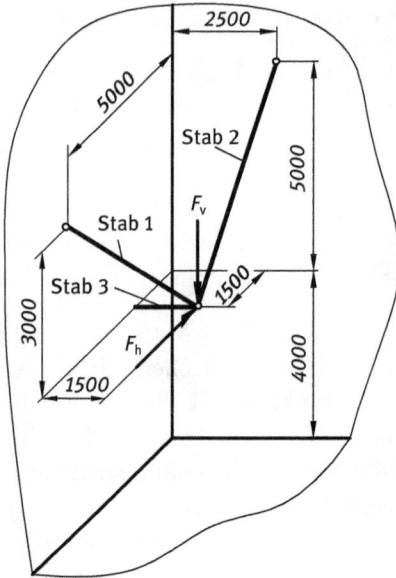

Abb. 8.7: Halterung

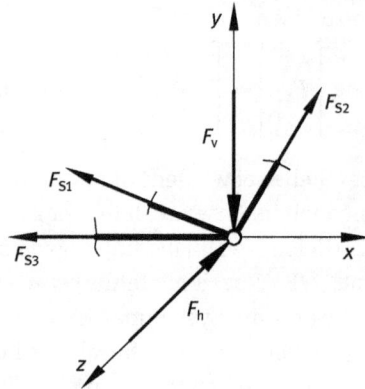

Abb. 8.8: Freigeschnittener Knoten

Gleichung (2) wird nach F_{S2} umgestellt

$$F_{S2} = \frac{F_v - F_{S1} \cdot \cos\beta_1}{\cos\beta_2}$$

eingesetzt in (3)

$$F_{S1}\left(\cos\gamma_1 + \frac{\cos\beta_1 \cdot \cos\gamma_2}{\cos\beta_2}\right) - F_v \cdot \frac{\cos\gamma_2}{\cos\beta_2} - F_h = 0$$

und nach F_{S1} umgestellt

$$F_{S1} = \frac{F_h + F_v \cdot \frac{\cos\gamma_2}{\cos\beta_2}}{\cos\gamma_1 + \frac{\cos\beta_1 \cdot \cos\gamma_2}{\cos\beta_2}} = \frac{F_h \cdot \cos\beta_2 + F_v \cdot \cos\gamma_2}{\cos\gamma_1 \cdot \cos\beta_2 + \cos\beta_1 \cdot \cos\gamma_2}$$

oder unter Verwendung von Gleichung (8.8) durch die vorgegebenen Längen ausgedrückt

$$F_{S1} = \frac{(F_h \cdot y_2 + F_v \cdot z_2) \cdot l_1}{z_1 \cdot y_2 + y_1 \cdot z_2} = \underline{\underline{3,37\,\text{kN}}} \; .$$

Aus (2) folgt

$$F_{S2} = \frac{(F_v \cdot l_1 - F_{S1} \cdot y_1) \cdot l_2}{l_1 \cdot y_2} = \underline{\underline{1,53\,\text{kN}}}$$

und schließlich mit (1)

$$F_{S3} = F_{S2} \cdot \frac{x_2}{l_2} - F_{S1} \cdot \frac{x_1}{l_1} = \underline{\underline{-0,18\,\text{kN}}} \; .$$

Die Ergebnisse der Rechnung sind, wie immer, in geeigneter Weise z. B. durch Einsetzen der Zahlenwerte in die Ausgangsgleichungen (1) bis (3) zu überprüfen.

Zur numerischen Lösung schreiben wir die Gleichungen (1) bis (3) mit (8.7) und (8.8) in der folgenden Form auf

$$
\begin{bmatrix}
-\cos\alpha_1 & \cos\alpha_2 & -\cos\alpha_3 \\
\cos\beta_1 & \cos\beta_2 & \cos\beta_3 \\
\cos\gamma_1 & -\cos\gamma_2 & \cos\gamma_3
\end{bmatrix}
\cdot
\begin{bmatrix}
F_{S1} \\
F_{S2} \\
F_{S3}
\end{bmatrix}
=
\begin{bmatrix}
0 \\
F_v \\
F_h
\end{bmatrix}
\tag{4}
$$

bzw.

$$
\begin{bmatrix}
-x_1/l_1 & x_2/l_2 & -x_3/l_3 \\
y_1/l_1 & y_2/l_2 & y_3/l_3 \\
z_1/l_1 & -z_2/l_2 & z_3/l_3
\end{bmatrix}
\cdot
\begin{bmatrix}
F_{S1} \\
F_{S2} \\
F_{S3}
\end{bmatrix}
=
\begin{bmatrix}
0 \\
F_v \\
F_h
\end{bmatrix} .
\tag{5}
$$

Die Vorzeichen in den Gleichungen (4) und (5) resultieren aus der Annahme der Kraftrichtungen nach Abbildung 8.8; d. h. es wird mit den Winkeln im ersten Quadranten gearbeitet und somit auch nur mit den Beträgen der Koordinatenwerte, was für das Eingeben der Werte in die Matrix übersichtlicher und damit einfacher ist.

$$
\text{Mit } \begin{bmatrix} F_{S1} \\ F_{S2} \\ F_{S3} \end{bmatrix} = \begin{bmatrix} 3{,}368 \\ 1{,}530 \\ -0{,}178 \end{bmatrix} \text{ kN erhalten wir das obige Ergebnis.}
$$

Mit der Gegenüberstellung der Vorgehensweisen zur Lösung des Gleichgewichtsproblems soll die Anwendung der Rechentechnik (in diesem Fall genügt ein Taschenrechner) angeregt werden.

8.3 Das allgemeine Kräftesystem

8.3.1 Die Kraft im Raum

Schneiden sich die Wirkungslinien aller wirkenden Kräfte nicht in einem Punkt, entsteht ein Moment (siehe auch Abschnitt 4.3). Neben dem Kraftvektor

$$
\vec{F} = \vec{e}_x \cdot F_x + \vec{e}_y \cdot F_y + \vec{e}_z \cdot F_z ,
$$

wird im kartesischen Koordinatensystem auch der Angriffspunkt durch die Koordinaten x, y, z festgelegt. Diese werden zum Ortsvektor

$$
\vec{r} = \vec{e}_x \cdot x + \vec{e}_y \cdot y + \vec{e}_z \cdot z
\tag{8.17}
$$

zusammengefasst (Abbildung 8.9).

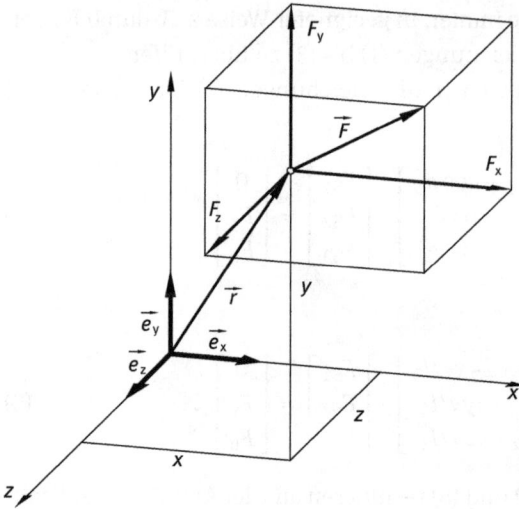

Abb. 8.9: Kraft im Raum

Wie schon der Kraftvektor lässt sich auch der Ortsvektor kürzer als Zeilen- oder als Spaltenvektor schreiben

$$\vec{r} = \begin{bmatrix} x & y & z \end{bmatrix} \quad \text{oder} \quad \vec{r} = \begin{bmatrix} x \\ y \\ z \end{bmatrix}.$$

Die Kraft im Raum ist damit durch die sechs skalaren Größen des Kraftvektors (F_x, F_y, F_z) und des Angriffspunktes (x, y, z) vollständig bestimmt.

8.3.2 Das Moment einer Kraft in Bezug auf die Koordinatenachsen

Der Momentenbegriff sowie der des Kräftepaares sind in den Abschnitten 4.2 und 4.3 ausführlich dargestellt worden. Im Gegensatz zum linienflüchtigen Kraftvektor ist der Momentenvektor ein freier Vektor d. h. er ist sowohl in der Ebene und auch parallel dazu frei verschiebbar. Gegenüber der Betrachtungsweise in der Ebene sind die geometrischen Verhältnisse im Raum komplizierter.

Das Moment einer Kraft um eine Achse als das Maß für die Drehwirkung der Kraft um diese Achse stellt man in der Regel als Doppelpfeil dar. Dabei steht der Vektor – wie aus Abbildung 8.10 ersichtlich – senkrecht auf der Ebene aus Kraft und Hebelarm.

Mathematisch wird der Momentvektor durch das Vektorprodukt (Kreuzprodukt) aus der Kraft $\vec{F}$ und dem *Ortsvektor* $\vec{r}$ zu

$$\vec{M} = \vec{r} \times \vec{F} \tag{8.18}$$

beschrieben. Der Betrag des Vektors und damit des Momentes berechnet sich

$$M = F \cdot r \cdot \sin \varphi . \tag{8.19}$$

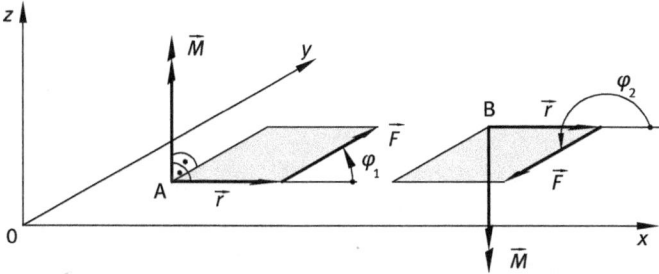

Abb. 8.10: Richtungssinn des Momentes

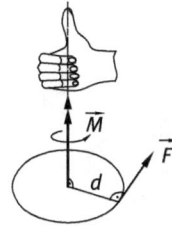

Abb. 8.11: Rechte-Hand-Regel

Dabei ist φ der von beiden Vektoren eingeschlossene Winkel (von r auf F mathematisch positiv drehen) und $r \cdot \sin \varphi$ der Abstand a der Kräfte des Kräftepaares – der Hebelarm (siehe dazu auch Abbildung 4.9 im Abschnitt 4.3).

Das Vektorprodukt ist nicht kommutativ; d. h. die Reihenfolge der Faktoren darf nicht vertauscht werden. Daraus ergibt sich, wie aus Abbildung 8.10 ersichtlich, die Richtung des Vektors.

Anschaulich lässt sich der Richtungssinn auch mit Hilfe der *Rechte Hand Regel* (Abbildung 8.11) oder auch der *Rechtsschraubenregel* bestimmen. Nach der Rechtsschraubenregel ergibt sich die Richtung des Momentvektors aus der Richtung der Längsbewegung der in der Mutter gedrehten Schraube mit Rechtsgewinde.

Im ebenen x-y-System kann der Momentvektor wegen des nur einen Drehfreiheitsgrades um die z-Achse nur die Richtung dieser Achse haben. Für den räumlichen Fall müssen wir entsprechend der drei Drehmöglichkeiten um die drei Achsen x, y und z auch drei Komponenten M_x, M_y und M_z berücksichtigen

$$\vec{M} = \vec{M}_x + \vec{M}_y + \vec{M}_z = \vec{e}_x \cdot M_x + \vec{e}_y \cdot M_y + \vec{e}_z \cdot M_z \, . \tag{8.20}$$

Der Betrag wird aus den Teilmomenten mit dem Satz des PYTHAGORAS im Raum zu

$$M_{\text{Res}} = \sqrt{M_x^2 + M_y^2 + M_z^2} \tag{8.21}$$

berechnet.

Die Richtung des resultierenden Momentes im Raum lässt sich nach Abbildung 8.2 durch die Richtungskosinus beschreiben:

$$\cos \alpha = \frac{M_x}{M_{\text{Res}}} \quad \cos \beta = \frac{M_y}{M_{\text{Res}}} \quad \cos \gamma = \frac{M_z}{M_{\text{Res}}} \, . \tag{8.22}$$

Beispiel 8.4. Die drei Abtriebswellen der auf Abbildung 8.12 skizzierten Bohreinheit werden von der senkrechten Antriebswelle angetrieben. Es wirken die folgenden Momente: $M_{an} = 125\,\text{Nm}$, $M_{ab1} = 18\,\text{Nm}$, $M_{ab2} = 16\,\text{Nm}$, $M_{ab3} = 33\,\text{Nm}$.

Zur Bestimmung der Aufspannung der Bohreinheit ist das resultierende Moment in Größe und Richtung zu berechnen.

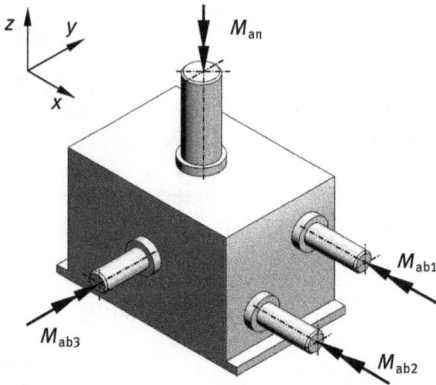

Abb. 8.12: Bohreinheit

Lösung. Die Abtriebsmomente in der x-Richtung fassen wir zusammen zu

$$M_x = -M_{ab1} - M_{ab2} = -34\,\text{Nm} \; .$$

Mit $\quad M_y = M_{ab3} = 33\,\text{Nm}$

und $\quad M_z = M_{an} = -125\,\text{Nm}$

berechnen wir für den Betrag entsprechend Gleichung (8.21)

$$M_{Res} = \sqrt{M_x^2 + M_y^2 + M_z^2} = \sqrt{34^2 + 33^2 + 125^2}\,\text{Nm} = \underline{133,7\,\text{Nm}} \; .$$

Die Richtung des Momentvektors ist durch die folgenden Winkel gegeben:

$$\alpha = \arccos\left(\frac{M_x}{M_{Res}}\right) = \arccos\left(\frac{-34\,\text{Nm}}{133,7\,\text{Nm}}\right) = \underline{104,7°} \; ,$$

$$\beta = \arccos\left(\frac{M_y}{M_{Res}}\right) = \arccos\left(\frac{33\,\text{Nm}}{133,7\,\text{Nm}}\right) = \underline{75,7°} \; ,$$

$$\gamma = \arccos\left(\frac{M_z}{M_{Res}}\right) = \arccos\left(\frac{-125\,\text{Nm}}{133,7\,\text{Nm}}\right) = \underline{159,2°} \; .$$

Dieses Moment muss von der Aufspannung der Bohreinheit aufgenommen werden.

Die Beschreibung für das Moment einer Kraft bezüglich eines Punktes oder einer Achse, „Moment gleich Kraft mal Hebelarm", muss auch für die räumliche Betrachtung gültig bleiben:

Das Moment, das eine Kraft bezogen auf einen Punkt hervorruft, wirkt in der Ebene, die von der Wirkungslinie der Kraft und den Hebelarm gebildet wird. Die Drehachse des Momentes steht senkrecht zu dieser Ebene.

Während im ebenen Kräftesystem *alle* Momentvektoren senkrecht auf der Ebene stehen, also gleiche Richtungen aufweisen und somit unmittelbar addiert werden können, ist das im räumlichen Kräftesystem komplizierter. Die Lage der Ebene, in der das Moment wirkt und damit auch die Richtung der Drehachse, müssen durch die Rech-

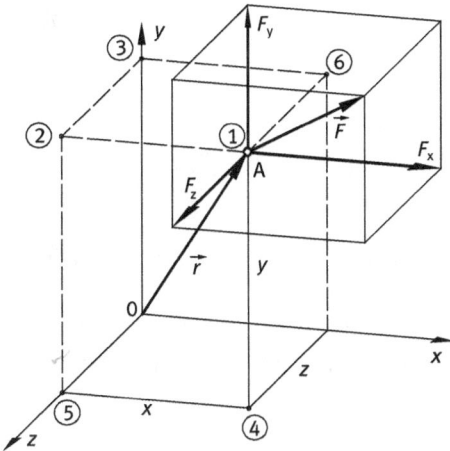

Abb. 8.13: Reduktion einer Kraft auf den Koordinatenursprung

nung bestimmt werden (graphische Lösungen sind im Raum zu aufwendig). Hierzu wird analog zum ebenen Problem (Abschnitt 4.4, Abbildung 4.15) von einer Kraft in beliebiger Lage im Koordinatensystem nach Abbildung 8.13 ausgegangen.

Zur Vereinfachung der Betrachtung zerlegen wir die Kraft in Komponenten in Richtung der Koordinatenachsen. Die Verschiebung jeder Komponente in den Koordinatenursprung wird einzeln durchgeführt. Kräfte, die parallel zu einer Achse liegen, haben in Bezug auf diese keine Momentwirkung.

Nur die Kräfte üben ein Moment aus, die in der senkrecht zur Achse liegenden Ebene wirken. Das sind F_y und F_z für die x-Achse, F_x und F_z für die y-Achse, F_x und F_y für die z-Achse.

Zunächst verschieben wir die Teilkraft F_x von Punkt 1 nach Punkt 2 entlang ihrer Wirkungslinie in die y-z-Ebene (Verschiebungsaxiom). Dabei ändert sich nichts am Gleichgewichtszustand.

Bei der Parallelverschiebung von 2 nach 3 muss jedoch ein Versatzmoment (nach der Rechtsschraubenregel mit negativem Drehsinn)

$$-M_{0z} = y \cdot F_x$$

und bei Verschiebung von 3 nach 0 ein positives Versatzmoment vom Betrag

$$M_{0y} = z \cdot F_x$$

hinzugefügt werden.

Die Verschiebung einer Kraft entlang der Achse in den Bezugspunkt erzeugt also zwei Versatzmomente um die jeweils anderen Achsen. Das System aus der Kraftkomponente F_x und den Versatzmomenten M_y und M_z im Punkt 0 ist gleichwertig der Kraftkomponente F_x im Angriffspunkt A.

Entsprechend werden die Kräfte F_y (1 - 4 - 5 - 0) und F_z (1 - 6 - 3 - 0) verschoben. Zusammengefasst lauten die Komponenten der Versatzmomente

$$\left. \begin{aligned} M_{0x} &= y \cdot F_z - z \cdot F_y \\ M_{0y} &= z \cdot F_x - x \cdot F_z \\ M_{0z} &= x \cdot F_y - y \cdot F_x \, . \end{aligned} \right\} \tag{8.23}$$

Sie werden als *statische Momente der Kraft $\vec{F}$ bezüglich der Koordinatenachsen* bezeichnet.

Die durch Gleichung (8.20) gegebenen Komponenten des Momentvektors sind das Vektorprodukt des Orts- und des Kraftvektors $\vec{M}_0 = \vec{r} \times \vec{F}$. Mit den Einheitsvektoren $\vec{e}_x$, $\vec{e}_y$ und $\vec{e}_z$ gilt:

$$\vec{M}_0 = \begin{bmatrix} M_{0x} \\ M_{0y} \\ M_{0z} \end{bmatrix} = \vec{r} \times \vec{F} = \begin{vmatrix} \vec{e}_x & \vec{e}_y & \vec{e}_z \\ x & y & z \\ F_x & F_y & F_z \end{vmatrix} . \tag{8.24}$$

Durch Zusammenfassung der Komponenten $\vec{M}_{0x}$, $\vec{M}_{0y}$, $\vec{M}_{0z}$ nach der Determinantenregel von SARRUS, erhalten wir den Vektor $\vec{M}_0$ der Kraft $\vec{F}$ auf den Koordinatenursprung bezogen. Nach Auswertung der Determinanten, die sich als Vektorprodukt für die 3 × 3-Matrix noch gut von Hand gut errechnen lässt, wird

$$\vec{M}_0 = \vec{e}_x \underbrace{(y \cdot F_z - z \cdot F_y)}_{M_x} + \vec{e}_y \underbrace{(z \cdot F_x - x \cdot F_z)}_{M_y} + \vec{e}_z \underbrace{(x \cdot F_y - y \cdot F_x)}_{M_z} . \tag{8.25}$$

Das ist die Gleichung (8.20). Die Komponenten des Momentvektors sind identisch denen nach Gleichung (8.23), die wir aus der Anschauung entwickelt haben.

Beispiel 8.5. Die auf die Platte der Druckstange des Beispiels 4.8 mit $e_x = 4\,\text{mm}$, $e_y = 3\,\text{mm}$ exzentrisch wirkende Druckkraft $F = 12{,}8\,\text{kN}$ soll nunmehr unter einem räumlichen Winkel von $\alpha_z = 4°$, $\beta_z = 5°$ und $\gamma_z = 7°$ zur z-Achse angreifen. Abbildung 8.14 zeigt die Teilkräfte der zerlegten Kraft. Mit der Kraglänge der Druckstange $l = 4\,\text{mm}$ sind die Momente in der Lagermitte (Koordinatenursprung) zu berechnen.

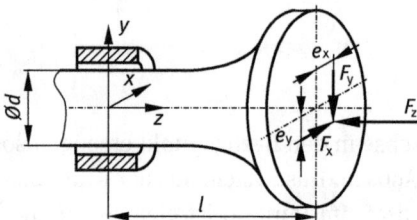

Abb. 8.14: Exzentrisch belastete Druckstange

Lösung. Die aus der Schrägstellung des Kraftangriffs F resultierenden Teilkräfte betragen

$$F_x = F \cdot \sin \alpha_z = 0{,}893 \, \text{kN} \,,$$

$$F_y = F \cdot \sin \beta_z = 1{,}116 \, \text{kN} \,,$$

$$F_z = F \cdot \cos \gamma_z = 12{,}705 \, \text{kN} \,.$$

Die Einzelmomente bezüglich der Koordinatenachsen bestimmen wir nach Abbildung 8.14

$$M_x = F_z \cdot e_y + F_y \cdot l = 12{,}71 \, \text{kN} \cdot 3 \, \text{mm} + 1{,}12 \, \text{kN} \cdot 40 \, \text{mm} = 82{,}74 \, \text{Nm}$$
$$M_y = F_x \cdot l + F_z \cdot e_x = 0{,}89 \, \text{kN} \cdot 40 \, \text{mm} + 12{,}7 \, \text{kN} \cdot 4 \, \text{mm} = 86{,}53 \, \text{Nm} \,.$$

Zusätzlich zur Druckbelastung durch F_z beanspruchen die Momente um x- bzw. y-Achse das Bauteil auf Biegung im Lager um die jeweilige Achse (zweiachsige Biegung). Zusammengefasst wirkt ein resultierendes Biegemoment

$$M_{\text{Res}} = \sqrt{M_x^2 + M_y^2} = \sqrt{82{,}74^2 + 86{,}53^2} \, \text{Nm} = \underline{119{,}7 \, \text{Nm}}$$

unter dem Winkel $\alpha_x = \arctan(M_y/M_x) = \underline{46{,}3°}$ zur x-Achse in der x-y-Ebene.

Das Moment $M_z = -F_y \cdot e_x + F_x \cdot e_y = -1{,}12 \, \text{kN} \cdot 4 \, \text{mm} + 0{,}89 \, \text{kN} \cdot 3 \, \text{mm} = \underline{-1{,}8 \, \text{Nm}}$ bewirkt eine sehr geringe Torsionsspannung im Querschnitt der Druckstange.

Die schief auf die Druckstangenplatte wirkende Kraft bewirkt mit den gegebenen Werten gegenüber der parallel zur Symmetrieachse der Stange wirkenden Kraft ein um 87 % höheres Biegemoment M_{Res} und ein zusätzliches sehr geringes Torsionsmoment.

8.3.3 Reduktion eines Kräftesystems in Bezug auf einen Punkt

In einem räumlichen Kräftesystem lassen sich Kräfte nicht ohne weiteres zusammenfassen. Dies ist nur dann möglich, wenn ihre Wirkungslinien in einer Ebenen liegen, sich entweder schneiden oder parallel verlaufen. Zur Zusammenfassung von Kräften, deren Wirkungslinien windschief verlaufen, müssen die Kraftvektoren parallel zu sich selbst verschoben werden, bis sich ihre Wirkungslinien schneiden.

Durch diese Parallelverschiebung entsteht – wie im vorherigen Abschnitt beschrieben – jeweils ein Versatzmoment, das man zur verschobenen Kraft hinzufügen muss, damit das veränderte Kräftesystem dem ursprünglichen gleichwertig bleibt. Das Versatzmoment bei der Parallelverschiebung einer Kraft ist gleich dem statischen Moment der nicht verschobenen „Ausgangskraft" bezüglich des Punktes in den sie verschoben wird.

Ein allgemeines räumliches System lässt sich immer auf ein gleichwertiges System aus einer resultierenden Kraft und einem resultierenden Kräftepaar (Moment) reduzieren.

Das System $(\vec{F}; \vec{M})$ bezüglich eines beliebig gewählten Punktes ist – wie bekannt – eine Dyname. Die beiden Vektoren stehen allerdings nicht wie in beim ebenen Kräftesystem senkrecht aufeinander, sondern schließen beliebige Winkel ein.

Die Reduktion einer beliebigen windschiefen Kraft zu einer Dyname auf einen beliebigen Punkt erlaubt somit die Zusammensetzung von Kräften, deren Wirkungslinien keinen gemeinsamen Schnittpunkt haben, indem sie auf einen gemeinsamen Punkt umgerechnet werden. Das stellt die gleichwertige Umwandlung eines allgemeinen Kräftesystems in ein zentrales System aus Kräften und Momenten dar. Dazu werden die Kräfte und Momente in die Koordinatenrichtungen zerlegt und nach den bekannten Regeln zu einer resultierenden Dyname zusammengefasst. Das resultierende Moment $\vec{M}_{\text{Res}}$ ist von der Lage des Bezugspunktes abhängig, die resultierende Kraft $\vec{F}_{\text{Res}}$ dagegen nicht, so dass beide Vektoren in der Regel nicht zusammenfallen, sondern einen beliebigen Winkel bilden.

Zusammengefasst erhalten wir die skalarwertigen Größen der Dyname des allgemeinen räumlichen Kräftesystems mit den Gleichungen (8.11), (8.12) und (8.13) für die resultierende Kraft:

$$F_{\text{Res}\,x} = \sum_{i=1}^{n} F_{ix} = \sum_{i=1}^{n} F_i \cdot \cos\alpha_i$$

$$F_{\text{Res}\,y} = \sum_{i=1}^{n} F_{iy} = \sum_{i=1}^{n} F_i \cdot \cos\beta_i$$

$$F_{\text{Res}\,z} = \sum_{i=1}^{n} F_{iz} = \sum_{i=1}^{n} F_i \cdot \cos\gamma_i$$

$$F_{\text{Res}} = \sqrt{F_{\text{Res}\,x}^2 + F_{\text{Res}\,y}^2 + F_{\text{Res}\,z}^2}$$

$$\cos\alpha_F = \frac{F_{\text{Res}\,x}}{F_{\text{Res}}} \quad \cos\beta_F = \frac{F_{\text{Res}\,y}}{F_{\text{Res}}} \quad \cos\gamma_F = \frac{F_{\text{Res}\,z}}{F_{\text{Res}}},$$

die sinngemäß mit den Gleichungen (8.23) auf das resultierende Moment übertragen werden.

$$\left.\begin{aligned}
M_{\text{Res}\,x} &= \sum_{i=1}^{n} \left(y_i \cdot F_{iz} - z_i \cdot F_{iy}\right) \\
M_{\text{Res}\,y} &= \sum_{i=1}^{n} \left(z_i \cdot F_{ix} - x_i \cdot F_{iz}\right) \\
M_{\text{Res}\,z} &= \sum_{i=1}^{n} \left(x_i \cdot F_{iy} - y_i \cdot F_{ix}\right)
\end{aligned}\right\} \tag{8.26}$$

$$M_{\text{Res}} = \sqrt{M_{\text{Res}\,x}^2 + M_{\text{Res}\,y}^2 + M_{\text{Res}\,z}^2} \tag{8.27}$$

$$\cos\alpha_M = \frac{M_{\text{Res}\,x}}{M_{\text{Res}}} \quad \cos\beta_M = \frac{M_{\text{Res}\,y}}{M_{\text{Res}}} \quad \cos\gamma_M = \frac{M_{\text{Res}\,z}}{M_{\text{Res}}}. \tag{8.28}$$

Wegen der beliebigen Wahl eines Bezugspunktes gibt es unendlich viele Möglichkeiten eine Dyname zu bilden.

Beispiel 8.6. Zur anschaulichen Darstellung der Zusammenhänge wird ein besonders übersichtliches, einfaches Beispiel gewählt. Die nach Abbildung 8.15 an einem Profilstück angreifenden Kräfte $F_1 = 2F$, $F_2 = 3F$, $F_3 = F$ sollen zur Bestimmung der Halterung des Teiles auf eine Dyname bezüglich des Koordinatenursprunges Punkt A reduziert werden.

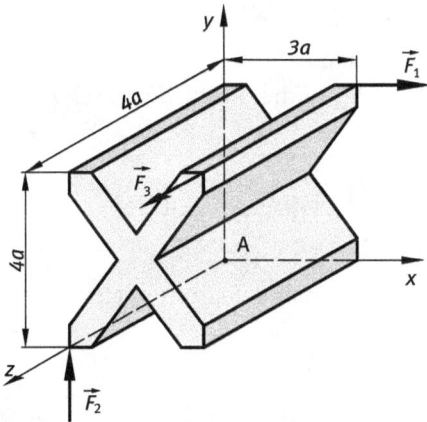

Abb. 8.15: Belastetes Profilstück

Lösung. Zur Demonstration des formalen Berechnungsweges über das Vektorprodukt werden die Kraft- und Ortsvektoren aufgeschrieben.

$$\vec{F}_1 = \begin{bmatrix} 2F \\ 0 \\ 0 \end{bmatrix} \qquad \vec{F}_2 = \begin{bmatrix} 0 \\ 3F \\ 0 \end{bmatrix} \qquad \vec{F}_3 = \begin{bmatrix} 0 \\ 0 \\ F \end{bmatrix}$$

$$\vec{r}_1 = \begin{bmatrix} 3a \\ 4a \\ 0 \end{bmatrix} \qquad \vec{r}_2 = \begin{bmatrix} 0 \\ 0 \\ 4a \end{bmatrix} \qquad \vec{r}_3 = \begin{bmatrix} 3a \\ 4a \\ 4a \end{bmatrix}.$$

Für die resultierende Kraft nach Gleichung (8.10)

$$\vec{F}_{\text{Res}} = \vec{F}_1 + \vec{F}_2 + \vec{F}_3 = \begin{bmatrix} F_{\text{Res}\,x} \\ F_{\text{Res}\,y} \\ F_{\text{Res}\,z} \end{bmatrix} = \begin{bmatrix} 2F \\ 0 \\ 0 \end{bmatrix} + \begin{bmatrix} 0 \\ 3F \\ 0 \end{bmatrix} + \begin{bmatrix} 0 \\ 0 \\ F \end{bmatrix} = \begin{bmatrix} 2 \\ 3 \\ 1 \end{bmatrix} \cdot F$$

läßt sich der Betrag der Resultierenden nach Gleichung (8.12) sofort aufschreiben

$$F_{\text{Res}} = \sqrt{2^2 + 3^2 + 1^2} \cdot F = \sqrt{14} \cdot F = \underline{3{,}742 \cdot F}.$$

Mit den Richtungswinkeln nach Gleichung (8.13)

$$\alpha_F = \arccos\left(\frac{F_{\text{Res}\,x}}{F_{\text{Res}}}\right) = \arccos\left(\frac{2}{\sqrt{14}}\right) = \underline{\underline{57,7°}}$$

$$\beta_F = \arccos\left(\frac{F_{\text{Res}\,y}}{F_{\text{Res}}}\right) = \arccos\left(\frac{3}{\sqrt{14}}\right) = \underline{\underline{36,7°}}$$

$$\gamma_F = \arccos\left(\frac{F_{\text{Res}\,z}}{F_{\text{Res}}}\right) = \arccos\left(\frac{1}{\sqrt{14}}\right) = \underline{\underline{74,5°}}$$

ist die Lage der resultierenden Kraft im Raum bestimmt.

Mit Gleichung (8.24) werden die Versatzmomente der drei Kräfte bezüglich A zusammengefasst

$$\vec{M}_{\text{Res}\,A} = \begin{vmatrix} \vec{e}_x & \vec{e}_y & \vec{e}_z \\ 3a & 4a & 0 \\ 2F & 0 & 0 \end{vmatrix} + \begin{vmatrix} \vec{e}_x & \vec{e}_y & \vec{e}_z \\ 0 & 0 & 4a \\ 0 & 3F & 0 \end{vmatrix} + \begin{vmatrix} \vec{e}_x & \vec{e}_y & \vec{e}_z \\ 3a & 4a & 4a \\ 0 & 0 & F \end{vmatrix}$$

und nach der sog. „Schachbrettregel" für die Unterdeterminanten mit wechselndem Vorzeichen berechnet:

$$\vec{M}_{\text{Res}\,A} = \vec{e}_x \left(-4a \cdot 3F + 4a \cdot F\right) - \vec{e}_y \left(3a \cdot F\right) + \vec{e}_z \left(-4a \cdot 2F\right) ,$$

$$\vec{M}_{\text{Res}\,A} = -\vec{e}_x \cdot 8 \cdot a \cdot F - \vec{e}_y \cdot 3 \cdot a \cdot F - \vec{e}_z \cdot 8 \cdot a \cdot F = \begin{bmatrix} -8 \\ -3 \\ -8 \end{bmatrix} F \cdot a$$

Den Betrag für das resultierende Moment berechnen wir nach Gleichung (8.27)

$$M_{\text{Res}\,A} = \sqrt{(-8)^2 + (-3)^2 + (-8)^2} \cdot F \cdot a = \sqrt{137} \cdot F \cdot a = \underline{\underline{11,705F \cdot a}} .$$

Die Richtungswinkel für den Momentvektor ergeben sich mit Gleichung (8.28) zu

$$\alpha_M = \arccos\left(\frac{M_{\text{Res}\,x}}{M_{\text{Res}}}\right) = \arccos\left(\frac{-8}{\sqrt{137}}\right) = \underline{\underline{131,1°}}$$

$$\beta_M = \arccos\left(\frac{M_{\text{Res}\,y}}{M_{\text{Res}}}\right) = \arccos\left(\frac{-3}{\sqrt{137}}\right) = \underline{\underline{104,9°}}$$

$$\gamma_M = \arccos\left(\frac{M_{\text{Res}\,z}}{M_{\text{Res}}}\right) = \arccos\left(\frac{-8}{\sqrt{137}}\right) = \underline{\underline{131,1°}} .$$

Kürzer lässt sich diese Aufgabe aus der Anschauung lösen. In diesem Beispiel liegen alle Kräfte parallel zu den Achsen, sodass die resultierende Kraft (siehe Abbildung 8.15)

$$F_{\text{Res}} = \sqrt{1^2 + 3^2 + 2^2} \cdot F = \sqrt{14} \cdot F$$

direkt aus der Abbildung aufgeschrieben werden kann. Auch für die Momente schreiben wir direkt aus der Anschauung

$$M_x = +F_3 \cdot y_3 - F_2 \cdot z_2 = F \cdot 4a - 3F \cdot 4a = -8 \cdot F \cdot a$$

$$M_y = -F_3 \cdot x_3 = -F \cdot 3a = -3 \cdot F \cdot a$$

$$M_z = -F_1 \cdot y_1 = -2F \cdot 4a = -8 \cdot F \cdot a .$$

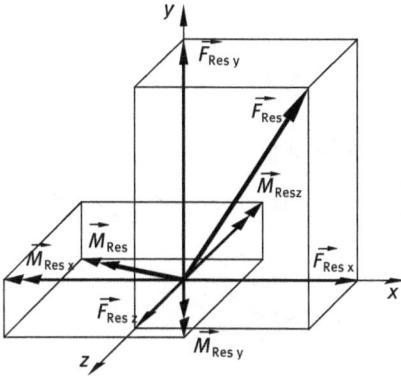

Abb. 8.16: Dyname

Mit diesen Werten lässt sich, wie oben gezeigt, Betrag und Richtung des Momentvektors in A berechnen.

Die Ergebnisse sind auf Abbildung 8.16 dargestellt.

Während die Richtung der resultierenden Kraft die Wirkungslinie der Verschiebung durch die Belastungen darstellt, beschreibt die Richtung des Momentvektors die Drehachse, um die sich der belastete Körper nach der Rechtsschraubenregel bei der Verschiebung drehen würde. Bei komplizierter Geometrie mit vielen Kräften ist das formale Vorgehen nach Gleichung (8.24) angeraten zumal es die Voraussetzungen für Lösungen mit dem Computer schafft.

Bei überschaubaren Problemen – wie dem obigen – kommt man bei der Berechnung der Versatzmomente über die Anschauung aus der Berechnungsskizze oft schneller zum Ziel. Die Berechnungsgleichungen werden oft kürzer und es entstehen durch den ungeübten Anwender meist weniger Fehler. So ist die Festlegung des Vorzeichens eines Momentvektors durch die Drehrichtung aus der Anschauung meist einfacher, als durch die Bestimmung über jeweils vorzeichenbehaftete Kräfte und Längen im Koordinatensystem nach Gleichung (8.25).

Für die Beschreibung von räumlichen Bewegungen, wie z. B. in der Robotertechnik, der Luft- und Raumfahrt, ist die Rückführung auf eine Dyname ein anschauliches Mittel.

Beim Auswuchten walzenförmiger Rotoren (z. B. Turbinenläufer) lassen sich die in verschiedenen Ebenen gemessenen Unwuchten zu einer *Unwuchtdyname* zusammenfassen.

Damit kann ein beliebiger Unwuchtzustand als Überlagerung einer statischen Unwucht und einer Momentenunwucht dargestellt und berechnet werden (siehe weiterführende Literatur [35, 37]).

Beispiel 8.7. Für den auf Abbildung 8.17 gezeigten, drehbar gelagerten Körper soll die Kraft F_2 für die folgenden Werte so bestimmt werden, dass kein resultierendes Moment um die Drehachse wirkt.

Werte: $F_1 = 3000\,\mathrm{N}$, $F_3 = 4000\,\mathrm{N}$, $b = 750\,\mathrm{mm}$, $h = 600\,\mathrm{mm}$, $l = 1350\,\mathrm{mm}$.

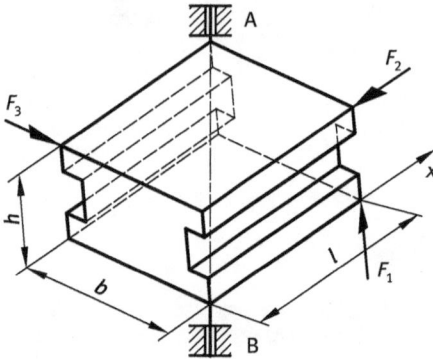

Abb. 8.17: Belasteter Körper

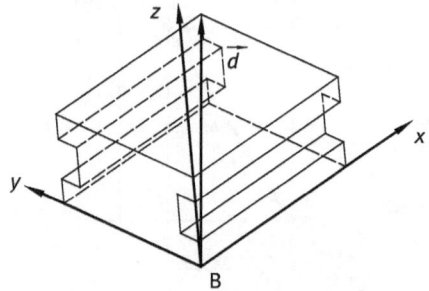

Abb. 8.18: Koordinatensystem

Lösung. Die Drehwirkung der drei Kräfte um die Achse A-B ist relativ aufwendig zu ermitteln. Hier ist die Anwendung der Vektorrechnung vorteilhaft:

Der resultierende Momentvektor hat dann keine Komponente in Richtung der Achse A-B, wenn er senkrecht auf dieser Achse steht. Das ist der Fall, wenn das Skalarprodukt der Vektoren $\vec{M}_{\text{res}}$ und $\vec{d}$ (Drehachse; in diesem Beispiel die Raumdiagonale) verschwindet

$$\vec{M}_{\text{ResA}} \cdot \vec{d} = \vec{0}. \tag{1}$$

Das Koordinatensystem wird für die Berechnung in einen der beiden Lagerpunkte, z. B. Lager B (siehe Abbildung 8.18) gelegt.

Den Momentvektor können wir entweder vektoriell mit

$$\vec{F}_1 = \begin{bmatrix} 0 \\ 0 \\ F_1 \end{bmatrix} \quad \vec{F}_2 = \begin{bmatrix} -F_2 \\ 0 \\ 0 \end{bmatrix} \quad \vec{F}_3 = \begin{bmatrix} 0 \\ -F_3 \\ 0 \end{bmatrix}$$

$$\vec{r}_1 = \begin{bmatrix} l \\ 0 \\ 0 \end{bmatrix} \quad \vec{r}_2 = \begin{bmatrix} l \\ 0 \\ h \end{bmatrix} \quad \vec{r}_3 = \begin{bmatrix} 0 \\ b \\ h \end{bmatrix} \quad \vec{d} = \begin{bmatrix} l \\ b \\ h \end{bmatrix},$$

und

$$\vec{M}_{\text{Res B}} = \begin{vmatrix} \vec{e}_x & \vec{e}_y & \vec{e}_z \\ l & 0 & 0 \\ 0 & 0 & F_1 \end{vmatrix} + \begin{vmatrix} \vec{e}_x & \vec{e}_y & \vec{e}_z \\ l & 0 & h \\ -F_2 & 0 & 0 \end{vmatrix} + \begin{vmatrix} \vec{e}_x & \vec{e}_y & \vec{e}_z \\ 0 & b & h \\ 0 & -F_3 & 0 \end{vmatrix}$$

$$\vec{M}_{\text{Res B}} = \vec{e}_x \left(0 + 0 + h \cdot F_3\right) - \vec{e}_y \left(l \cdot F_1 + h \cdot F_2 + 0\right) + \vec{e}_z \left(0 + 0 + 0\right)$$

$$\vec{M}_{\text{Res B}} = \begin{bmatrix} h \cdot F_3 \\ -l \cdot F_1 - h \cdot F_2 \\ 0 \end{bmatrix}.$$

oder kürzer aus der Anschauung

$$M_x = +F_3 \cdot h$$
$$M_y = -F_1 \cdot l - F_2 \cdot h$$
$$M_z = 0$$

berechnen.

Das Skalarprodukt der Vektoren gleich Null gesetzt (1):

$$\begin{bmatrix} h \cdot F_3 \\ -l \cdot F_1 - h \cdot F_2 \\ 0 \end{bmatrix} \cdot \begin{bmatrix} l \\ b \\ h \end{bmatrix} = \begin{bmatrix} 0 \\ 0 \\ 0 \end{bmatrix}$$

liefert die Gleichung für die gesuchte Kraft

$$F_3 \cdot h \cdot l - F_1 \cdot l \cdot b - F_2 \cdot h \cdot b = 0 \,.$$

Nach F_2 umgestellt, wird

$$F_2 = \frac{F_3 \cdot h \cdot l - F_1 \cdot l \cdot b}{h \cdot b} = \frac{4\,\text{kN} \cdot 0{,}6\,\text{m} \cdot 1{,}35\,\text{m} - 3\,\text{kN} \cdot 1{,}35\,\text{m} \cdot 0{,}75\,\text{m}}{0{,}6\,\text{m} \cdot 0{,}75\,\text{m}} = \underline{0{,}45\,\text{kN}}$$

8.3.4 Reduktion auf eine Kraftschraube

Das bei der Reduktion auf eine Dyname entstehende Versatzmoment $\vec{M}_{\text{Res}}$ hängt, im Gegensatz zur resultierenden Kraft $\vec{F}_{\text{Res}}$, vom Bezugspunkt ab. Dementsprechend muss auch der Winkel zwischen Kraft und Moment der Dyname (Abbildung 8.16) von der Wahl des Bezugspunktes abhängen. Aus dieser Tatsache lässt sich eine weitere Reduktion des Kräftesystems herleiten. Durch geeignete Wahl des Bezugspunktes lässt sich erreichen, dass Kraft und Moment zueinander parallel werden:

Da im räumlichen Kräftesystem der Kraft- und Momentvektor im Allgemeinen nicht senkrecht aufeinander stehen, wird der Momentvektor $\vec{M}_{\text{Res}}$ in eine Komponente $\vec{M}_{\text{Res}}^{(p)}$ in Richtung (parallel; hochgestelltes „p") von $\vec{F}_{\text{Res}}$ und eine senkrecht dazu $\vec{M}_{\text{Res}}^{(s)}$ (hochgestelltes „s") zerlegt (siehe Abbildung 8.19).

Es gilt $\vec{M}_{\text{Res}}^{(p)} = M_{\text{Res}} \cdot \cos \varphi$ und $\vec{M}_{\text{Res}}^{(s)} = M_{\text{Res}} \cdot \sin \varphi$.

Durch eine geeignete Verschiebung der Dyname können wir erreichen, dass der senkrechte Momentvektor $\vec{M}_{\text{Res}}^{(s)}$ zu Null wird, denn

– Das Moment $\vec{M}_{\text{Res}}$ darf als freier Vektor beliebig, also auch parallel zu sich von 0 nach A verschoben werden.

– Die parallele Verschiebung von $\vec{F}_{\text{Res}}$ vom Punkt 0 nach A bewirkt ein Versatzmoment von $-M_{\text{Res}}^{(s)} = F_{\text{Res}} \cdot r_{\text{OA}}$.

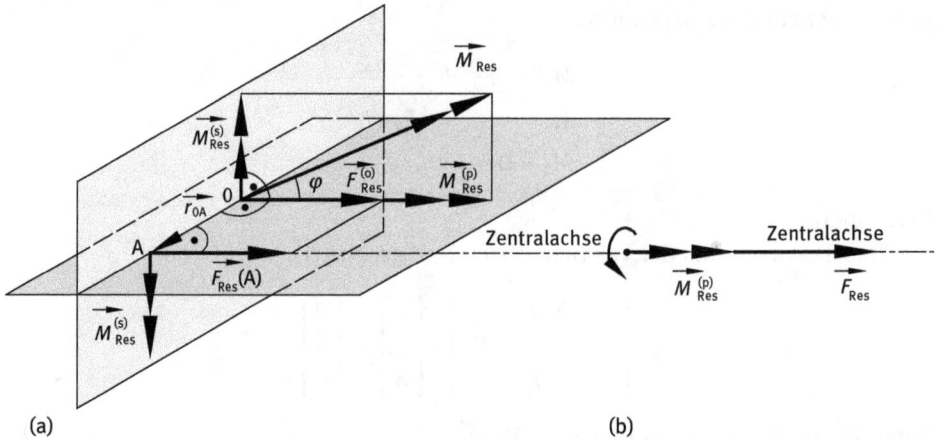

Abb. 8.19: Reduktion auf eine Kraftschraube; (a) Verschiebung der Dyname, (b) Kraftschraube und Zentralachse

In dem Maße, wie $\vec{F}_{\text{Res}}$ verschoben wird, muss $\vec{M}_{\text{Res}}^{(s)}$ kleiner werden. Den Abstand, für $\vec{M}_{\text{Res}}^{(s)} = 0$ berechnen wir zu

$$r_{0A} = \frac{M_{\text{Res}}^{(s)}}{F_{\text{Res}}} = \frac{M_{\text{Res}} \cdot \sin \varphi}{F_{\text{Res}}} = \frac{F_{\text{Res}} \cdot M_{\text{Res}} \cdot \sin \varphi}{F_{\text{Res}}^2} \tag{8.29a}$$

bzw. als Vektor geschrieben

$$\vec{r}_{0A} = \frac{\vec{F}_{\text{Res}} \times \vec{M}_{\text{Res}}}{F_{\text{Res}}^2} . \tag{8.29b}$$

Der Vektor $\vec{r}_{0A}$ steht senkrecht auf der Zentralachse und gibt somit den kürzesten Abstand der Zentralachse vom Punkt A an. Damit können wir das Versatzmoment als vektorielles Produkt schreiben

$$\vec{M}_{\text{Res}}^{(s)} = \vec{r}_{0A} \times \vec{F}_{\text{Res}} . \tag{8.30}$$

Die Dyname ($\vec{M}_{\text{Res}}^{(p)}$; $\vec{F}_{\text{Res}}$), bei der Kraft- und Momentvektor parallel liegen, bezeichnet man als *Kraftschraube*, da diese Vektorkombination eine Drehung und eine Verschiebung (wie eine Schraube) am Körper hervorruft. Die gemeinsame Wirkungslinie ist die *Zentralachse*. Die Lage der Zentralachse bezüglich des Koordinatenursprungs beschreiben wir zweckmäßig – wie aus Abbildung 8.19a ersichtlich – durch den senkrechten Abstandsvektor $\vec{r}_{0A}$ nach Gleichung (8.29). Die Richtung der Zentralachse legen wir durch einen Einsvektor $\vec{e}_p$ fest:

$$\vec{F}_{\text{Res}} = \vec{e}_p \cdot \left| \vec{F}_{\text{Res}} \right| \quad \Rightarrow \quad \vec{e}_p = \frac{\vec{F}_{\text{Res}}}{F_{\text{Res}}} .$$

Damit und mit Abbildung 3.19a schreiben wir für den Momentvektor der Kraftschraube aus Betrag und Einsvektor

$$\vec{M}_{Res}^{(p)} = M_{Res}^{(p)} \cdot \vec{e}_p = M_{Res} \cdot \cos\varphi \cdot \frac{\vec{F}_{Res}}{F_{Res}} = \frac{F_{Res}}{F_{Res}} \cdot M_{Res} \cdot \cos\varphi \cdot \frac{\vec{F}_{Res}}{F_{Res}}\,.$$

Mit dem Skalarprodukt $\vec{F}_{Res} \cdot \vec{M}_{Res} = F_{Res} \cdot M_{Res} \cdot \cos\varphi$ (Abbildung 3.19a) wird der *Momentvektor der Kraftschraube*

$$\vec{M}_{Res}^{(p)} = \frac{\vec{F}_{Res} \cdot \vec{M}_{Res}}{F_{Res}^2} \cdot \vec{F}_{Res} = p \cdot \vec{F}_{Res}\,. \tag{8.31}$$

In dieser Gleichung wird der skalare Faktor

$$p = \frac{\vec{F}_{Res} \cdot \vec{M}_{Res}}{F_{Res}^2} \tag{8.32}$$

als *Parameter der Kraftschraube* bezeichnet. Er das gibt das Größenverhältnis der beiden Vektoren der Kraftschraube und über das Vorzeichen die Richtung zueinander an.

Ein allgemeines räumliches Kräftesystem lässt sich immer auf eine Kraftschraube zurückführen. Dabei gibt es einen speziellen Bezugspunkt, für den $\vec{F}_{Res}$ und $\vec{M}_{Res}$ parallel sind.

Da die resultierende Kraft $\vec{F}_{Res}$ auf ihrer Wirkungslinie beliebig verschoben werden darf, ist jeder Punkt auf der Zentralachse ein Reduktionspunkt. Die Kraftschraube ist auf der Zentralachse verschiebbar. Damit lässt sich die Gleichung der Geraden im Raum angeben. Ein beliebiger Punkt P auf dieser Geraden bezüglich 0 wird durch den Vektor

$$\vec{r} = \vec{r}_{0A} + \lambda \cdot \vec{F}_{Res} \tag{8.33}$$

gemäß Abbildung 8.20 (zur besseren Anschauung unter Bezug auf Abbildung 8.19) festgelegt. In dieser Gleichung ist λ ein dimensionsbehafteter variabler Parameter.

Die Kraftschraube ist das einfachste Gebilde, auf das ein räumliches Kräftesystem äquivalent zurückführbar ist.

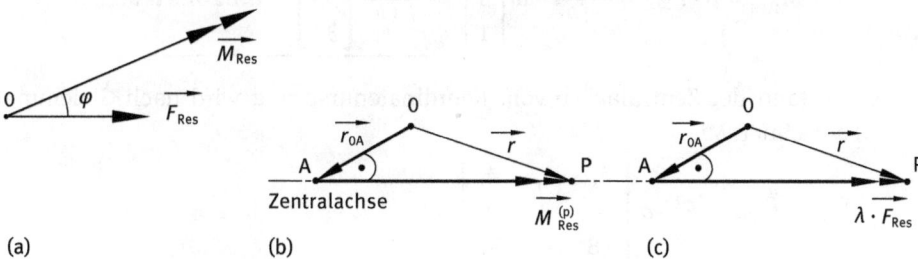

Abb. 8.20: Veranschaulichung der Geradengleichung der Zentralachse; (a) Dyname, (b) Zentralachse, (c) zur Gleichung der Geraden

Abschließend ist zur Kräftereduktion anzumerken, dass sich jedes Kräftesystem am starren Körper auf zwei zueinander windschiefe Kräfte, ein so genanntes *Kraftkreuz*, zurückführen lässt. Wegen der geringen praktischen Bedeutung wird hierauf nicht eingegangen.

Beispiel 8.8. Für die auf eine Dyname bezüglich des Koordinatenursprunges reduzierten drei Kräfte $F_1 = 2F$, $F_2 = 3F$, $F_3 = F$ des Beispiels 8.6, Abbildung 8.15, sind zu berechnen

a) das Moment der Kraftschraube,
b) der Abstand der Zentralachse vom Koordinatenursprung,
c) die Durchstoßpunkte der Zentralachse durch die Koordinatenebenen

Lösung. a) Für die Berechnung des Momentes der Kraftschraube nach Gleichung (8.31) benötigen wir einen Parameter, der das Größenverhältnis und die Richtung zueinander der beiden Vektoren definiert. Diesen sog. Parameter der Kraftschraube p berechnen wir mit den Werten der Dyname des Bsp. 8.6 nach Gleichung (8.32):

$$\vec{F}_{Res} = F \cdot \begin{bmatrix} 2 & 3 & 1 \end{bmatrix}^T ; \qquad F_{Res} = \sqrt{14} \cdot F = 3{,}742 \cdot F ,$$

$$\vec{M}_{Res\,A} = F \cdot a \cdot \begin{bmatrix} -8 & -3 & -8 \end{bmatrix}^T ; \qquad M_{Res\,A} = \sqrt{137} \cdot F \cdot a = 11{,}705 \cdot F \cdot a .$$

$$\text{Mit} \quad \vec{F}_{Res} \cdot \vec{M}_{Res} = F \begin{bmatrix} 2 \\ 3 \\ 1 \end{bmatrix} \cdot F \cdot a \begin{bmatrix} -8 \\ -3 \\ -8 \end{bmatrix} = F^2 \cdot a(-16 - 9 - 8) = -33F^2 \cdot a$$

$$\text{und} \quad F_{Res}^2 = F_{Res\,x}^2 + F_{Res\,y}^2 + F_{Res\,z}^2 = F^2(2^2 + 3^2 + 1^2) = 14F^2$$

wird der Parameter

$$p = \frac{\vec{F}_{Res} \cdot \vec{M}_{Res}}{F_{Res}^2} = \frac{-33F^2 \cdot a}{14F^2} = -\frac{33}{14}a = -2{,}357a .$$

Da dieser Wert kleiner Null ist, sind der Momentvektor der Kraftschraube und der Vektor der resultierenden Kraft entgegengesetzt gerichtet. Gemäß Gleichung (8.31) wird der Momentvektor:

$$\vec{M}_{Res}^{(p)} = p \cdot \vec{F}_{Res} = -\frac{33}{14}F \cdot a \begin{bmatrix} 2 \\ 3 \\ 1 \end{bmatrix} = -\frac{F \cdot a}{14} \begin{bmatrix} 66 \\ 99 \\ 33 \end{bmatrix} = 8{,}820F \cdot a .$$

b) Der Abstand der Zentralachse vom Koordinatenursprung wird nach Gleichung (8.29b) berechnet. Mit

$$\vec{F}_{Res} \times \vec{M}_{Res} = F^2 \cdot a \begin{bmatrix} \vec{e}_x & \vec{e}_y & \vec{e}_z \\ 2 & 3 & 1 \\ -8 & -3 & -8 \end{bmatrix} =$$

$$F^2 \cdot a \left[\vec{e}_x \cdot (-24 + 3) - \vec{e}_y \cdot (-16 + 8) + \vec{e}_z \cdot (-6 + 24) \right] = F^2 \cdot a \begin{bmatrix} -21 \\ 8 \\ 18 \end{bmatrix}$$

beträgt der Abstand der Zentralachse vom Koordinatenursprung

$$\vec{r}_{OA} = \frac{\vec{F}_{Res} \times \vec{M}_{Res}}{F_{Res}^2} = \frac{F^2 \cdot a}{14 \cdot F^2} \begin{bmatrix} -21 \\ 8 \\ 18 \end{bmatrix} = \frac{a}{14} \begin{bmatrix} -21 \\ 8 \\ 18 \end{bmatrix} = 2{,}057a \ .$$

Zur Überprüfung berechnen wir das Versatzmoment nach Gleichung (8.30)

$$\vec{M}_{Res}^{(s)} = \vec{r}_{OA} \times \vec{F}_{Res} = \frac{F \cdot a}{14} \begin{bmatrix} \vec{e}_x & \vec{e}_y & \vec{e}_z \\ -21 & 8 & 18 \\ 2 & 3 & 1 \end{bmatrix} = \frac{F \cdot a}{14} \begin{bmatrix} -46 \\ +57 \\ -79 \end{bmatrix} = 7{,}695F \cdot a \ .$$

Die vektorielle Addition der Momentenkomponenten muss das Gesamtmoment ergeben. Dies nutzen wir zur Kontrolle der Rechnung

$$\vec{M}_{Res}^{(p)} + \vec{M}_{Res}^{(s)} = -\frac{F \cdot a}{14} \begin{bmatrix} 66 \\ 99 \\ 33 \end{bmatrix} + \frac{F \cdot a}{14} \begin{bmatrix} -46 \\ +57 \\ -79 \end{bmatrix} = \frac{F \cdot a}{14} \begin{bmatrix} -112 \\ -42 \\ -112 \end{bmatrix} = F \cdot a \begin{bmatrix} -8 \\ -3 \\ -8 \end{bmatrix} = \vec{M}_{Res}$$

oder mit den Beträgen der Vektoren

$$M_{Res} = \sqrt{M_{Res}^{(p)\,2} + M_{Res}^{(s)\,2}} = \sqrt{7{,}695^2 + 8{,}820^2}\ F \cdot a = 11{,}705F \cdot a \ .$$

Die folgende Abbildung 8.21 soll die geometrischen Zusammenhänge von Dyname, Kraftschraube mit Zentralachse in den windschief zueinander stehenden Ebenen veranschaulichen.

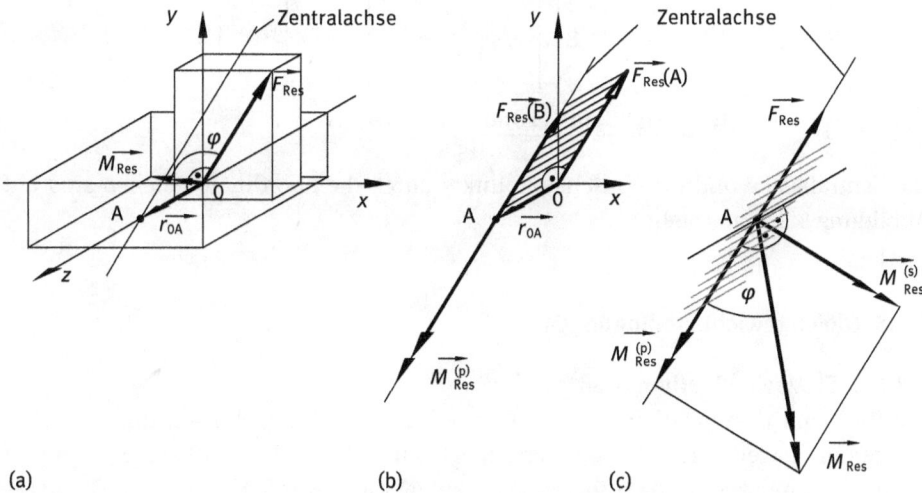

(a) (b) (c)

Abb. 8.21: Dyname, Kraftschraube und Zentralachse; (a) Dyname, (b) Kraftschraube mit Zentralachse, (c) Momente

c) Die Berechnung der Durchstoßpunkte D_1, D_2, D_3 der Geraden durch die Koordinatenebenen führen wir mit der Gleichung (8.33)

$$\vec{r} = \vec{r}_{OA} + \lambda \cdot \vec{F}_{Res} = \frac{a}{14}\begin{bmatrix} -21 \\ 8 \\ 18 \end{bmatrix} + \lambda \cdot F \begin{bmatrix} 2 \\ 3 \\ 1 \end{bmatrix} :$$

– x-y-Ebene

$$z(\lambda_1) = 0: \quad -\frac{18}{14} \cdot a + \lambda_1 \cdot F = 0 \quad \Rightarrow \quad \lambda_1 = -\frac{18}{14} \cdot \frac{a}{F}$$

$$\vec{r}(D_1) = \frac{a}{14}\begin{bmatrix} -21 \\ 8 \\ 18 \end{bmatrix} - \frac{18}{14}\frac{a}{F} \cdot F \begin{bmatrix} 2 \\ 3 \\ 1 \end{bmatrix} = \frac{a}{14}\begin{bmatrix} -57 \\ -46 \\ 0 \end{bmatrix} ;$$

$$\underline{D_1 = (-4{,}07; -3{,}29; 0)a} .$$

– y-z-Ebene

$$x(\lambda_2) = 0: \quad -\frac{21}{14} \cdot a + 2\lambda_2 \cdot F = 0 \quad \Rightarrow \quad \lambda_2 = \frac{21}{28} \cdot \frac{a}{F}$$

$$\vec{r}(D_2) = \frac{a}{14}\begin{bmatrix} -21 \\ 8 \\ 18 \end{bmatrix} + \frac{21}{28}\frac{a}{F} \cdot F \begin{bmatrix} 2 \\ 3 \\ 1 \end{bmatrix} = \frac{a}{28}\begin{bmatrix} 0 \\ 79 \\ 57 \end{bmatrix} ;$$

$$\underline{D_2 = (0; 2{,}82; 2{,}04;)a} .$$

– x-z-Ebene

$$y(\lambda_3) = 0: \quad \frac{8}{14} \cdot a + 3\lambda_3 \cdot F = 0 \quad \Rightarrow \quad \lambda_3 = -\frac{4}{21} \cdot \frac{a}{F}$$

$$\vec{r}(D_3) = \frac{a}{14}\begin{bmatrix} -21 \\ 8 \\ 18 \end{bmatrix} - \frac{4}{21}\frac{a}{F} \cdot F \begin{bmatrix} 2 \\ 3 \\ 1 \end{bmatrix} = \frac{a}{42}\begin{bmatrix} -79 \\ 0 \\ 46 \end{bmatrix} ;$$

$$\underline{D_3 = (-1{,}88; 0; 1{,}10)a} .$$

Die Zentralachse und ihre Durchstoßpunkte durch die Koordinatenebenen sind auf Abbildung 8.22 dargestellt.

8.3.5 Gleichgewichtsbedingungen

8.3.5.1 Statische Bestimmtheit

Um im Raum drei mögliche Verschiebungen entlang dreier Achsen und drei Drehungen um jeweils diese Bewegungsmöglichkeiten (sechs Freiheitsgrade f) sperren zu können, müssen sechs Stützgrößen r aufgebracht werden, um einen Gleichgewichtszustand herzustellen. Das heißt, dass ein starrer Körper im Raum statisch bestimmt gelagert ist, wenn beim Freimachen nicht mehr als sechs unbekannte Auflagerreaktionen auftreten. Es müssen also für die Berechnung der unbekannten Stütz-

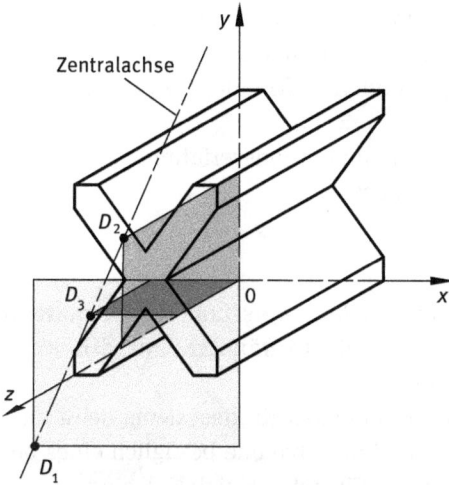

Abb. 8.22: Darstellung der Zentralachse im Koordinatensystem

größen sechs unabhängige Bestimmungsgleichungen zur Verfügung stehen. Für die statische Bestimmtheit gilt somit Gleichung (8.14).

Für einen im Raum gestützten Körper, dessen Lagerelemente nur Kräfte übertragen, gelten für eine statisch bestimmte Lagerung folgende Einschränkungen:
- Die Lagerung muss in mindestens drei Punkten erfolgen, die nicht auf einer Geraden liegen.
- Die Wirkungslinien aller Auflagerkräfte dürfen nicht eine Gerade schneiden.
- In einem Punkt dürfen sich nicht mehr als drei Wirkungslinien der Stützkräfte schneiden. Daraus folgt, dass ein Punkt im Raum durch drei Stäbe eindeutig fixiert ist.
- In einer Ebene dürfen maximal drei Wirkungslinien von Lagerkräften liegen.

Wie bekannt, sind dies notwendige, aber keine hinreichende Bedingungen. Die auch hinreichende mathematische Bedingung für die statische Bestimmtheit ist, dass das Gleichungssystem aus den Gleichgewichtsbedingungen für die Auflagerreaktionen eine eindeutige Lösung haben muss. Diese existiert dann, wenn die Koeffizientendeterminante des Gleichungssystems ungleich Null ist[3].

Zur Berechnung der Determinante überführen wir die sechs Gleichgewichtsbedingungen in die Matrixform $\underline{\underline{A}} \cdot \underline{x} = \underline{b}$. Die Determinante der Systemmatrix

$$\det \underline{\underline{A}} = \begin{vmatrix} a_{11} & a_{12} & \cdots & a_{16} \\ a_{21} & a_{22} & \cdots & a_{26} \\ \vdots & & & \vdots \\ a_{61} & a_{62} & \cdots & a_{66} \end{vmatrix}$$

---

3 siehe dazu Abschnitt 4.7.2, Beispiel 4.10

ist für eine 6×6-Matrix nicht mehr so einfach ohne die entsprechende Rechentechnik lösbar. Die in der Mathematik allgemein gelehrte CRAMERsche Regel – für $n = 3$ noch handhabbar – hat wegen des exponentiell steigenden Aufwandes für größere n nur theoretische Bedeutung.

Für Systeme mit mehr Gleichungen existieren Eliminationsverfahren der Numerischen Mathematik, z. B. der GAUSSsche Algorithmus[4].

8.3.5.2 Berechnungen

Am starren Körper darf jede Kraft in einen beliebigen Punkt verschoben werden, wenn durch Versatzmomente der Gleichgewichtszustand nicht verändert wird; d. h. jedes Kräftesystem lässt auf eine Dyname zurückführen.

Für das Gleichgewicht eines allgemeinen räumlichen Kräftesystems heißt das, dass die Kraft $\vec{F}_{\text{Res}}$ und das Moment $\vec{M}_{\text{Res}}$ des auf eine Dyname bezüglich eines beliebigen Punktes reduzierten Kräftesystems – jedes für sich – gleich Null sind.

$$\vec{F}_{\text{Res}} = \sum_{i=1}^{n} \vec{F}_i = 0 \qquad \vec{M}_{\text{Res}} = \sum_{i=1}^{n} \vec{M}_i = 0 \ .$$

Dies sind die vom zentralen Kräftesystem her bekannten Gleichungen (8.16)

$$F_{\text{Res}\,x} = \sum_{i=1}^{n} F_{ix} = \sum_{i=1}^{n} F_i \cdot \cos \alpha_i = 0$$

$$F_{\text{Res}\,y} = \sum_{i=1}^{n} F_{iy} = \sum_{i=1}^{n} F_i \cdot \cos \beta_i = 0$$

$$F_{\text{Res}\,z} = \sum_{i=1}^{n} F_{iz} = \sum_{i=1}^{n} F_i \cdot \cos \gamma_i = 0$$

sowie für das Momentgleichgewicht mit Gleichung (8.26)

$$\left.\begin{aligned}
M_{\text{Res}\,x} &= \sum_{i=1}^{n} \left(y_i \cdot F_{iz} - z_i \cdot F_{iy} \right) = 0 \\
M_{\text{Res}\,y} &= \sum_{i=1}^{n} \left(z_i \cdot F_{ix} - x_i \cdot F_{iz} \right) = 0 \\
M_{\text{Res}\,z} &= \sum_{i=1}^{n} \left(x_i \cdot F_{iy} - y_i \cdot F_{ix} \right) = 0 \ .
\end{aligned}\right\} \qquad (8.34)$$

Die Anwendung der Gleichungen (8.34) vor allem für die numerische Lösung geeignet. Sie stellt für die Handrechnung in der Regel keine Erleichterung dar, wie auch das Bei-

---

4 CARL FRIEDRICH GAUSS, 1777–1855, deutscher Mathematiker, Astronom und Geodät; siehe [26] und [34]

spiel 8.6 zur Ermittlung der Dyname anschaulich zeigt. Die Formulierung der Gleichgewichtsbedingungen aus der Anschauung ist für überschaubare Probleme meist der kürzere Weg.

Eine typische Anwendung ist die Lagerberechnung von Zahnradgetrieben. Hierfür wollen wir das Beispiel 4.9, die auf ein ebenes Problem vereinfachte Lagerberechnung einer Getriebewelle (Abbildung 4.30), noch einmal aufgreifen, um die dort vernachlässigten Radialkomponenten der Zahnkräfte nunmehr zu berücksichtigen um eine Aussage zur Genauigkeit der Vereinfachung dieses Problems treffen zu können.

Beispiel 8.9. Die um die radialen Belastungskräfte ergänzte Getriebewelle des Beispiels 4.9, Abschnitt 4.7.2, zeigt Abbildung 8.23. Für die folgenden Werte sind die Lagerkräfte zu berechnen:

Riemenkräfte: $F_{S1} = 5584\,\text{N}$, $F_{S2} = 2669\,\text{N}$, Durchmesser: $d_R = 365\,\text{mm}$
Umfangskräfte: $F_{u1} = 2669\,\text{N}$, $F_{u2} = 6303\,\text{N}$, Durchmesser: $d_{w1} = 562\,\text{mm}$
Radialkräfte: $F_{r1} = 971\,\text{N}$, $F_{r2} = 2294\,\text{N}$, Durchmesser: $d_{w2} = 238\,\text{mm}$.

Die Abweichungen zur Rechnung des Grobentwurfs des Beispiels 4.9 sind zu bewerten.

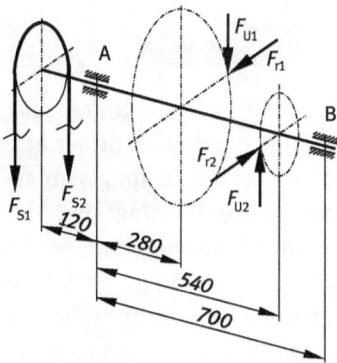

Abb. 8.23: Getriebewelle

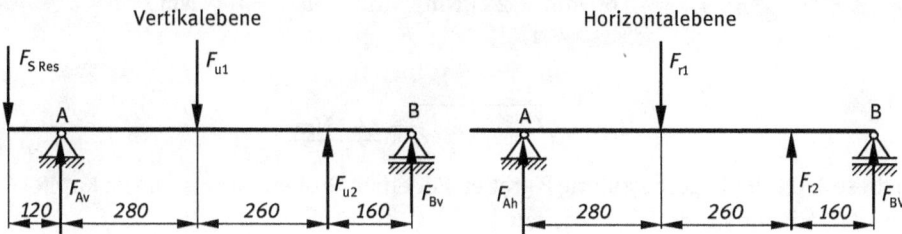

Abb. 8.24: Belastungsschema

Lösung. Da die Radialkräfte senkrecht zu den Umfangskräften wirken, zerlegen wir das räumliche Problem in zwei senkrecht aufeinander stehende ebene Systeme (Abbildung 8.24).

Damit können wir das räumliche Problem auf die Berechnung zweier ebener Systeme reduzieren, deren Ergebnisse wir am Ende überlagern.

Das Vertikalsystem entspricht dem durchgerechneten Beispiel 4.9, dessen Ergebnisse wir übernehmen:

$$F_A = F_{Av} = 9829\,\text{N}\,, \quad F_B = F_{Bv} = 5210\,\text{N}\,.$$

Für das Horizontalsystem berechnen wir

$$F_{Ah} = \frac{F_{r1} \cdot 420\,\text{mm} - F_{r2} \cdot 160\,\text{mm}}{700\,\text{mm}} = \underline{58\,\text{N}}$$

$$F_{Bh} = \frac{-F_{r1} \cdot 280\,\text{mm} + F_{r2} \cdot 540\,\text{mm}}{700\,\text{mm}} = \underline{1381\,\text{N}}\,.$$

Probe $\uparrow$: $F_{Ah} - F_{r1} + F_{r2} - F_{Bh} = (58 - 971 + 2294 - 1381)\,\text{N} = 0$.

Mit den vertikalen Lagerkräften aus dem Beispiel 4.9 (s. o.) werden somit gemäß Gleichung (4.14) die resultierenden Lagerkräfte

$$F_A = \sqrt{F_{Av}^2 + F_{Ah}^2} = \underline{9829\,\text{N}} \quad \text{und} \quad F_B = \sqrt{F_{Bv}^2 + F_{Bh}^2} = \underline{5390\,\text{N}}\,.$$

Die Radialkräfte am Zahnrad sind aufgrund der genormten Eingriffsverhältnisse relativ klein[5] gegenüber den Umfangskräften. Im Zusammenhang mit den bei dieser Aufgabenstellung großen Riemenkräften ist ihr Einfluss auf die Lagerbelastung sehr gering. Die Abweichungen im Lager A ist praktisch Null und im Lager B beträgt sie 3,5 %.

Die Radialkräfte, die zwischen den Lagern wirken, rufen kein Biegemoment an den Lagerzapfen hervor. Das Biegemoment M_{b1} am Zahnradsitz 1 wird durch die Radialkräfte wegen der sehr kleinen Kraft, die sie am Lager A bewirken, praktisch nicht beeinflusst.

Das Biegemoment am Zahnradsitz 2 wird mit

$$M_{b2h} = F_{Bh} \cdot 160\,\text{mm} = 221\,\text{Nm} \quad \text{und} \quad M_{b2v} = 834\,\text{Nm}$$

aus dem Beispiel 4.9 mit

$$M_{b2} = \sqrt{M_{bh2}^2 + M_{Bv2}^2} = \underline{863\,\text{Nm}}$$

um diese 3,5 % der Lagerbelastung B größer, Für einen Grobentwurf ist die im Kapitel 4 geführte Rechnung hinreichend genau.

---

5 Bei Geradverzahnung der Zahnräder beträgt die Radialkraft ca. 36 % der Umfangskraft; siehe dazu [25, 32].

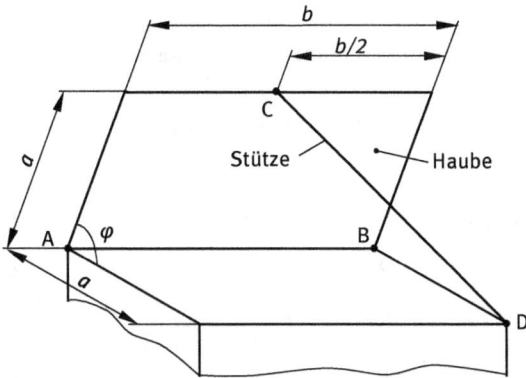

Abb. 8.25: Motorhaube

Beispiel 8.10. Auf Abbildung 8.25 ist das Prinzip der Abstützung einer geöffneten Motorhaube beim Kraftfahrzeug vereinfacht dargestellt. Die Gewichtskraft der Haube von F_G = 180 N wird im Schwerpunkt wirkend angenommen. Mit den Längen a = 860 mm, b = 1460 mm sind für die gezeigte Stellung mit φ = 60° die Kraft in der Stange sowie die Gelenkkräfte in den Scharnieren, hervorgerufen durch die Gewichtskraft, zu berechnen. Das Scharnier A wird als Loslager, das Scharnier B als Festlager angenommen.

Lösung. Wir schneiden die Haube frei und legen ein Koordinatensystem mit dem Ursprung in das Festlager A (Abbildung 8.26).

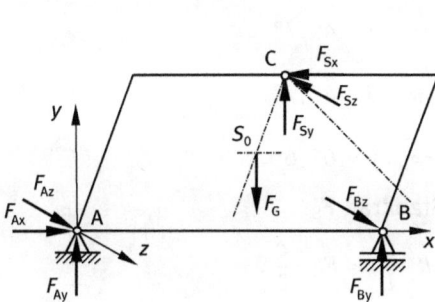

Abb. 8.26: Belastungsschema

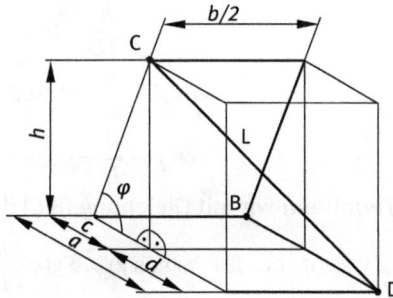

Abb. 8.27: Geometrie

Für die Berechnung der fünf unbekannten Gelenkkräfte und der Stabkraft stehen sechs Gleichgewichtsbedingungen zur Verfügung; die Haube ist statisch bestimmt gelagert.

Im Belastungsschema ist die Stütze als Druckstab definiert; alle Lagerkräfte sind in positiver Koordinatenrichtung angetragen. Die geometrischen Zusammenhänge sind auf Abbildung 8.27 dargestellt.

Wir schreiben die Gleichgewichtsbedingungen $\sum \vec{F} = 0$ und $\sum \vec{M}_A = 0$ auf:

$$\sum F_x = 0: \qquad F_{Ax} - F_{Sx} = 0 \tag{1}$$

$$\sum F_y = 0: \qquad F_{Ay} + F_{By} + F_{Sy} - F_G = 0 \tag{2}$$

$$\sum F_z = 0: \qquad F_{Az} + F_{Bz} - F_{Sz} = 0 \tag{3}$$

$$\sum M_{Ax} = 0: \qquad F_G \cdot \frac{c}{2} - F_{Sy} \cdot c - F_{Sz} \cdot h = 0 \tag{4}$$

$$\sum M_{Ay} = 0: \qquad -F_{Sx} \cdot c + F_{Sz} \cdot \frac{b}{2} - F_{Bz} \cdot b = 0 \tag{5}$$

$$\sum M_{Az} = 0: \qquad F_{Sx} \cdot h + F_{Sy} \cdot \frac{b}{2} + F_{By} \cdot b - F_G \cdot \frac{b}{2} = 0 \; . \tag{6}$$

Zur Berechnung der Stabkraft klären wir die geometrischen Zusammenhänge an Hand der Abbildung 8.27. Mit bekanntem Öffnungswinkel von $\varphi = 60°$ werden:

$$h = a \cdot \sin \varphi = 744{,}8 \, \text{mm}$$

$$c = a \cdot \cos \varphi = 430 \, \text{mm}$$

$$d = a - c = 430 \, \text{mm} \; .$$

Mit diesen Größen wird die Länge der Stütze

$$L = \sqrt{h^2 + d^2 + (b/2)^2} = 1128{,}1 \, \text{mm} \; .$$

Damit können wir die Raumwinkel des Stabes, Gleichung (8.8), gemäß Abbildung 8.3 berechnen:

$$\cos \alpha = \frac{b}{2L} = 0{,}647 \quad \Rightarrow \quad \alpha = 49{,}7°$$

$$\cos \beta = \frac{h}{L} = 0{,}660 \quad \Rightarrow \quad \beta = 48{,}7°$$

$$\cos \gamma = \frac{d}{L} = 0{,}381 \quad \Rightarrow \quad \gamma = 67{,}6° \; .$$

Aus (4) ermitteln wir mit Gleichung (8.4) die Stabkraft F_S:

$$F_S(c \cdot \cos \beta + h \cdot \cos \gamma) = F_S(c \cdot \frac{h}{L} + h \cdot \frac{d}{L}) = F_G \cdot \frac{c}{2} \; ,$$

$$F_S = \frac{c}{\frac{2}{L} \cdot (c \cdot h + d \cdot h)} \cdot F_G \; ; \quad \text{mit } d = c \text{ (gültig für } \varphi = 60°) \text{ wird}$$

$$F_S = \frac{L}{4h} \cdot F_G = \underline{68 \, \text{N}} \; .$$

Die Komponenten der Stabkraft nach Gleichung (8.4) betragen

$$F_{Sx} = F_S \cdot \cos \alpha = F_S \cdot b/2L = 44 \, \text{N}$$

$$F_{Sy} = F_S \cdot \cos \beta = F_S \cdot h/L = 45 \, \text{N}$$

$$F_{Sz} = F_S \cdot \cos \gamma = F_S \cdot d/L = 26 \, \text{N} \; .$$

Aus den Gleichgewichtsbedingungen werden die Gelenkkräfte berechnet:

$(1):\quad F_{Ax} = F_{Sx} = \underline{44\,N}$

$(5):\quad F_{Bz} = \dfrac{F_{Sz} \cdot b/2 - F_{Sx} \cdot c}{b} = \underline{0}$

$(3):\quad F_{Az} = F_{Sz} - F_{Bz} = \underline{26\,N}$

$(6):\quad F_{By} = \dfrac{F_{G} \cdot b/2 - F_{Sx} \cdot h - F_{Sy} \cdot b/2}{b} = \underline{45\,N}$

$(2):\quad F_{Ay} = F_{G} - F_{Sy} - F_{By} = \underline{90\,N}\,.$

Damit werden die Beträge der Lagerkräfte in den Scharnieren

$$F_{A} = \sqrt{F_{Ax}^2 + F_{Ay}^2 + F_{Az}^2} = \underline{104\,N} \quad \text{und} \quad F_{B} = F_{By} = \underline{45\,N}\,.$$

Die Kontrolle der Rechnung führen wir mit der Gleichgewichtsbedingung für die Momente um die y-Achse im Lager B:

$$\sum M_{By} = 0: \quad -F_{Sx} \cdot c - F_{Sz} \cdot \frac{b}{2} + F_{Az} \cdot b = 0\,.$$

Für die numerische Lösung mit einem Gleichungslösungsprogramm schreiben wir mit

$$\vec{F}_{S} = \begin{bmatrix} F_{Sx} \\ F_{Sy} \\ F_{Sz} \end{bmatrix} = \frac{F_{S}}{L} \cdot \begin{bmatrix} b/2 \\ h \\ d \end{bmatrix}$$

die Gleichungen mit den allgemeinen Größen der Eingabewerte in der Matrixform auf. Mit $a = c + d$ (siehe Abbildung 8.27) wird das Gleichungssystem

$$\begin{matrix} (4) \\ (1) \\ (2) \\ (3) \\ (6) \\ (5) \end{matrix} \begin{bmatrix} h \cdot a/L & 0 & 0 & 0 & 0 & 0 \\ -b/2L & 1 & 0 & 0 & 0 & 0 \\ h/L & 0 & 1 & 0 & 1 & 0 \\ -d/L & 0 & 0 & 1 & 0 & 1 \\ b \cdot h/L & 0 & 0 & 0 & b & 0 \\ b(c-d)/2L & 0 & 0 & 0 & 0 & -b \end{bmatrix} \cdot \begin{bmatrix} F_{S} \\ F_{Ax} \\ F_{Ay} \\ F_{Az} \\ F_{By} \\ F_{Bz} \end{bmatrix} = \begin{bmatrix} F_{G} \cdot c/2 \\ 0 \\ F_{G} \\ 0 \\ F_{G} \cdot b/2 \\ 0 \end{bmatrix}\,.$$

Beispiel 8.11. Die Abbildung 8.28 zeigt eine Pfahlrostgründung[6]. Dies ist eine spezielle Form der Tiefgründung im Bauwesen. Dabei trägt eine Anzahl von Pfählen an ihren Kopfpunkten eine Grundplatte.

Auf dieser so genannten Rostplatte wird das eigentliche Bauwerk errichtet.

Bei Annahme einer drehbaren Lagerung der Kopf- und Fußpunkte und Ausschluss von Querbelastungen übertragen die Pfähle nur Normalkräfte und sind auf Abbildung 8.28 als Stäbe idealisiert.

Für die Belastungen $F_{1} = F$, $F_{2} = 2F$ und die Gewichtskraft $F_{G} = 3F$ sind alle Stabkräfte zu berechnen. Pfähle und Rostplatte werden als starr angenommen.

---

6 Die Bezeichnung rührt von der früheren Verwendung von Holzpfählen zur Fundamentierung her

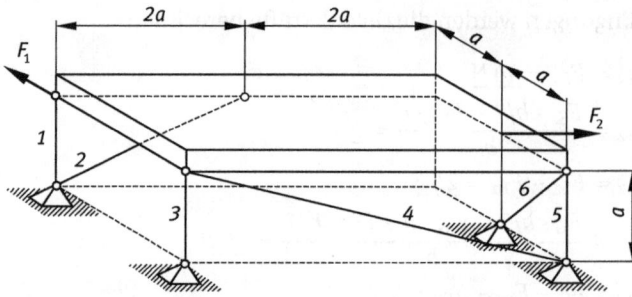

Abb. 8.28: Pfahlrostgründung

Lösung. Im Belastungsschema, Abbildung 8.29, sind alle Stäbe als Zugstäbe angenommen, die Gewichtskraft im Schwerpunkt der Platte angetragen sowie ein Koordinatensystem definiert.

Zur Berechnung der sechs unbekannten Stützkräfte des statisch bestimmten Systems stehen die sechs Gleichgewichtsbedingungen $\sum \vec{F} = 0$ und $\sum \vec{M}_0 = 0$ aus den Gleichungen (8.16) und (8.34), zur Verfügung.

Die Vorzeichen für die Kräfte und Momente definieren wir entsprechend der Koordinatenrichtung aus der Anschauung entsprechend Abbildung 8.29.

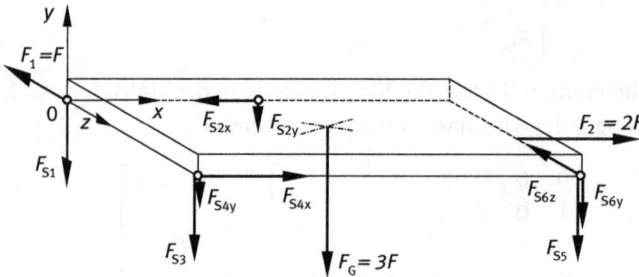

Abb. 8.29: Belastungsschema

$$\sum F_x = 0: \qquad -F_{S2x} + F_{S4x} + F_2 = 0 \tag{1}$$

$$\sum F_y = 0: \qquad -F_{S1} - F_{S2y} - F_{S3} - F_{S4y} - F_{S5} - F_{S6y} - F_G = 0 \tag{2}$$

$$\sum F_z = 0: \qquad -F_{S6z} - F_1 = 0 \tag{3}$$

$$\sum M_{0x} = 0: \qquad F_{S3} \cdot 2a + F_{S4y} \cdot 2a + F_{S5} \cdot 2a + F_{S6y} \cdot 2a + F_G \cdot a = 0 \tag{4}$$

$$\sum M_{0y} = 0: \qquad F_{S4x} \cdot 2a + F_{S6z} \cdot 4a + F_2 \cdot a = 0 \tag{5}$$

$$\sum M_{0z} = 0: \qquad -F_{S2y} \cdot 2a - F_{S5} \cdot 4a - F_{S6y} \cdot 4a - F_G \cdot 2a = 0 . \tag{6}$$

In den sechs Gleichgewichtsbeziehungen stehen neun unbekannte Kräfte. Das heißt, es fehlen drei Gleichungen. Diese können wir bei der bekannten Geometrie aus den waagerechten und senkrechten Längenangaben der drei schrägen Stäbe 2, 4 und 6 gewinnen.

Das Gleichungssystem aus neun Gleichungen kann in die Matrixform überführt und numerisch gelöst werden.

Für die Handrechnung reduzieren wir die Anzahl der Unbekannten von neun auf sechs Größen mit der schon in den Beispielen 8.1 und 8.2 praktizierten Koordinatendarstellung

$$\vec{F}_{\mathrm{Si}} = K_{\mathrm{i}} \cdot \begin{bmatrix} x_{\mathrm{i}} \\ y_{\mathrm{i}} \\ z_{\mathrm{i}} \end{bmatrix} .$$

Aus Abbildung 8.28 und Abbildung 8.29 lesen wir die vektorielle Darstellung der Kräfte für das eingezeichnete Koordinatensystem ab:

$$\vec{F}_1 = F \cdot \begin{bmatrix} 0 \\ 0 \\ -1 \end{bmatrix} , \qquad \vec{F}_2 = F \cdot \begin{bmatrix} 2 \\ 0 \\ 0 \end{bmatrix} , \qquad \vec{F}_{\mathrm{G}} = F \cdot \begin{bmatrix} 0 \\ -3 \\ 0 \end{bmatrix} ,$$

$$\vec{F}_{\mathrm{S1}} = S_1 \cdot \begin{bmatrix} 0 \\ -1 \\ 0 \end{bmatrix} , \qquad \vec{F}_{\mathrm{S2}} = S_2 \cdot \begin{bmatrix} -2 \\ -1 \\ 0 \end{bmatrix} , \qquad \vec{F}_{\mathrm{S3}} = S_3 \cdot \begin{bmatrix} 0 \\ -1 \\ 0 \end{bmatrix} ,$$

$$\vec{F}_{\mathrm{S4}} = S_4 \cdot \begin{bmatrix} 4 \\ -1 \\ 0 \end{bmatrix} , \qquad \vec{F}_{\mathrm{S5}} = S_5 \cdot \begin{bmatrix} 0 \\ -1 \\ 0 \end{bmatrix} , \qquad \vec{F}_{\mathrm{S6}} = S_6 \cdot \begin{bmatrix} 0 \\ -1 \\ -1 \end{bmatrix} .$$

Die unbekannten Faktoren $S_1 \ldots S_6$ berechnen wir aus den Gleichgewichtsbedingungen:

(1): $\quad -2S_2 + 4S_4 + 2F = 0$

(2): $\quad -S_1 - S_2 - S_3 - S_4 - S_5 - S_6 - 3F = 0$

(3): $\quad -S_6 - F = 0$

(4): $\quad S_3 \cdot 2a + S_4 \cdot 2a + S_5 \cdot 2a + S_6 \cdot 2a + 3F \cdot a = 0$

(5): $\quad 4S_4 \cdot 2a + S_6 \cdot 4a + 2F \cdot a = 0$

(6): $\quad -S_2 \cdot 2a - S_5 \cdot 4a - S_6 \cdot 4a - 3F \cdot 2a = 0 .$

Aus diesen Gleichungen (vorteilhaft in dieser Reihenfolge mit jeweils immer nur einer Unbekannten pro Gleichung) erhalten wir:

(3): $\quad S_6 = -F$

(5): $\quad S_4 = \dfrac{1}{2}F - \dfrac{1}{4}F = \dfrac{1}{4}F$

(1): $\quad S_2 = \dfrac{1}{2}F + F = \dfrac{3}{2}F$

(6): $\quad S_5 = -\dfrac{3}{4}F + F - \dfrac{3}{4}F = -\dfrac{5}{4}F$

(4): $\quad S_3 = -\dfrac{1}{4}F + \dfrac{5}{4}F + F - \dfrac{3}{2}F = \dfrac{1}{2}F$

(2): $\quad S_1 = -\dfrac{3}{2}F - \dfrac{1}{2}F - \dfrac{1}{4}F + \dfrac{5}{4}F + F - 3F = -3F .$

Am negativen Vorzeichen der berechneten Faktoren erkennen wir, dass die Stäbe 1, 5 und 6 der Annahme auf Abbildung 9.24 entgegen gerichtet, also Druckstäbe, sind. Damit schreiben wir für die Stabkräfte in vektorieller Schreibweise:

$$\vec{F}_{S1} = F \cdot \begin{bmatrix} 0 \\ 3 \\ 0 \end{bmatrix}, \qquad \vec{F}_{S2} = \frac{F}{2} \cdot \begin{bmatrix} -6 \\ -3 \\ 0 \end{bmatrix}, \qquad \vec{F}_{S3} = \frac{F}{2} \cdot \begin{bmatrix} 0 \\ -1 \\ 0 \end{bmatrix},$$

$$\vec{F}_{S4} = \frac{F}{4} \cdot \begin{bmatrix} 4 \\ -1 \\ 0 \end{bmatrix}, \qquad \vec{F}_{S5} = \frac{F}{4} \cdot \begin{bmatrix} 0 \\ 5 \\ 0 \end{bmatrix}, \qquad \vec{F}_{S6} = F \cdot \begin{bmatrix} 0 \\ 1 \\ 1 \end{bmatrix},$$

mit den Beträgen:

$$F_{S1} = 3F, \quad F_{S2} = \frac{1}{2}\sqrt{45}F, \quad F_{S3} = \frac{1}{2}F, \quad F_{S4} = \frac{1}{4}\sqrt{17}F, \quad F_{S5} = \frac{5}{4}F, \quad F_{S6} = \sqrt{2}F.$$

Die Proben führen wir mit den Gleichgewichtsbedingungen $\sum \vec{F} = 0$ übersichtlich mit Hilfe der obigen Vektordarstellung der Kräfte:

$$\sum F_x = 0: \quad (-3 + 1 + 2)F = 0$$
$$\sum F_y = 0: \quad (3 - 1{,}5 - 0{,}5 - 0{,}25 + 1{,}25 + 1 - 3)F = 0$$
$$\sum F_z = 0: \quad (-1 + 1)F = 0.$$

Beispiel 8.12. Das auf Abbildung 8.30 dargestellte Tragwerk besteht aus zwei unter 90° abgewinkelten Trägern, die durch das Gelenk G miteinander verbunden sind. Es sind die Auflager- und die Gelenkkräfte zu berechnen.

Lösung. Wir überprüfen die statisch Bestimmtheit des Tragwerkes. Gemäß der Abzählbedingung, Gleichung (6.2)

$$a + z - g \cdot n = 9 + 3 - 6 \cdot 2 = 0$$

ist das Balkentragwerk statisch bestimmt gelagert.

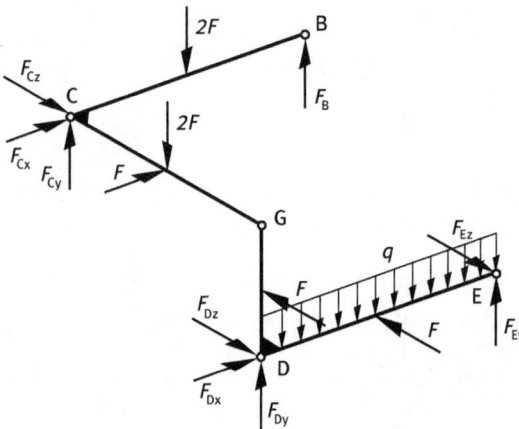

Abb. 8.30: Gelenkträger

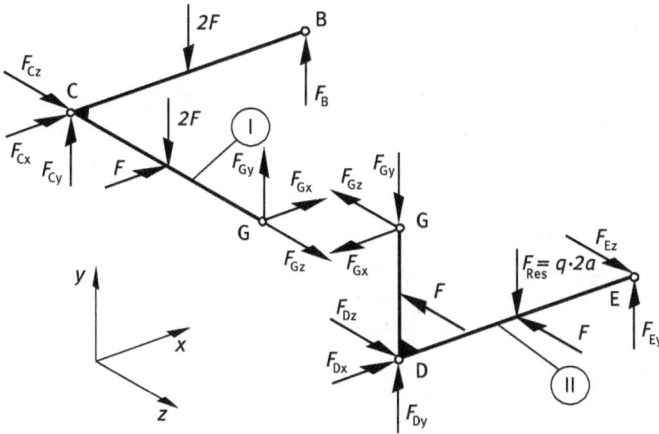

Abb. 8.31: Freigeschnittener Gelenkträger (Kräfteplan)

Mit dem auf Abbildung 8.31 definierten Koordinatensystem wird das Tragwerk im Gelenk G geschnitten und beide Teilsysteme unter Beachtung des Wechselwirkungsaxioms im geschnittenen Gelenk freigemacht.

Für die beiden Teilsysteme stellen wir nun die Gleichgewichtsbedingungen auf:

System I:

$$\sum F_x = 0: \qquad F_{Cx} + F + F_{Gx} = 0 \tag{1}$$

$$\sum F_y = 0: \qquad F_B - 2F + F_{Cy} - 2F + F_{Gy} = 0 \tag{2}$$

$$\sum F_z = 0: \qquad F_{Cz} + F_{Gz} = 0 \tag{3}$$

$$\sum M_{Cx} = 0: \qquad 2F \cdot a - F_{Gy} \cdot 2a = 0 \tag{4}$$

$$\sum M_{Cy} = 0: \qquad F \cdot a + F_{Gx} \cdot 2a = 0 \tag{5}$$

$$\sum M_{Cz} = 0: \qquad F_B \cdot 2a - 2F \cdot a = 0 . \tag{6}$$

System II:

$$\sum F_x = 0: \qquad -F_{Gx} + F_{Dx} = 0 \tag{7}$$

$$\sum F_y = 0: \qquad -F_{Gy} + F_{Dy} - q \cdot 2a + F_{Ey} = 0 \tag{8}$$

$$\sum F_z = 0: \qquad -F_{Gz} - F + F_{Dz} - F + F_{Ez} = 0 \tag{9}$$

$$\sum M_{Dx} = 0: \qquad -F_{Gz} \cdot a - F \cdot \frac{a}{2} = 0 \tag{10}$$

$$\sum M_{Dy} = 0: \qquad F \cdot a - F_{Ez} \cdot 2a = 0 \tag{11}$$

$$\sum M_{Dz} = 0: \qquad F_{Gx} \cdot a - q \cdot 2a \cdot a + F_{Ey} \cdot 2a = 0 . \tag{12}$$

Auch diese Gleichungen lassen sich noch einfach „von Hand" auflösen:

(4): $F_{Gy} = F$ (5): $F_{Gx} = -\frac{1}{2}F$ (6): $F_B = F$

(1): $F_{Cx} = -\frac{3}{2}F$ (2): $F_{Cy} = 2F$ (7): $F_{Dx} = -\frac{1}{2}F$

(10): $F_{Gz} = -\frac{1}{2}F$ (3): $F_{Cz} = \frac{1}{2}F$ (11): $F_{Ez} = \frac{1}{2}F$

(12): $F_{Ey} = \frac{1}{4}F + q \cdot a$ (8): $F_{Dy} = \frac{3}{4}F + q \cdot a$ (3): $F_{Cz} = \frac{1}{2}F$.

Die Kontrolle der Rechnung führen wir mit dem Kräftegleichgewicht am gesamten Tragwerk

$$\sum F_x = 0: \quad F_{Cx} + F_{Dx} + F = -\frac{1}{2}F - \frac{1}{2}F + 1F = 0$$

$$\sum F_y = 0: \quad F_B + F_{Cy} + F_{Dy} + F_{Ey} - 4F - q \cdot 2a =$$

$$F + 2F + \frac{3}{4}F + q \cdot a + \frac{1}{4}F + q \cdot a - 4F - q \cdot 2a = 0$$

$$\sum F_z = 0: \quad F_{Cz} + F_{Dz} + F_{Ez} - 2F = \frac{1}{2}F + F + \frac{1}{2}F - 2F = 0.$$

8.4 Übungen

Aufgabe A8.4.1

Welche Höchstlast darf an den auf Abbildung A8.4.1 skizzierten Ausleger gehängt werden, wenn der Mast aus Stabilitätsgründen mit einer Kraft von höchstens $F_{M\,max} = 15\,kN$ und die Halteseile nicht höher als mit jeweils $F_{G\,max} = 10\,kN$ belastet werden dürfen?

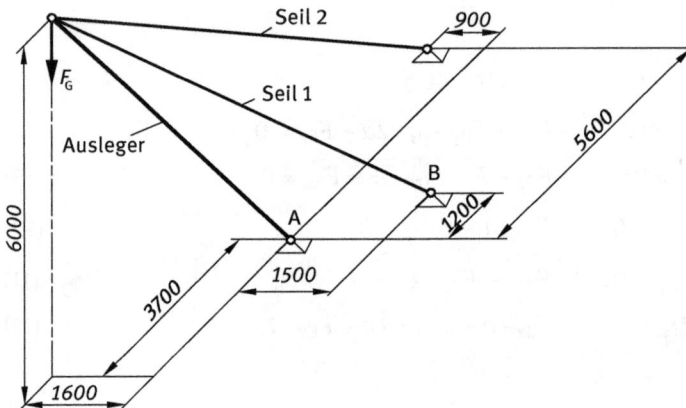

Abb. A8.4.1: Ausleger

Aufgabe A8.4.2

Für die nach Abbildung A8.4.2 im Schwerpunkt aufgehängte Stahlplatte ($\rho = 7{,}85$ kg/dm^3) sind die Seilkräfte zu berechnen.

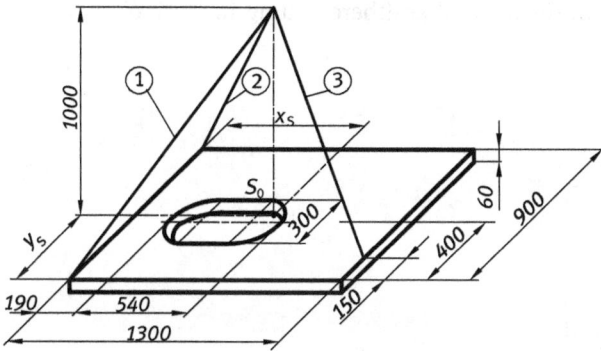

Abb. A8.4.2: Aufgehängte Platte

Aufgabe A8.4.3

Die Abbildung A8.4.3 zeigt ein räumliches Fachwerk, das durch eine Kraft mit den Teilkräften $F_x = 4000$ N, $F_y = 5000$ N, $F_z = 3000$ N belastet wird. Es sind zu berechnen:

a) die Stabkräfte
b) die Lagerkräfte

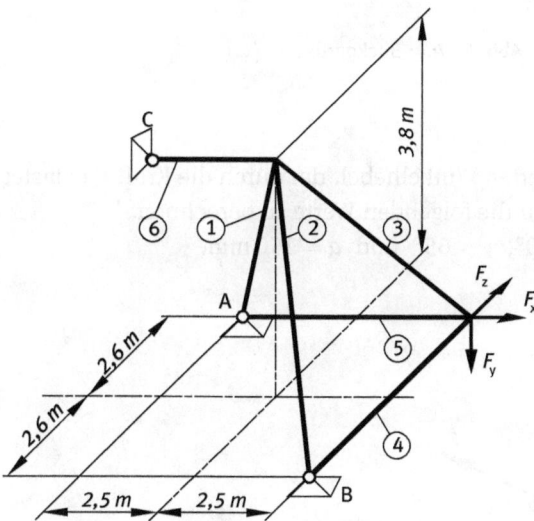

Abb. A8.4.3: Räumliches Fachwerk

Aufgabe A8.4.4

Das Bockgerüst auf Abbildung A8.4.4 wird durch eine Kraft mit den Komponenten $F_x = 6,00\,kN$, $F_y = 3,00\,kN$, $F_z = 400\,kN$ belastet.

a) Es sind die Stabkräfte zu berechnen.

b) Es ist das Gleichungssystem für die Stabkraftberechnung in Matrixform aufzuschreiben

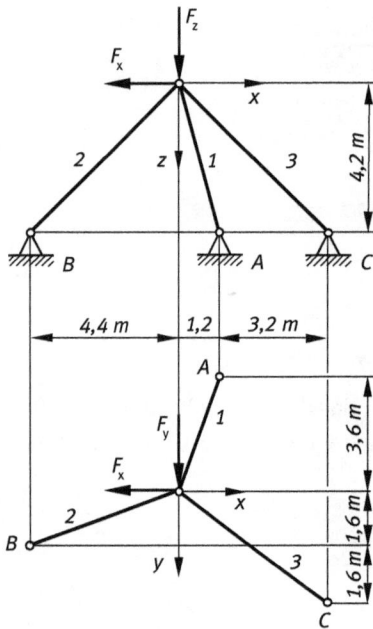

Abb. A8.4.4: Bockgerüst

Aufgabe A8.4.5

Für den auf Abbildung A8.4.5 skizzierten Winkelhebel, der durch die Kraft F belastet wird, ist das Einspannmoment M_0 für die folgenden Werte zu berechnen.

Werte: $F = 3500\,N$, $\alpha = 45°$, $\beta = 60°$, $\gamma = 65°$ und $a = 250\,mm$.

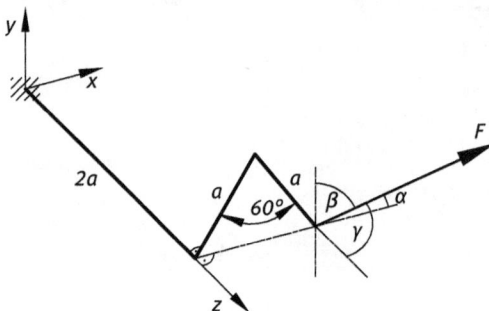

Abb. A8.4.5: Winkelhebel

Aufgabe A8.4.6

Eine rechteckige Platte, im Schwerpunkt durch eine resultierende Kraft $F_{Res} = 900\,N$ belastet, wird nach Abbildung A8.4.6 durch zwei Gelenke und ein Seil gehalten.
    Es sind die Seilkraft und die Kräfte in den Gelenken zu berechnen.

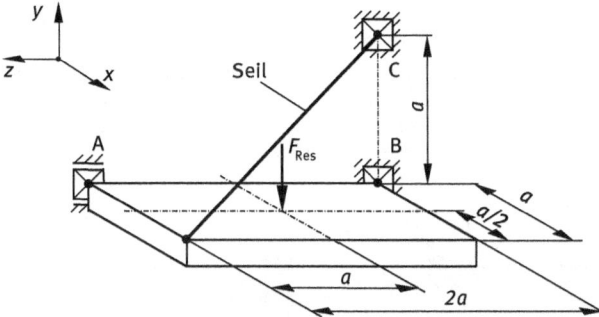

Abb. A8.4.6: Klappe

Aufgabe A8.4.7

Für die auf Abbildung A8.4.7 dargestellte Belastungsskizze einer Zwischenwelle mit schrägverzahnten Stirnrädern sind die Lagerkräfte, die maximalen Biegemomente an den Zahnradsitzen sowie das Drehmoment der Welle für die folgenden Werte zu berechnen.

Werte: Zahnrad 1: $F_{u1} = 14{,}64\,kN$, $F_{r1} = 5{,}38\,kN$, $F_{a1} = 3{,}96\,kN$
        Zahnrad 2: $F_{u2} = 5{,}24\,kN$, $F_{r2} = 1{,}85\,kN$, $F_{a2} = 2{,}35\,kN$

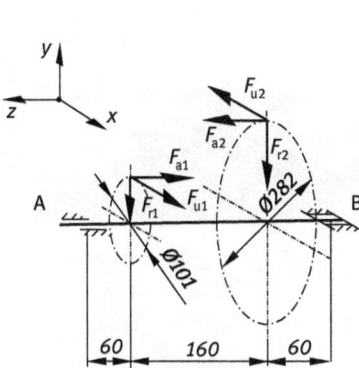

Abb. A8.4.7: Zwischenwelle

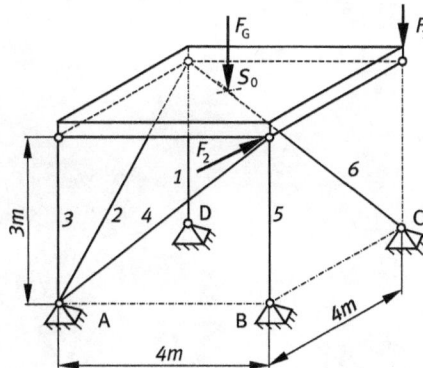

Abb. A8.4.8: Platte

Aufgabe A8.4.8

Die auf Abbildung A8.4.8 dargestellte quadratische homogene Platte, Gewichtskraft $F_G = 2,40$ kN, wird durch zusätzlich die Kräfte $F_1 = 4,80$ kN und $F_2 = 2,40$ kN belastet.

Es sind die Stabkräfte zu berechnen.

Aufgabe A8.4.9

Auf Abbildung A8.4.9 ist ein durch eine Kraft F belasteter Rahmen dargestellt. Es sind die Auflagerreaktionen zu ermitteln.

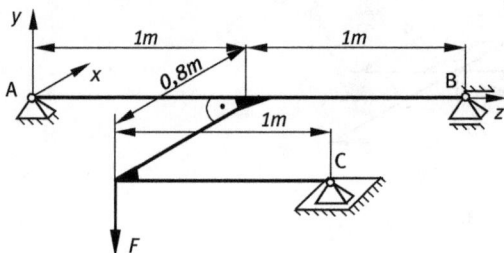

Abb. A8.4.9: Rahmen

Aufgabe A8.4.10

Für die im Beispiel 8.11 berechnete Pfahlrostgründung (Abbildung 8.28) ist das Gleichungssystem aus den Gleichgewichtsbedingungen in der Matrixform aufzuschreiben.

9 Schnittgrößen

9.1 Einführung

Alle *Belastungen* auf ein Bauteil rufen *Beanspruchungen* im Inneren eines Körpers hervor. Ist die Belastung zu groß, kann ein Seil reißen, ein Stift abscheren, eine Achse brechen oder ein Bauteil sich unzulässig verformen, sodass die Funktionssicherheit nicht mehr gegeben ist. Zur *Bemessung* (*Dimensionierung*) einer Konstruktion oder Beurteilung der *Tragfähigkeit* bzw. *Belastbarkeit* von Bauteilen und Tragwerken müssen alle Beanspruchungen bekannt sein. Die zulässige Materialbeanspruchung darf an keiner Stelle des Querschnittes überschritten werden, die Verformungen müssen innerhalb vorgegebener Toleranzen bleiben.

Um Aufschluss über alle Beanspruchungen an jeder Stelle des Bauteils zu gewinnen, schneiden wir das Bauteil gedanklich auf. Am herausgeschnittenen Teilelement lassen sich über die Gleichgewichtsbedingungen die inneren Kräfte (Längskraft; Querkraft) und Momente (Biegemoment; Torsionsmoment) – die *Schnittgrößen* – berechnen.

Beim Freischneiden, wo Verbindungen zwischen Bauelementen gelöst werden, können bei bekannten Belastungen die unbekannten Stützkräfte nach dem Gleichgewichtsprinzip bestimmt werden. Die zum Erhalt des Gleichgewichtszustandes *im Inneren* des Bauteils wirkenden Kräfte lassen sich dadurch bestimmen, dass ein gedachter geschlossener Schnitt *durch* das Bauteil geführt wird. Dieses Prinzip wurde schon im 7. Kapitel bei der Ermittlung von Stabkräften, wo alle Lösungsverfahren auf diesem Prinzip beruhen, angewendet.

Ist ein System im Gleichgewicht, so ist auch jedes gedanklich abgetrennte Teil für sich im Gleichgewicht, wenn man an der Schnittstelle die durch diesen Schnitt frei werdenden Kräfte und Momente als äußere Belastung anträgt. Indem an den Schnittflächen (*Schnittufer*) die Kräfte und Momente, die das abgeschnittene, belastete Teilstück im Gleichgewicht halten, angetragen werden, lassen sich mit dem Gleichgewichtsprinzip diese Größen bestimmen. Voraussetzung dafür ist, dass alle äußeren Kräfte bekannt sind.

Im Unterschied zum Freischneiden müssen die Schnittgrößen immer paarweise, gleich groß und entgegengesetzt gerichtet, an beiden Schnittufern eingetragen werden. Beim Zusammenfügen der Teilkörper müssen sich die Schnittgrößen an der Schnittfläche aufheben und verschwinden.

Anwendungsbereite *Fertigkeiten* beim Erstellen der Schnittgrößen eines Bauteils gehören zu den Grundlagen des konstruktiv tätigen Ingenieurs. Die Kenntnis der Schnittgrößen ist die Voraussetzung für die Berechnung der Beanspruchungen Zug, Druck, Biegung, Schub und Torsion. Hier kommt es vor allem darauf an, sich mit

https://doi.org/10.1515/9783110425031-009

geringstem Aufwand ein umfassendes Bild über die Beanspruchungssituation eines belasteten Bauteils zu verschaffen.

Die sich daraus ergebenden Fragen zu Anforderungen an Abmessungen, Gestalt und Werkstoff der Konstruktionen sind Gegenstand der Festigkeitslehre

9.2 Festlegungen

Im Gleichgewichtsfall stehen für ein statisch bestimmtes allgemeines Kräftesystem für sechs unbekannte Größen sechs Gleichgewichtsbedingungen zur Verfügung. In einem beliebigen Schnitt müssen also sechs Schnittgrößen – drei Schnittkräfte und drei Schnittmomente – angetragen werden, um das „abgeschnittene" Teil mit den äußeren Belastungen im Gleichgewicht zu halten.

Die Belastungen können wir immer auf eine Dyname (siehe die Abschnitte 4.6 und 8.3.3) zurückführen, die diese Belastung im abgeschnittenen Teil repräsentiert. Das Gleichgewicht wird durch eine entgegengesetzt wirkende, im Schwerpunkt angreifende, Dyname hergestellt.

Die unter beliebigen Winkeln zueinander wirkenden Kraft- und Momentvektoren der Dyname werden, wie auf Abbildung 9.1 gezeigt, in die Koordinatenrichtungen zerlegt und ergeben – in entgegengesetzter Richtung wirkend – die gesuchten Schnittgrößen *im Schwerpunkt der Schnittfläche*.

Für die praktische Handhabung ist die in Abbildung 9.2 gezeigte positive Vorzeichenkonvention gebräuchlich.

Wir führen ein rechtwinkliges Koordinatensystem ein, dessen z-Achse mit der Trägerlängsachse zusammenfällt[1].

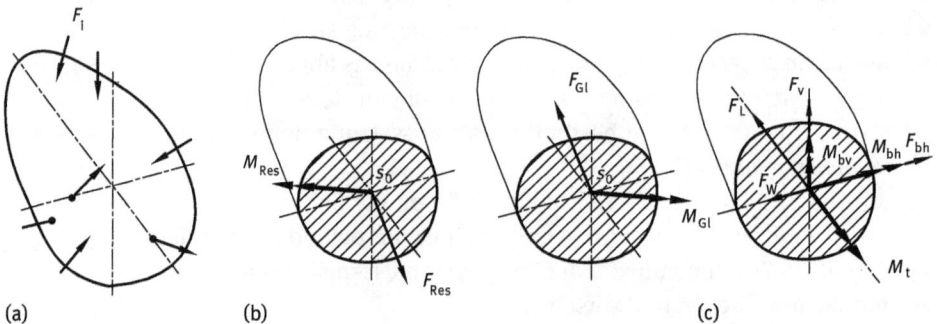

(a)　　　　　(b)　　　　　(c)

Abb. 9.1: Zum Schnittprinzip; (a) belastetes Bauteil, (b) Dyname der Belastung und Reaktion, (c) Schnittgrößen

---

1 In der DIN für Halbzeuge und Formstähle sind als Querschnittskoordinaten x und y festgelegt. Deshalb ist auch im Interesse weiterführender Festigkeitsrechnungen der Trägerlängsachse die Koordinate z zugeordnet worden.

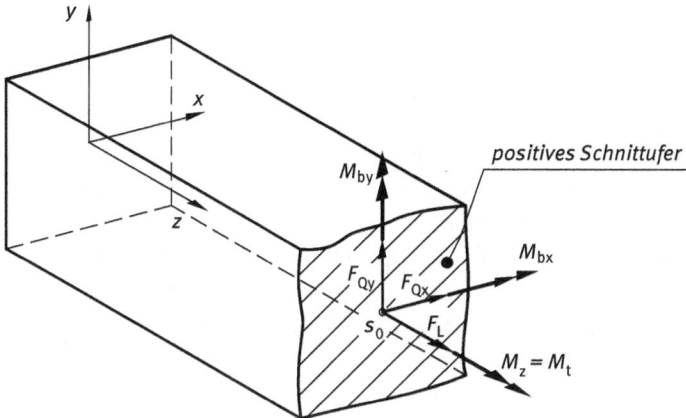

Abb. 9.2: Positiv definierte Schnittgrößen

Die Vorzeichen beruhen auf Festlegungen, weil sie – abgesehen von den Längskräften, den Zug- und Druckkräften – sich nicht physikalisch begründen lassen, sondern nur eine Orientierungsfunktion haben. Die Vorzeichenkonvention basiert auf den folgenden Vereinbarungen:

- die Koordinatenrichtungen sind nach Abbildung 9.2 positiv definiert
- das *positive Schnittufer* ist die Seite des geschnittenen Teiles, in die das Koordinatensystem gelegt wurde
- *positive Schnittgrößen* zeigen am *positiven Schnittufer* in *positive Koordinatenrichtungen*. Damit wird die Längskraft als Zugkraft positiv definiert.

Weil die Schnittgrößen immer an beiden Schnittufern aufgrund des Reaktionsaxioms entgegengesetzt gleich sein müssen, stellen sie *Doppelgrößen mit der Summe gleich null* dar. Die zugehörigen Kraft- und Momentvektoren haben somit ein entgegengesetztes Vorzeichen. *Wegen des immer gemeinsamen Auftretens wird dieser Doppelgröße ein* **einheitliches** *Vorzeichen zugeordnet.*

Dazu ist anzumerken, dass sowohl diese Vorzeichenkonvention als auch die Koordinatenrichtungen, auf denen die Festlegungen beruhen, nicht durchgängig einheitlich angewendet werden. Ein Grund hierfür ist die fehlende physikalische und mathematische Bindung der Schnittgrößen (siehe oben). Für den Anfänger sollte dies aber keine zusätzliche Erschwernis darstellen, denn:

Eine für ein gewähltes Koordinatensystem durchgängig beibehaltene Vorzeichenfestlegung (auch abweichend von der oben vorgestellten Konvention), die dem Wechselwirkungsgesetz an den Schnittufern genügt, führt immer zu gültigen Aussagen für die Schnittgrößen.

9.3 Schnittgrößen am Balken

9.3.1 Das Schnittprinzip am ebenen Balkenmodell

Balken (auch als Träger bezeichnet) sind biegebeanspruchte Bauteile, deren Länge im Vergleich zu den Querschnittsabmessungen groß ist. Als Faustformel gilt: Balkenlänge mindestens zehnmal Balkenquerschnittshöhe.

Ein Balken wird durch seine *Achse* und den zu jedem Punkt dieser Achse zugeordneten *Querschnitten*, senkrecht zur Trägerachse, beschrieben. Die Achse kann eine Gerade oder eine Raumkurve sein; sie verbindet die Flächenschwerpunkte der Querschnitte und definiert somit den Balken.

Wir betrachten zunächst die Zusammenhänge für das ebene Kräftesystem. Zur Darstellung der auftretenden Größen dient ein freigemachter, gerader Träger auf zwei Stützen mit konstantem Querschnitt, belastet durch ein ebenes Kräftesystem, dessen *Lastebene* mit einer *Symmetrieebene* des Querschnittes zusammenfällt (Abbildung 9.3).

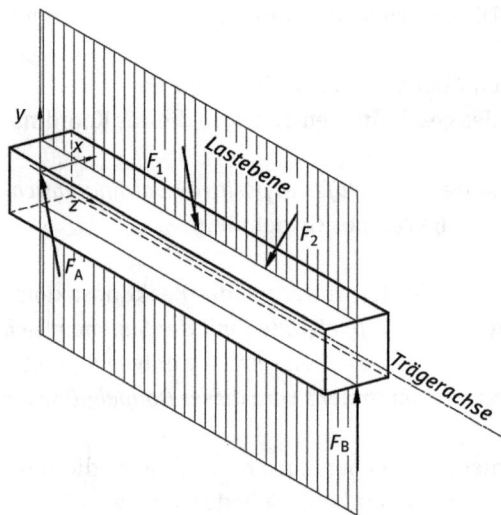

Abb. 9.3: Definition der Bezugsgrößen

Es ist ein rechtwinkliges Koordinatensystem eingeführt, dessen z-Achse mit der Balkenachse zusammenfällt. Die Lastebene ist die y-z-Ebene. Durch einen Körperschnitt werden die Beanspruchungen im Körper „sichtbar gemacht". In einem beliebigen Schnitt hängen die Schnittgrößen vom Ort des Schnittes und der Schnittrichtung ab. Damit die Arbeit im rechtwinkligen Koordinatensystem erleichtert wird, ist der Schnitt stets senkrecht zur Trägerachse zu führen (Abbildung 9.4).

Die Verteilung der Schnittgrößen über der Schnittfläche ist für die Statik nicht von Interesse und Gegenstand der Festigkeitslehre. Durch die Reduzierung des Kräf-

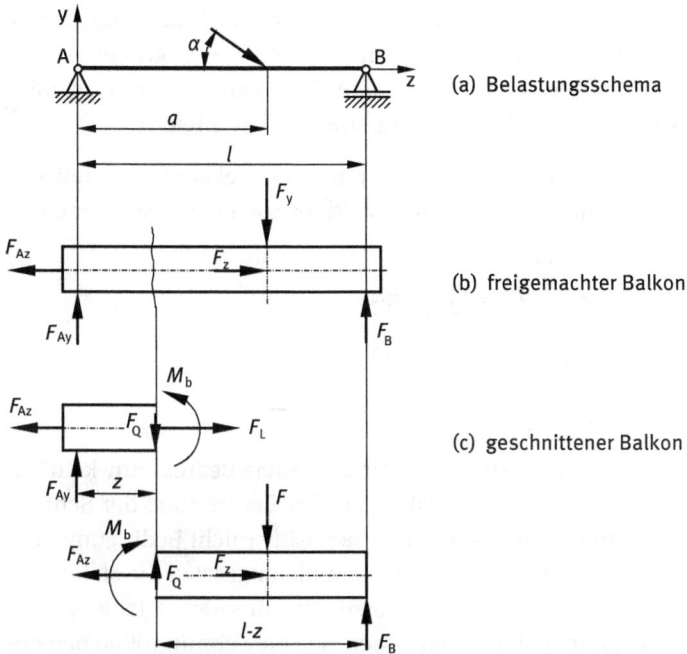

(a) Belastungsschema

(b) freigemachter Balken

(c) geschnittener Balken

Abb. 9.4: Das Schnittprinzip

tesystems auf eine im Schwerpunkt wirkende Dyname sind alle Schnittgrößen im Körperschwerpunkt angegeben. Die skalaren Komponenten der in die Koordinatenrichtungen zerlegten Dyname (Kraft und Moment) sind die gesuchten Beanspruchungsgrößen.

Die Abbildung 9.4 zeigt das prinzipielle Vorgehen bei der Berechnung der Schnittgrößen. Auf Abbildung 9.4c sind alle Schnittgrößen unabhängig von ihrer tatsächlichen Wirkrichtung in positiver Richtung angetragen (die Vektoren zeigen am positiven Schnittufer in die Richtung der positiven Koordinatenachse). Da die Schnittgrößen an beiden Teilen entgegengesetzt gleich sind, können sie somit wahlweise an einem der beiden Teile aus den Gleichgewichtsbedingungen ermittelt werden.

9.3.2 Berechnung der Schnittgrößen

Der Funktionsverlauf aller Schnittgrößen muss dem Ingenieur zur Beurteilung des Bauteilverhaltens unter Belastung sowie für die Berechnung der Bauteilabmessungen bekannt sein. Die folgend dargestellten Rechnungen, vor allem die Darstellung der Schnittgrößen gehören zu seinen Grundfertigkeiten.

Beispiel 9.1 (Einzellast). Für das auf Abbildung 9.4a dargestellte Belastungsschema eines Balkens der Länge $l = 4\,\text{m}$, der durch eine Einzellast von $F = 20\,\text{kN}$ bei $a = 3\,\text{m}$ unter einem Winkel $\alpha = 30°$ belastet wird, sind die Schnittgrößen über der Trägerlänge zu berechnen und als Funktion der Längskoordinate z darzustellen.

Lösung. Da mit der Belastung noch nicht alle äußeren Kräfte bekannt sind, müssen zuerst die Stützkräfte am freigemachten Balken, Abbildung 9.4, berechnet werden.

Mit $\quad F_z = F \cdot \cos 30° = 17{,}32\,\text{kN} \quad$ und $\quad F_y = F \cdot \sin 30° = 10\,\text{kN}$

wird: $\quad \sum F_z = 0: \quad F_{Az} = F_z = \underline{17{,}32\,\text{kN}}$

$$\sum M_B = 0: \quad F_{Ay} = \frac{1}{4}F_y = \underline{2{,}50\,\text{kN}}$$

$$\sum M_A = 0: \quad F_B = \frac{3}{4}F_y = \underline{7{,}50\,\text{kN}} \ .$$

Sind die Auflagerreaktionen bestimmt, so besteht für die weitere Bearbeitung kein Unterschied zwischen Belastungs- und Reaktionskräften. Zur Berechnung der Schnittgrößen an den jeweiligen Schnittstellen werden diese positiv (nicht Bedingung aber sehr sinnvoll) entsprechend Abbildung 9.5 im Schwerpunkt angesetzt. Sie stellen die Dyname, die das Gleichgewicht an dieser Stelle herstellt, dar. Aus den Gleichgewichtsbedingungen für das abgeschnittene Balkenteil lassen sich die Schnittgrößen berechnen.

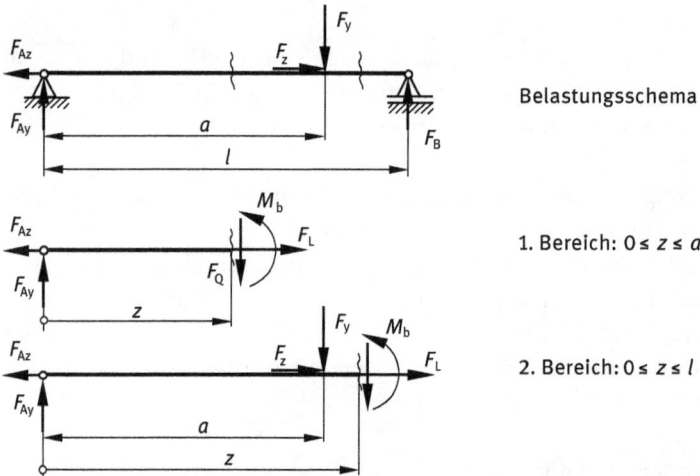

Abb. 9.5: Schnitte mit positiven Schnittgrößen

$$F_L + \sum F_{iz} = 0 \tag{9.1}$$

$$F_Q + \sum F_{iy} = 0 \tag{9.2}$$

$$M_b + \sum M_{bi} = 0 \ . \tag{9.3}$$

Mit den bekannten äußeren Kräften berechnen wir nach Abbildung 9.5 die Schnittgrößen im 1. Bereich: $0 \leq z \leq a$ aus den obigen Gleichgewichtsbedingungen

$$\sum F_z = 0: \quad F_L - F_{Az} = 0 \qquad\quad F_L = F_{Az} = \underline{+17,32\,\text{kN}}$$

$$\sum F_y = 0: \quad F_Q - F_{Ay} = 0 \qquad\quad F_Q = F_{Ay} = \underline{+2,5\,\text{kN}}$$

$$\sum M = 0: \quad M_{b(z)} - F_{Ay} \cdot z = 0 \qquad M_b = +F_{Ay} \cdot z \quad \begin{cases} M_b(z=0) = \underline{0} \\ M_b(z=a) = \underline{7,5\,\text{kN m}} \,. \end{cases}$$

Für den 2. Bereich: $0 \leq z \leq l$ schreiben wir:

$$\sum F_z = 0: \quad F_L - F_{Az} + F_z = 0 \qquad F_L = \underline{0}$$

$$\sum F_y = 0: \quad F_Q - F_{Ay} + F_y = 0 \qquad F_Q = F_{Ay} - F_y = \underline{-7,5\,\text{kN}}$$

$$\sum M = 0: \quad M_{b(z)} - F_{Ay} \cdot z + F_y \cdot (z - a) = 0$$

$$M_b = F_{Ay} \cdot z - F_y \cdot (z - a) \quad \begin{cases} M_b(z=a) = F_{Ay} \cdot a = \underline{7,5\,\text{kN m}} \\ M_b(z=l) = F_{Ay} \cdot l - F_y \cdot (l - a) = \underline{0} \,. \end{cases}$$

Um einen anschaulichen Überblick über die Funktionen zu gewinnen, werden auf Abbildung 9.6 die Funktionsverläufe im rechtwinkligen Koordinatensystem dargestellt.

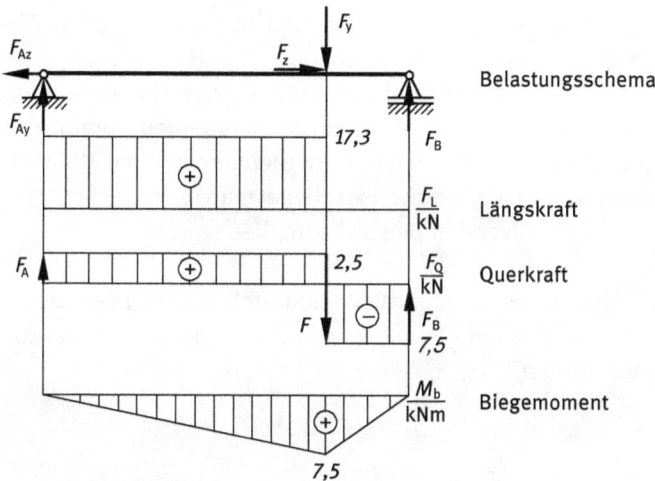

Abb. 9.6: Schnittreaktionen

Üblicherweise werden die positiven Schnittkräfte – der Richtung der Querkräfte im Belastungsschema folgend – nach oben abgetragen; die Biegemomente sind auf der Zugseite des Trägers positiv[2] angetragen. Dadurch ergeben sich unterschiedliche positive Richtungen, was aber der besseren Anschauung dient: Die Kurve des Momentenverlaufes folgt damit dem Verlauf der Biegeverformung des quer belasteten Trägers.

---

[2] im Stahlbau wird die Zugseite des Trägers (gedehnte Seite) zusätzlich gestrichelt markiert.

Nach Auftragen der Werte auf die Abszissenachsen ist aus Abbildung 9.6 zu erkennen:

- Der Schnittkraftverlauf zwischen den äußeren Längs- und Querkräften ändern sich nicht. Da die Schnittkräfte von ihnen verursacht werden, lassen sie sich ohne Rechnung direkt von links nach rechts (maßstäblich) eintragen.
- Das Querkraftdiagramm ist am Angriffspunkt der Punktlast mehrdeutig. Die idealisierte Annahme einer Punktlast (Singularität), d. h. auf unendlich kleiner Fläche angreifend, lässt keinen stetigen Verlauf der Querkraft- und Momentfunktion an dieser Stelle zu. Es ist zu bedenken, dass die entlang einer Linie wirkende Punktkraft eine Abstraktion ist[3].
- Die Biegemomente sind linear veränderlich; im Momentdiagramm tritt an der Laststelle ein Knick auf. Für die Zeichnung dieses Diagramms werden somit nur die berechneten Werte an den Grenzen der Bereiche benötigt.
- An den beiden Trägerenden treten keine Schnittmomente auf, weil die Gelenke A und B keine Momente aufnehmen können.
- Die Schnittmomente entsprechen dem Flächeninhalt des für den gleichen Schnitt abgetrennten Querkraftdiagramms.
- Der Maximalwert (Extremwert) des Biegemomentes tritt an der Stelle des Vorzeichenwechsels im Querkraftdiagramm auf.

Dies soll durch die nachfolgenden Beispiele bestätigt und in dem folgenden Abschnitt 9.3.3 erläutert und begründet werden.

Bei diesem Beispiel ist mit einer durchlaufenden Koordinate z gearbeitet worden. Bei mehreren Abschnitten wird die Verwendung einer durchlaufenden Koordinate, wie schon in diesem Beispiel zu erkennen, durch längere Gleichungen und Differenzen bei den Hebelarmen umständlich[4]. Üblicherweise arbeitet man für die Schnittgrößen mit Abschnittskoordinaten. Im folgenden Beispiel wird dies gezeigt.

Beispiel 9.2. Für den auf Abbildung 9.7 dargestellten, durch Einzellasten beanspruchten Träger auf zwei Stützen sollen die Schnittreaktionen berechnet und die Funktionsverläufe dargestellt werden.

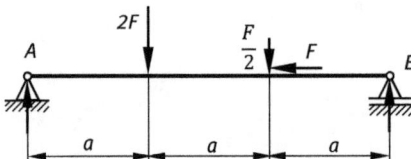

Abb. 9.7: Belasteter Träger

---

3 Tatsächlich belastet die Kraft einen kleinen Abschnitt des Trägers und wirkt in diesem Bereich als Streckenlast. Die mathematischen Schwierigkeiten mit den Punktlasten werden sich in der Festigkeitslehre fortsetzen.

4 Das Arbeiten mit durchlaufenden Koordinaten bietet z. B. Vorteile in der Festigkeitslehre bei der mathematischen Beschreibung der Biegeverformungen.

Lösung. Wir schneiden den Träger frei, (Abbildung 9.8) und berechnen die Stützkräfte

$$\sum F_z = 0: \qquad F_{Az} - F = 0 \qquad\qquad \underline{F_{Az} = F}$$

$$\sum M_B = 0: \quad -F_{Ay} \cdot 3a + 2F \cdot 2a + \frac{1}{2}F \cdot a = 0 \qquad \underline{F_{Ay} = \frac{3}{2}F}$$

$$\sum M_A = 0: \quad -2F \cdot a - \frac{1}{2}F \cdot 2a + F_B \cdot 3a = 0 \qquad \underline{F_B = F}\,.$$

Die Berechnung der Schnittgrößen an der Schnittstelle ist immer die Berechnung eines belasteten Balkens an einer Einspannstelle. Für dieses Beispiel müssen drei Bereiche mit den Schnitten jeweils *zwischen* den Kräften definiert werden (siehe Abbildung 9.8). Die Bereichsgrenzen enden jeweils (unendlich nah) an der nächsten Unstetigkeitsstelle (Punktlast).

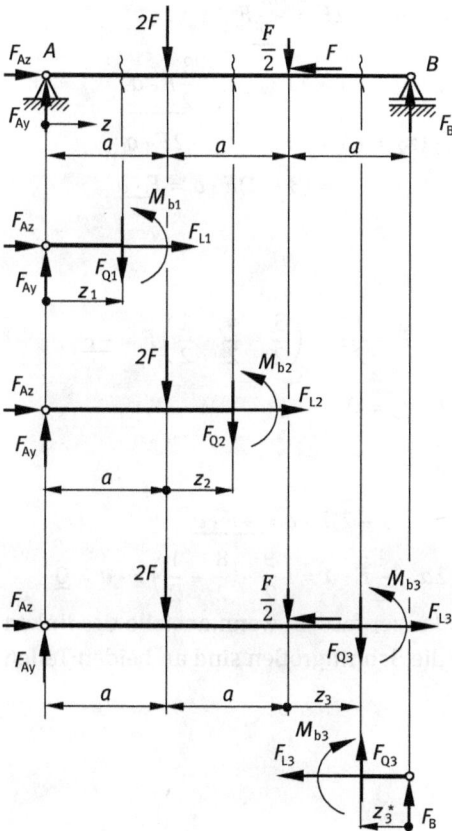

Abb. 9.8: Träger mit Schnittgrößen

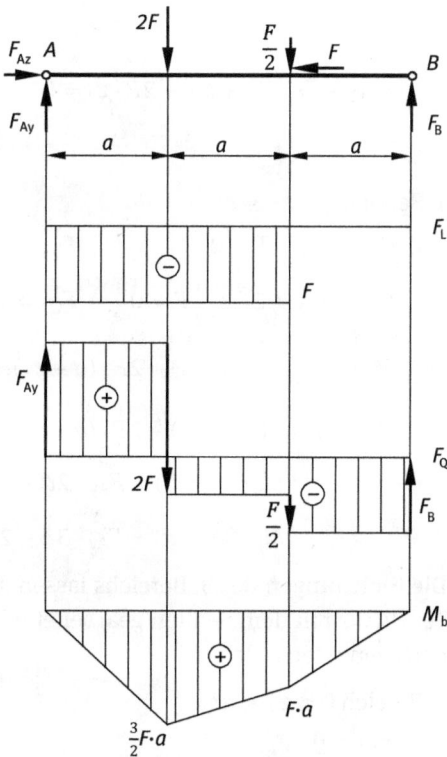

Abb. 9.9: Schnittreaktionen des Trägers

Aus den Gleichgewichtsbedingungen, den Gleichungen (9.1) bis (9.3) für das abgeschnittene Balkenteil, berechnen wir die Schnittgrößen.

1. Bereich: $0 \leq z_1 \leq a$:

$$F_{L1} + F_{Az} = 0 \qquad F_{L1} = -F_{Az} = \underline{-F}$$

$$F_{Q1} - F_{Ay} = 0 \qquad F_{Q1} = F_{Ay} = \frac{3}{2}F$$

$$M_{b1} - F_{Ay} \cdot z_1 = 0 \qquad M_{b1} = F_{Ay} \cdot z_1: \begin{cases} M_{b1}(z_1 = 0) = \underline{0} \\ M_{b1}(z_1 = a) = F_{Ay} \cdot a = \underline{\frac{3}{2}F \cdot a} \end{cases}$$

2. Bereich: $0 \leq z_2 \leq a$:

$$F_{L2} + F_{Az} = 0 \qquad F_{L2} = -F_{Az} = \underline{-F}$$

$$F_{Q2} - F_{Ay} + 2F = 0 \qquad F_{Q2} = F_{Ay} - 2F = +\frac{3}{2}F - 2F = \underline{-\frac{1}{2}F}$$

$$M_{b2} - F_{Ay} \cdot (a + z_2) + 2F \cdot z_2 = 0 \quad \begin{cases} M_{b2}(z_2 = 0) = +F_{Ay} \cdot a = \frac{3}{2}F \cdot a \\ M_{b2}(z_2 = a) = +F_{Ay} \cdot 2a - 2F \cdot a \\ \qquad = (3-2)F \cdot a = \underline{F \cdot a} \end{cases}$$

3. Bereich $0 \leq z_3 \leq a$:

$$F_{L3} + F_{Az} - F = 0 \qquad\qquad F_{L3} = -F_{Az} + F = \underline{0}$$

$$F_{Q3} - F_{Ay} + 2F + \frac{1}{2}F = 0 \qquad F_{Q3} = F_{Ay} - 2F - \frac{1}{2}F = \left(\frac{3}{2} - \frac{4}{2} - \frac{1}{2}\right)F = \underline{-F}$$

$$M_{b3} - F_{Ay} \cdot (2a + z_3) + 2F \cdot (a + z_3) + \frac{1}{2}F \cdot z_3 = 0$$

$$M_{b3} = F_{Ay} \cdot (2a + z_3) - 2F \cdot (a + z_3) - \frac{1}{2}F \cdot z_3:$$

$$M_{b3}(z_3 = 0) = F_{Ay} \cdot 2a - 2F \cdot a = (3-2)F \cdot a = \underline{+F \cdot a}$$

$$M_{b3}(z_3 = a) = F_{Ay} \cdot 3a - 2F \cdot 2a - \frac{1}{2}F \cdot a = \left(\frac{9}{2} - \frac{8}{2} - \frac{1}{2}\right)F \cdot a = \underline{0}$$

Die Gleichungen des 3. Bereichs lassen sich kürzer fassen, wenn anstelle des linken Teilstücks mit dem rechten gearbeitet wird (die Schnittgrößen sind an beiden Teilen entgegengesetzt gleich).

3. Bereich $0 \leq z_3^* \leq a$:

$$F_{L3} = \underline{0}$$

$$F_{Q3} + F_B = 0 \qquad\qquad F_{Q3} = -F_B = \underline{-F}$$

$$M_{b3} - F_B \cdot z_3^* = 0 \qquad M_{b3} = F_B \cdot z_3^*: \begin{cases} M_{b3}(z_3^* = 0) = \underline{0} \\ M_{b3}(z_3^* = a) = F_B \cdot a = \underline{F \cdot a.} \end{cases}$$

Der Verlauf der Schnittgrößen ist auf Abbildung 9.9 graphisch dargestellt.

Beispiel 9.3 (Momenteinleitung). Der auf Abbildung 9.10a dargestellte Träger wird über einen Kragarm durch die Kraft F belastet.

Gesucht sind die Schnittreaktionen.

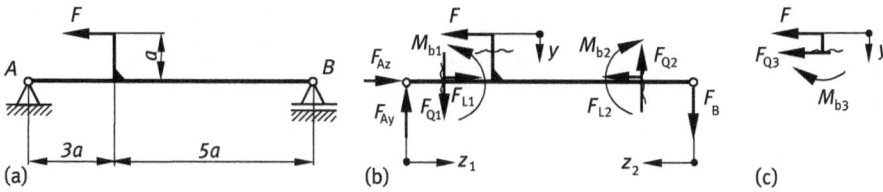

Abb. 9.10: Balken mit Momenteinleitung; (a) Belastungsschema, (b) Schnittbereiche Balken, (c) Schnitt Kragarm

Lösung. Durch die Lasteinleitung über den Hebelarm a werden an der Verbindungsstelle mit dem Träger eine Längskraft und ein Biegemoment in den Träger eingeleitet. Wir schneiden den Träger frei (Abbildung 9.10b und c) und berechnen die Auflagerkräfte

$$\sum F_z = 0: \quad F_{Az} - F = 0 \quad \Rightarrow \quad \underline{F_{Az} = F}$$

$$\sum M_B = 0: \quad F \cdot a - F_A \cdot 8a = 0 \quad \Rightarrow \quad \underline{F_{Ay} = F_B = \frac{1}{8}F}.$$

Die Schnittführung durch Träger und den Kragarm ist aus Abbildung 9.10b und c ersichtlich. Die Schnittgrößen können wir nach Abbildung 9.10 direkt aufschreiben:

1. Bereich: $0 \le z_1 \le 3a$:

$$F_{L1}(z_1) = -F_{Az} = \underline{-F}$$

$$F_{Q1}(z_1) = F_{Ay} = \underline{\frac{1}{8}F}$$

$$M_{b1}(z_1 = 3a) = +F_{Ay} \cdot 3a = \underline{\frac{3}{8}F \cdot a}$$

2. Bereich: $0 \le z_2 \le 8a$:

$$F_{L2}(z_2) = \underline{0}$$

$$F_{Q2}(z_2) = +F_B = \underline{\frac{1}{8}F}$$

$$M_{b2}(z_2 = 5a) = -F_B \cdot 5a = \underline{-\frac{5}{8}F \cdot a}$$

3. Bereich: $(0 \le y \le a)$:

$$F_{Q3}(y) = \underline{-F}$$

$$M_{b3}(y = a) = \underline{F \cdot a}$$

Der Verlauf der Schnittgrößen ist auf Abbildung 9.11 dargestellt.

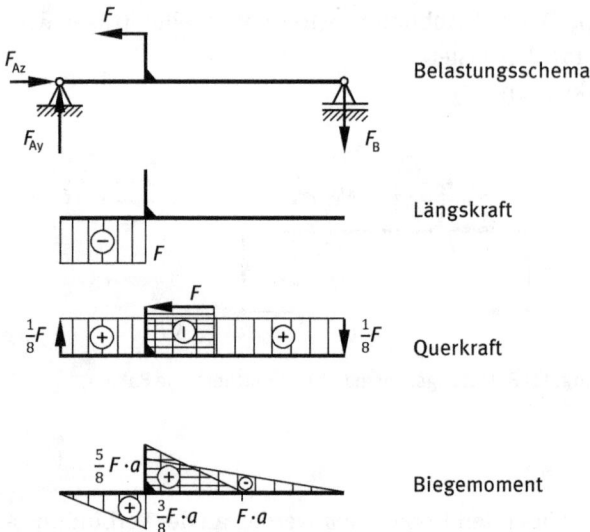

Abb. 9.11: Schnittgrößen des Balkens

Wir fassen zusammen:
- An der Einleitungsstelle einer äußeren Längskraft tritt im Längskraftdiagramm ein Sprung mit dem Wert der eingeleiteten Kraft auf.
- An der Einleitungsstelle einer äußeren Querkraft tritt im Querkraftdiagramm ein Sprung mit dem Wert der eingeleiteten Kraft auf.
- An der Einleitungsstelle eines äußeren Momentes tritt im Momentdiagramm ein Sprung mit dem Wert des eingeleiteten Momentes auf.

Die Schnittgrößen von *Streckenlasten* ändern sich kontinuierlich mit ihrer Belastungslänge. Aus diesem Grunde können wir sie – anders als für die Berechnung der Auflagerkräfte – nicht durch ihre Resultierende zur Ermittlung der Schnittgrößen ersetzen. Neben einem abweichenden Verlauf sowohl der Kräfte, wie auch der Biegemomente erhalten wir auch für die Momente zu große Werte. Dies ist vorab auch gut durch die Vorstellung der Belastung der Eisdecke eines Sees durch eine auf größerer Länge wirkenden Auflagefläche, z. B. die „berühmte Leiter" zur Rettung des auf der schmalen Kufe seines Schlittschuhes eingebrochenen Eisläufers, nachvollziehbar. Im nachfolgenden Beispiel wollen wir dies qualitativ und quantitativ belegen.

Beispiel 9.4 (konstante Streckenlast). Für den auf Abbildung 9.12 skizzierten Träger auf zwei Stützen, der durch eine konstante Streckenlast q belastet ist, sind die Schnittreaktionen zu ermitteln.

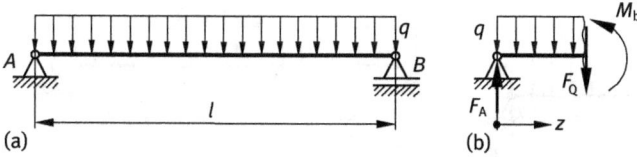

Abb. 9.12: Träger mit konstanter Streckenlast; (a) Belastungsschema, (b) Schnitt durch den Träger

Lösung. Es wirken keine Längskräfte; somit wirken nur die senkrechten Auflagerkräfte

$$F_A = F_B = \frac{1}{2}q \cdot l \, .$$

Wenn wir den Träger an einer beliebigen Stelle z schneiden (Abbildung 9.12b), lassen sich die Streckenlast auf dem abgeschnittenen Balkenteil mit der statisch äquivalenten Querkraft $F_{Res}(z)$ ins Gleichgewicht setzen

$$F_Q(z) - F_A + q \cdot z = 0$$

$$F_Q(z) = F_A - q \cdot z = \frac{1}{2}q \cdot l - q \cdot z : \quad \begin{cases} F_Q(z = 0) = \frac{1}{2}q \cdot l = F_A \\ F_Q(z = l) = -\frac{1}{2}q \cdot l = -F_B \\ F_Q(z = l/2) = 0 \, . \end{cases}$$

Wir erkennen aus der Gleichung einen linearen Verlauf der Querkraft. Der am linken Trägerende eingeleiteten Stützkraft F_A wirkt die Streckenlast mit zunehmender Länge kontinuierlich entgegen. In der Trägermitte ist wegen der symmetrischen Belastung die Querkraft Null und im rechten Teilstück per Definition negativ und vom Betrag gleich F_B (Abbildung 9.13).

Für die Berechnung des Schnittmomentes lässt sich die konstante Streckenlast gemäß Abbildung 2.3a durch ihre variable Resultierende zu $F_{Res}(z) = q \cdot z$ mit dem Angriffspunkt $z/2$ im Schwerpunkt der Belastung beschreiben. Nach Abbildung 9.12b wird:

$$M_b(z) - F_A \cdot z + q \cdot z \cdot \frac{z}{2} = 0$$

$$M_b = F_A \cdot z - \frac{1}{2}q \cdot z^2 = \frac{1}{2}q \cdot l \cdot z - \frac{1}{2}q \cdot z^2 = \frac{1}{2}q \cdot z(l - z)$$

$$M_b = \frac{1}{2}q \cdot z(l - z) : \quad \begin{cases} M_b(z = 0) = 0 \\ M_b(z = l) = 0 \\ M_b(z = l/2) = \frac{1}{4}q \cdot l \cdot \frac{l}{2} = \frac{1}{8}q \cdot l^2 = M_{b\,max} \, . \end{cases}$$

Das Schnittmoment hat einen parabelförmigen Verlauf, ist an den Gelenken Null und hat an der Stelle $z = l/2$, dem Vorzeichenwechsel der Querkraft, seinen Extremwert. Die Schnittgrößen sind auf Abbildung 9.13 dargestellt.

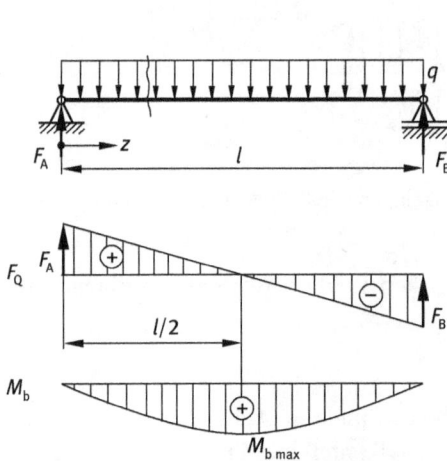

Abb. 9.13: Schnittgrößen des Balkens

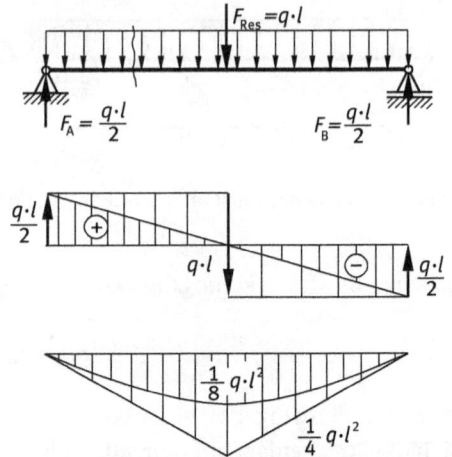

Abb. 9.14: Vergleichsrechnung Einzellast

Technische Berechnungen sind aufgrund idealisierter Annahmen und dem Bestreben des Ingenieurs nach möglichst einfachen überschaubaren Lösungsverfahren immer Näherungsrechnungen. In diesem Zusammenhang soll nachfolgend gezeigt werden, dass der Ersatz einer Streckenlast durch ihre resultierende Einzellast – wie für die Berechnung der Auflagerreaktionen des starren Trägers üblich – für die Berechnung der Schnittgrößen nicht nur zu ungenauen, sondern zu falschen Ergebnissen führt. Aus Abbildung 9.14 wird dies hinsichtlich des Verlaufs und der Beträge der Schnittgrößen deutlich. Die Berechnung des maximalen Biegemomentes für dieses Beispiel zeigt exemplarisch für die mittige resultierende Einzellast vom Betrag $q \cdot l$ einen doppelt so großen Betrag, wie unter der tatsächlichen konstanten Streckenlast. Mit Abweichungen in dieser Größenordnung ist das Ergebnis unbrauchbar.

Beispiel 9.5. Auf Abbildung 9.15a ist ein Träger auf zwei Stützen mit Kragarm, der durch eine konstante Streckenlast von $q = 3$ kN/m belastetet ist, skizziert.

Für $a = 1$ m sollen die Schnittreaktionen berechnet und der Verlauf dargestellt werden.

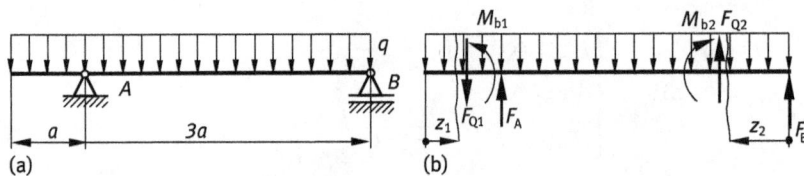

Abb. 9.15: Träger mit Streckenlast; (a) Belastungsschema, (b) Schnittbereiche des Balkens

Lösung. Die Auflagerkräfte werden mit $F_{Res} = q \cdot 4a = 12\,kN$ und dem Angriffspunkt im Schwerpunkt der Belastung $l_{Res} = 2a = 2\,m$ berechnet:

$$\sum M_B = 0: \quad q \cdot 4a \cdot 2a - F_A \cdot 3a = 0, \quad \underline{F_A = \frac{8}{3} q \cdot a = 8\,kN}$$

$$\sum M_A = 0: \quad q \cdot 4a \cdot a + F_B \cdot 3a = 0 \quad \underline{F_B = \frac{4}{3} q \cdot a = 4\,kN}$$

Kontrolle: $\quad \sum F_y = 0: \quad + F_A + F_B - q \cdot 4a = (8 + 4 - 12)\,kN = 0$.

Die zwei erforderlichen Schnittstellen (Abbildung 9.15b) setzen wir ins Gleichgewicht.

1. Bereich $0 \leq z_1 \leq a$:

$$F_{Q1} + q \cdot z_1 = 0 \qquad F_{Q1} = -q \cdot z_1 \begin{cases} F_{Q1}(z_1 = 0) = \underline{0} \\ F_{Q1}(z_1 = a) = -q \cdot a = \underline{-3\,kN} \end{cases}$$

$$M_{b1} + q \cdot z_1 \cdot \frac{z_1}{2} = 0 \qquad M_{b1} = -\frac{1}{2} q \cdot z_1^2 : \begin{cases} M_{b1}(z_1 = 0) = \underline{0} \\ M_{b1}(z_1 = a) = -\frac{1}{2} q \cdot a^2 = \underline{-1,5\,kN\,m} \end{cases}$$

2. Bereich $0 \leq z_2 \leq 3a$:

$$F_{Q2} + F_B - q \cdot z_2 = 0$$

$$F_{Q2} = -F_B + q \cdot z_2 \begin{cases} F_{Q2}(z_2 = 0) = -F_B = -4\,kN \\ F_{Q2}(z_2 = 3a) = \left(-\frac{4}{3} + \frac{9}{3} \right) q \cdot a = \underline{\frac{5}{3} q \cdot a = 5\,kN.} \end{cases}$$

$$M_{b2} - F_B \cdot z_2 + q \cdot z_2 \cdot \frac{z_2}{2} = 0$$

$$M_{b2} = +F_B \cdot z_2 - \frac{1}{2} q \cdot z_2^2 \begin{cases} M_{b2}(z_2 = 0) = \underline{0} \\ M_{b2}(z_2 = 3a) = \left(\frac{12}{3} - \frac{9}{2} \right) q \cdot a^2 = -\frac{1}{2} q \cdot a^2 \\ \qquad\qquad = \underline{-1,5\,kN\,m.} \end{cases}$$

Wie anhand Abbildung 9.16 leicht nachzuvollziehen ist, kann der Querkraftverlauf auch für die konstante Streckenlast ohne Rechnung mit den bekannten äußeren Kräften von links nach rechts punktweise als Summe aller senkrechten Kräfte

$$-q \cdot a + F_A - q \cdot 3a + F_B = 0$$

gezeichnet werden.

Der lineare Verlauf der Querkraft von $+5/3 \cdot q \cdot a$ auf $-4/3 \cdot q \cdot a$ schneidet zwischen den Stützen die z-Achse. Der Ort dieses Schnittpunktes gibt die Lage des maximalen Biegemomentes (genauer eines Extremwertes) an. Wir können die Stelle des Extremwertes finden, wenn wir die Querkraftgleichung null setzen.

$$F_{Q2} = -F_B + q \cdot z_2 = 0 \ .$$

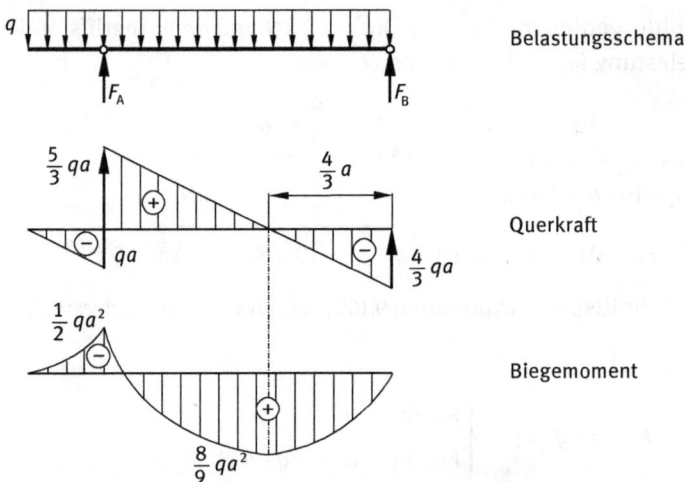

Abb. 9.16: Schnittgrößen des Balkens mit Streckenlast

Die Gleichung nach $z_2 = \bar{z}_2$ umgestellt, liefert das gesuchte Ergebnis.

$$\bar{z}_2 = \frac{F_B}{q} = \frac{4}{3}\frac{q \cdot a}{q} = \underline{\frac{4}{3}a}\,.$$

Zu dem gleichen Ergebnis kommen wir auch mit dem Ähnlichkeitssatz der Dreiecke.
Damit wird das maximale Biegemoment

$$M_{b2}(\bar{z}_2) = M_{bmax} = F_B \cdot \bar{z}_2 - \frac{1}{2}q \cdot \bar{z}_2^2 = \frac{16}{9}q \cdot a^2 - \frac{8}{9}q \cdot a^2 = \underline{\frac{8}{9}q \cdot a^2 = 2,\overline{6}\,\text{kNm}}\,.$$

Ist die Streckenlast nicht konstant, wird die Belastungsintensität $q(z)$ eine Funktion der Längenkoordinate z. Im nachfolgenden Beispiel wollen wir diese Zusammenhänge für die Schnittgrößen untersucht.

Beispiel 9.6 (lineare, nicht konstante Streckenlast). Der auf Abbildung 9.17 skizzierte Freiträger ist durch eine *Dreieckslast* $q(z)$ belastet. Wir ermitteln den Querkraft- und Momentenverlauf:

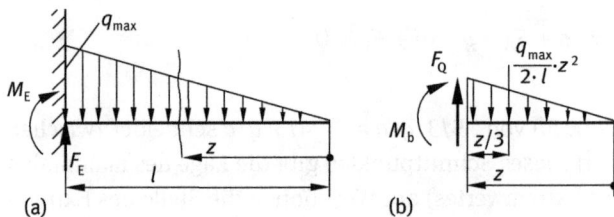

Abb. 9.17: Träger mit Dreieckslast; (a) Belastungsschema, (b) Trägerschnitt

Die Belastungsintensität beschreiben wir gemäß Gleichung (2.4) nach Abbildung 9.17 mit dem Ähnlichkeitssatz für Dreiecke für die belasteten Länge l zu.

$$\frac{q(z)}{q_{max}} = \frac{z}{l} \quad \Rightarrow \quad q(z) = \frac{q_{max}}{l} \cdot z \tag{9.4}$$

Wenn wir die Koordinate z vom freien Trägerende zur Einspannung laufen lassen, müssen die Auflagerreaktionen nicht vorab berechnet werden und die Mathematik wird übersichtlicher.

Im Schnitt (Abbildung 9.17b) setzen wir die Streckenlast $q(z)$ auf dem abgeschnittenen Balkenteil mit der statisch äquivalenten Querkraft $F_Q(z)$, die damit auch eine Funktion der Längenkoordinate z sein muss, ins Gleichgewicht

$$F_Q(z) - \frac{1}{2}q(z) \cdot z = 0$$

Die Gleichung (9.4) eingesetzt und nach der Schnittkraft umgestellt, liefert

$$F_Q(z) = \frac{1}{2}q(z) \cdot z = \frac{q_{max}}{2l} \cdot z^2 . \tag{9.5}$$

Die obige Gleichung beschreibt einen quadratischen Verlauf der Querkraft (Abbildung 9.18). Die Stützkraft an der Einspannung mit dem schon aus der Aufgabenstellung direkt ablesbaren Ergebnis erhalten wir für $z = l$

$$F_Q(z = l) = \frac{q_{max}}{2l} \cdot l^2 = \frac{1}{2}q_{max} \cdot l .$$

Für die Berechnung des Schnittmomentes lässt sich die Dreieckslastlast gemäß Abbildung 2.3b durch ihre variable, von der Länge z abhängige, Resultierende $F_{Res}(z)$

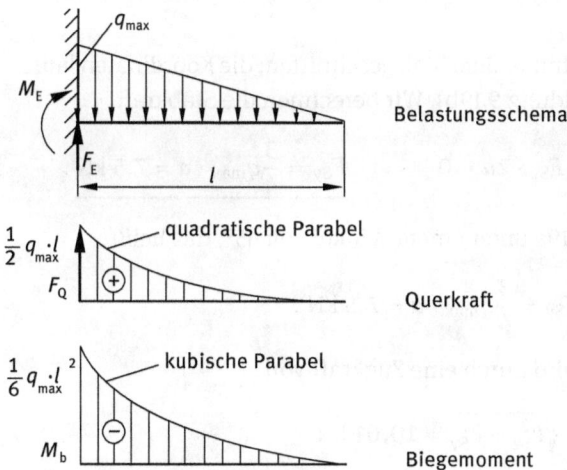

Abb. 9.18: Schnittgrößen für eine Dreieckslast

mit dem Angriffspunkt $z/3$ im Schwerpunkt der Belastung beschreiben. Nach Abbildung 9.17b wird:

$$M_b(z) = \frac{q_{max}}{2l} \cdot z^2 \cdot \frac{z}{3} = \frac{q_{max}}{6l} \cdot z^3 \; . \tag{9.6}$$

Der Momentverlauf ist eine kubische Parabel. Das Einspannmoment ($z = l$) beträgt

$$M_b(z = l) = M_{bmax} = \frac{1}{6} q_{max} \cdot l^2 \; .$$

Beispiel 9.7. Der auf Abbildung 9.19a dargestellte Balken ist in A gelenkig gelagert, in B durch einen Stab gehalten und wird durch eine Dreieckslast mit q_{max}, belastet.

Für $q_{max} = 10\,\text{kN/m}$ und $a = 1\,\text{m}$ sind die Schnittreaktionen für den Balken zu ermitteln.

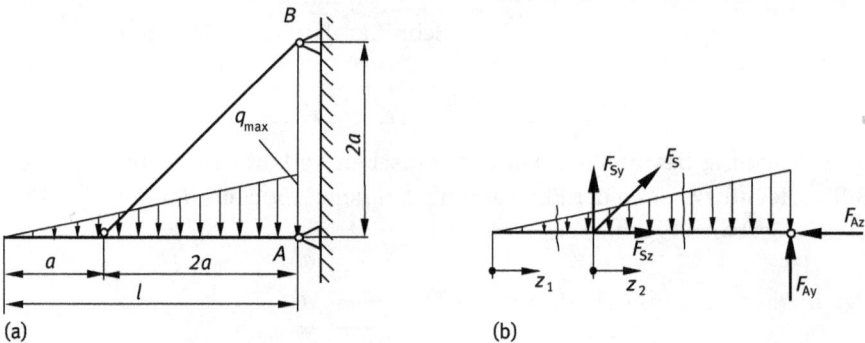

Abb. 9.19: Belasteter Kragträger; (a) Belastungsschema, (b) Schnitte durch den Träger und den Zugstab

Lösung. Der Balken wird vor und hinter dem Stab geschnitten; die Koordinaten laufen vom Trägerende zum Lager (Abbildung 9.19b). Wir berechnen die Stabkraft

$$\sum M_A = 0: \quad \frac{1}{2} q_{max} \cdot l \cdot a - F_{Sy} \cdot 2a = 0 \quad \Rightarrow \quad F_{Sy} = \frac{3}{4} q_{max} \cdot a = 7{,}5\,\text{kN} \; .$$

Der Stab wirkt nach Abbildung 9.19a unter einem Winkel von 45°, das heißt

$$F_{Sz} = F_{Sy} = \frac{3}{4} q_{max} \cdot a = 7{,}5\,\text{kN} \; .$$

Der Stab, wie auch das Lager B, wird durch eine Zugkraft von

$$F_S = \sqrt{F_{Sz}^2 + F_{Sy}^2} = 10{,}61\,\text{kN}$$

belastet.

Aus dem Kräftegleichgewicht lässt sich die Gelenkkraft im Lager A berechnen.

$$\sum F_z = 0: \quad \underline{F_{Az} = F_{Sz} = \frac{3}{4}q_{max} \cdot a = 7,5\,\text{kN}}$$

$$\sum F_y = 0: \quad F_{Ay} + F_{Sy} - \frac{1}{2}q_{max} \cdot l = 0$$

$$\Rightarrow \quad F_{Ay} = \left(\frac{3}{2} - \frac{3}{4}\right)q_{max} \cdot a = \frac{3}{4}q_{max} \cdot a = 7,5\,\text{kN}$$

Die Berechnung der Schnittgrößen mit den Gleichungen (9.5) und (9.6) erfolgt in zwei Bereichen nach Abbildung 9.20

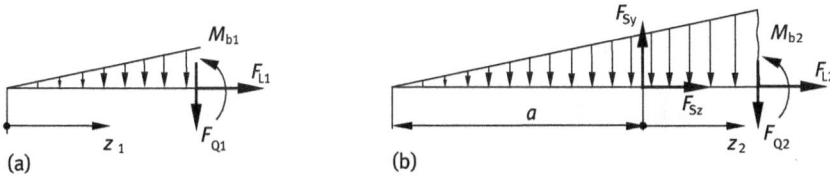

Abb. 9.20: Bereiche am geschnittenen Balken; (a) 1. Bereich, (b) 2. Bereich

1. Bereich $(0 \leq z_1 \leq a)$:

$$F_{L1}(z_1) = \underline{0}$$

$$F_{Q1}(z_1) = -\frac{q_{max}}{2l} \cdot z_1^2, \quad F_{Q1}(z_1 = a) = -\frac{q_{max}}{6a} \cdot a^2 = \underline{-\frac{1}{6}q_{max} \cdot a = -1,\overline{6}\,\text{kN}}.$$

$$M_{b1}(z_1) = -\frac{q_{max}}{6l} \cdot \frac{z_1^3}{3}, \quad M_{b1}(z_1 = a) = -\frac{q_{max}}{18a} \cdot a^3 = \underline{-\frac{1}{18}q_{max} \cdot a^2 = -0,\overline{5}\,\text{kN\,m}}.$$

2. Bereich $(0 \leq z_2 \leq 2a)$:

$$F_{L2}(z_2) = -F_{Sz} = \underline{-\frac{3}{4}q_{max} \cdot a = -7,5\,\text{kN}}.$$

$$F_{Q2}(z_2 = 0) = \frac{3}{4}q_{max} \cdot a - \frac{1}{6}q_{max} \cdot a = \underline{\frac{7}{12}q_{max} \cdot a = 5,8\overline{3}\,\text{kN}}$$

$$F_{Q2}(z_2 = 2a) = \frac{3}{4}q_{max} \cdot a - \frac{q_{max}}{l}(a + z_2) \cdot \frac{a + z_2}{2},$$

$$F_{Q2}(z_2 = 2a) = \frac{3}{4}q_{max} \cdot a - \frac{q_{max}}{6a}(3a)^2 = \left(\frac{3}{4} - \frac{3}{2}\right)q_{max} \cdot a = \underline{-\frac{3}{4}q_{max} \cdot a = -7,5\,\text{kN}}.$$

Zur Berechnung des Ortes des Extremwertes des Biegemomentes (siehe Abbildung 9.21) setzen wir die Querkraftgleichung gleich Null:

$$F_{Q2}(z_2) = F_{Sy} - \frac{q_{max}}{6a} \cdot (a + z_2) = 0$$

und stellen diese nach $z_2 = \bar{z}_2$ um

$$\bar{z}_2 = \sqrt{\frac{F_{Sy} \cdot 6a}{q_{max}}} - a = \sqrt{\frac{18}{4} \cdot a^2} - a = 1,121a = 1,121\,\text{m}.$$

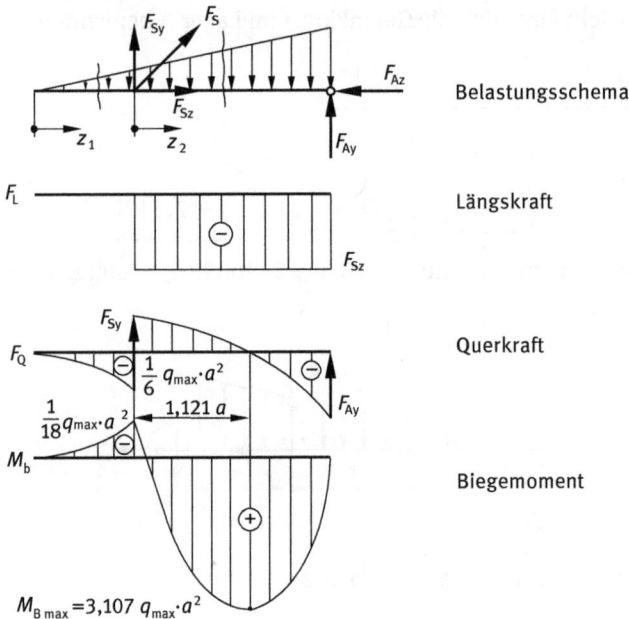

Abb. 9.21: Schnittgrößen des Kragträgers

Damit wird

$$M_{b2}(z_2) = F_{Sy} \cdot z_2 - \frac{q_{max}}{6a} \cdot (a + z_2)^2 \cdot \frac{(a + z_2)}{3}$$

$$M_{b2}(\overline{z}_2 = 1{,}121a) = \frac{3}{4} q_{max} \cdot a - \frac{q_{max}}{18} \cdot (a + \overline{z}_2)^2 = \underline{3{,}107 \text{ kNm}} = M_{b\,max}.$$

Zur Kontrolle muss gelten:

$$M_{b1}(z_1 = a) = M_{b2}(z_2 = 0) = -\frac{1}{18} q_{max} \cdot a^2.$$

9.3.3 Beziehungen zwischen Belastung und Schnittgrößen

Die aus den vorangegangenen Übungen deutlich gewordenen Zusammenhänge zwischen den Belastungs- und Schnittgrößen, sollen nachfolgend verallgemeinert werden.

Wir betrachten auf Abbildung 9.22 ein aus einem Balken mit gerader Trägerachse unter einer Streckenlast herausgeschnittenes Element infinitesimaler Länge dz.

Die am Balkenelement angreifende Streckenlast denken wir uns durch eine mittig angreifende Einzellast vom Betrag $dF = q \cdot dz$ ersetzt. An der Schnittstelle z (Abbildung 9.22a) tragen wir die die Querkraft $F_Q(z)$ und das Biegemoment $M_b(z)$ an. An der

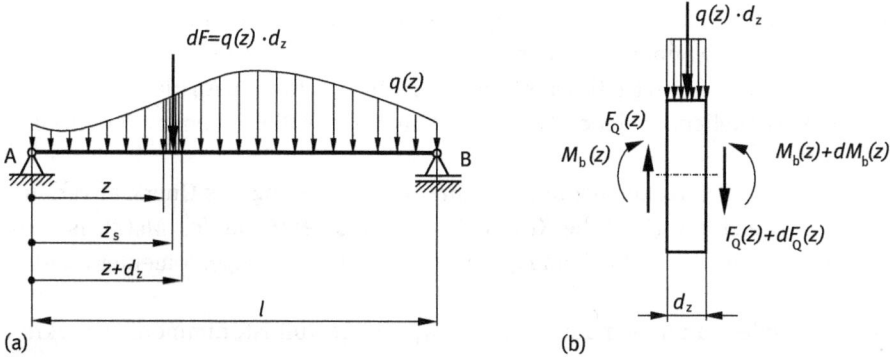

Abb. 9.22: Gleichgewicht am Balken; (a) Balken mit Streckenlast $q(z)$, (b) Gleichgewicht am Balken-element

Stelle $z + dz$ sind die Schnittgrößen um die infinitesimalen Zuwächse dF_Q und dM_b in Koordinatenrichtung geändert. Die Gleichgewichtsbedingungen am Balkenelement (Abbildung 9.22b) lauten:

$$\sum F_y = 0: \quad F_Q(z) - q(z) \cdot dz - [F_Q(z) + dF_Q(z)] = 0 ;$$

$$dF_Q(z) + q(z) \cdot dz = 0 , \tag{9.7}$$

$$\sum M_b = 0: \quad -M_b(z) + M_b(z) + dM_b(z) - F_Q(z) \cdot dz + q(z) \cdot dz \cdot dz/2 = 0 ;$$

$$dM_b(z) - F_Q(z) \cdot dz + q(z) \cdot dz \cdot dz/2 = 0 . \tag{9.8}$$

Aus Gleichung (9.7) folgt

$$\frac{dF_Q(z)}{dz} = -q(z) . \tag{9.9}$$

Die Ableitung der Querkraft nach der Ortskoordinate ist gleich der negativen Strecken-last.

In der Gleichung (9.8) ist der Ausdruck $dz \cdot dz$ gegenüber den Gliedern mit dz von höherer Ordnung klein und wird vernachlässigt. Wir schreiben

$$dM_b(z) - F_Q(z) \cdot dz = 0$$

und

$$\frac{dM_b(z)}{dz} = F_Q(z) . \tag{9.10}$$

Die Ableitung des Biegemomentes nach der Ortskoordinate ist gleich der Querkraft.

Die Gleichungen (9.9) und (9.10) sind gewöhnliche Differentialgleichungen erster Ordnung. Die Differentiation von Gleichung (9.10) liefert

$$\frac{dM_b^2(z)}{dz^2} = \frac{dF_q(z)}{dz} = -q(z) . \tag{9.11}$$

Aus den Gleichungen lassen sich die folgenden, schon z. T. aus den vorangegangenen Übungsaufgaben gewonnenen Erkenntnisse ableiten bzw. begründen:

– Nach Gleichung (9.10) ist die Querkraft $F_Q(z)$ ein Maß für den Anstieg der Momentenlinie. An Stellen, an denen $F_Q = 0$ wird, nimmt das Biegemoment Extremwerte an.

– Der Verlauf der Streckenlast $q(z)$ beschreibt die Steigung des Querkraftverlaufs und mit Gleichung (9.11) die Krümmung des Momentverlaufes $M_b(z)$. Ist z. B. $q = $ konst, so ist der Verlauf von $F_Q(z)$ linear und der des Biegemomentes quadratisch.

– An den Stellen, an denen die Belastungsintensität Null ist, nimmt die Querkraft Extremwerte an.

– An der Nullstelle der Querkraft $F_Q(z) = 0$ hat das Biegemoment $M_b(z)$ gemäß Gleichung (9.10) einen Extremwert (Minimum oder Maximum).

Die Gleichungen (9.9) bis (9.11) lassen sich im Falle eines ebenen geraden Balkens bei Kenntnis der äußeren Belastung $q(z)$ durch Integration zur Berechnung der Schnittgrößen verwenden:

$$F_Q(z) = -\int q(z) \cdot dz + C_1 \tag{9.12}$$

$$M_b(z) = \int F_Q(z) \cdot dz + C_2 \, . \tag{9.13}$$

Zur Bestimmung der Integrationskonstanten verwenden wir *Randbedingungen*, die eine Aussage über Querkraft und Biegemoment an den Rändern des Balkens treffen; genauer an welchen Rändern des Balkens die Schnittgrößen Null sind.

Für die wichtigsten Lagerungsarten (siehe auch Tabelle 2.1) sind die Randbedingungen in der folgenden Tabelle zusammengestellt.

Tab. 9.1: Randbedingungen

Bezeichnung	Lager	F_Q	M_b
Gelenklager		$\neq 0$	0
Parallelführung		0	$\neq 0$
Schiebehülse		$\neq 0$	$\neq 0$
Einspannung		$\neq 0$	$\neq 0$
freies Trägerende		0	0

Beispiel 9.8. Die Beziehungen zwischen Streckenlast, Querkraft und Biegemoment sollen am Beispiel eines durch eine konstante Streckenlast q belasteten Balkens (Abbildung 9.23) dargestellt werden.

Für die Belastung $q(z) = q$ = konst wollen wir die Schnittgrößen ermitteln.

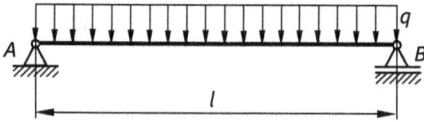

Abb. 9.23: Balken unter konstanter Streckenlast

Mit Gleichung (9.12) schreiben wir für die Querkraft

$$F_Q(z) = -\int q(z) \cdot dz + C_1 = -q \cdot z + C_1$$

und für das Biegemoment, Gleichung (9.14)

$$M_b(z) = \int F_Q(z) \cdot dz + C_2 = -q \cdot \int z \cdot dz + C_1 \cdot \int dz + C_2 = -\frac{1}{2}q \cdot z^2 + C_1 \cdot z + C_2$$

Die beiden Konstanten bestimmen wir aus den Randbedingungen. Nach Tabelle 9.1 gilt

$$M_b(z = 0) = 0 \quad \Rightarrow \quad C_2 = 0 .$$

$$M_b(z = l) = 0 ; \quad \Rightarrow \quad C_1 = \frac{1}{2}q \cdot l$$

Damit wird die Querkraft

$$\underline{F_Q(z) = -q \cdot z + \frac{1}{2}q \cdot l}$$

$$\text{für} \quad F_Q(z = 0) = +\frac{1}{2}q \cdot l$$

$$F_Q(z = l/2) = -q \cdot \frac{l}{2} + \frac{1}{2}q \cdot l = 0$$

$$F_Q(z = l) = -q \cdot l + \frac{1}{2}q \cdot l = -\frac{1}{2}q \cdot l$$

und das Biegemoment

$$\underline{M_b(z) = -\frac{1}{2}q \cdot z^2 + \frac{1}{2}q \cdot l \cdot z}$$

$$\text{für} \quad M_b(z = 0) = 0$$

$$M_b(z = l/2) = -\frac{1}{8}q \cdot l^2 + \frac{1}{4}q \cdot l \cdot l = \frac{1}{8}q \cdot l^2$$

$$M_b(z = l) = -\frac{1}{2}q \cdot l^2 + \frac{1}{2}q \cdot l \cdot l = 0 .$$

Dies ist die Lösung des Beispiels 9.4 mit Abbildung 9.13.

Wie aus diesem Beispiel deutlich wird, müssen bei der Bestimmung der Schnittgrößen durch die unbestimmte Integration nicht vorab die Lagerreaktionen aus den Gleichgewichtsbedingungen am geschnittenen Balken ermittelt werden. Diese werden durch die Randbedingungen definiert und können aus den Ergebnissen abgelesen werden.

Bei bekannten Auflagerkräften ist die Berechnung der Schnittgrößen aus dem Gleichgewicht und bestimmter Integration, wenn wir statt der Randbedingungen Grenzen in das Integral einsetzen, eine weitere Möglichkeit. Dies wird folgend am obigen Beispiel aufgezeigt. Mit

$$F_A = F_B = \frac{q}{2} \int_0^l dz = \frac{1}{2}q \cdot l$$

schreiben wir nach Abbildung 9.24 für die Querkraft mit der Integrationsvariablen ζ

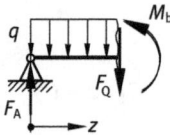

Abb. 9.24: Schnittgrößen am Balkenelement

$$F_Q(z) = F_A - \int_0^z q(\zeta) \cdot d\zeta = \frac{1}{2}q \cdot l - q \cdot \zeta\Big|_0^z = \underline{\frac{1}{2}q \cdot l - q \cdot z}$$

und für das Biegemoment

$$M_b(z) = F_A \cdot z - \int_0^z F_Q(\zeta) \cdot d\zeta = \frac{1}{2}q \cdot l \cdot z - \frac{1}{2}q \cdot l \int_0^z d\zeta + q \int_0^z \zeta \cdot d\zeta,$$

$$M_b(z) = \frac{1}{2}q \cdot l \cdot z - \frac{1}{2}q \cdot l \cdot z + \frac{1}{2}q \cdot \frac{l^2}{4} = \underline{\frac{1}{2}q \cdot z^2}.$$

$$M_b(z = l/2) = M_{bmax} = \frac{1}{8}q \cdot l^2.$$

Beispiel 9.9. Auf Abbildung 9.25 ist ein durch eine Sinuslast mit der Amplitude q_0 belasteter Balken dargestellt. Für die Belastung $q(z) = q_0 \cdot \sin\left(\frac{\pi}{l}z\right)$ sind die Schnittgrößen zu berechnen.

Lösung. Mit Gleichung (9.12) gilt für die Querkraft

$$F_Q(z) = -q_0 \cdot \int \sin\left(\frac{\pi}{l}z\right) \cdot dz + C_1 = -q_0 \cdot \frac{l}{\pi} \cdot \cos\left(\frac{\pi}{l}z\right) + C_1$$

und für das Biegemoment, Gleichung (9.13)

$$M_b(z) = -q_0 \cdot \frac{l}{\pi} \cdot \int \cos\left(\frac{\pi}{l}z\right) \cdot dz + C_2 = q_0 \cdot \left(\frac{l}{\pi}\right)^2 \cdot \sin\left(\frac{\pi}{l}z\right) + C_1 \cdot z + C_2.$$

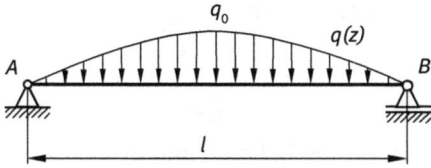

Abb. 9.25: Balken unter Sinuslast

Die beiden Konstanten bestimmen wir aus den Randbedingungen. Nach Tabelle 9.1 gilt

$$M_b(z = 0) = 0 ; \quad M_b(z = l) = 0 \quad \Rightarrow \quad C_1 = C_2 = 0 .$$

Damit wird die Querkraft

$$F_Q(z) = \frac{l}{\pi} \cdot q_0 \cdot \cos\left(\frac{\pi}{l}z\right) \quad \Rightarrow \quad \begin{cases} F_Q(z = 0) = \dfrac{l}{\pi} \cdot q_0 \cdot \cos 0 = \underline{\dfrac{l}{\pi} \cdot q_0 = F_A} \\[2mm] F_Q(z = l) = \dfrac{l}{\pi} \cdot q_0 \cos \pi = \underline{-\dfrac{l}{\pi} \cdot q_0 = |F_B|} \end{cases}$$

und das Biegemoment

$$M_b(z) = \left(\frac{l}{\pi}\right)^2 \cdot q_0 \cdot \sin\left(\frac{\pi}{l}z\right)^2 ,$$

$$M_b(z = l/2) = M_{b\,max} = \left(\frac{l}{\pi}\right)^2 \cdot q_0 \cdot \sin\left(\frac{\pi}{2}\right) = \underline{q_0 \cdot \left(\frac{l}{\pi}\right)^2} .$$

Die Schnittgrößen sind auf Abbildung 9.26 dargestellt.

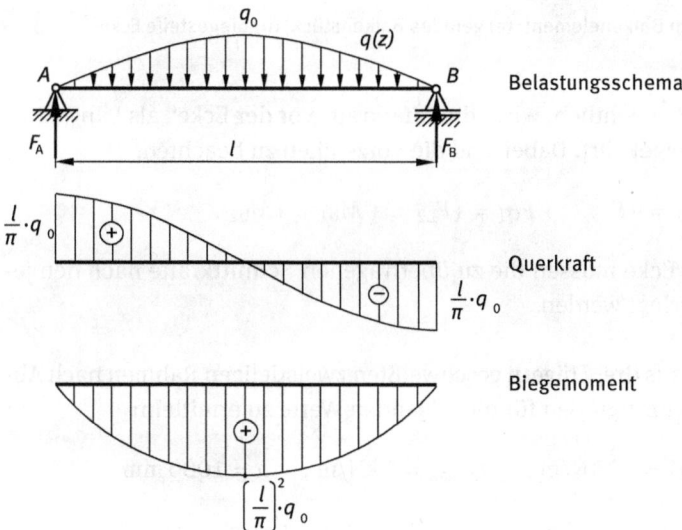

Belastungsschema

Querkraft

Biegemoment

Abb. 9.26: Schnittgrößen

9.4 Schnittgrößen an Rahmen und Bogenträgern

9.4.1 Rahmen

Die Überlegungen am geraden Balken lassen sich auf die Rahmen und Gelenkträger übertragen. Mit der Routine, erworben aus Übungen der vorangegangenen Abschnitte, wollen wir die Schnittgrößen an ausgewählten Punkten bestimmen und so zum Gesamtverlauf kommen.

Bei den Rahmen müssen in aller Regel alle drei Schnittgrößen, also Längs- und Querkräfte sowie Biegemomente berechnet werden. Dabei sind die Gegebenheiten an der biegesteifen Ecke zu beachten. Der Momentvektor steht senkrecht auf der Ebene und ist in dieser frei verschiebbar, sodass die Biegemomente in der Ecke ohne Änderung übertragen werden (das Moment in der biegesteifen Ecke muss an beiden Schenkeln gleich sein).

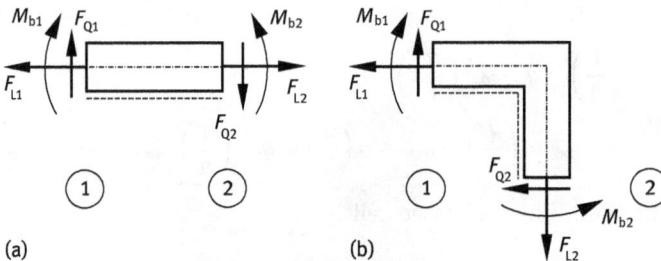

Abb. 9.27: Gleichgewicht am Balkenelement; (a) gerades Balkenstück, (b) biegesteife Ecke

Wie aus Abbildung 9.27 ersichtlich, wirkt die Querkraft „vor der Ecke" als Längskraft „nach der Ecke" und umgekehrt. Dabei sind die Vorzeichen zu beachten.

$$+F_{L1} = -F_{Q2} \qquad +F_{Q1} = +F_{L2} \qquad +M_{b1} = +M_{b2} .$$

Für schiefe Winkel der Ecke müssen die zu übertragenen Schnittkräfte nach den jeweiligen Richtungen zerlegt werden.

Beispiel 9.10. Für den aus drei Trägern geschweißten zweistieligen Rahmen nach Abbildung 9.28 sind die Schnittgrößen für die folgenden Werte zu ermitteln:

$$F = 8\,\text{kN} , \quad q_1 = 12\,\text{kN/m} , \quad q_{2\,\text{max}} = 5\,\text{kN/m} , \quad a = 1000\,\text{mm} .$$

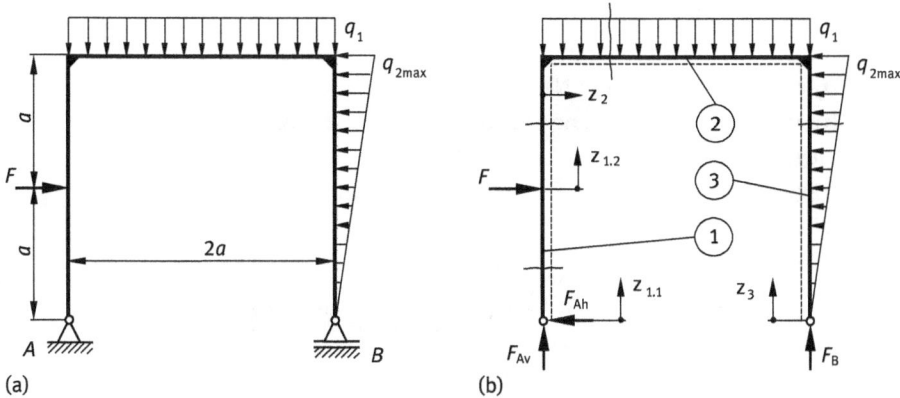

Abb. 9.28: Zweistieliger Rahmen; (a) belasteter Rahmen, (b) freigeschnittener Rahmen

Lösung. Die Auflagerkräfte erhalten wir aus den Gleichgewichtsbedingungen am freigeschnittenen Rahmen nach Abbildung 9.28b. Beim Freischneiden des Rahmens wurden alle Lagerkräfte in der erkennbar richtigen Richtung angetragen.

$$F_{Ah} = F - q_{2\,max} \cdot a = 3\,\text{kN}$$

$$F_{Av} = -F \cdot a + 2 \cdot q_1 \cdot a^2 + \frac{2}{3} q_{2\,max} \cdot a^2 = 11, \overline{3}\,\text{kN}$$

$$F_B = F \cdot a + 2 \cdot q_1 \cdot a^2 - \frac{2}{3} q_{2\,max} \cdot a^2 = 12, \overline{6}\,\text{kN}\,.$$

Zur Festlegung der Vorzeichen der Schnittgrößen werden – wie im Stahlbau üblich – die Zugseiten der Balken mit gestrichelter Linie gekennzeichnet. Die Schnittgrößen werden an geeigneten Schnitten (siehe Abschnitt 9.3.2) punktweise berechnet.

Mit den Kenntnissen aus den vorangegangenen Übungen erkennen wir vorab, ohne Aufstellung der Gleichgewichtsbedingungen:

- im Gelenk A tritt kein Moment auf
- im Gelenk B treten keine Querkraft und kein Moment auf
- im Gelenk A ist die Längskraft F_{L1} gleich der Lagerkraft F_{Ay} und die Querkraft F_{Q1} gleich der Lagerkraft F_{Az}
- im Gelenk B ist die Längskraft F_{L3} gleich der Lagerkraft F_B
- alle Längskräfte im Rahmen sind Druckkräfte[5]

---

5 Lange schlanke Bauteile (Querschnittsmaße ≪ Länge) können bei axialer Druckbelastung in Abhängigkeit von der Geometrie, Lagerung und der Last in einen labilen Gleichgewichtzustand kommen und schlagartig versagen. Die Knickung ist ein Stabilitätsproblem, das mit der Formulierung der Gleichgewichtsbedingungen am *unverformten* System (Theorie I. Ordnung) nicht gelöst werden kann. Hierfür ist die Untersuchung am *verformten* System (Theorie II. Ordnung) erforderlich. Für den elastischen Bereich gelang LEONHARD EULER 1744 die rechnerische Bestimmung der Grenzkraft, bei der ein Druckstab instabil wird und seitlich ausweicht (EULERsche Knickkraft).

– Die Querkraft ist im

  Träger 1 zwischen den eingeleiteten Kräften konstant

  Träger 2 eine Gerade mit Nulldurchgang

  Träger 3 eine quadratische Parabel mit Maximum in der Ecke

– Das Biegemoment ist im

  Träger 1 zwischen den eingeleiteten Kräften linear

  Träger 2 eine quadratische Parabel

  Träger 3 eine kubische Parabel mit Maximum in der Ecke.

Die zahlenmäßige Bestimmung der Schnittgrößen führen wir an ausgewählten Punkten:

1. Bereich $(0 \leq z_{1.1} \leq a)$: $(0 \leq z_{1.2} \leq a)$:

$$F_{L1.1} = -F_{Av} = \underline{-11,\overline{3}\,\text{kN}} \qquad F_{L1.2} = -F_{Av} = \underline{-11,\overline{3}\,\text{kN}}$$

$$F_{Q1.1} = F_{Ah} = \underline{3\,\text{kN}}\,; \qquad F_{Q1.2} = F_{Ah} - F = \underline{-5\,\text{kN}}$$

$$M_{b1.1} = F_{Ah} \cdot a = \underline{3\,\text{kNm}}\,; \qquad M_{b1.2} = F_{Ah} \cdot 2a - F \cdot a = \underline{-2\,\text{kNm}}\,.$$

2. Bereich $(0 \leq z_2 \leq 2a)$:

$$F_{L2} = F_{Ah} - F = \underline{-5\,\text{kN}} = F_{Q1.2}$$

$$F_{Q2} = F_{Av} - q_1 \cdot z_2 \quad \begin{cases} F_{Q2}(z_2 = 0) = F_{Av} = \underline{11,3\,\text{kN}} = -F_{L1} \\ F_{Q2}(z_2 = 2a) = F_{Av} - q_1 \cdot z_2 = \underline{12,\overline{6}\,\text{kN}} = -F_B\,. \end{cases}$$

Nulldurchgang der Querkraft:

$$F_{Q2} = F_{Av} - q_1 \cdot z_2 = 0 \quad \Rightarrow \quad \overline{z}_2 = \frac{F_{Av}}{q_1} = 0,9\overline{4}a = \underline{0,9\overline{4}\text{m}}$$

$$M_{b2} = F_{Ah} \cdot 2a - F \cdot a + F_{Av} \cdot z_2 - \frac{q_1}{2} \cdot z_2^2$$

$$M_{b2}(z_2 = 0) = F_{Ah} \cdot 2a - F \cdot a = \underline{-2\,\text{kNm}} = M_{b1.2}$$

$$M_{b2}(z_2 = 2a) = F_{Ah} \cdot 2a - F \cdot a + F_{Av} \cdot 2a - 2q_1 \cdot a^2 = \underline{-3,3\,\text{kNm}}\,.$$

Extremwert:

$$M_{b2}(z_2 = \overline{z}_2) = F_{Ah} \cdot 2a - F \cdot a + F_{Av} \cdot \overline{z}_2 - \frac{q_1}{2} \cdot \overline{z}_2^2 = \underline{3,35\,\text{kNm}} = M_{b\text{max}}\,.$$

3. Bereich $(0 \leq z_3 \leq 2a)$:

$$F_{L3} = -F_B = \underline{-12,\overline{6}\,\text{kN}} = F_{Q2}(z_2 = 2a)$$

$$F_{Q3\,\text{max}} = \frac{q_{2\,\text{max}}}{4a} \cdot 4a^2 = q_{2\,\text{max}}a = \underline{5\,\text{kN}} = -F_{L2}$$

$$M_{b3\,\text{max}} = -\frac{q_{2\,\text{max}}}{12a} \cdot 8a^3 = -\frac{2}{3}q_{2\,\text{max}}a^2 = \underline{-3,\overline{3}\,\text{kNm}} = M_{b2}(z_2 = 2a)\,.$$

Der Verlauf der Schnittgrößen ist auf Abbildung 9.29 dargestellt.

Die Nulldurchgänge der Momentverläufe zeigen uns jeweils den Wendepunkt der Verformungskurve (die sog. *Biegelinie*). Ein solcher Wendepunkt wird z. B. auch aus

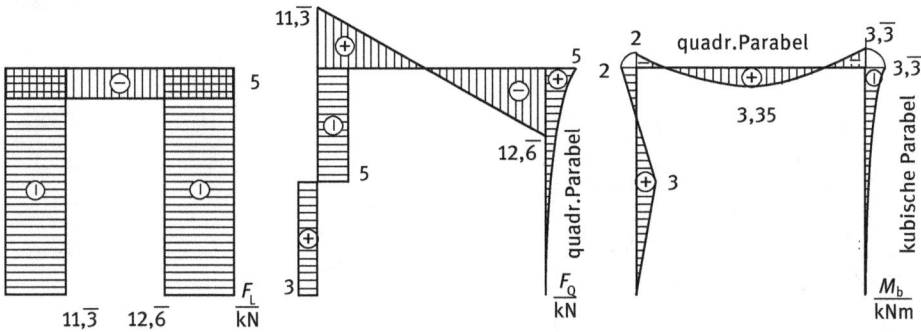

Abb. 9.29: Schnittgrößen zum Rahmen; links: Längskraftverlauf, mitte: Querkraftverlauf, rechts: Biegemomentenverlauf

Abbildung 9.16 im Beispiel 9.5 sofort einsichtig. Der mathematische Hintergrund hierfür ergibt sich aus den Zusammenhängen des Abschnittes 9.3.3[6].

Das Auftreten von Wendepunkten der Biegelinien auf Abbildung 9.29 wird uns sofort klar, wenn wir beachten, dass sich bei der vorstellbaren Durchbiegung der Balken der Winkel der sie verbindenden biegesteifen Ecke nicht ändert. Der Balken im Bereich 3 kann durch Verschiebung im Loslager B der Verformung nachgeben, sodass sich kein Wendepunkt ausbildet.

Die Berechnung von Verformungen der in der Statik starr angenommenen Bauteile ist ein wichtiges Thema der Festigkeitslehre. Die Voraussetzungen und Vorstellungen dafür werden schon hier in der Statik geschaffen.

Die Zerlegung der Schnittkräfte bei schiefen Winkeln der Ecke wird im folgenden Beispiel an einem Dreigelenkbogen gezeigt.

Beispiel 9.11. Für den auf Abbildung 9.30 dargestellten Dreigelenkrahmen, der durch eine Streckenlast von $q = 6{,}1$ kN/m und eine senkrechte Einzellast $F = 8$ kN belastet ist, sind die Stütz- und Schnittreaktionen zu berechnen.

Lösung. Wir schneiden das Tragwerk im Gelenk G, machen die beiden Balken frei (Abbildung 9.31) und berechnen die Auflager- und Gelenkkräfte.

Mit dem Winkel $\alpha = 63{,}4°$ und der Länge eines Balkens $l = 2236$ mm, aus den Abmessungen nach Abbildung 9.30 berechnet, stellen wir die Gleichgewichtsbedingungen am kompletten Rahmen auf

$$\sum M_B = 0: \quad F_{Ay} = \frac{-q \cdot l \cdot \sin \alpha + 1{,}5 \cdot q \cdot l \cdot \cos \alpha + 0{,}5 F}{2} = 0{,}475 \text{ kN}$$

$$\sum M_A = 0: \quad F_{By} = \frac{q \cdot l \cdot \sin \alpha + 0{,}5 \cdot q \cdot l \cdot \cos \alpha + 1{,}5 F}{2} = 13{,}625 \text{ kN} \, .$$

---

6 Das Biegemoment ist eine Ableitung der Biegelinie, die wir in der Starrkörperstatik nicht kennen. Der Momentenverlauf gibt den Anstieg bzw. Richtungstangens der Biegelinie an, d. h. wo das Biegemoment Null ist, muss ein Wendepunkt der Biegelinie vorliegen.

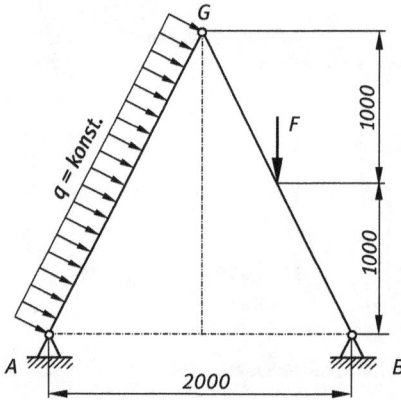

Abb. 9.30: Dreigelenkrahmen

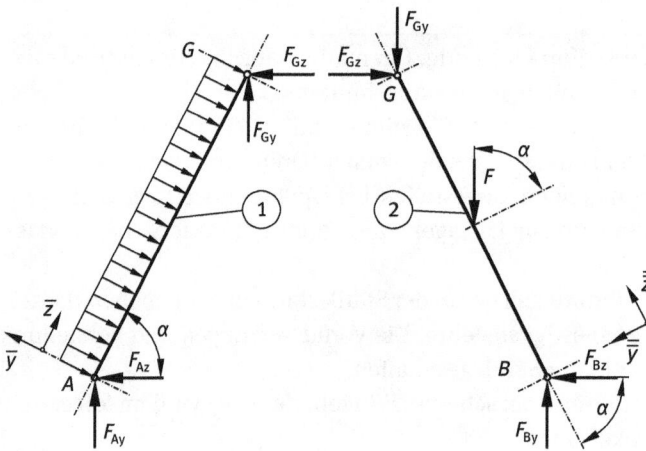

Abb. 9.31: Freigeschnittener Dreigelenkrahmen

An der Scheibe 2 wird

$$\sum M_G = 0: \quad F_{Bz} = \frac{F_{By} - 0,5F}{2} = 4,813 \text{ kN}$$

$$\sum F_y = 0: \quad F_{Gy} = F_{By} - F = 5,625 \text{ kN}$$

$$\sum F_z = 0: \quad F_{Gz} = F_{Bz} = 4,813 \text{ kN}$$

und am Rahmen schließlich mit

$$\sum F_z = 0: \quad F_{Az} = q \cdot l \cdot \sin \alpha - F_{Bz} = 7,388 \text{ kN} .$$

Abgesehen davon, dass beide Balken in Schräglage belastet werden, ist der Verlauf der Schnittgrößen für den durch mittige Einzellast bzw. konstante Streckenlast belasteten, an beiden Enden gelenkig gelagerten Träger prinzipiell bekannt. Zur Ermittlung der Beträge der Schnittgrößen schneiden wir jeweils in den Gelenken der Auflager und zerlegen die dort angreifenden Kräfte nach den Richtungen der lokalen Koordinatensysteme der Träger (siehe Abbildung 9.31).

Scheibe 1

$$F_{L1} = -F_{Ay} \cdot \sin\alpha + F_{Az} \cdot \cos\alpha = \underline{+2{,}897\,\text{kN}}$$

$$F_{Q1} = F_{Ay} \cdot \cos\alpha + F_{Az} \cdot \sin\alpha - q \cdot \bar{z}_1 = \begin{cases} (\bar{z}=0) = F_{Q1} = \underline{+6{,}820\,\text{kN}} \\ (\bar{z}=l) = F_{Q1} = \underline{-6{,}820\,\text{kN}} \end{cases}$$

$$M_{b1\ max}(\bar{z}=l/2) = F_{Q1} \cdot l/2 - q \cdot (l/2)^2 = \underline{3{,}687\,\text{kNm}} \ .$$

Scheibe 2

$$F_{L2}(\bar{\bar{z}} \leq l/2) = -F_{By} \cdot \sin\alpha - F_{Bz} \cdot \cos\alpha = \underline{-14{,}339\,\text{kN}}$$

$$F_{L2}(\bar{\bar{z}} \geq l/2) = -F_{Gy} \cdot \sin\alpha - F_{Gz} \cdot \cos\alpha = \underline{-7{,}183\,\text{kN}}$$

$$F_{Q2}(\bar{\bar{z}} \leq l/2) = -F_{By} \cdot \cos\alpha + F_{Bz} \cdot \sin\alpha = \underline{-1{,}789\,\text{kN}}$$

$$F_{Q2}(\bar{\bar{z}} \geq l/2) = -F_{Gy} \cdot \cos\alpha + F_{Gz} \cdot \sin\alpha = \underline{+1{,}789\,\text{kN}}$$

$$M_{b2\ max}(\bar{\bar{z}}=l/2) = F_{Q2} \cdot l/2 = \underline{2{,}000\,\text{kNm}} \ .$$

Der vollständige Verlauf der Schnittgrößen ist aus Abbildung 9.32 ersichtlich.

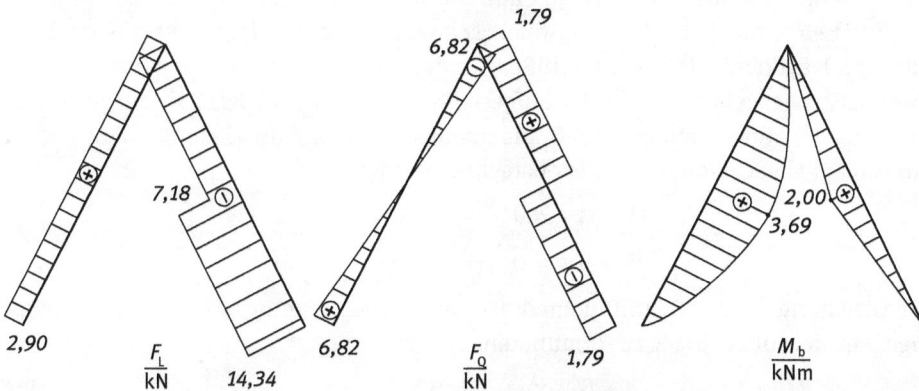

Abb. 9.32: Schnittgrößen des Dreigelenkrahmens; links: Längskraft, mitte: Querkraft, rechts: Biegemoment

9.4.2 Bogenträger

Die Schnittgrößen für den Bogenträger ermitteln wir ausschließlich durch die Anwendung der Gleichgewichtsbedingungen für das abgetrennte Teilsystem. Die differentiellen Beziehungen nach Abschnitt 9.3.3 gelten nur für gerade Balkenteile, *nicht* für Bögen. Ein konstanter Verlauf der Schnittgrößen bei angreifender Einzellast kann z. B. nicht mehr vorausgesetzt werden.

Beispiel 9.12. Der eingespannte Kreisbogenträger nach Abbildung 9.33 wird durch eine waagerecht angreifende Einzelkraft F belastet.

Es sind die Schnittgrößen zu berechnen.

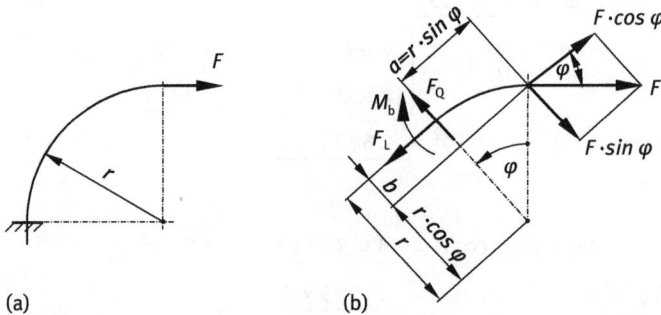

(a)   (b)

Abb. 9.33: Eingespannter Bogenträger; (a) Belastungsschema, (b) Gleichgewicht am abgetrennten Bogenstück

Lösung. Bei einem Freiträger müssen vorab nicht die Auflager berechnet werden, wenn wir die Koordinate vom Trägerende zur Einspannung laufen lassen.

Zur Berechnung der Schnittgrößen schneiden wir den Bogen und betrachten das freie Trägerende. Die Schnittgrößen werden in Abhängigkeit von dem auf Abbildung 9.33b angegebenen Winkel φ aufgestellt. Die angreifende Kraft F zerlegen wir in Richtung der Längs- und Querkraft, die durch Anwendung der Gleichgewichtsbedingungen am abgetrennten Teilstück berechnet werden.

$$F_L - F \cdot \cos\varphi = 0 \quad \Rightarrow \quad \underline{F_L(\varphi) = F \cdot \cos\varphi}$$

$$F_Q - F \cdot \sin\varphi = 0 \quad \Rightarrow \quad \underline{F_Q(\varphi) = F \cdot \sin\varphi} \ .$$

Die Gleichung für das Schnittmoment ist – unter Verwendung von Additionstheoremen – etwas aufwendiger zu formulieren.

$$M_b - F \cdot \sin\varphi \cdot a + F \cdot \cos\varphi \cdot b = 0$$

$$M_b = F \cdot \sin\varphi \cdot r \cdot \sin\varphi - F \cdot \cos\varphi \cdot r(1 - \cos\varphi)$$

$$M_b(\varphi) = F \cdot r(\sin^2\varphi + \cos^2\varphi) - F \cdot r \cdot \cos\varphi = \underline{F \cdot r(1 - \cos\varphi)} \ .$$

Die Schnittgrößen sind auf Abbildung 9.34 senkrecht zum Bogen aufgetragen.

Der Verlauf der Schnittgrößen wird den obigen Gleichungen entsprechend durch die Sinus- bzw. Kosinusfunktion beschrieben und lässt sich auch ohne Rechnung quantitativ aus der Anschauung antragen.

Die am freien Trägerende eingeleitete waagerechte Kraft F wirkt dort vollständig als Längskraft. An der Einspannung wirkt eine gleich große, entgegengesetzt gerichtete Einspannkraft F_E als Querkraft; das Kräftepaar ruft das maximale Einspannmoment $M_E = F \cdot r$ hervor.

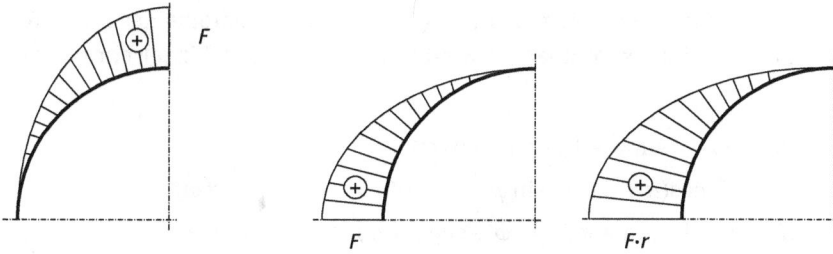

Abb. 9.34: Schnittgrößen des Bogenträgers; links: Längskraft, mitte: Querkraft, rechts: Biegemoment

Beispiel 9.13. Die auf Abbildung 9.35 dargestellte kreisbogenförmige Zugstange mit $r = 170\,\text{mm}$ wird durch eine Kraft von $F = 1{,}60\,\text{kN}$ belastet.

a) Zur Untersuchung verschiedener Varianten hinsichtlich Baugrößen und Belastungen der Zugstange sind die Lösungsgleichungen für die Schnittgrößen in allgemeiner Form zu formulieren.

b) Für die vorgegebene Zugstange sind die Schnittgrößen zu berechnen sowie deren Verlauf darzustellen.

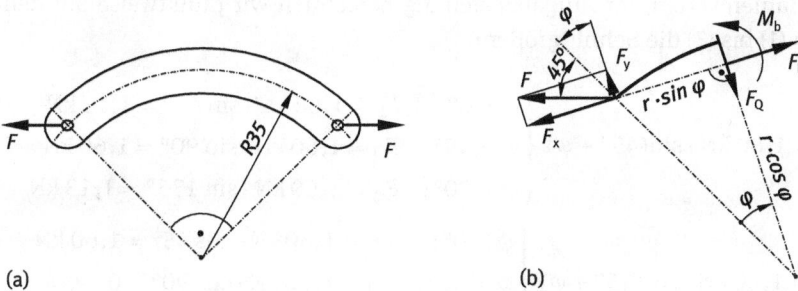

Abb. 9.35: Belastete Zugstange; (a) Belastungsschema, (b) Gleichgewicht am Bogenstück

Lösung. a) Wir schneiden die Zugstange und betrachten den linken Abschnitt (Abbildung 9.35b). Die Kraft F wird in Richtung der Längs- und Querkraft nach Abbildung 9.35b zerlegt. Mit dem sich aus Geometrie und Belastung ergebenden Winkel $\alpha = 45°$ wird mit den Gleichgewichtsbedingungen am abgetrennten Teilstück

$$\underline{F_\text{L} = F_\text{u} = F \cdot \sin(\alpha + \varphi)} \tag{1}$$

$$\underline{F_\text{Q} = F_\text{v} = F \cdot \cos(\alpha + \varphi)\,.} \tag{2}$$

Die geometrischen Zusammenhänge zur Berechnung des Biegemomentes M_b in Abhängigkeit von der Winkelkoordinate φ werden nachfolgend in Einzelschritten beschrieben:

$$M_b = F_v \cdot r \cdot \sin\varphi + F_u \cdot r(1 - \cos\varphi)$$

$$M_b = F \cdot \cos(\alpha + \varphi) \cdot r \cdot \sin\varphi + F \cdot \sin(\alpha + \varphi) \cdot r(1 - \cos\varphi)$$

$$M_b = F \cdot r \left[\cos(\alpha + \varphi) \cdot \sin\varphi + \sin(\alpha + \varphi) \cdot (1 - \cos\varphi)\right]$$

$$M_b = F \cdot r \left[\cos(\alpha + \varphi) \cdot \sin\varphi + \sin(\alpha + \varphi) - \sin(\alpha + \varphi) \cdot \cos\varphi\right]$$

wir gruppieren um und erkennen für

$$M_b = -F \cdot r \left[\sin(\alpha + \varphi) \cdot \cos\varphi - \cos(\alpha + \varphi) \cdot \sin\varphi - \sin(\alpha + \varphi)\right]$$

mit dem Additionstheorem $\sin(x \pm y) = \sin x \cdot \cos y \pm \cos x \cdot \sin y$

$$M_b = -F \cdot r \left[\sin(\alpha + \varphi - \varphi) - \sin(\alpha + \varphi)\right] \quad \text{bzw.}$$

$$\underline{M_b = F \cdot r \left[\sin(\alpha + \varphi) - \sin\alpha\right]} \tag{3}$$

b) Mit den Zahlenwerten der Aufgabenstellung berechnen wir punktweise mit den Gleichungen (1) bis (3) die Schnittgrößen:

$$(1): F_L(\varphi) = 1{,}60\,\text{kN} \cdot \sin(45° + \varphi) \begin{cases} \varphi = 0°: & F_L = 1{,}60\,\text{kN} \cdot \sin 45° = 1{,}13\,\text{kN} \\ \varphi = 45°: & F_Q = 1{,}60\,\text{kN} \cdot \sin 90° = 1{,}60\,\text{kN} \\ \varphi = 90°: & F_Q = 1{,}60\,\text{kN} \cdot \sin 135° = 1{,}13\,\text{kN} \end{cases}$$

$$(2): F_Q(\varphi) = 1{,}60\,\text{kN} \cdot \cos(45° + \varphi) \begin{cases} \varphi = 0°: & F_Q = 1{,}60\,\text{kN} \cdot \cos 45° = 1{,}60\,\text{kN} \\ \varphi = 45°: & F_Q = 1{,}60\,\text{kN} \cdot \cos 90° = 0 \\ \varphi = 90°: & F_Q = 1{,}60\,\text{kN} \cdot \cos 135° = -1{,}60\,\text{kN} \end{cases}$$

$(3): M_b = 272{,}0\,\text{Nm} \cdot \left[\sin(45° + \varphi) - \sin 45°\right]$

$$M_b(\varphi): \begin{cases} \varphi = 0°: & M_b = 272{,}0\,\text{Nm} \cdot (\sin 45° - \sin 45°) = 0 \\ \varphi = 45°: & M_b = 272{,}0\,\text{Nm} \cdot (\sin 90° - \sin 45°) = 79{,}7\,\text{Nm} \\ \varphi = 90°: & M_b = 272{,}0\,\text{Nm} \cdot (\sin 135° - \sin 45°) = 0 \,. \end{cases}$$

Den Verlauf der Schnittgrößen zeigt Abbildung 9.36.

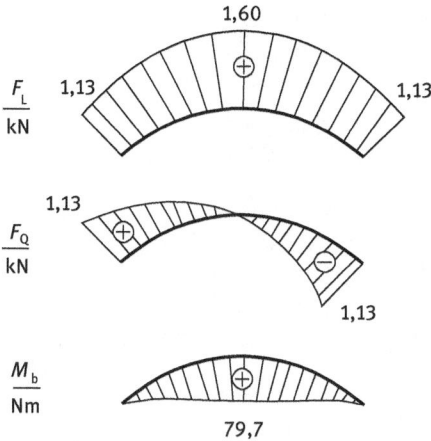

$\frac{F_{\mathrm{L}}}{\mathrm{kN}}$ 1,13   1,60   1,13

$\frac{F_{\mathrm{Q}}}{\mathrm{kN}}$ 1,13   1,13

$\frac{M_{\mathrm{b}}}{\mathrm{Nm}}$ 79,7

Abb. 9.36: Schnittgrößen der Zugstange

9.5 Schnittgrößen an räumlichen Systemen

Mit den Festlegungen des Abschnittes 9.2 übernehmen wir in diesem Abschnitt das Vorgehen zur Ermittlung der inneren Kräfte auf das räumliche Kräftesystem. Die Untersuchungen erstrecken sich dabei sowohl auf *räumliche Tragwerke*, wie sie im 8. Kapitel dargestellt sind, als auch auf *räumlich belastete, ebene Tragwerke*. Als Beispiel hierfür sind Getriebewellen zu nennen.

Für die sechs unbekannte Größen stehen im Gleichgewichtsfall sechs Gleichgewichtsbedingungen zur Verfügung. In einem beliebigen Schnitt müssen also drei Schnittkräfte und drei Schnittmomente im Schwerpunkt der Schnittfläche angetragen werden, um das „abgeschnittene" Teil mit den äußeren Belastungen im Gleichgewicht zu halten (siehe hierzu Abbildung 9.2).

$$\vec{F}_{\mathrm{Res}} = \begin{bmatrix} F_{\mathrm{Q}x} \\ F_{\mathrm{Q}y} \\ F_{\mathrm{L}} \end{bmatrix} \qquad \vec{M}_{\mathrm{Res}} = \begin{bmatrix} M_{\mathrm{b}x} \\ M_{\mathrm{b}y} \\ M_{\mathrm{t}} \end{bmatrix} \tag{9.14}$$

Die Schnittkräfte, senkrecht zur Balkenachse z, sind die Querkräfte $F_{\mathrm{Q}x}$ und $F_{\mathrm{Q}y}$, die Komponente in Achsrichtung ist die Normalkraft F_{N} bzw. Längskraft F_{L}, die eine Zug- oder Druckbeanspruchung hervorruft. Die Komponente des Momentes in z-Richtung ist das Torsionsmoment M_{t}; es bewirkt eine Verdrehbeanspruchung im Bauteil. Die Momente $M_{\mathrm{b}x}$ und $M_{\mathrm{b}y}$ sind Biegemomente um die jeweiligen Achsen senkrecht zur Balkenachse.

Die Vorzeichenkonvention ist im Abschnitt 9.2 erklärt.

Beispiel 9.14. Der Kragträger ist nach Abbildung 9.37 in der x-y-Ebene belastet. Für $F_1 = F_2 = F$ und $l = 3a$, $h = a$ und $b = 2a$ sind die Schnittgrößen zu berechnen und graphisch darzustellen.

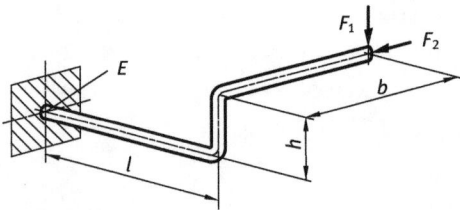

Abb. 9.37: Belasteter Freiträger

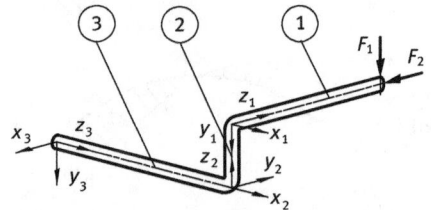

Abb. 9.38: Koordinatenfestlegung

Lösung. Wir schneiden den Träger in den drei geraden Teilstücken. Zur Festlegung der Vorzeichen der Schnittgrößen in den drei Bereichen werden drei Koordinatensysteme, basierend auf der Festlegung, dass die z-Achse durchlaufend die Längsachse des räumlich abgewinkelten Trägers sein soll, definiert (siehe Abbildung 9.38). Wenn wir, wie bei eingespannten Trägern üblich, die Längskoordinaten vom freien Trägerende zur Einspannung hin laufen lassen, treten keine Lagerreaktionen als äußere Kräfte auf. Somit müssen wir diese nicht vorab bestimmen. Sie können anschließend zur Kontrolle berechnet werden.

Aus dieser Festlegung ergeben sich die in Abbildung 9.39 gezeigten Koordinatensysteme für das positive Schnittufer. Natürlich sind auch andere Festlegungen denkbar.

Der Übersichtlichkeit wegen sind in allen drei Schnitten jeweils nur die positiven Koordinatenrichtungen am positiven Schnittufer; die positiven Schnittgrößen ungleich Null am negativen Schnittufer angetragen. In diesem Zusammenhang sei noch einmal daran erinnert, dass es sich dabei um Doppelgröße mit einheitlichem Vorzeichen handelt (siehe „Festlegungen", Abschnitt 9.2) und nicht um gedrehte oder gespiegelte Koordinatensysteme.

Aus den Gleichgewichtsbedingungen folgt:

Bereich 1 $(0 \leq z_1 \leq 2a)$

$$\sum F_y = 0: \quad F_{y1} = F_{Qy1} = F_1 = F$$

$$\sum F_z = 0: \quad F_{z1} = F_{L1} = -F_2 = -F$$

$$\sum M_x = 0: \quad M_{x1} = -F_1 \cdot z_1 \quad \text{mit} \quad 0 \leq z_1 \leq 2a .$$

Bereich 2 $(0 \leq z_2 \leq a)$

$$\sum F_y = 0: \quad F_{y2} = F_{Qy2} = -F_2 = -F$$

$$\sum F_z = 0: \quad F_{z2} = F_{L2} = -F_1 = -F$$

$$\sum M_x = 0: \quad M_{x2} = -F_1 \cdot b + F_2 z_2 \quad \text{mit} \quad 0 \leq z_1 \leq 2a .$$

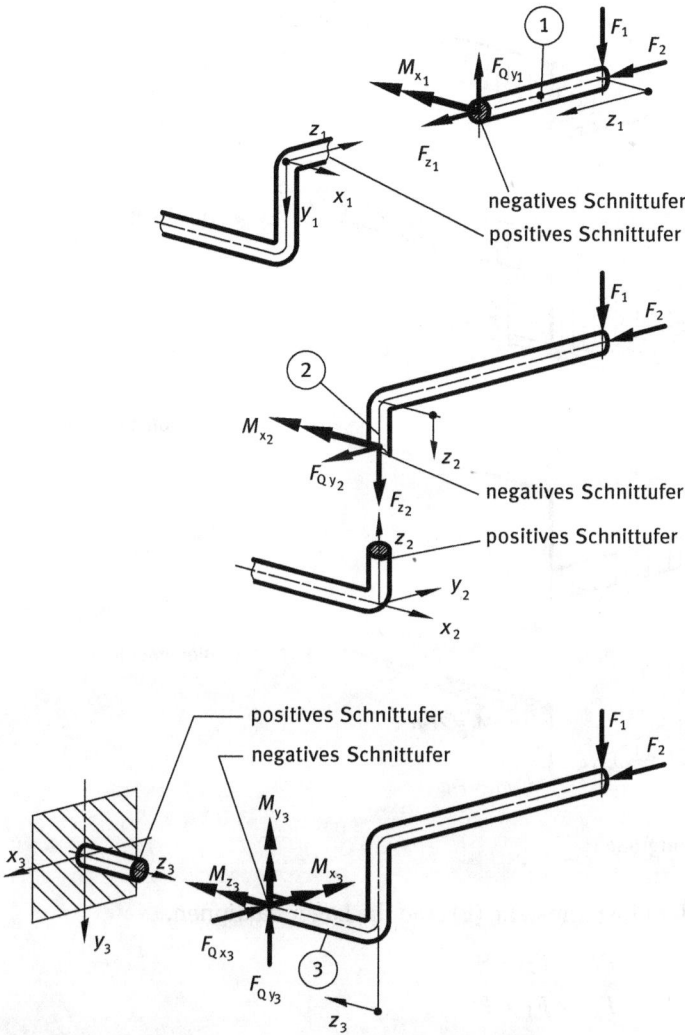

Abb. 9.39: Schnittführung

Bereich 3 (mit $0 \le z_3 \le 3a$)

$$\sum F_y = 0: \quad F_{y3} = F_{Qy3} = F_1 = F$$

$$\sum M_x = 0: \quad M_{x3} = -F_1 \cdot z_3 \quad \text{mit} \quad 0 \le z_3 \le 3a$$

$$\sum M_y = 0: \quad M_{y3} = F_2 \cdot z_3 \quad \quad 0 \le z_3 \le 3a$$

$$\sum M_z = 0: \quad M_{z3} = M_t = -F_1 \cdot b + F_2 \cdot h = -F \cdot a$$

Der Verlauf der Schnittgrößen ist auf Abbildung 9.40 zusammengestellt.

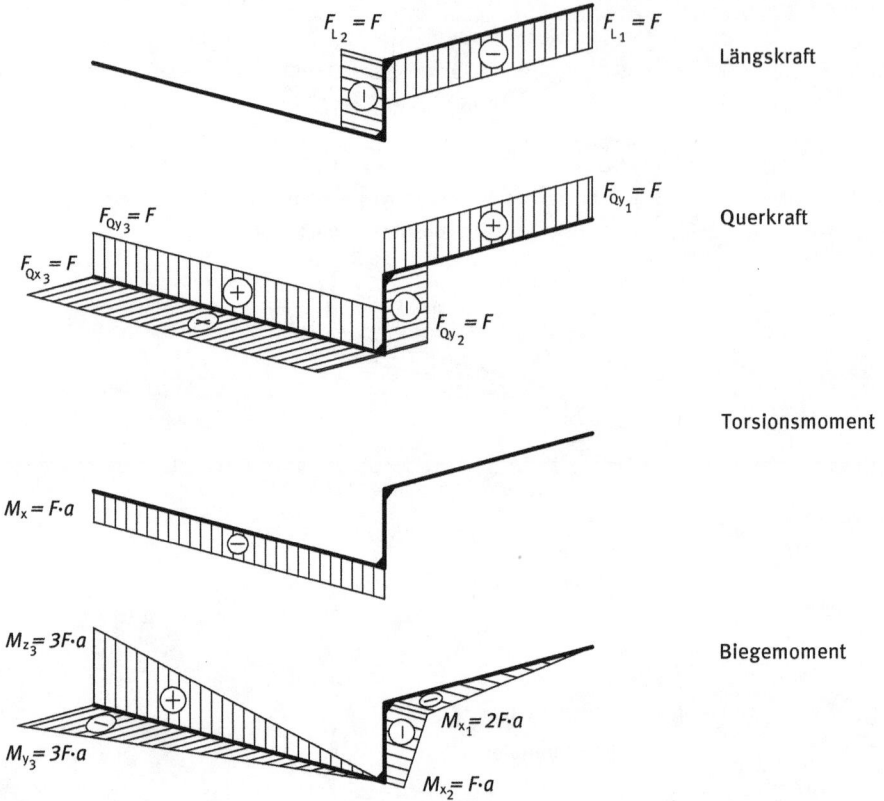

Abb. 9.40: Verlauf der Schnittgrößen

Die Schnittgrößen an der Einspannstelle (E) sind die Lagerreaktionen.

$$F_{Ex} = F_2 = F$$
$$F_{Ey} = F_1 = F$$
$$M_{Ex} = F_1 \cdot l = 3F \cdot a$$
$$M_{Ey} = F_2 \cdot l = 3F \cdot a$$
$$M_{Ez} = F_1 \cdot b - F_2 \cdot h = F \cdot a \,.$$

Beispiel 9.15. Abbildung 9.41 zeigt die Belastungsskizze der Zwischenwelle eines Zahnradgetriebes, die über die schrägverzahnten Stirnräder durch die nachfolgend aufgeführten Kraftkomponenten der Zahnkräfte belastet ist:

Zahnrad 1: $\quad F_{u1} = 14{,}97\,\text{kN}, \quad F_{r1} = 5{,}73\,\text{kN}, \quad F_{a1} = 4{,}86\,\text{kN};$

Zahnrad 2: $\quad F_{u2} = 5{,}24\,\text{kN}, \quad F_{r2} = 2{,}00\,\text{kN}, \quad F_{a2} = 1{,}70\,\text{kN}.$

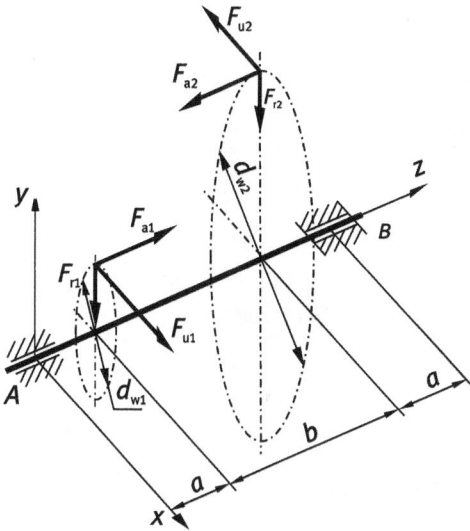

Abb. 9.41: Zwischenwelle

Bei Annahme des Lagers B als Festlager sind für die im Beispiel auf glatte mm gerundeten Maße der Wälzkreisdurchmesser d_{W1} = 98 mm und d_{W2} = 280 mm sowie mit a = 62 mm und b = 158 mm die Schnittgrößen zu ermitteln und darzustellen.

Lösung. Da die Teilkräfte senkrecht zueinander wirken, zerlegen wir das räumliche Problem zweckmäßigerweise in zwei senkrecht aufeinander stehende ebene Systeme gemäß Abbildung 9.42.

Die Auflager berechnen wir nach Abbildung 9.42a zu

$$F_{Ax} = \frac{F_{u1} \cdot (a + b) - F_{u2} \cdot a}{2a + b} = 10{,}53 \,\text{kN} ,$$

$$F_{Bx} = \frac{-F_{u1} \cdot a + F_{u2} \cdot (a + b)}{2a + b} = 0{,}80 \,\text{kN} .$$

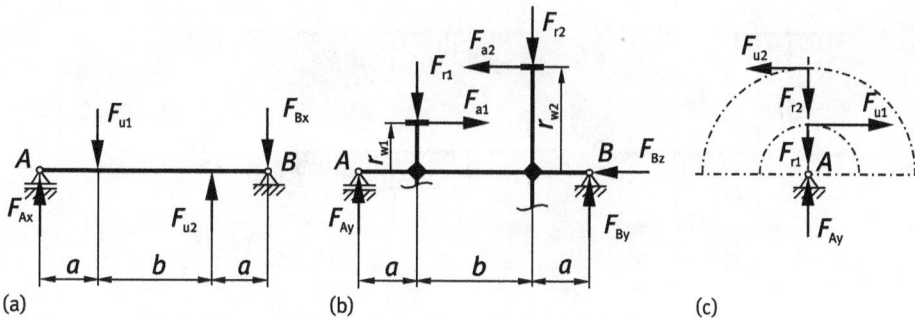

(a) (b) (c)

Abb. 9.42: Belastungsschema; (a) *x-z*-Ebene, (b) *y-z*-Ebene, (c) *x-y*-Ebene

Mit Abbildung 9.42b wird

$$F_{Ay} = \frac{F_{r1} \cdot (a + b) - F_{a1} \cdot r_{W1} + F_{r2} \cdot a + F_{a2} \cdot r_{W2}}{2a + b} = 4,91 \, \text{kN}$$

$$F_{By} = \frac{F_{r1} \cdot a + F_{a1} \cdot r_{W1} + F_{r2} \cdot (a + b) - F_{a2} \cdot r_{W2}}{2a + b} = 2,82 \, \text{kN} \, ,$$

$$F_{Bz} = F_{a1} - F_{a2} = 3,61 \, \text{kN} \, .$$

Das Längskraftdiagramm, die Querkraftdiagramme in beiden Ebenen sowie den Verlauf des Torsionsmomentes zeichnen wir von links nach rechts punktweise auf. Die Biegemomente in der x-z-Ebene an den Zahnradsitzen berechnen wir zu

$$M_{b1} = F_{Ax} \cdot a = 653 \, \text{Nm}, \, M_{b2} = -F_{Bx} \cdot a = -49 \, \text{Nm} \, .$$

Da durch die Axialkräfte am Zahnrad Sprünge im Biegemomentverlauf in der y-z-Ebene auftreten, schneiden wir die Welle unmittelbar jeweils vor und hinter dem Zahnrad.
    Damit wird am Zahnrad 1

$$M_{b1.1} = F_{Ay} \cdot a = 304 \, \text{Nm} \, ,$$

$$M_{b1.2} = F_{Ay} \cdot a + F_{a1} \cdot r_{W1} = 543 \, \text{Nm} \, .$$

und am Zahnrad 2

$$M_{b2.1} = F_{By} \cdot a = -128 \, \text{Nm} \, ,$$

$$M_{b2.2} = F_{By} \cdot a + F_{a2} \cdot r_{W2} = 465 \, \text{Nm} \, .$$

Auf Abbildung 9.43 sind die Schnittgrößen dargestellt.

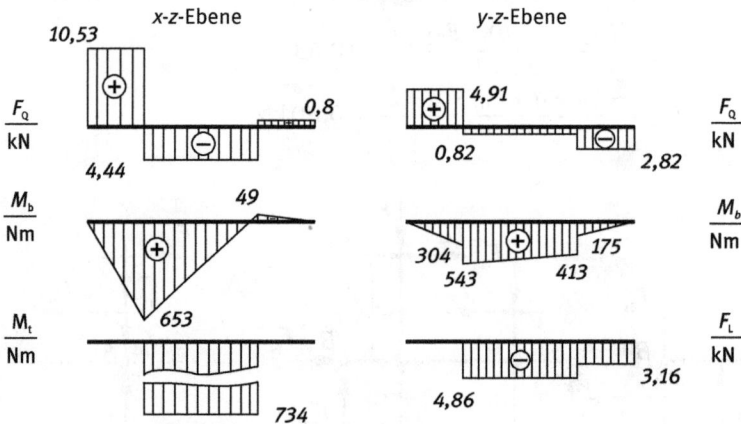

Abb. 9.43: Schnittgrößen

9.6 Übungen

Aufgabe A9.6.1

Die folgenden Übungen a) bis i) haben zum Ziel die „handwerklichen" Fertigkeiten zu trainieren. Der Schnittverlauf ist aus der Anschauung punktweise zu zeichnen und die Gleichgewichtsbedingungen für ausgewählte Stellen anzuwenden. Diese Übung sollte nur mit einem Blatt Papier und einem Bleistift, ohne Rechenhilfe absolviert werden.

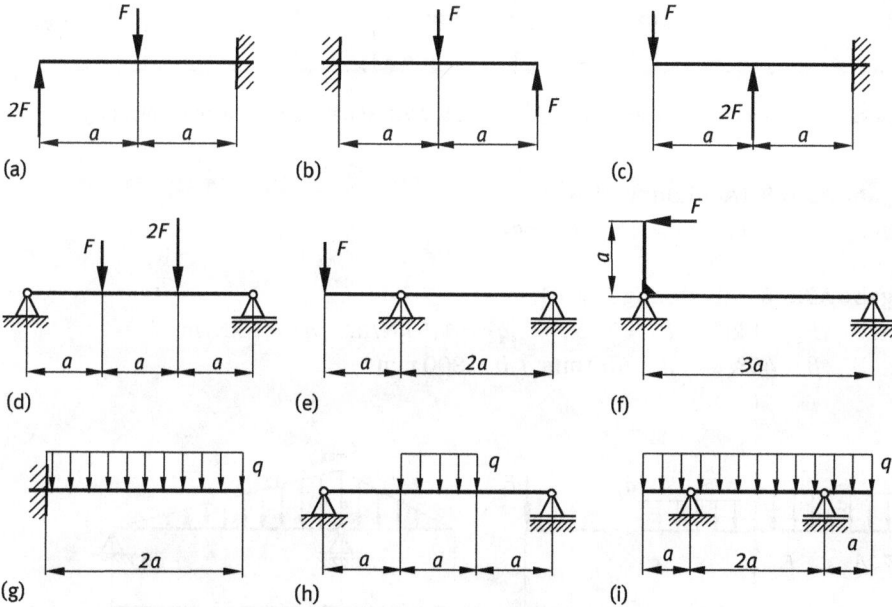

Abb. A9.6.1: Freihand-Übungen

Für die Aufgabenstellung der folgenden Aufgaben A9.6.2 bis A9.6.5 gilt:

Berechnung aller Auflager- und Gelenkkräfte sowie Ermittlung und Darstellung aller Schnittgrößen.

Die Kontrollen der Lösungen sind durch die Überzahl an Gleichungen immer möglich und sollten somit auch immer (damit es zur Gewohnheit wird) anhand der Funktionsverläufe der Schnittgrößen (nicht nur durch das Vergleichen mit den Ergebnissen im Lösungsteil, sondern vorher) durchgeführt werden.

Aufgabe A9.6.2 (Abbildung A9.6.2)

Werte: $F_1 = 2,0\,\text{kN}$, $\quad \beta = 30°$, $\quad a = 500\,\text{mm}$
$\qquad\quad F_2 = 1,0\,\text{kN}$, $\quad \gamma = 60°$, $\quad b = 800\,\text{mm}$
$\qquad\quad F_3 = 1,5\,\text{kN}$ $\quad \delta = 45°$

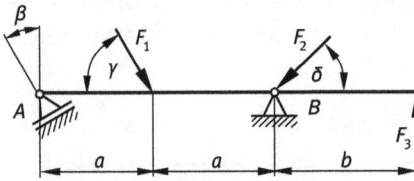

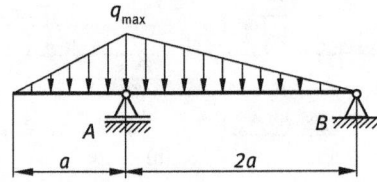

Abb. A9.6.2: Balken mit Einzellasten   **Abb. A9.6.3:** Balken mit Momenteinleitung

Aufgabe A9.6.3 (Abbildung A9.6.3)

Werte: $F_1 = 2F$, $\quad F_2 = 3F$, $\quad F_3 = 4F$

Aufgabe A9.6.4 (Abbildung A9.6.4)

Werte: $F_1 = 1\,\text{kN}$, $\quad F_2 = 2\,\text{kN}$, $\quad q_1 = 1,5\,\text{kN/m}$ $\quad q_2 = 1\,\text{kN/m}$
$\qquad\quad \beta = 45°$, $\quad\quad a = 500\,\text{mm}$ $\quad b = 800\,\text{mm}$

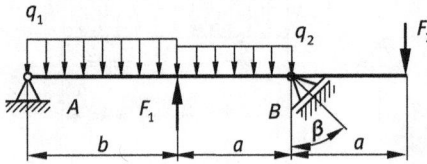

Abb. A9.6.4: Balken mit gemischter Belastung   **Abb. A9.6.5:** Balken mit Dreieckslasten

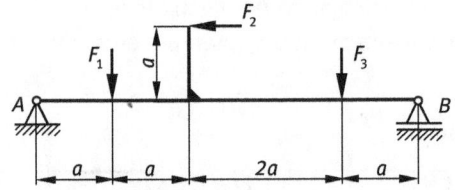

Aufgabe A9.6.5

Werte: $q_{\text{max}} = 10\,\text{N/mm}$, $\quad a = 1000\,\text{mm}$,

Aufgabe A9.6.6

Für das Beispiel 9.6, ein durch eine Dreieckslast $q(z) = (q_{\text{max}}/l) \cdot z$ belasteter Kragträger, Abbildung 9.17, ist die Integrationsmethode zur Berechnung der Schnittgrößen anzuwenden.

Aufgabe A9.6.7

Auf Abbildung A9.6.7 ist ein Dreigelenkrahmen abgebildet. Es sind die Schnittgrößen für die folgenden Werte zu ermitteln und die Ergebnisse mit denen des zweistieligen Rahmens, Beispiels 9.9, Abbildung 9.26 zu vergleichen

Werte: $F = 8\,\text{kN}$, $\quad q_1 = 12\,\text{kN/m}$, $\quad q_{2\,\text{max}} = 5\,\text{kN/m}$, $\quad a = 1000\,\text{mm}$.

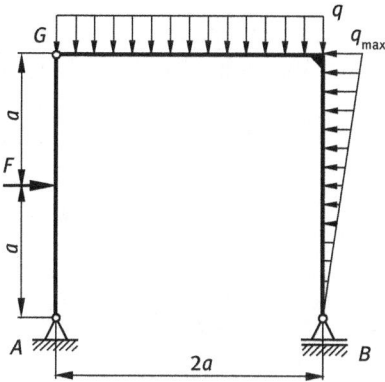

Abb. A9.6.7: Dreigelenkrahmen

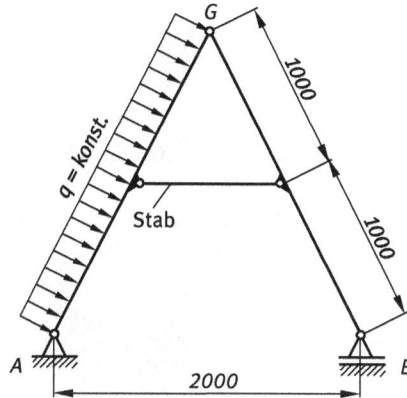

Abb. A9.6.8: Tragwerk

Aufgabe A9.6.8

Für das auf Abbildung A9.6.8 abgebildete Tragwerk, sind für eine Belastung von $q = 9,70\,\text{kN/m}$ die Auflager- und Gelenkkräfte, die Stabkraft und die Schnittgrößen zu ermitteln. Der Verlauf der Schnittgrößen ist darzustellen.

Aufgabe A9.6.9

Der eingespannte Kreisbogenträger wird nach Abbildung A9.6.9 durch eine unter $\alpha = 30°$ angreifende Einzelkraft F belastet. Gesucht sind die Schnittgrößen.

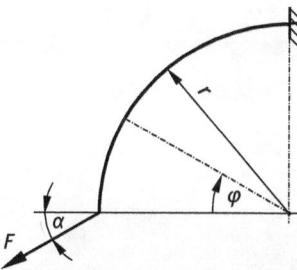

Abb. A9.6.9: Bogenträger

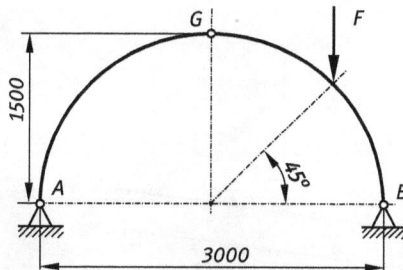

Abb. A9.6.10: Dreigelenkbogen

Aufgabe A9.6.10

Der halbkreisförmige Dreigelenkbogen wird durch eine senkrechte Einzellast von $F = 10\,\text{kN}$ nach Abbildung A9.6.10 belastet. Gesucht sind die Schnittgrößen.

Aufgabe A9.6.11

Für den Winkelhebel der Aufgabe A8.4.4, Abbildung A8.4.4 sind die Schnittgrößen zu berechnen:

Aufgabe A9.6.12

Für die auf Abbildung A9.6.12 hinsichtlich der Darstellung, Abmessungen und Belastung vereinfachte Getriebewelle sind für die folgenden Werte die Schnittgrößen gesucht.

Werte: $F_{u1} = 8,0\,\text{kN}$ $F_{r1} = 3,0\,\text{kN}$, $F_{a1} = 2,0\,\text{kN}$, $F_{u2} = 12,0\,\text{kN}$, $F_{r2} = 4,4\,\text{kN}$

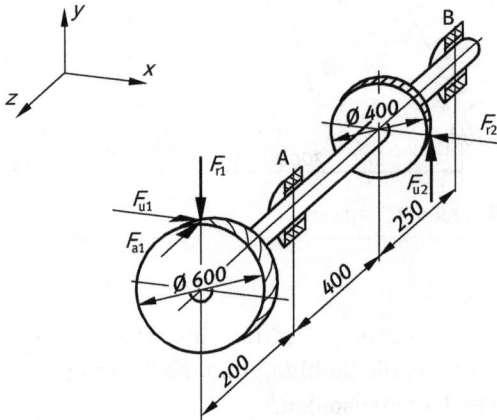

Abb. A9.6.12: Getriebewelle

Aufgabe A9.6.13

Auf Abbildung A9.6.13 ist ein Rahmentragwerk skizziert. Es sind die Schnittgrößen zu ermitteln.

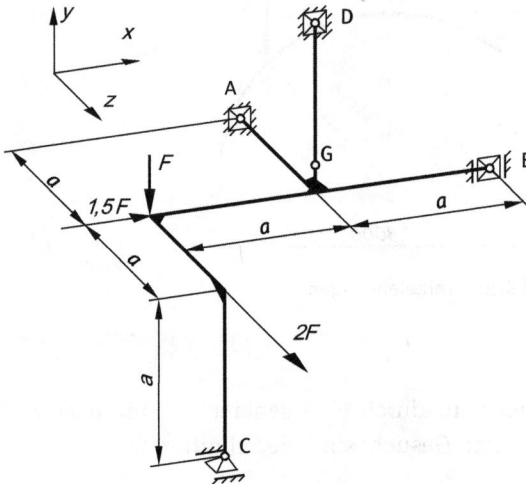

Abb. A9.6.13: Rahmentragwerk

10 Haftung und Reibung

10.1 Grundlagen

Die Reibung begleitet uns überall im täglichen Leben. Festkörperreibung tritt in den Berührungsflächen zwischen Körpern auf. Für den Kraftschluss ist die Reibung erwünscht, oft sogar erforderlich. Viele alltägliche Dinge, wie z. B. das ganz normale Gehen und technische Anwendungen wie Bremsen, Reibungskupplungen aber auch Schrauben, Stifte und Nägel sind ohne Reibungseffekte überhaupt nicht möglich.

Starke Verminderung der gewohnten Reibverhältnisse, z. B. bei Glatteis, führen im Straßenverkehr zu drastischen Verkehrssituationen mit zahlreichen Unfällen.

Durch den Reibungsverschleiß, beispielsweise in Lagern beweglicher Teile oder zwischen Zahnrädern, entstehen jährlich weltweit große Verluste.

Reibungsprobleme fester Körper sind Kontaktprobleme. Bei der gegenseitigen Berührung von Festkörpern wirken an den Berührungsstellen Flächenkräfte. Im günstigsten Fall, bei idealen Voraussetzungen (Haftung, glatte Oberfläche), sind diese konstant verteilt. Für diesen Fall lassen sich diese durch eine im Schwerpunkt angreifende resultierende Normalkraft ersetzen.

Werden die belasteten Körper dazu noch durch tangentiale Kräfte, die die Körper gegeneinander verschieben, entstehen an den Berührungsstellen naturgemäß auch tangentiale Gegenkräfte (*Reibungskräfte*), die in Abhängigkeit von Werkstoffpaarung und Oberflächenbeschaffenheit dieser Verschiebung entgegenwirken. Für diesen Fall können wir nicht mehr von einer konstanten Verteilung der Flächenlast ausgehen; auch ist der Angriffspunkt einer angenommenen Resultierenden nicht bekannt.

Existiert bei tangentialer Belastung keine Relativgeschwindigkeit zwischen den Körpern spricht man von *Haftreibung* oder von *Haftung*; im Falle der Verschiebung der Körper gegeneinander von *Gleitreibung* oder allgemein von *Reibung*[1]

Werden zwischen die Berührungsflächen andere Stoffe (Verschmutzungen, Schmiermittel, Flüssigkeiten) eingebracht, verändern sich – wie beispielsweise aus dem Straßenverkehr bekannt – die Reibungsverhältnisse wesentlich.

Man unterscheidet die folgenden *Reibungszustände* (Abbildung 10.1)
- Trockenreibung
- Flüssigkeitsreibung
- Mischreibung.

Trockene Reibung liegt vor, wenn die Reibflächen ohne Schmierung aufeinander gleiten. Die Erklärung der Ursachen des Reibwiderstandes basiert auf dem Gedanke, dass bei der Verchiebung der Körperflächen gegeneinander der Widerstand im Verhaken der Unebenheiten infolge der Oberflächenrauhigkeiten seine Ursache hat.

---

[1] Diese Bezeichnung wird zugleich auch als Oberbegriff für die gesamte Thematik verwendet.

https://doi.org/10.1515/9783110425031-010

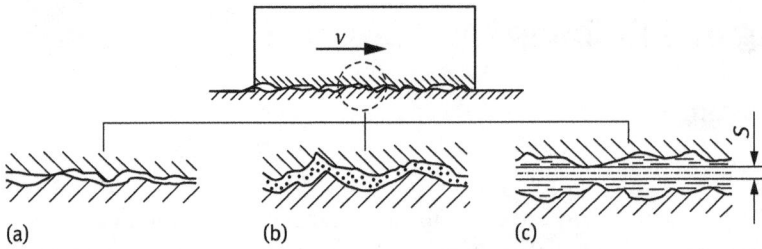

Abb. 10.1: Reibungszustände; (a) Trockenreibung, (b) Mischreibung, (c) Flüssigkeitsreibung

Reine *Flüssigkeitsreibung* tritt auf, wenn zwischen den Unebenheiten der beiden Reibflächen eine vollkommene Flüssigkeitsschicht vorliegt, sodass der bewegte Körper auf dem fest stehenden Körper schwimmt und somit keine direkte Berührung stattfindet. Der gegenüber der Trockenreibung wesentlich kleinere Reibungswiderstand entsteht durch Schubspannungen in der Flüssigkeitsschicht. Da Flüssigkeitsreibung innere Reibung im Schmierfilm ist, ist der Reibungswiderstand von der Zähigkeit und Schichtdicke der Flüssigkeit, vom spezifischen Druck zwischen den Gleitflächen und der Gleitgeschwindigkeit abhängig.

Die *Mischreibung* ist der Zustand zwischen der Trocken- und Flüssigkeitsreibung. Da teilweise noch unmittelbare Berührung der metallischen Flächen auftritt, unterliegen beide Flächen dem Verschleiß.

Die Reibungsverhältnisse zwischen Festkörpern sind nicht geklärt; nur für die reine Flüssigkeitsreibung existieren theoretische Lösungen. Sämtliche praktische Berechnungen bei allen anderen Reibungsarten basierend auf experimentell ermittelten Reibwerten.

Die ersten bekannten Versuche, die Gesetzmäßigkeiten für die Bewegung eines über eine Fläche gleitenden Klotzes zu formulieren, gehen auf LEONARDO DA VINCI zurück. Weil die Notizbücher des Universalgelehrten einige Jahrhunderte unveröffentlicht blieben, wurden seine Ergebnisse fast 200 Jahre später, im Jahre 1699, durch die Untersuchungen des französischen Physikers GUILLAUME AMONTONS[2] zur trockenen Reibung ruhender Körper wiederentdeckt und bestätigt. Sie sind heute als klassische Reibungsgesetze bekannt:

- Das *erste Reibungsgesetz* von LEONARDO DA VINCI besagt, das die einer Gleitbewegung entgegengesetzt wirkende Widerstandskraft proportional ist zu der dazu senkrechten Normalkraft, mit der beide Teile gegeneinander gedrückt werden.
- Nach dem *zweiten Reibungsgesetz* ist – überraschenderweise – nach Untersuchungen von EULER und AMONTONS die Reibungskraft von der Größe der Berührungsflächen unabhängig.

---

2 GUILLAUME AMONTONS: 1663–1705, französischer Physiker.

- Ein *drittes Gesetz*, welches auf Coulomb[3] zurückgeht, besagt, dass die Reibungskraft nach Beginn der Bewegung nicht von der Bewegungsgeschwindigkeit abhängt.

Nach diesen Untersuchungsergebnissen brachte die Erforschung der Reibungsproblematik keine neuen Erkenntnisse, sodass diese empirisch gefundenen Reibungsgesetze – mit Modifikationen – bis heute Bestand haben (klassischer Ansatz). Der Gleitwiderstand wurde fast einhellig der Rauigkeit von Oberflächen zugeschrieben. Diese Annahme wurde Mitte der fünfziger Jahre des 20. Jahrhunderts durch Versuche relativiert. So fand man heraus, dass die Reibungskräfte für ebenere Flächen höher sein können, als für unebenere und sie sich sogar erhöhen können, wenn man beide glättet. Das Reibschweißen glänzend polierter Metallteile als Beispiel oder das Ansprengen[4] von Parallelendmaßen weisen auf andere (atomare) Ursachen[5] hin

In den späten 80iger Jahren des 20. Jahrhunderts wurden Verfahren entwickelt mit denen der Ursprung von Reibungskräften experimentell oder theoretisch, insbesondere mit Computermodellen, untersucht wurde. Daraus entstand eine neue Fachdisziplin, die *Nanotribologie*[6]. Untersuchungen auf dem Gebiet der Nanotribologie zeigen, dass die klassischen – makroskopisch abgeleiteten – Reibungsgesetze nicht auf den atomaren Bereich übertragbar sind. Damit diese gültig bleiben, müssen sie abgewandelt oder allgemeiner gefasst werden.

- Die Reibungskraft ist *proportional zum Grad der Irreversibilität der Haftung* (statt einfach zur Normalkraft). Einfach ausgedrückt: Sie hängt vom Verhältnis zwischen dem Bestreben, mit dem zwei Flächen aneinander haften und dem Widerstand gegen die Trennung der Flächen – der *Scherspannung* – ab.
- Die Reibungskraft ist trotz ihrer Unabhängigkeit von der makroskopischen Auflagefläche *proportional zur tatsächlichen Kontaktfläche*, der Summe der Stellen, an denen sich beide Oberflächen tatsächlich berühren und verzahnen.
- Die Reibungskraft *wächst linear mit der Verschiebungsgeschwindigkeit an den tatsächlichen Kontaktstellen*. Bedingung hierfür ist, dass die Gleitgeschwindigkeit wesentlich unter der Schallgeschwindigkeit des betreffenden Körpers bleibt und keine Erwärmung auftritt.

---

3 Charles Augustin de Coulomb, 1736–1806, französischer Physiker.
4 Bei Werkstücken mit hoher Oberflächengüte berühren sich sehr viele der Metallatome an den beiden Grenzflächen und die Anziehungskräfte untereinander verbinden diese zu einem stabilen Atomgitter. Sie sind anschließend nicht ohne Zerstörung der Oberflächenstruktur wieder voneinander zu trennen.
5 Krim, J.: „Reibung auf atomarer Ebene", Spektrum der Wissenschaft, 12/1996, S. 80–85
6 Der Begriff *Tribologie* wurde in den 1960er Jahre in Großbritannien geprägt (Jost-Report) und ist wie folgt definiert: Tribologie ist die Lehre und wissenschaftliche Erfahrung und praktische Anwendung von Oberflächenpaarungen, die in Relativbewegungen stehen. *Nanotribologie* ist die Lehre von der Reibung im Nanometerbereich

Unter diesem Gesichtspunkt unterscheidet man bei der Festkörperreibung zwischen den folgenden *Reibungsmechanismen.*
– Scherung adhäsiver Bindungen
– plastische Deformation
– Furchung
– Hysterese bei elastischer Deformation

Die *Adhäsion*[7] ist ein atomarer Reibungsmechanismus, der darauf beruht, dass in den realen Kontaktflächen aufgebaute atomare oder molekulare Bindungen bei Relativbewegungen getrennt werden, was einen Energieverlust bewirkt.

Bei *Deformation* entsteht die Reibungswirkung durch Verdrängung von Überschneidungen der Mikroerhebungen (plastische Deformationen von Rauheiten).

Die *Furchung* ist eine abrasive Reibwirkung; das mechanische Abschleifen von Mikroerhebungen

Die elastische *Hysterese* ist innere Reibung; sie wirkt dämpfend.

Dieses Kapitel befasst sich mit der trockenen Reibung. Bei der Mischreibung wird mit entsprechenden Erfahrungswerten nach den Gesetzen der trockenen Reibung gerechnet.

Ein Schmierfilm, der einen direkten Kontakt der Reibpaarung verhindert (Flüssigkeitsreibung, Abbildung 10.1) wird z. B. in Gleitlagern bei höheren Umfangsgeschwindigkeiten angestrebt[8]. Hier gelten die Gesetze der Hydromechanik. Der Zusammenhang zwischen Reibung, Schmierung und Verschleiß ist Gegenstand der Tribologie – einem eigenständigen Fachgebiet (siehe Fußnote 6).

10.2 Die klassischen Reibungsgesetze

Die Reibungsberechnungen zwischen Festkörpern basieren auf Reibwerten, die im Versuch ermittelt wurden oder auf Erfahrungswerten beruhen. Das bedeutet, dass Reibungsberechnungen immer Näherungsrechnungen sind. Alle Bemühungen, die Reibungsverhältnisse auf theoretischem Wege zu beschreiben, scheitern daran, dass die Erfassung der tatsächlichen Verhältnisse an den Kontaktflächen praktisch unmöglich ist und sich somit keine hinreichende Übereinstimmung mit den Versuchswerten erzielen lässt. Es werden somit die so genannten klassischen Reibungsgesetze angewendet. Der grundlegende Versuch hierzu, frei nach LEONARDO DA VINCI ist auf Abbildung 10.2 gezeigt.

Der auf einer horizontalen Ebene liegende Block wird durch eine horizontal angreifende Kraft – messbar durch die aufgesetzten Gewichtsstücke – belastet. Der Ge-

---

7 Adhäsion ‹lat.›: durch Molekularkräfte bewirktes Aneinanderhaften zweier Teile an den Grenzschichten.
8 siehe hierzu z. B. [31] NIEMANN/WINTER/HÖHN: Maschinenelemente Band 1

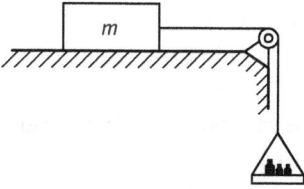

Abb. 10.2: Experimentelle Reibkraftbestimmung

wichtskraft F_G wirkt die Normalkraft F_N der Auflage entgegen. Solange keine Bewegung eintritt, stehen die Seilkraft F_S und die *Haftkraft* F_{R0} im Gleichgewicht (die 0 im Index kennzeichnet den Ruhezustand). Die Haft- als auch die Reibungskraft wirkt somit entgegen der Belastungsrichtung.

An den Kontaktflächen wirken an den mikroskopisch kleinen Berührungspunkten beider Oberflächen Widerstandskräfte ΔF_{Wi} (siehe Abbildung 10.3a). Weil wir deren Größen und Verteilung nicht kennen, fassen wir diese Teilkräfte zu einer resultierenden Reaktionskraft – wir nennen sie *Widerstandskraft* F_W – nach den Regeln der Statik als Reaktionskraft in Richtung (Wirkungslinie f) und Angriffspunkt zur resultierenden Aktionskraft $\vec{F}_{Res} = \vec{F}_G + \vec{F}_S$ nach Abbildung 10.3b zusammen.

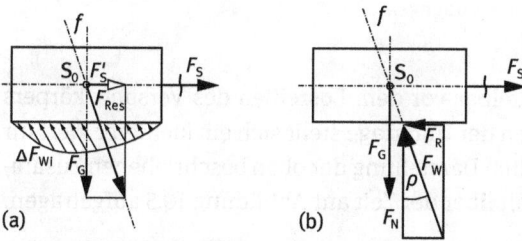

Abb. 10.3: Gleichgewicht am belasteten Körper; links: Kraftverhältnisse, rechts: Idealisierung

Die Zerlegung der Widerstandskraft $\vec{F}_W = \vec{F}_N + \vec{F}_R$ führt auf die als Einzellasten idealisierte Normalkomponente F_N und die Tangentialkomponente (Haftkraft bzw. Reibkraft) F_{R0} bzw. F_R. Die Größe der Haftkraft F_{R0} stellt sich bis zu einem Grenzwert $F_{R0\,max}$, bei dem der Block zu rutschen beginnt (dieser Wert wird im Versuch erfasst), entsprechend der jeweiligen Belastung ein und ist somit als Stützkraft aus den Gleichgewichtsbedingungen berechenbar. Mit dem oben gezeigte Versuch lässt sich auch die Proportionalität $F_{R0\,max} \sim F_N$ zeigen. Führen wir eine Proportionalitätskonstante μ_0 ein, so wird

$$F_{R0\,max} = \mu_0 \cdot F_N . \tag{10.1}$$

Diesen Proportionalitätsfaktor μ_0 nennt man *Haftreibungszahl, Haftzahl* bzw. *Haftungskoeffizient*. Ein Körper haftet, solange die *Haftbedingung*

$$F \leq F_{R0\,max} = \mu_0 \cdot F_N \tag{10.2}$$

erfüllt ist.

Die Haftkraft erreicht ihren Maximalwert unmittelbar vor der einsetzenden Bewegung. Diese erfolgt kurzfristig beschleunigt. Die dabei auftretende Kraft ist die *Gleitreibungskraft* bzw. *Reibungskraft* F_R.

Einen Versuchsaufbau zur Untersuchung des Verhältnisses von maximaler Haftkraft zur Gleitreibungskraft zeigt anschaulich Abbildung 10.4:

Der Versuchskörper wird in einem Magazin, das durch ein Seil gehalten wird, aufgenommen und durch ein definiertes Belastungsgewicht gegen die Unterlage gepresst. Bei langsamer Bewegung des Schlittens durch die Kraft F_Z wird die Federwaage durch die Haftung des Versuchskörpers auf der Unterlage gespannt. Die jeweilige Last kann an der Federwaage abgelesen werden.

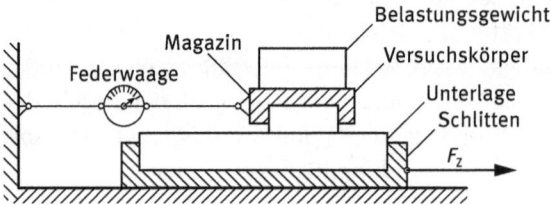

Abb. 10.4: Versuchsanordnung zur Messung der Reibungskräfte

Die maximale Belastung wirkt unmittelbar vor dem Losreißen des Versuchskörpers von der Unterlage. Beim Durchrutschen der Unterlage stellt sich ein kleinerer Wert für die Reibungskraft ein. Zur anschaulichen Darstellung der oben beschriebenen Zusammenhänge sind die Haft- bzw. Reibkraft über der Zeit auf Abbildung 10.5 aufgetragen.

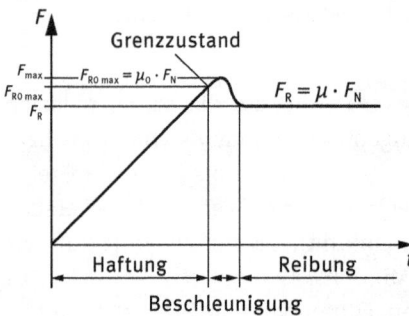

Abb. 10.5: Kraft-Zeit-Diagramm

Im Bereich der Haftung herrscht bis zum Maximalwert $F_{R0\,max}$ (Grenzzustand) *Gleichgewicht im Ruhezustand*. Überschreitet die Kraft diesen Maximalwert, setzt sich der Block ruckartig kurzzeitig beschleunigt in Bewegung. Diesen Effekt kennen wir alle bei Verschieben einer schweren ruhenden Kiste.

Nach einer kurzen Zeitdauer, in der sich die beschleunigte Bewegung vollzieht und die eingeprägte Kraft auf den Wert der Reibungskraft F_R abfällt, verläuft die Bewegung mit konstanter Geschwindigkeit. Es herrscht *Gleichgewicht im Zustand konstanter Geschwindigkeit*.

Prinzipiell ergeben sich nach analogen Versuchen für die Gleitreibung die gleichen Zusammenhänge wie für die Haftung. Es gilt

$$F_R = \mu \cdot F_N \; . \tag{10.3}$$

Die Proportionalitätskonstante μ nennt man *Gleitreibungszahl* bzw. *Reibungskoeffizient*.

Die Gleichungen (10.1) und (10.3) werden auch als COULOMBsches Reibungsgesetz bezeichnet. Bei diesen „Gesetzen" handelt es sich um eine drastisch vereinfachte Zusammenfassung der experimentellen Erfahrung zu einem sehr komplexen Sachverhalt.

Die Haft- und Reibkoeffizienten in diesem Reibungsgesetz sind auf Versuchen basierende Erfahrungswerte, die aus gängigen Taschenbüchern zu entnehmen sind. Sie sind hauptsächlich (auch untereinander nichtlinear funktional) abhängig von:
– der Werkstoffpaarung
– der Oberflächenbeschaffenheit, Verschmutzungsgrad und Korrosion
– der Oberflächenqualität, dem Behandlungszustand
– der Temperatur.

Die nachstehende Tabelle 10.1 enthält einige Versuchswerte für die Haft- und Reibzahlen für verschiedene Werkstoffpaarungen als Anhaltswerte nach DUBBELs Taschenbuch.

Für praktische Reibungsberechnungen sind bei der Auswahl der Reibungskoeffizienten Sorgfalt und vor Allem Erfahrung erforderlich. Für genauere Berechnungen ist der Reibungskoeffizient direkt für die Werkstoffpaarung bzw. die konkreten Bauteile unter Betriebsbedingungen experimentell zu bestimmen.

Tab. 10.1: Haft- und Reibkoeffizienten (Durchschnittswerte) (Quelle: DUBBELs Taschenbuch für den Maschinenbau, Springer-Verlag)

Werkstoffe	μ_0 (Haftung)			μ (Reibung)		
	trocken	geschmiert	mit Wasser	trocken	geschmiert	mit Wasser
Stahl/Stahl	0,15	0,1	–	0,1	0,05	–
Stahl/Gusseisen, Rotguss, Bronze	0,2	0,1	–	0,16	0,05	–
Metall/ Holz	0,6–0,5	0,1	–	0,5–0,2	0,08–0,02	0,26–0,22
Leder/ Metall (Dichtungen)	0,6	0,25	0,62	0,25	0,12	0,36
Lederriemen/ Gusseisen	0,6–0,5	–	0,36	0,28	0,12	0,38

10.3 Haftung

10.3.1 Haftungskegel und Selbsthemmung

Obwohl Haftung und Reibung die gleiche Ursache haben, die Berechnung mit dem klassischen Reibungsgesetzen sich nur durch die Reibungskoeffizienten unterscheiden, sind sie doch ihrem Wesen nach verschieden:

Die *Haftkraft* F_{RO} ist eine *Reaktionskraft*, die sich aus den Gleichgewichtsbedingungen ohne Kenntnis der Haftbedingung errechnen lässt. Mit der Gleichung (10.1) berechnen wir mit $\mu_0 \cdot F_N$ immer die *obere* Grenze für die Haftkraft. Die tatsächlich wirkende Haftkraft wird immer aus den Gleichgewichtsbedingungen berechnet.[9].

Die *Reibungskraft*, ist eine *eingeprägte Kraft*, die von den Kontaktbedingungen abhängt und bei niedrigen Gleitgeschwindigkeiten etwa konstant ist.

Mit der resultierenden Widerstandskraft F_W aus Normalkraft F_N und der Reibkraft F_{RO} ergibt sich nach Abbildung 10.6 der so genannte *Haftungswinkel* ρ_0 bzw. analog dazu der *Reibungswinkel* ρ

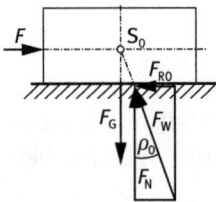

Abb. 10.6: Der Haftungswinkel ρ_0

$$\tan \alpha_0 = \frac{F_G \cdot \sin \alpha_0}{F_G \cdot \cos \alpha_0} = \frac{F_{RO}}{F_N} . \tag{10.4}$$

Dieser Winkel ist die geometrische Entsprechung für den Haftungs- bzw. Reibungskoeffizient

$$\tan \rho_0 = \mu_0 \quad \text{bzw.} \quad \tan \rho = \mu . \tag{10.5}$$

Ein einfaches Experiment zur Messung oder Demonstration des Winkels ist nachfolgend gezeigt. Entsprechend Abbildung 10.7a wird ein Block mit definierter Masse auf eine Ebene gelegt, deren Neigungswinkel α allmählich vergrößert wird, bis der Block gerade zu gleiten beginnt: Das ist der *Grenzfall der Haftung*.

Nach Abbildung 10.7b gilt für diesen *Grenzwinkel* $\alpha_0 = \rho_0$. Somit gilt für $\alpha \le \rho_0$ Haftung und für $\alpha > \rho_0$ Gleiten. Mit den Gleichgewichtsbedingungen im körperfesten x-y-System

$$\sum F_x = 0 : \quad F_{RO} - F_{Gx} = 0 \quad \Rightarrow \quad F_{RO} = F_G \cdot \sin \alpha_0$$

$$\sum F_y = 0 : \quad F_N - F_{Gy} = 0 \quad \Rightarrow \quad F_N = F_G \cdot \cos \alpha_0$$

---

9 Die Nichtbeachtung dieses elementaren Zusammenhanges ist einer der häufigsten Fehler bei der Berechnung von Haftungsproblemen.

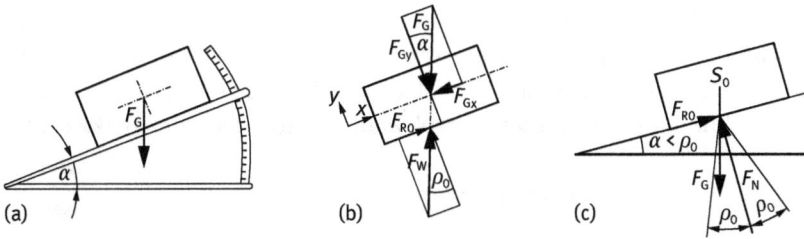

Abb. 10.7: Demonstration zum Reibungswinkel; (a) Versuchsaufbau, (b) Kräfte am Block, (c) Haftungskeil

gilt

$$\tan \alpha_0 = \frac{F_G \cdot \sin \alpha_0}{F_G \cdot \cos \alpha_0} = \frac{F_{RO}}{F_N} \, .$$

Mit Gleichung (10.5) erhalten wir den Zusammenhang zwischen Grenzwinkel, Haftungswinkel und dem Haftungskoeffizienten

$$\tan \alpha_0 = \tan \rho_0 = \mu_0 \, . \tag{10.6}$$

Damit steht ein graphisches Verfahren zur Beurteilung der Frage, ob bei Reibungseinfluss Gleichgewicht möglich ist, zur Verfügung.

Bedingung für Gleichgewicht ist nach dem oben Gezeigten, dass die Wirkungslinie der resultierenden angreifenden Kraft innerhalb eines *Haftungskeils* $2\rho_0$ entsprechend Abbildung 10.7c liegen muss, damit das belastete Bauteil in Ruhe bleibt.

Drehen wir die um den Haftungswinkel ρ_0 geneigte Gerade um die Normalkraft, ergibt sich ein Kegel mit dem Öffnungswinkel $2\rho_0$. Das ist der sogenannten *Haftungskegel*, dessen Spitze immer auf der Reibfläche liegt (Abbildung 10.8).

Liegt die Wirkungslinie der Widerstandskraft außerhalb der Mantellinie des Kegels, erfolgt mit $\alpha > \rho_0$ eine beschleunigte Gleitbewegung des Körpers (siehe dazu auch Abbildung 10.5).

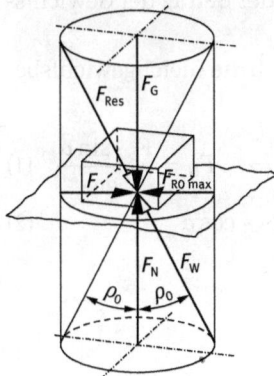

Abb. 10.8: Haftungskegel

Beispiel 10.1. Der auf Abbildung 10.9 dargestellte, auf einer ebenen waagerechten metallischen Unterlage unter $\beta = 45°$ aufgesetzte homogene starre Holzbalken, Länge l, Masse m, soll durch ein unter dem Winkel α angreifendes Seil im Gleichgewicht gehalten werden. Wie groß darf dieser Winkel werden, ohne dass der Balken wegrutscht.

Die Aufgabe soll zeichnerisch und rechnerisch gelöst werden

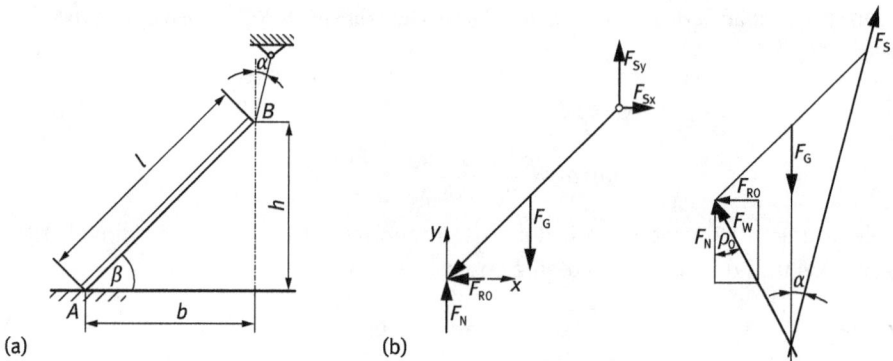

Abb. 10.9: Balken am Seil; (a) Aufgabenskizze, (b) Kräfte am Balken   **Abb. 10.10:** Graphische Lösung

Lösung. Wir schneiden den Balken frei (Abbildung 10.9b) und erkennen, dass sich bei bekanntem Haftkoeffizienten das Problem sehr schnell zeichnerisch lösen lässt. Aus Tabelle 10.1 entnehmen wir für die Werkstoffpaarung Metall auf Holz den Kleinstwert $\mu_0 = 0{,}5$. Das entspricht einem Haftwinkel von $\rho_0 = 26{,}6°$. Die Wirkungslinien der drei am Balken wirkenden Kräfte: die Gewichtskraft F_G, Seilkraft F_S und Widerstandskraft F_W müssen sich im Gleichgewichtsfall in einem Punkt schneiden (Abbildung 10.10). Das ergibt den Winkel $\alpha = 14°$.

Aus der geaphischen Lösung erkennen wir, dass bei dieser Aufgabenstellung für den starren Balken nur die Richtungen der drei Kräfte, nicht der Betrag der Gewichtskraft, maßgebend für die Lösung der Aufgabe sind.

Für die analytische Lösung stellen wir mit Abbildung 10.9b die Gleichgewichtsbedingungen auf:

$$\sum F_x = 0: \qquad F_S \cdot \sin\alpha - F_{R0} = F_S \cdot \sin\alpha - F_N \cdot \mu_0 = 0 \quad \Rightarrow \quad F_N = \frac{F_S \cdot \sin\alpha}{\mu_0} \qquad (1)$$

$$\sum F_y = 0: \qquad F_N - F_G + F_S \cdot \cos\alpha = 0 \quad \Rightarrow \quad F_N = F_G - F_S \cdot \cos\alpha \qquad (2)$$

$$\sum M_B = 0: \qquad -F_N \cdot b - F_{R0} \cdot h + F_G \cdot \frac{b}{2} = 0 \, .$$

Für $\beta = 45°$ ist $h = b$ und somit ist

$$F_G = 2 \cdot F_N(1 + \mu_0) \, . \qquad (3)$$

Gleichung (3) in (2) eingesetzt:

$$F_N - 2 \cdot F_N(1 + \mu_0) + F_S \cdot \cos\alpha = 0 \quad \Rightarrow \quad F_N = \frac{F_S \cdot \cos\alpha}{1 + 2\mu_0} \tag{4}$$

und (1) und (4) gleichgesetzt, wird

$$\frac{F_S \cdot \sin\alpha}{\mu_0} = \frac{F_S \cdot \cos\alpha}{1 + 2\mu_0} \quad \Rightarrow \quad \frac{\sin\alpha}{\cos\alpha} = \tan\alpha = \frac{\mu_0}{1 + 2\mu_0} = 0{,}25 \quad \Rightarrow \quad \underline{\alpha = 14{,}04°} \,.$$

Beispiel 10.2. Der nach Abbildung 10.11 im Abstand $a = 570\,\text{mm}$ durch eine schräg wirkende Kraft von $F = 10\,\text{kN}$ belastete starre Balken der Länge $l = 2000\,\text{mm}$ aus Stahl liegt waagerecht zwischen zwei zueinander geneigten Ebenen aus Gusseisen.

Bei Vernachlässigung des Eigengewichtes des Balkens, sind die Stütz- sowie die Reibungskräfte in den Auflagepunkten A und B zu ermitteln.

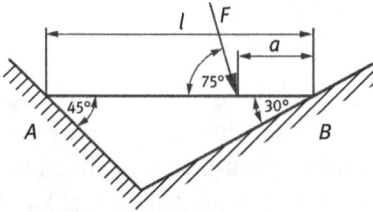

Abb. 10.11: Balken zwischen geneigten Ebenen

Lösung. Würden wir die Stützkräfte unter der vereinfachenden Annahme der Reibungsfreiheit berechnen wollen, könnten wir schon beim Freischneiden feststellen, dass kein Gleichgewicht herrscht. Der Schnittpunkt der Wirkungslinien der Normalkräfte n_A und n_B in den beiden Stützstellen liegt nicht auf der Wirkungslinie f der Belastung (siehe Abbildung 10.12a).

Der Träger würde bei tatsächlicher Reibungsfreiheit unter dieser Last in eine stabile Lage abrutschen. Die Lagerung mit zwei Loslagern ist statisch unterbestimmt und damit verschieblich.

Bei Berücksichtigung der Reibung sind mit zwei unbekannten Normalkräften F_{NA} und F_{NB} sowie zwei unbekannten Haftkräften F_{ROA} und F_{ROB} (bzw. F_{ROA}^* und F_{ROB}^*), an den zwei Stützstellen vier Ungekannte zu ermitteln. Die Lagerung ist einfach statisch überbestimmt.

Für diese Aufgabenstellung ist auch eine graphische bzw. grapho-analytische Lösungsmethode eine sinnvolle Option. Dazu ermitteln wir aus der Tabelle 10.1 für die Werkstoffpaarung Stahl/Gusseisen den Grenzwert für die Haftung zu $\mu_0 = 0{,}2$. Mit Hilfe des Haftwinkels nach Gleichung (10.5) $\rho_0 = \arctan\mu_0 = 11{,}3°$ zeichnen wir die Reibungskeile an den Auflagepunkten A und B gemäß Abbildung 10.12a. Für den Gleichgewichtszustand muss die Wirkungslinie der Belastung innerhalb des schraffierten Viereckes CDEF, welches durch die resultierenden Reaktionskräfte F_A und F_B gebildet wird, liegen.

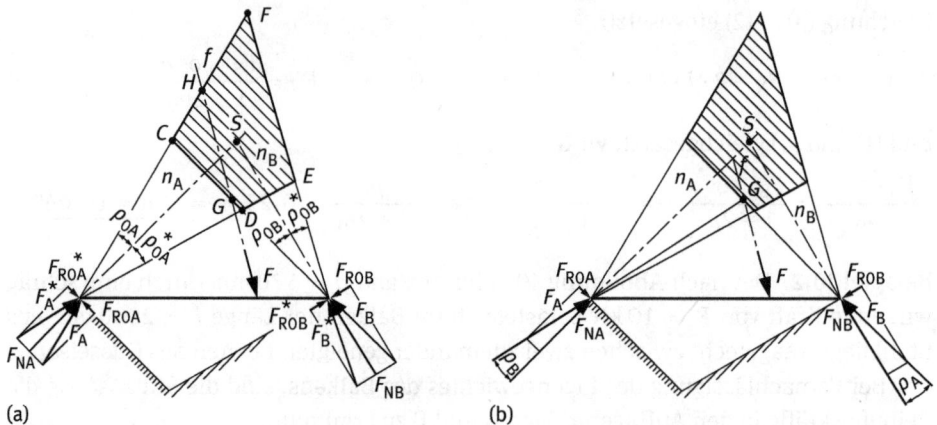

Abb. 10.12: Ermittlung des Grenzbereiches für den Haftungszustand; (a) Reibungskeile – Haftungs-bereich, (b) Geometrie zur Ermittlung der Stützkräfte

Die Stützkräfte sind für diese Aufgabenstellung nach Größe und Richtung nicht bekannt. Im Grenzfall des Gleichgewichtszustandes sind die Richtungen der Stützkräfte durch die Schnittpunkte G bzw. H der Kraftwirkungslinie f mit den Winkeln ρ_0 für die Grenzhaftung bestimmbar. Außer auf diesen beiden Grenzpunkten G und H kann der gemeinsame Schnittpunkt der Wirkungslinien der Stützkräfte auf jedem Punkt der Kraftwirkungslinie f zwischen den beiden Punkten liegen. Es gibt unendlich viele Lösungen.

Exemplarisch wird anhand Abbildung 10.12b die graphische Lösung für den Grenzpunkt G gezeigt. Die Wirkungslinien der Stützkräfte F_A und F_B verlaufen unter den Winkeln $\rho_A < \rho_0$ und $\rho_B = \rho_0$ zu den Normalen n_A und n_B.

Mit dem gemeinsamen Schnittpunkt G der Wirkungslinien der drei Kräfte liegt ein zentrales Kräftesystem vor. Für drei in ihrer Richtung bekannten Wirkungslinien sowie dem bekannten Betrag der Belastung können wir die Aufgabenstellung zeichnerisch (Abbildung 10.13) und auch rechnerisch lösen.

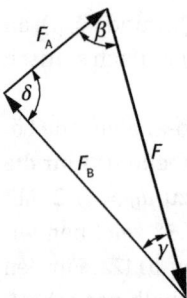

$$\beta = 67°$$
$$\delta = 87° \quad \text{berechnet:} \quad \begin{cases} \beta = 180° - (75° + \alpha_A) = 66,67° \\ \delta = \alpha_A + \alpha_B = 87,03° \\ \gamma = 180° - (\beta + \delta) = 26,31° \end{cases}$$
$$\gamma = 26°$$
$$m_F = 10\,\text{kN/cm}$$
$$F_A = 4,4\,\text{kN}$$
$$F_B = 9,2\,\text{kN}$$

Abb. 10.13: Graphische Ermittlung der Auflagerkräfte

Das Krafteck zeichnen wir mit den aus der maßstäblichen Zeichnung entnommenen Richtungen der Stützkräfte sowie mit dem über einen Maßstabsfaktor umgerechneten Betrag der Belastung.

Die rechnerische Lösung ist mit dem Sinussatz sehr einfach, wenn es mit etwas Geometrie gelingt, die Winkel im Kräftedreieck zu berechnen.

Für den gewählten Schnittpunkt G, der auf dem Schenkel des Reibungskeils in B liegt und dem bekannten Winkel der Normalen n_B (Abbildung 10.12b), können wir wegen $\rho_B = \rho_0$ problemlos den Winkel der Stützkraft α_B zur Waagerechten berechnen. Die geometrischen Zusammenhänge werden aus Abbildung 10.14 deutlich.

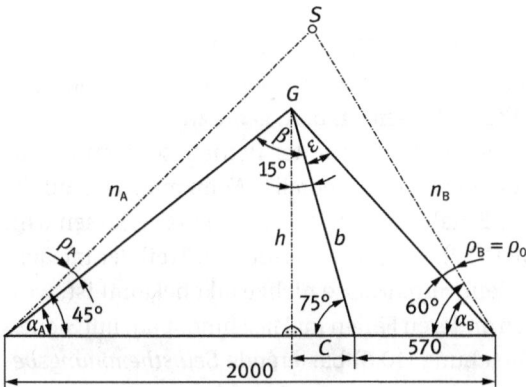

$$\alpha_B = 60° - \rho_0 = 48{,}7°$$

$$\varepsilon = 90° - (15° + \alpha_B) = 26{,}3°$$

$$b = \frac{\sin\alpha_B}{\sin\varepsilon} \cdot 570\,\text{mm} = 966{,}0\,\text{mm}$$

$$h = b \cdot \cos 15° = 933{,}1\,\text{mm}$$

$$c = b \cdot \sin 15° = 250{,}0\,\text{mm}$$

$$\alpha_A = \arctan\frac{h}{1430\,\text{mm} - c} = 38{,}3°$$

$$\beta = 180° - (75° + \alpha_A) = 66{,}7°$$

Abb. 10.14: Geometrische Zusammenhänge

Mit dem Sinussatz berechnen wir:

$$F_A = \frac{\sin\gamma}{\sin\delta} \cdot F = 4{,}44\,\text{kN} \quad \text{und} \quad F_B = \frac{\sin\beta}{\sin\delta} \cdot F = 9{,}19\,\text{kN}.$$

Die Normal- und die Reibkraft lassen sich jeweils mit den Stützkräften F_A und F_B, bei bekannten Haftungskoeffizienten (Haftwinkel) berechnen.

Nach Abbildung 10.14 beträgt der Haftwert $\rho_A = 45° - \alpha_A = 6{,}7°(\mu_A = 0{,}12)$.

Mit diesem Wert berechnen wir die an den Kontaktstellen wirkenden Kräfte

$$F_{NA} = F_A \cdot \cos\rho_A = 4{,}41\,\text{kN}$$

$$F_{RA} = F_A \cdot \sin\rho_A = 0{,}52\,\text{kN}.$$

Im Stützpunkt B beträgt der Haftwert $\rho_B = \rho_0 = 11{,}3°(\mu_B = 0{,}2 = \mu_0)$; damit wird:

$$F_{NB} = F_B \cdot \cos\rho_0 = 9{,}02\,\text{kN}$$

$$F_{ROB} = F_B \cdot \sin\rho_0 = 1{,}80\,\text{kN}.$$

Durch die Festlegung des Grenzpunktes G auf dem Schenkel des Reibungskeiles ist eine Unbekannte weniger zu berechnen. Damit ist eindeutige Lösung dieser Aufgabe möglich. Die Grenze für die Haftung und damit die maximal mögliche Haftkraft ist im Auflagepunkt B erreicht.

Zur selbständigen Übung sollte die gleiche Rechnung für den Grenzpunkt H geführt werden. Die Ergebnisse hierzu können dann zeichnerisch überprüft werden. Zur Kontrolle sind nachfolgend die gerechneten Ergebnisse angeführt:

$$F_A = 3{,}309\,\text{kN}, \quad F_B = 8{,}202\,\text{kN}, \quad \alpha_A = 56{,}31°, \quad \alpha_B = 57{,}36°, \quad \mu_B = 0{,}046.$$

10.3.2 Technische Anwendungen

10.3.2.1 Haftsicherheit

Der Haftungseffekt wird für die Übertragung von Kräften und Momenten durch einen Kraftschluss an Spann- und Greifelementen, Klemmverbindungen, Verbindungsschrauben, Keilen, Riemengetrieben, Feststellbremsen u. Ä. genutzt.

Bei diesen Anwendungen ist die sichere Haftung unter Betriebsbedingung Voraussetzung für die Funktion des betreffenden Maschinenteils. Wenn man sich auf die Haftung durch die trockene Reibung zur Erhaltung des Gleichgewichts verlassen will, muss man prüfen, ob die Ungleichung (10.2) $F < \mu_0 \cdot F_N$ erfüllt ist. Weil der tatsächliche an den Haftflächen vorhandenen Reibverhältnisse nicht exakt bekannt ist, wird für die Nachweisrechnung, wie in vielen anderen Fällen im Maschinenbau, mit Sicherheiten gearbeitet. Dem liegt die auf Gleichung (10.6) basierende *Selbsthemmungsbedingung*

$$\tan\alpha \leq \tan\rho_0 = \mu_0 \tag{10.7}$$

mit dem *Haftungswinkel*

$$\tan\rho_0 = \frac{F_{RO}}{F_N} \tag{10.8}$$

zugrunde. Damit definieren wir die *Haftsicherheit*

$$S_H = \frac{F_{RO\,max}}{F_V} = \frac{\mu_0 \cdot F_N}{F_V} > 1 \tag{10.9}$$

als Verhältnis der obere Grenze der Haftungskraft zur parallel zur Gleitfläche wirkenden Verschiebekraft F_V.

Bei Schwingungen und Erschütterungen besteht die Gefahr des Absinkens der Haftreibzahl (der bekannte Effekt des „Losrüttelns"). Aus Sicherheitsgründen wird deshalb manchmal mit der kleineren Gleitreibzahl μ anstelle μ_0 (vgl. Tabelle 10.1) gerechnet.

10.3.2.2 Klemm- und Haltevorrichtungen

Klemm- und Haltevorrichtungen werden kraftschlüssig, z. T. auch formschlüssig unterstützt, ausgeführt. Wegen der aus den unterschiedlichsten Betriebsbedingungen resultierenden Unsicherheiten der Haftungskoeffizienten wird mit Sicherheiten, basierend auf Erfahrungswerten, gearbeitet.

Beispiel 10.3. Die auf Abbildung 10.15a dargestellte Zange dient zum Heben von Stahlblöcken. Es ist zu untersuchen, ob mit der Zange allein durch die Haftung am Zangenmaul Stahlblöcke gehoben werden können.

Lösung. Bedingung für das Halten des Blockes allein durch die Haftung ist, dass der dazu erforderliche Haftungskoeffizient μ_{erf} kleiner (innerhalb des Haftungskeils), als der Grenzwert für die Werkstoffpaarung Stahl auf Stahl $\mu_0 = 0,15$ nach Tabelle 10.1 sein muss; also $\mu_{erf} < 0,15$.

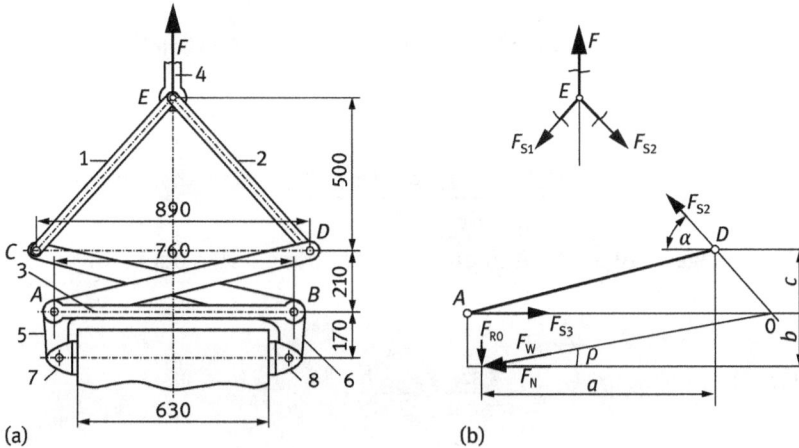

Abb. 10.15: Zange; (a) Zange mit Last, (b) Greiferarm und Aufhängung

Zur Ermittlung des Haftwertes an den Spannbacken schneiden wir einen Greiferarm frei (Abbildung 10.15b). Dabei wird die mit dem Greiferarm gelenkig verbunden Spannbacke, unter Last angepresst, starr angenommen.

Die Widerstandskraft F_W an der Spannstelle muss mit den beiden Stabkräften in den Gelenken A und D im Gleichgewicht stehen; d. h. die Wirkungslinien der drei Kräfte müssen sich im Schnittpunkt 0 der beiden Stabkräfte F_{S2} und F_{S3} schneiden. Damit ist aus dieser Abbildung schon der Reibungswinkel als Winkel, den die Widerstandskraft F_W mit der Normalkraft F_N bildet, abzulesen. Aus der maßstäblichen Zeichnung können wir für den Reibungswinkel $\rho = 10°$ abnehmen. Dieser Winkel entspricht einem Reibwert von $\tan\rho = \mu = 0,18 > \mu_0 = 0,15$.

Der Wert ist größer als der Grenzwert für die Haftung; also außerhalb des Reibungskegels (für $\mu_0 = 0,15 \Rightarrow \rho_0 = 8,53° < 10°$), sodass die Zange beim Heben vom Block abrutschen würde. Das bedeutet, dass der Block mit der Zange nur durch die Haftreibung nicht gehoben werden kann. Die sichere Haftung (einschließlich eines Sicherheitszuschlages) muss durch zusätzliche Zacken, Spitzen oder Riefen (teilweiser Formschluss) am Zangenmaul realisiert werden.

Auch bei dieser geometrischen Lösung nur aus den Wirkungslinien der Kräfte wird deutlich, dass das Gewicht des zu hebenden Blockes unter den idealen Annahmen der Statik ohne Einfluss auf die Reibverhältnisse am Zangenmaul ist. Um den daraus folgenden geometrischen Zusammenhang zu veranschaulichen, wird der analytische Lösungsweg gewählt, der auch zur Bestätigung der graphischen Lösung dienen soll.

Mit Gleichung (10.1) für einen Greiferarm, der mit $F_G/2$ belastet wird, schreiben wir

$$\mu_{erf} = \frac{F_R}{F_N} = \frac{F_G}{2 \cdot F_N} \; .$$

Die Normalkraft F_N bestimmen wir nach Abbildung 10.15b aus der Gleichgewichtsbedingung um das Gelenk A

$$\sum M_A = 0: \quad -F_N \cdot b + F_{S2x} \cdot c + F_{S2y} \cdot a = 0 \; ,$$

$$F_N = \frac{F_{S2x} \cdot c + F_{S2y} \cdot a}{b} \; .$$

Aus dem Kräftegleichgewicht an der Aufhängung, Abbildung 10.15b oben, folgen

$$\sum F_y = 0: \quad F_{S2y} = \frac{F}{2}$$

$$\text{und} \quad F_{S2x} = \frac{F_{S2y}}{\tan \alpha} = \frac{F}{2 \cdot \tan \alpha}$$

$$\text{mit} \quad \tan \alpha = \frac{500 \, \text{mm}}{445 \, \text{mm}} = 1,124 \; .$$

Damit wird die Normalkraft

$$F_N = \frac{\frac{F}{2} \cdot \frac{c}{\tan \alpha} + \frac{F}{2} \cdot a}{b} = \frac{\frac{F}{2} \left(\frac{c}{\tan \alpha} + a \right)}{b}$$

und der erforderliche Haftwert

$$\mu_{erf} = \frac{F_G}{2 \cdot F_N} = \frac{F_G \cdot b}{F \left(\frac{c}{\tan \alpha} + a \right)} \; .$$

Bei Vernachlässigung des Eigengewichtes der Zange wird wegen des Gleichgewichtes des Gesamtsystems mit $F = F_G$

$$\mu_{erf} = \frac{b}{\frac{c}{\tan \alpha} + a} = \frac{170 \, \text{mm}}{\frac{210 \, \text{mm}}{1,124} + 760 \, \text{mm}} = 0,18 > \mu_0 \quad \text{bzw.} \quad \rho = 10,15° > \rho_0 = 8,53° \; .$$

Die Gleichung beschreibt den Zusammenhang der geometrischen Einflussgrößen auf Reibungsverhältnisse an den Kontaktflächen am Zangenmaul.

Beispiel 10.4. In der auf Abbildung 10.16a dargestellten Klemmzange soll eine Stahlleiste der Dicke $s = 10\,\text{mm}$ mit einer Haftsicherheit $S_H = 2$ gehalten werden. Für die Hebel der Klemmzange gilt: $l_1 = 25\,\text{mm}$, $l_2 = 45\,\text{mm}$.

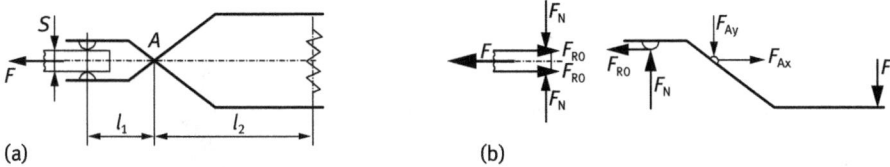

(a) (b)

Abb. 10.16: Klemmvorrichtung; (a) Klemmzange, (b) Kräfte an Leiste und Zangenhälfte

a) Welche Kraft F darf bei einer Federkraft $F_F = 50\,\text{N}$ maximal am Werkstück ziehen, wenn die im Versuch ermittelte Haftzahl an den Klemmbacken $\mu_0 = 0,3$ beträgt?
b) Wie groß ist die Klemmkraft?

Lösung. a) Bei Reibungsproblemen empfiehlt es sich, beim Freischneiden immer mit dem belasteten Bauteil, in diesem Fall der Leiste, zu beginnen, um einen häufigen Fehler hinsichtlich der Richtung der Haftkraft an der Zange zu vermeiden. Wegen der Symmetrie brauchen wir nur eine Zangenhälfte freischneiden. Abbildung 10.16b zeigt die freigeschnittenen Bauteile.

Entsprechend Gleichung (10.9) gilt für die Haftsicherheit $\quad S_H = \dfrac{F_{RO}}{F} = 2$. $\qquad$ (1)

Mit dem Kräftegleichgewicht an der Leiste $\quad \sum F_x = 0: \quad 2 \cdot F_{RO} - F = 0$. $\qquad$ (2)

wird die maximale Haftkraft an der Spannstelle $\quad F_{RO} = \dfrac{F}{2} \cdot S_H$. $\qquad$ (3)

Mit dem Momentengleichgewicht um A $\quad \sum M_A = 0: \quad F_{RO} \cdot \dfrac{s}{2} - F_N \cdot l_1 + F_F \cdot l_2 = 0$

$$\tag{4}$$

sowie Gleichung (10.1), nach der Normalkraft $F_N = \frac{F_{RO}}{\mu_0}$ umgestellt sowie (3), eingesetzt in (4) wird

$$\frac{F}{2} \cdot S_H \cdot \left(\frac{s}{2} - \frac{l_1}{\mu_0} \right) + F_F \cdot l_2 = 0 \quad \Rightarrow \quad F = \frac{2 \cdot F_F \cdot l_2}{\left(\frac{l_1}{\mu_0} - \frac{s}{2} \right) \cdot S_H} = \underline{28,7\,\text{N}}\,.$$

b) Die Klemmkraft beträgt nach Abbildung 10.16b mit Gleichung (10.9) und $F_{RO} = F/2$

$$S_H = \frac{2 \cdot F_{RO}}{F} = \frac{2 \cdot F_N \cdot \mu_0}{F} \quad \Rightarrow \quad F_N = \frac{S_H \cdot F}{2 \cdot \mu_0} = \underline{95,7\,\text{N}}\,.$$

Beispiel 10.5. Auf Abbildung 10.17a ist eine Schraubzwinge, die zum Zusammenpressen von Teilen verwendet wird, dargestellt. Beim Anziehen der Spannschraube (1) soll sich der mit Spiel bewegliche Schenkel (2) auf der Schiene (3) selbsttätig verklemmen. Welche Breite b ist hierfür erforderlich?

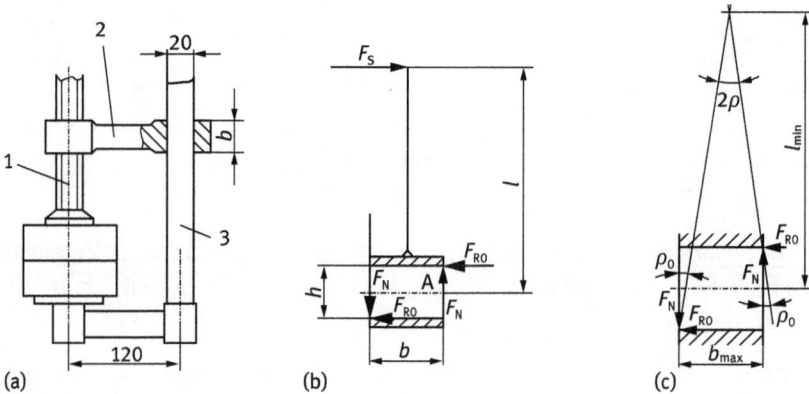

Abb. 10.17: Schraubzwinge; (a) Schraubzwinge mit Werkstück, (b) Freigeschnittener beweglicher Schenkel, (c) Haftungsbedingung

Lösung. Die Spannwirkung wird durch den beweglichen Schenkel realisiert. Teil 2 wird freigeschnitten und anschließend die Gleichgewichtsbedingungen mit Abbildung 10.17b aufgestellt.

$$\sum F_x = 0: \quad F_S - 2 \cdot F_{RO} = 0 \tag{1}$$

$$\sum M_A = 0: \quad F_N \cdot b - F_S \cdot l + F_{RO} \cdot h/2 - F_{RO} \cdot h/2 = 0 \tag{2}$$

Mit (1) eingesetzt in (2) sowie Gleichung (10.1) wird

$$-F_N \cdot b + 2 \cdot F_N \cdot \mu_0 \cdot l = 0 \,.$$

Damit und mit dem Reibwert $\mu_0 = 0{,}15$ (Stahl auf Stahl, trocken) nach Tabelle 10.1 wird

$$b = 2 \cdot \mu_0 \cdot l = 2 \cdot 0{,}15 \cdot 120\,\text{mm} = 36\,\text{mm} \,.$$

Auch das ist ein nur von der Geometrie abhängiges Problem, das wir noch etwas näher untersuchen wollen: Tragen wir an den Kontaktstellen des verklemmten Schenkels den Haftwinkel nach Gleichung (10.5) $\rho_0 = \arctan \mu_0 = 8{,}5°$ an, wird der Zusammenhang zwischen der Schenkellänge l und der Führungsbreite b aus Abbildung 10.17c deutlich.

Die Wirkungslinie der Widerstandskraft F_W muss innerhalb des Reibungskeiles verlaufen, damit die Klemmwirkung erreicht wird. Die Bedingung hierfür formulieren wir mit den Größen der Abbildung 10.17b als Ungleichung

$$b < 2 \cdot \mu_0 \cdot l \,, \tag{10.10}$$

bzw. als Haftsicherheit

$$S_H = \frac{2 \cdot \mu_0 \cdot l}{b} > 1 \,. \tag{10.11}$$

$$\text{Für} \quad b > 2 \cdot \mu_0 \cdot l \tag{10.12}$$

ist Klemmen ausgeschlossen. Beim Anziehen der Spannschraube wird der bewegliche Schenkel entgegen der Schraubenlängsbewegung zurückgeschoben (Gleitreibung). Das ist die Wirkung einer Gleitführung.

Aus dem oben gesagten folgt, dass für die im Beispiel 10.5 errechnete Breite $b = 36\,\text{mm}$ mit $S_H = 1$ praktisch keine Haftsicherheit besteht. Wir haben bei der Berechnung mit der Verwendung von Gleichung (10.1) den oberen Grenzfall für die Breite ermittelt. Wird z.B. eine Haftsicherheit von $S_H = 1{,}3$ gefordert, wird mit Gleichung (10.11) die Ausführungsgröße der Breite

$$b_{\text{erf}} \le \frac{2 \cdot \mu_0 \cdot l}{S_H} = \frac{2 \cdot 0{,}15 \cdot 120\,\text{mm}}{1{,}3} = 27{,}69\,\text{mm} \quad \Rightarrow \quad \underline{b = 27\,\text{mm}} \,.$$

10.3.2.3 Spannkeile

Die Kraftübersetzung der schiefen Ebene wird sowohl zum Spannen bei Spannkeilen, Kegelhülsen und Befestigungsgewinden mit ($\alpha < \rho_0$) als auch zur Bewegungsübertragung z.B. bei Stellkeilen und Bewegungsgewinden ($\alpha > \rho$) genutzt.

Bei den Spannkeilen sollen die Kräfte durch die Keilwirkung deutlich vergrößert werden. Mit der Bedingung $\alpha < \rho_0$ ist der Keil selbsthemmend, d.h. er wird durch die Reibung in seiner Lage gehalten.

Für die Ermittlung der Kräfte arbeiten wir zweckmäßig mit den Reibungswinkeln und den Resultierenden der Normal- und Reibungskräfte. Dabei ist die Ermittlung der Lage der Kräfte am Keil meist nicht erforderlich, da sich die wirkenden Flächenkräfte im Gleichgewichtsfall so einstellen, dass Kräftesysteme mit gemeinsamem Angriffspunkt entstehen (siehe dazu auch Abbildung 10.3). Für die Berechnung empfiehlt sich das grapho-analytische Vorgehen; die Kombination von (nichtmaßstäblichen) Kräftedreiecken mit der trigonometrischen Berechnung.

Beispiel 10.6. Auf Abbildung 10.18 ist eine Riemenscheibe aus Grauguss durch einen Treibkeil nach DIN 6886 mit der Welle aus Stahl verbunden. Es ist die für das Eintreiben des Keiles erforderliche Kraft F_e zu berechnen, wenn eine Anpresskraft des Keiles $F_N = 500\,\text{N}$ aufgebracht werden soll.

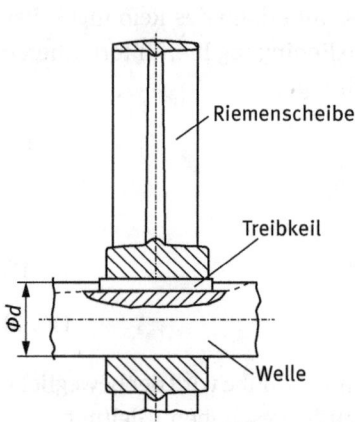

Abb. 10.18: Treibkeil

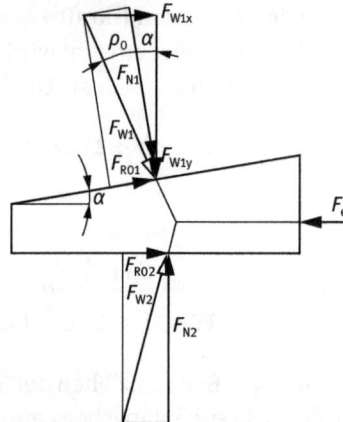

Abb. 10.19: Kräfte am Keil

Lösung. Auf Abbildung 10.19 sind die auf den Längskeil nach dem Eintreiben wirkenden Kräfte dargestellt. Nach DIN genormte Keile haben eine Neigung (Anzug) von 1:100. Das heißt, der Anstiegswinkel beträgt $\alpha = \arctan 0,01 = 0,57°$ (auf dieser Abbildung ist der Winkel α stark vergrößert dargestellt). Die Widerstandskräfte an der Keilober- und Unterseite F_{W1} und F_{W2} bilden mit der Eintreibkraft F_e ein zentrales Kräftesystem.

Wir stellen die Gleichgewichtsbedingungen der Kräfte auf. Für einen anschaulichen Ablauf der Rechnung zerlegen wir auf Abbildung 10.19 die Widerstandskraft F_{W1} in die waagerechte und senkrechte Komponenten F_{W1x} und F_{W1y} und schreiben für das Gleichgewicht in waagerechter Richtung

$$\sum F_x = 0: \quad F_{W1x} + F_{R02} - F_e = 0 \tag{1}$$

Mit $\quad F_{W1x} = F_{W1y} \cdot \tan(\alpha + \rho_{01}) \quad$ und $\quad F_{R02} = F_{N2} \cdot \tan\rho_{02}$

wird $\quad F_e = F_{W1y} \cdot \tan(\alpha + \rho_{01}) + F_{N2} \cdot \tan\rho_{02}$.

Für das Gleichgewicht in senkrechter Richtung gilt

$$\sum F_y = 0: \quad F_{W1y} = F_{N2} = F_N . \tag{2}$$

Damit wird die Eintreibkraft

$$F_e = F_{W1y} \cdot \tan(\alpha + \rho_{01}) + F_{N2} \cdot \tan\rho_{02} . \tag{10.13}$$

Für die Haftwerte lesen wir aus der Tabelle 10.1 für Stahl/Stahl $\mu_{01} = 0,15$ und Stahl/Gusseisen $\mu_{02} = 0,20$ ab. Die Haftwinkel betragen $\rho_{01} = 8,5°$ und $\rho_{02} = 11,3°$. Mit $\alpha = 0,57°$ wird nach Gleichung (10.13)

$$F_e = F_N \left[\tan(\alpha + \rho_{01}) + \tan\rho_{02}\right] = 500\,\text{N}\,(\tan 9,1° + \tan 11,3°) = \underline{180\,\text{N}} .$$

Zur Übung: Es ist für das Austreiben (Lösen) des Keiles für die erforderliche Kraft F_l die Lösungsgleichung aufzustellen und die Kraft zu berechnen (Lösung: Aufgabe A10.5.5).

10.3.2.4 Bremsen

Bremsen werden im Wesentlichen für die folgenden Aufgaben eingesetzt:

- *Haltebremsen* sind nur im Stillstand wirksam und sollen, wie der Name schon aussagt, Bewegungen in zwei Drehrichtungen verhindern.
- Zur Regulierung der Geschwindigkeit dienen *Stoppbremsen*, die eine Bewegung bis zum Stillstand abbremsen oder *Regelbremsen*, die die Geschwindigkeit bis zu einer bestimmten Größe reduzieren und halten.
- *Leistungsbremsen* werden zur Leistungsmessung und Belastungssimulation von Antriebsaggregaten auf Prüfständen zum Erzeugen eines Gegenmomentes eingesetzt.

Während Haltebremsen ein reines Haftproblem, Leistungs- und Regelbremsen ein Gleitreibungsproblem darstellen, treten in Stoppbremsen beide Reibungsformen auf. Hinsichtlich der einfachen Reibungsberechnungen sind die Unterschiede nur in den Reibungskoeffizienten gegeben. Allerdings tritt nur in den Haltebremsen keine Erwärmung auf.

Im nachfolgenden Beispiel wollen wir anhand des einfachsten Prinzips einer Klotzbremse die das Bremsverhalten beeinflussenden geometrischen Zusammenhänge untersuchen.

Beispiel 10.7. Auf Abbildung 10.20 ist eine Außenbackenbremse dargestellt. Diese Bremsausführung findet hauptsächlich im Hebezeugbau für kleine Bremsleistungen Verwendung. Sie kann sowohl als Haltebremse, Stoppbremse oder als Regelbremse ausgelegt werden. Die Bremse kann von Hand, durch ein Gewicht oder eine Feder angezogen werden.

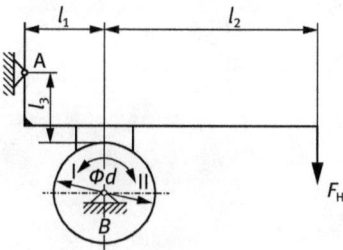

Abb. 10.20: Außenbackenbremse

Für die folgenden Werte: Hebelkraft F_H = 200 N, Bremstrommeldurchmesser d = 250 mm, Hebellängen l_1 = 190 mm, l_2 = 525 mm, l_3 = 125 mm, Reibwert μ = 0,3, sind zu berechnen:

a) Das Bremsmoment für beide Drehrichtungen der Bremstrommel.
b) Welche konstruktive Änderung ist erforderlich, damit das Bremsmoment für beide Drehrichtungen der Bremstrommel gleich groß ist; wie groß ist in diesem Fall das Bremsmoment?
c) Wie ist die Bremse konstruktiv zu gestalten, damit sie selbstsperrend wird?

Lösung. Bremstrommel und Bremshebel werden freigeschnitten. Die Reibungskräfte werden dabei entgegen der Bewegungsrichtung an der Bremstrommel angetragen und anschließend nach dem Wechselwirkungsgesetz auf die Bremsbacken übertragen (auf Abbildung 10.21a sind an der Trommel die Reibungskräfte für beide Drehrichtungen angegeben). Die Stützkräfte im Gelenk A und im Trommellager B sind für die Reibungsberechnung ohne Einfluss und sind der Übersichtlichkeit wegen nicht eingezeichnet.

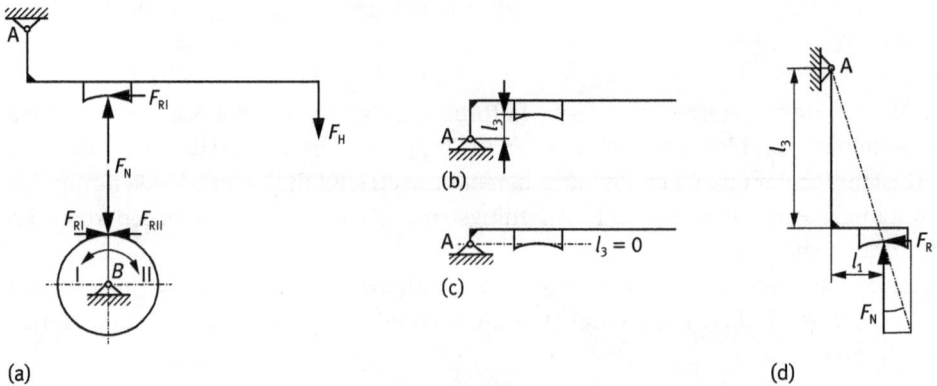

Abb. 10.21: Kräfte und Geometrie an der Außenbackenbremse; (a) Bremse freigeschnitten, (b) bis (d) Geometrie am Bremshebel

a) Das Bremsmoment wird mit $M_{Br} = F_R \cdot d/2$ berechnet.

Für das Momentengleichgewicht am Bremshebel für den Linkslauf (Drehrichtung I) schreiben wir mit $L = l_1 + l_2$

$$\sum M_A = F_N \cdot l_1 - F_{RI} \cdot l_3 - F_H \cdot L = 0 \,. \tag{1}$$

Das Reibungsgesetz $F_N = F_{RI}/\mu$ eingesetzt

$$F_{RI}\left(\frac{l_1}{\mu} - l_3\right) = F_H \cdot L$$

und umgestellt nach der Reibungskraft, ergibt

$$F_{RI} = F_H \cdot \frac{L}{\frac{l_1}{\mu} - l_3} = 281\,\text{N} \,. \tag{2}$$

Nach Abbildung 10.21a ist für den Rechtslauf (Drehrichtung II) in (1) nur die Richtung der Reibungskraft F_{RII} umzukehren, so dass gilt:

$$F_{RII} = F_H \cdot \frac{L}{\frac{l_1}{\mu} + l_3} = 189\,\text{N} \,. \tag{3}$$

Damit werden die Bremsmomente

$$M_{Br} = F_R \cdot \frac{d}{2} \quad \Rightarrow \quad \begin{cases} M_{BrI} = \underline{35,2\,Nm} \\ M_{BrII} = \underline{23,6\,Nm}\,. \end{cases}$$

Die Ungleichheit der Bremskräfte in beiden Umlaufrichtungen wird durch die jeweils entgegengesetzt wirkende Reibungskraft verursacht. Beim Linkslauf „hilft" die nach links wirkende Reibkraft den Hebel anzuziehen. Die Bremswirkung ist bei der Bremse mit überhöhtem Drehpunkt A im Linkslauf größer.

Bei der Bremse mit unterzogenem Drehpunkt A liegt das Hebellager unter der Wirkungslinie der Reibkraft (Abbildung 10.21b). Es kehren sich die Vorzeichen im Nenner in (2) und (3) und damit die Verhältnisse um. Die Bremswirkung ist bei der Bremse unterzogenem Drehpunkt A im Rechtslauf größer.

b) Bei der Bremse mit tangentialem Drehpunkt A liegt der Bremshebeldrehpunkt auf der Wirkungslinie der Reibkraft (Abbildung 10.19c). Mit $l_3 = 0$ gilt

$$F_R = F_H \cdot \frac{L \cdot \mu}{l_1} = 226\,N\,,$$

$$M_{Br} = \underline{28,2\,Nm}\,.$$

Diese Bremsausführung, bei der die Bremswirkung in beiden Drehrichtungen gleich ist, finden wir beispielsweise bei Fahrwerksbremsen.

c) Für (2) gilt die Forderung $l_1/\mu > l_3$ damit der Nenner des Bruches nicht Null wird. Für $l_1/\mu = l_3$ nimmt die Reibkraft F_{RI} theoretisch unendlich große Werte an (Division durch Null); d. h. die Bremse blockiert schon durch das Eigengewicht der Bremsbacke.

Selbsthemmung kann bei Linkslauf erreicht werden, wenn die die Hebellänge mindestens

$$l_3 = \frac{l_1}{\mu} = \underline{633,3\,mm}$$

ausgeführt wird (Abbildung 10.21d). Für den Rechtslauf ist nach (3) keine Selbsthemmung möglich.

Die Selbsthemmungsbedingung formulieren wir somit allgemein zu

$$l_1 \le \mu \cdot l_3\,. \tag{10.14}$$

Wie aus diesem Beispiel zu erkennen ist, bestimmt bei der Außenbackenbremse die Lage des Bremshebeldrehpunktes die Wirkungsweise der Bremse.

10.4 Die Reibung

10.4.1 Reibungsverhältnisse und Gleitgeschwindigkeit

Liegt die Wirkungslinie der Resultierenden F_{Res} aller am Körper angreifenden Kräfte auf der Mantellinie des mit dem *Haftungswinkel* ρ_0 gebildeten *Haftungskegels* (siehe Abbildung 10.22a), herrscht Gleichgewicht im Ruhezustand (siehe Abschnitt 10.3.1).

Liegt sie außerhalb des Haftungskegels (Abbildung 10.22b), wird der Körper aus der Ruhelage beschleunigt.

Eine gleichförmige Gleitbewegung findet nur statt, wenn die Wirkungslinie der Resultierenden gleichzeitig Mantellinie des mit dem *Reibungswinkel* ρ gebildeten *Reibungskegels* (Abbildung 10.22c) ist.

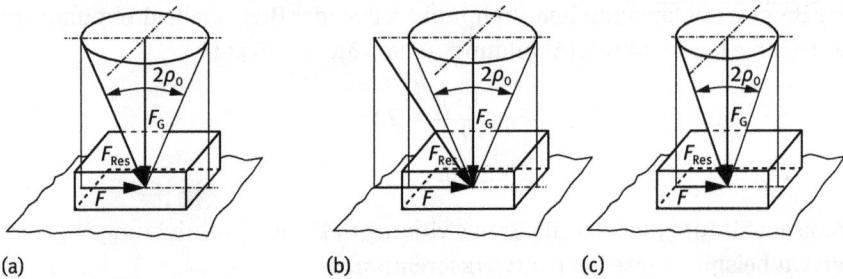

Abb. 10.22: Haftungs- und Reibungskegel; (a) Grenzzustand der Ruhe, (b) beschleunigte Bewegung, (c) gleichförmige Bewegung

Alle Mantellinien des Reibungskegels sind gemäß Abbildung 10.8 mögliche Wirkungslinien der aus Reibungskraft F_R und Normalkraft F_N gebildeten Widerstandskraft F_W.

Liegt die resultierende angreifende Kraft F_{Res} außerhalb des Reibungskegels, ist die Bewegung des gleitenden Körpers ebenfalls beschleunigt.

Reibungskräfte treten stets paarweise auf. Die Richtung der Reibungskraft weist immer entgegengesetzt zur *Relativbewegung* des betrachteten Körpers (siehe Abbildung 10.23).

Die Reibungskraft F_R ist im Gegensatz zur Haftkraft F_{R0} eine eingeprägte Kraft – mit der Nebenbedingung, dass sie proportional mit der Normalkraft F_N ist. Daraus

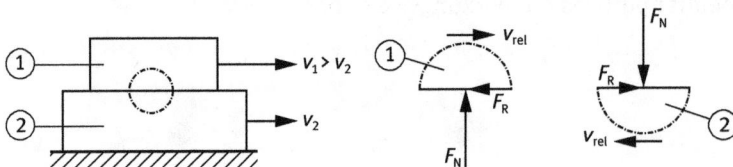

Abb. 10.23: Richtungssinn der Gleitreibungskräfte

folgt, dass wir bei zwei Körpern, die sich bei trockener Reibung mit gleichförmiger Geschwindigkeit gegeneinander bewegen, bei Berechnungen die Gleitreibungskraft F_R von vornherein nach Gleichung (10.3) durch $\mu \cdot F_N$ ersetzen können.

Die Ursachen der Gleitreibung haben sich als so vielfältig erwiesen, dass man die Reibungskraft auch dann nicht zuverlässig vorhersagen kann, wenn die Beschaffenheit der Oberflächen genau bekannt ist[10].

Die experimentellen Ergebnisse zur Reibkraft, von COULOMB 1785 zusammengefasst:
–   Die Reibkraft zwischen den Reibflächen ist proportional der Normalkraft.
–   Die Reibkraft ist abhängig von der Werkstoffpaarung und Oberflächenbeschaffenheit.
–   Die Größe der Kontaktfläche ist ohne Einfluss auf die Reibkraft.
–   Die Gleitreibkraft ist bei sonst gleichen Verhältnissen kleiner als die maximale Haftkraft.
–   Die Gleitreibkraft ist unabhängig von der Geschwindigkeit mit der sich die Kontaktflächen gegeneinander bewegen[11].

Der letzte Punkt gilt in hinreichender Näherung nur für kleine Geschwindigkeiten. Ende des 18. Jahrhunderts wurden von COULOMB und im 19. Jahrhundert von MORIN grundlegende Reibungsversuche zur Gleitgeschwindigkeit in größerem Umfang durchgeführt. Mit dem Ergebnis, dass bei Gleitgeschwindigkeiten von v = $0,5 \ldots 5\,\text{m/s}$ – ein Bereich, der im Maschinenbau häufig auftritt – sich der Reibkoeffizient nur so gering ändert, dass die Gleitgeschwindigkeit zur Vereinfachung der Rechnung hierbei nicht berücksichtigt werden muss.

Mit wachsender Gleitgeschwindigkeit nimmt die Reibungszahl allerdings ab. Durch Bremsversuche der Deutschen Reichsbahn an Eisenbahnzügen mit blockierten Rädern[12] wurde nachgewiesen, dass die Reibungszahl mit steigender Gleitgeschwindigkeit der blockierten Räder abnimmt. So wurde bei einer Gleitgeschwindigkeit von 100 km/h ein etwa halb so großer Reibwert, wie bei einer Geschwindigkeit von 10 km/h festgestellt.

Ganz anders verhält es sich bei Reibung zwischen Leder und Stahl bzw. Gusseisen. In diesen Fällen wächst der Reibwert mit zunehmender Gleitgeschwindigkeit. Diesen Sachverhalt macht man sich von jeher bei Riemengetrieben zunutze. So kann bei etwas lockerem Riemen aufgrund des größeren Schlupfes eine größere Leistung, als bei sehr straffen Riemen übertragen werden.

---

10 KRIM, J.: „Reibung auf atomarer Ebene", Spektrum der Wissenschaft, Dezember 1996, S. 80–85
11 Dass dieses Gesetz nicht allgemeingültig ist, vermutete schon COULOMB selbst; konnte es aber nicht beweisen.
12 Diese Reibungsuntersuchungen mit blockierten Rädern waren keine Bremsversuche, sondern dem Versuchsziel (Erzeugung der *Gleitreibung* bei hoher Geschwindigkeit) geschuldet. Wie bekannt, ist die Bremswirkung dann am größten, wenn beim Bremsen die Räder gerade noch drehen, sodass die Gleitgeschwindigkeit zwischen Rad und Schiene null ist und Haftung besteht ($\mu_0 > \mu$). Antiblockiersysteme (ABS) in Kraftfahrzeugen sollen dies unterstützen.

10.4.2 Gleitreibung auf geneigter Ebene

In gleicher Weise, wie im Beispiel 10.6, der Haftung am Keil, wollen wir eine allgemeine Lösung der Wirkung der Kräfte an einem Körper, der auf einer geneigten Ebene gleitet, finden:

Der auf Abbildung 10.24a dargestellte, freigeschnittene Körper mit der Gewichtskraft F_G wird durch eine unter dem Winkel β angreifende Kraft auf einer Ebene mit dem Neigungswinkel α bei bekanntem Reibwert μ mit konstanter Geschwindigkeit *aufwärts* gezogen.

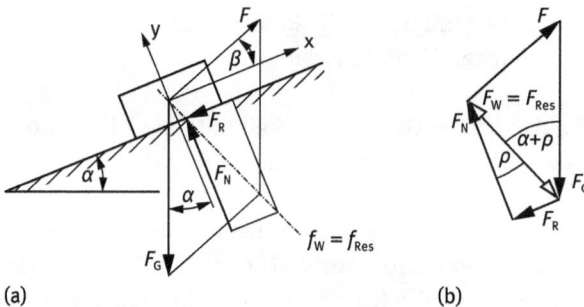

(a)   (b)

Abb. 10.24: Reibung auf schiefer Ebene; (a) Kräfte am bewegten Bauteil, (b) Kräfteplan

Bei diesem Problem handelt es sich um ein zentrales Kräftesystem. Für den freigeschnittenen Körper, Abbildung 10.24a, zeichnen wir das Krafteck, Abbildung 10.24b. Aus dem Kräfteplan gilt mit dem Sinussatz

$$\frac{F}{F_G} = \frac{\sin(\alpha + \rho)}{\sin(90° + \beta - \rho)} = \frac{\sin(\alpha + \rho)}{\cos(\beta - \rho)} \ .$$

Hieraus wird die Zugkraft für die Aufwärtsbewegung mit gleichförmiger Geschwindigkeit

$$F = F_G \cdot \frac{\sin(\alpha + \rho)}{\cos(\beta - \rho)} \ . \tag{10.15}$$

Für die rechnerische Lösung zerlegen wir, bezogen auf das körperfeste Koordinatensystem, alle Kräfte in ihre Komponenten und stellen die Gleichgewichtsbedingungen auf.

$$\sum F_x = 0: \quad F \cdot \cos\beta - F_G \cdot \sin\alpha - F_R = 0 \tag{1}$$

$$\sum F_y = 0: \quad F \cdot \sin\beta - F_G \cdot \cos\alpha + F_N = 0 \ . \tag{2}$$

Mit der Reibungsgleichung (10.3)

$$F_R = \mu \cdot F_N \tag{3}$$

stehen uns für die drei unbekannten Kräfte F, F_R und F_N drei Gleichungen zur Verfügung. Mit

$(3) \rightarrow (1):$ $\qquad F \cdot \cos\beta - F_G \cdot \sin\alpha - \mu \cdot F_N = 0 \,,$

$(2) \rightarrow (1):$ $\qquad F \cdot \cos\beta - F_G \cdot \sin\alpha - \mu \cdot F_G \cdot \cos\alpha - \mu \cdot F \cdot \sin\beta = 0$

gleichgesetzt: $\quad F(\cos\beta + \mu \cdot \sin\beta) = F_G(\sin\alpha + \mu \cdot \cos\alpha)$

wird für die Aufwärtsbewegung mit gleichförmiger Geschwindigkeit bei beliebigem Neigungswinkel der Ebene und beliebiger Kraftrichtung die Zugkraft

$$F = F_G \cdot \frac{\sin\alpha + \mu \cdot \cos\alpha}{\cos\beta + \mu \cdot \sin\beta} \,. \tag{10.16}$$

Für viele Anwendungen interessieren zwei Sonderfälle:

1. Sonderfall $\beta = 0$: bahnparallele Zugkraft

$$F = F_G \cdot (\sin\alpha + \mu \cdot \cos\alpha) \,. \tag{10.17}$$

2. Sonderfall $\beta = -\alpha$: horizontale Zugkraft

$$F = F_G \cdot \frac{\sin\alpha + \mu \cdot \cos\alpha}{\cos\alpha - \mu \cdot \sin\alpha} = F_G \cdot \frac{\tan\alpha + \mu}{1 - \mu \cdot \tan\alpha} = F_G \cdot \frac{\tan\alpha + \tan\rho}{1 - \tan\rho \cdot \tan\alpha} \,;$$

mit dem Additionstheorem $\tan(x \pm y) = \dfrac{\tan x \pm \tan y}{1 \mp \tan x \cdot \tan y}$ wird

$$F = F_G \cdot \tan(\alpha + \rho) \,. \tag{10.18}$$

Für die *Abwärtsbewegung* sind in Abhängigkeit von der Größe des Neigungswinkels α der schiefen Ebene drei Möglichkeiten zu unterscheiden:

1. $\alpha < \rho$:

Für diesen Fall liegt Selbsthemmung vor. Es ist eine in Bewegungsrichtung (abwärts) gerichtete Zugkraft erforderlich. Wird der Körper mit konstanter Geschwindigkeit hangabwärts gezogen, so ist die Reibungskraft entgegen der Bewegungsrichtung hangaufwärts gerichtet (siehe Abbildung 10.25).

Nach der Gleichgewichtsbedingung

$$\sum F_x = 0: \quad -F \cdot \cos\beta - F_G \cdot \sin\alpha + F_R = 0 \tag{4}$$

haben die Hangabtriebskraft $F_G \cdot \sin\alpha$ und Zugkraft F den gleichen Richtungssinn. Mit den Gleichungen (2) und (3) wird, wie oben gezeigt

$$F = F_G \cdot \frac{\mu \cdot \cos\alpha - \sin\alpha}{\cos\beta + \mu \cdot \sin\beta} \tag{10.19}$$

mit den beiden Sonderfällen

$$\underline{\beta = 0}: \quad F = F_G \cdot (\mu \cdot \cos\alpha - \sin\alpha) \tag{10.20}$$

$$\underline{\beta = \alpha}: \quad F = F_G \cdot \tan(\rho - \alpha) \,. \tag{10.21}$$

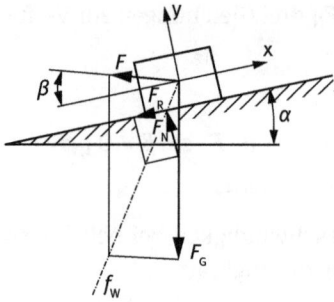

Abb. 10.25: Reibung bei Abwärtsbewegung auf schiefer Ebene bei $\alpha < \rho$

<u>2. $\alpha = \rho$:</u>

Nach Gleichung (10.21) wird für die Abwärtsbewegung $F = 0$. Der Körper gleitet ohne Kraftaufwendung mit konstanter Geschwindigkeit abwärts.

<u>3. $\alpha > \rho$:</u>

Bei $\alpha > \rho$ gleitet der Körper beschleunigt abwärts. Für eine konstante Geschwindigkeit der Abwärtsbewegung muss die Kraft F entgegen der Hangabtriebskraft $F_G \cdot \sin \alpha$ wirken. Die Reibungskraft F_R wirkt gleichsinnig mit der Zugkraft F (Abbildung 10.26), die somit zu einer Haltekraft wird.

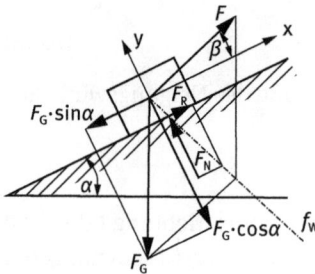

Abb. 10.26: Reibung bei Abwärtsbewegung auf schiefer Ebene bei $\alpha > \rho$

Mit den Gleichungen (2) und (3) wird

$$F = F_G \cdot \frac{\sin \alpha - \mu \cdot \cos \alpha}{\cos \beta - \mu \cdot \sin \beta} \ . \tag{10.22}$$

und den beiden Sonderfällen

$$\underline{\beta = 0}: \quad F = F_G \cdot (\sin \alpha - \mu \cdot \cos \alpha) \tag{10.23}$$

$$\underline{\beta = -\alpha}: \quad F = F_G \cdot \tan(\alpha - \rho) \ . \tag{10.24}$$

Beispiel 10.8. Auf Abbildung 10.27 sind Gewindespindel und Spindelmutter einer Hubvorrichtung dargestellt. Hierbei handelt es sich um ein Bewegungsgewinde, das die Drehbewegung der Spindel in eine geradlinige Hub- oder Senkbewegung der drehfest gehaltenen Mutter wandelt[13]. Das Bewegungsgewinde ist aus Stahl als Flachgewinde mit dem Nenndurchmesser d = 36 mm und der Steigung P_h = 6 mm ausgeführt. Der Flankendurchmesser beträgt d_2 = 33 mm. Mutter und Spindel laufen geschmiert. Für das Anheben und das Absenken einer Last von F_G = 26 kN sind das jeweilige Drehmoment an der Spindel zu berechnen.

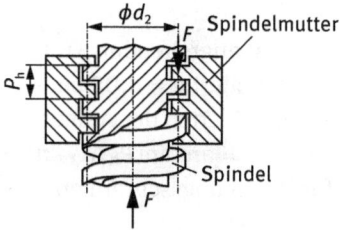

Abb. 10.27: Hubgewinde

Lösung. Beim Heben und Senken der Last muss der Reibungswiderstand an den Gewindeflanken überwunden werden. Das Muttergewinde ersetzen wir auf Abbildung 10.28a durch einen Gleitkörper, auf dem mittleren Gewindedurchmesser, dem so genannten Flankendurchmesser d_2, an dem die Gewichtskraft F_G, die Umfangskraft F_u und Widerstandskraft F_W als Resultierenden aus Normalkraft F_N und Reibungskraft F_R angreifen.

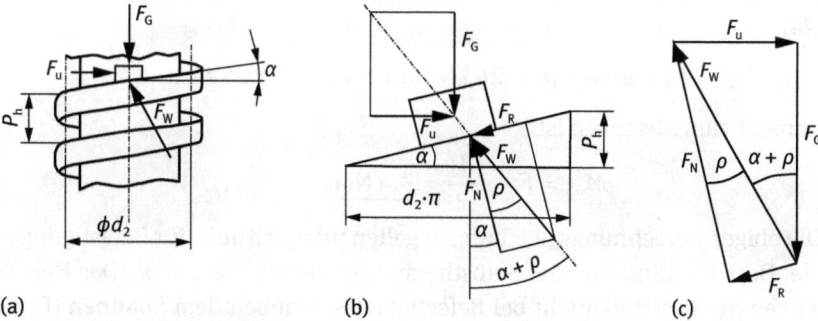

(a)   (b)   (c)

Abb. 10.28: Kräfte am Flachgewinde beim Heben einer Last; (a) Kräfte an der Schraube, (b) Kräfte an der Mutter, (c) Krafteck

---

13 Das Prinzip funktioniert ebenso auch umgekehrt mit drehbarer Mutter und drehfester Spindel.

Wenn wir einen Gewindegang nach Abbildung 10.28b abwickeln, ergeben sich die oben untersuchten Verhältnisse auf der schiefen Ebene. Den Steigungswinkel α errechnen wir aus dem abgewickelten Dreieck zu

$$\tan\alpha = \frac{P_h}{d_2 \cdot \pi}\,. \tag{10.25}$$

Die Kräfte an der Spindelmutter bilden ein zentrales Kräftesystem, das wir im Krafteck, Abbildung 10.28c zusammenfassen. Daraus können wir direkt die Lösungsgleichung für die Umfangskraft beim Heben ablesen:

$$F_u = F_V \cdot \tan(\alpha + \rho)\,.$$

Das ist die Gleichung (10.18), der 2. Sonderfall einer horizontal angreifenden Kraft.

Aus dem Reibwert nach Tabelle 10.1 für Stahl/Stahl, geschmiert $\mu = 0,05$ berechnen wir den Reibungswinkel $\rho = \arctan 0,05 = 2,86°$. Mit den Werten der Aufgabenstellung beträgt nach Gleichung (10.25) der Steigungswinkel $\alpha = \arctan(P_h/d_2 \cdot \pi) = 3,31°$. Mit $\alpha > \rho$ besteht keine Selbsthemmung, was für Bewegungsschrauben Voraussetzung ist.

Die erforderliche Umfangskraft an der Schraube zum Heben wird mit Gleichung (10.18)

$$F_{uH} = F_V \cdot \tan(\alpha + \rho) = 26\,\text{kN} \cdot \tan 6,18° = 2,81\,\text{kN}\,.$$

Das erforderliche Antriebsdrehmoment an der Spindel berechnen wir

$$M_{dH} = \sum \Delta F_u \cdot \frac{d_2}{2} = F_{uH} \cdot \frac{d_2}{2} = \underline{46,4\,\text{Nm}}\,.$$

Für das Senken der belasteten Mutter ist nur die Richtung der Reibungskraft entgegengesetzt. Danach beträgt die erforderliche Umfangskraft für das Absenken nach Gleichung (10.24)

$$F_{uS} = F_V \cdot \tan(\alpha - \rho) = 26\,\text{kN} \cdot \tan 0,45° = 0,204\,\text{kN}\,.$$

Das Drehmoment zum Absenken ist

$$M_{dS} = F_{uS} \cdot \frac{d_2}{2} = \underline{3,4\,\text{Nm}}\,.$$

Hinweis. Die obigen Berechnungsgleichungen gelten prizipiell auch für Befestigungsgewinde. Dort allerdings mit der Selbsthemmungsbedingung $\alpha < \rho_0$. Das Heben und Senken der Last entspricht bei Befestigungsschrauben dem Spannen (Festziehen) und Lösen der selbsthemmenden Schraube. Zu berücksichtigen ist, dass bei genormten Spitzgewinden die Gewindeflanken um den halben Flankenwinkel β geneigt sind, was durch eine spezielle Gewindereibungszahl (Keilreibzahl) $\mu_G' = \mu/\cos(\beta/2) = \tan\rho'$ in den obigen Gleichungen, aufgestellt für das nicht genormte Flachgewinde mit Flankenwinkel $\beta = 0$, zu berücksichtigen ist[14].

---

14 siehe dazu die spezielle Fachliteratur, z. B. [25] und [31]

10.4.3 Seilreibung

Beim Festmachen von Schiffen am Anlegesteg können wir den interessanten Vorgang beobachten, dass bei einem um einen Poller geschlungenen Seil die Körperkraft eines Menschen am Seilende offensichtlich ausreicht, um das zum Anlegen in langsamer Fahrt treibende Schiff am anderen Ende des Seiles vollständig abzubremsen. Mit einer deutlich kleineren Kraft kann durch die Umlenkung des Seiles über einen Zylinder in offensichtlichem Zusammenwirken mit der Reibung die große Zugkraft (Trägheitskraft) des Schiffes aufgefangen und das Rutschen des Seiles verhindert werden. Die Anschauung zeigt, dass dabei die Berührungslänge von maßgeblichem Einfluss ist. Diesen von den klassischen Reibungsgesetzen offensichtlich abweichenden Zusammenhang gilt es aufzuklären.

Längs des berührten Pollerumfanges wirken tangentiale Reibungskräfte, die das Halten unterstützen. Bei der *Seilreibung* (auch Umschlingungsreibung genannt) kann sowohl Gleiten als auch Haften auftreten. Dabei ist die Unterscheidung zwischen Haft- und Gleitreibung, wenn Schlupf zwischen Rad und Seil[15] vorliegt – was bei einer Leistungsübertragung immer der Fall ist – nicht eindeutig.

Zwischen Rad und Seil sind die folgenden Bewegungsverhältnisse möglich:
– Ein Seil gleitet über einen festen Zylinder (Gleitreibung). Die der Seilbewegung entgegen wirkende Gleitreibungskraft zwischen Zylinder und Seil bewirken verschieden große Seilspannkräfte an den Enden. Wird der Zylinder mehrfach von dem Seil umschlungen, sodass keine Bewegung mehr auftritt, wirkt die Haftreibung. Diese Verhältnisse wirken z. B. beim oben beschriebenen Festmachen von Schiffen.
– Eine Trommel dreht sich und reibt an einem feststehenden Band. Dieser Fall, bei dem Gleitreibung auftritt, wird bei Bandbremsen genutzt.
– Scheibe und Riemen drehen sich gleichzeitig ohne dass eine Relativbewegung zwischen beiden auftritt, sodass Haftreibung auftritt. Dies ist der Fall bei Riemengetrieben. Haftung tritt auch bei Bandbremsen als Haltebremsen auf, wenn Scheibe und Band still stehen.

Nachfolgend wollen wir die physikalischen und geometrischen Zusammenhänge der Seilreibung an einem Riementrieb, Abbildung 10.29, untersuchen.

Im Ruhezustand wird der Riementrieb, z. B. durch Verstellung des Achsabstandes a oder mit Riemenspannern, vorgespannt, um die nötige Anpresskraft auf die Riemenscheiben zu erzeugen.

Wird die Antriebsscheibe durch ein Drehmoment M_{an} angetrieben, werden Riemen und damit Abtriebsscheibe durch die Reibkraft mitgenommen. Auf Abbildung 10.29b ist die freigeschnittene Antriebsscheibe dargestellt.

---

15 hier als Sammelbegriffe: *Rad* für Zylinder, Walze, Scheibe, Rolle, Trommel und *Seil* für Band oder Riemen

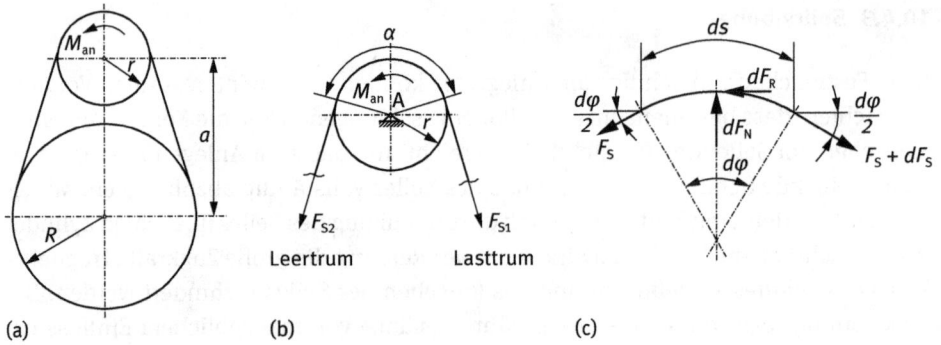

Abb. 10.29: Riementrieb; (a) Geometrie, (b) Seilkräfte an der Antriebsscheibe, (c) Kräfte am Seilelement

Bei der Drehbewegung mit konstanter Geschwindigkeit, bei der der Riemen ohne zu rutschen mitgenommen wird, muss Gleichgewicht herrschen. Es gilt

$$\sum M_A = 0: \quad M_{an} + F_{S2} \cdot r - F_{S1} \cdot r = 0 \,.$$

Mit Auftreten eines Drehmomentes $M_{an} > 0$ muss $F_{S1} > F_{S2}$ sein. Dabei steht der Index 1 für das Lasttrum und der Index 2 für das Leertrum[16]. Das *Lasttrum* oder *Zugtrum* ist die Seite des Seiles oder Riemens, welche gezogen wird und stramm ist, es ist zugleich das *Arbeitstrum*. Das *Leertrum* ist das lose, nicht gezogene und durchhängende Trum. Die Spannkraft nimmt immer in Richtung der Bewegungstendenz des Riemens zu.

Die Seilreibungskraft, die diese Kraftdifferenz der Seilkräfte über der Berührungslänge Riemenscheibe/Riemen hervorruft, untersuchen wir, indem nach Abbildung 10.29c ein Element der Länge ds aus dem Riemen geschnitten wird und die Gleichgewichtsbedingungen am Riemenelement aufgestellt werden.

$$\sum F_x = 0: \quad -dF_R - F_S \cdot \cos\frac{d\varphi}{2} + F_S \cdot \cos\frac{d\varphi}{2} + dF_S \cdot \cos\frac{d\varphi}{2} = 0 \tag{1}$$

$$\sum F_y = 0: \quad dF_N - F_S \cdot \sin\frac{d\varphi}{2} - F_S \cdot \sin\frac{d\varphi}{2} - dF_S \cdot \sin\frac{d\varphi}{2} = 0 \,. \tag{2}$$

Mit dem infinitesimalen $d\varphi$ wird $\cos(d\varphi/2) \approx 1$, $\sin(d\varphi/2) \approx d\varphi/2$. Der Ausdruck $dF_S \cdot \cos(d\varphi/2) \approx 0$ ist von höherer Ordnung klein.

Damit bleiben für drei unbekannte Größen dF_S, dF_R, und dF_N die beiden Gleichungen

$$dF_R = dF_S \quad \text{und} \quad dF_N = F_S \cdot d\varphi \,.$$

---

16 Als Trum kann man ganz allgemein einen Bereich bezeichnen (z. B. Zen*trum* für Stadtmitte). Der Begriff tritt in vielen Fachsprachen mit den Bedeutungen *offen, nicht aufliegend, nicht unterstützt, nicht angetrieben, ohne Ende, locker* etc. auf. Im Maschinenbau wird der Begriff für den Teil eines laufenden Zugorgans (Riemen, Kette, Seil, Band) verwendet.

Das ist ein statisch unbestimmtes System, das wir zumindest für den Fall der *Grenzhaftung*, Gleichung (10.1), $dF_R = \mu_0 \cdot dF_N$ auflösen können. Aus

$$\left. \begin{array}{l} dF_N = dF_S/\mu_0 \\ dF_N = F_S \cdot d\varphi \end{array} \right\} \quad \Rightarrow \quad \frac{dF_S}{F_S} = \mu_0 \cdot d\varphi \qquad (10.26)$$

folgt die Differentialgleichung der Seilhaftung. Die Integration über den vom Seil umschlungenen Bereich (Eingriffslänge) ergibt

$$\int_{F_{S2}}^{F_{S1}} \frac{dF_S}{F_S} = \mu_0 \cdot \int_0^\alpha d\varphi = \ln F_{S1} - \ln F_{S2} = \mu_0(\alpha - 0) \quad \Rightarrow \quad \ln \frac{F_{S1}}{F_{S2}} = \mu_0 \cdot \alpha \,.$$

Mit der Kehrfunktion des natürlichen Logarithmus, der Exponentialfunktion, wird schließlich

$$\frac{F_{S1}}{F_{S2}} \leq e^{\mu_0 \cdot \alpha} \,. \qquad (10.27)$$

Diese Gleichung wird nach EULER und/oder EYTELWEIN[17] benannt. Aus der Gleichung ist zu erkennen, dass Winkel α ist im Bogenmaß einzusetzen ist. Das Gleichheitszeichen gibt das maximal mögliche Kräfteverhältnis im Grenzfall unmittelbar vor dem Durchrutschen an (Grenzhaftung, siehe oben). Findet eine Relativbewegung zwischen Seil und Scheibe statt, gilt

$$\frac{F_{S1}}{F_{S2}} = e^{\mu \cdot \alpha} \,. \qquad (10.28)$$

Mit obiger Gleichung wird das Kräfteverhältnis beschrieben. Dieses nimmt mit dem Umschlingungswinkels α exponentiell zu. Durch die Vergrößerung des Umschlingungswinkels α gelingt es, mit Hilfe einer geringeren Haltekraft F_{S2} im gezogenen Trum einer deutlich größeren Kraft im ziehenden Trum auf der Lastseite F_{S1} das Gleichgewicht zu halten.

Die Gleichung ist nicht exakt, sondern eine für die Technik geeignete Näherung. Sie berücksichtigt nicht den mit der Dicke des Seiles oder Riemens zunehmenden Biegewiderstand[18]. Zudem sind die Reibungswerte über der Berührungslänge – wie in den obigen Gleichungen zugrunde gelegt – nicht konstant.

Beispiel 10.9. Auf einer Seiltrommel sind ca. 30 m Seil aufgewickelt. Das Seil soll am freien Ende mit maximal $F_G = 25$ kN belastet werden.

Wie viel Umschlingungen müssen beim Abwickeln des Seiles unter der Maximallast mindestens auf der Trommel bleiben, wenn die Seilbefestigung an der Trommel für $F = 500$ N ausgelegt ist und ein Haftungswert von $\mu_0 = 0{,}3$ zugrunde gelegt wird?

---

[17] JOHANN ALBERT EYTELWEIN, 1764–1848 preußischer Bauingenieur, Gründer der Bauakademie in Berlin 1799.

[18] genauere Berechnungen, die verschiede Einflüsse berücksichtigen, sind in den einschlägigen Maschinenelemente- Lehrbüchern, z. B. [25] und [32] zu finden.

Lösung. Mit der Last von F_{S1} = 25 kN und der Haltekraft F_{S2} = 0,5 kN schreiben wir Gleichung (10.27) mit der Umkehrung der e-Funktion, dem natürlichen Logarithmus

$$\ln \frac{F_{S1}}{F_{S2}} = \mu_0 \cdot \alpha \quad \Rightarrow \quad \ln \frac{25\,\text{kN}}{0,5\,\text{kN}} = \ln 50 = 0,3 \cdot \alpha \,.$$

Damit wird

$$\alpha = \frac{3,912}{0,3} = 13,04 \cdot \frac{180°}{\pi} = 747° \,.$$

Der Winkel von 747° entspricht 2,07 Umschlingungen für den Grenzfall. Mit diesem Wert besteht allerdings noch keine Sicherheit gegen das Ausreißen der Seilbefestigung bei der zulässigen Höchstlast. Wenn wir zwei ein viertel Seilumschlingungen auf der Trommel aufgewickelt lassen, entspricht das mit

$$\alpha = 810° = 14,137 \,; \quad e^{\mu\alpha} = 69,488 \,; \quad F_{S1} = F_{S2} \cdot e^{\mu\alpha} = 34,74\,\text{kN}$$

einer Haftsicherheit von

$$S_H = \frac{34,74\,\text{kN}}{25\,\text{kN}} = 1,39 \,.$$

Beispiel 10.10. Die Abbildung 10.30a zeigt einen Flachriementrieb mit Riemenscheiben aus Gusseisen mit den Durchmessern von d = 290 mm und D = 470 mm. Der Achsabstand des vorgespannten Riementriebs beträgt a = 670 mm.
a) Welches Antriebsmoment kann bei einer Antriebsdrehzahl von n_{an} = 1200 U/min übertragen werden, wenn der Riemen mit F_V = 1000 N vorgespannt wird?
b) Es sind die Seilkräfte im Leer- und Zugtrum zu berechnen.

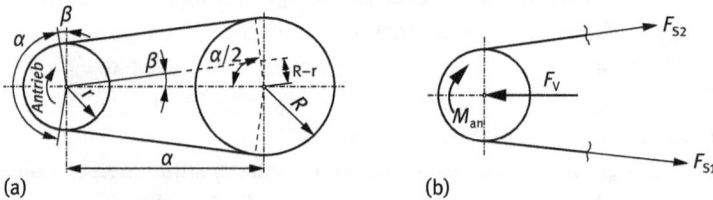

Abb. 10.30: Riementrieb; (a) geometrische Verhältnisse, (b) Seilkräfte an der Antriebsscheibe

Lösung. Haben die Riemenscheiben unterschiedliche Durchmesser, sind auch die Umschlingungswinkel unterschiedlich groß (Abbildung 10.30a). Für die Berechnung ist immer der kleinere Winkel maßgebend, weil bei gleichen Reibverhältnissen an beiden Riemenscheiben entsprechend Gleichung (10.27) immer der Riemen an der kleineren Scheibe an der Belastbarkeitsgrenze durchzurutschen beginnt.

Wir schneiden also die Antriebsscheibe, Abbildung 10.30b, frei. Die unbekannten Auflagerkräfte der Riemenscheiben sind für die Berechnung der Seilkräfte ohne Interesse. Um Rechenarbeit zu sparen, wählen wir Gleichgewichtsbedingungen, in denen diese nicht vorkommen.

a) Das Antriebsmoment berechnen wir aus dem Momentengleichgewicht der Antriebsscheibe

$$\sum M = 0: \quad M_{an} + F_{S2} \cdot r - F_{S1} \cdot r = 0 \quad \Rightarrow \quad M_{an} = (F_{S1} - F_{S2}) \cdot r = F_u \cdot r. \quad (1)$$

Das sind drei Unbekannte. Wir benötigen zwei weitere Gleichungen[19].

Nach Abbildung 10.30b gilt: Vorspannkraft $\qquad F_V = F_{S1} + F_{S2}$ (2)

Umfangskraft aus der Gleichung (1) $\qquad F_u = F_{S1} - F_{S2}$. (3)

Damit lässt sich bei vorgegebener Vorspannkraft mit Gleichung (10.28) $F_{S1} = F_{S2} \cdot e^{\mu \cdot \alpha}$ die Umfangskraft F_u berechnen.

Hierbei ist zu beachten, dass die Haftreibungszahl beim Riementrieb keine konstante Größe ist, sondern mit der Riemengeschwindigkeit wächst. Für Lederriemen auf Eisenscheiben rechnet man mit Erfahrungsgleichungen. Nach ROLOFF/MATEK [25] schreiben wir

$$\mu = 0{,}25 + 0{,}02 \cdot \sqrt{v} . \quad (4)$$

Der Betrag der Riemengeschwindigkeit ist dabei in m/s einzusetzen.

Mit $\quad v = d \cdot \pi \cdot n = 0{,}29\,\text{m} \cdot \pi \cdot 20\,\text{s}^{-1} = 18{,}2\,\text{m/s} \quad$ wird $\quad \mu = 0{,}25 + 0{,}02 \cdot \sqrt{18} \approx 0{,}34$.

Der Umschlingungswinkel α für das kleine Rad wird nach Abbildung 10.30a berechnet

$$\cos \frac{\alpha}{2} = \frac{R - r}{a} = \frac{D - d}{2a} = 0{,}134 \quad \Rightarrow \quad \frac{\alpha}{2} = 82{,}3° ; \quad \alpha = 164{,}6° = 2{,}872 .$$

Mit $e^{\mu \cdot \alpha} = e^{0{,}34 \cdot 2{,}872} = e^{0{,}963} = 2{,}620$ berechnen wir nach Gleichung (10.28) sowie mit (2) und (3)

$$\frac{F_u}{F_V} = \frac{F_{S2}(e^{\mu \cdot \alpha} - 1)}{F_{S2}(e^{\mu \cdot \alpha} + 1)} \quad (5)$$

die Umfangskraft

$$F_u = F_V \cdot \frac{e^{\mu \cdot \alpha} - 1}{e^{\mu \cdot \alpha} + 1} = 1000\,\text{N} \cdot \frac{1{,}620}{3{,}620} = 448\,\text{N} .$$

Das Antriebsmoment beträgt mit (1)

$$M_{an} = F_u \cdot r = 448\,\text{N} \cdot 0{,}145\,\text{m} = \underline{64{,}9\,\text{Nm}} .$$

---

[19] Die Gleichung (2) ist nicht exakt und so nur für kleine Durchmesserunterschiede bei großen Achsabständen (kleinem Winkel β) hinreichend genau. Für dieses Beispiel ($\beta \approx 7{,}7°$) beträgt die Abweichung zu den in Richtung der Vorspannkraft tatsächlich entgegenwirkenden Anteilen der Seilkräfte weniger als 1 %.

b) Aus (3) $F_\text{u} = F_\text{S2} \cdot (e^{\mu \cdot \alpha} - 1)$ wird die Kraft im Leertrum

$$F_\text{S2} = \frac{F_\text{u}}{e^{\mu \cdot \alpha} - 1} = \underline{276\,\text{N}}$$

und mit Gleichung (10.28) die Seilkraft im Zugtrum

$$F_\text{S1} = F_\text{S2} \cdot e^{\mu \cdot \alpha} = 276\,\text{N} \cdot 2{,}620 = \underline{724\,\text{N}}\,.$$

Beispiel 10.11. Auf Abbildung 10.31 ist die Prinzipskizze einer sog. Differenzbandbremse (auch als Differentialbremse[20] bezeichnet), die hier als Regelbremse eingesetzt ist, dargestellt.

Dieser Bremsentyp, ein mit Bremsbelag bewehrtes Stahlband auf einer Bremstrommel, wird durch Gewichte, Federn oder von Hand über den Hebel angezogen.

Für eine Hebelkraft $F_\text{H} = 120\,\text{N}$ sind bei einem angenommenen Reibwert von $\mu = 0{,}30$ für beide Drehrichtungen der Bremstrommel die Lasten zu berechnen, die sich mit konstanter Geschwindigkeit abwärts bewegen würden.

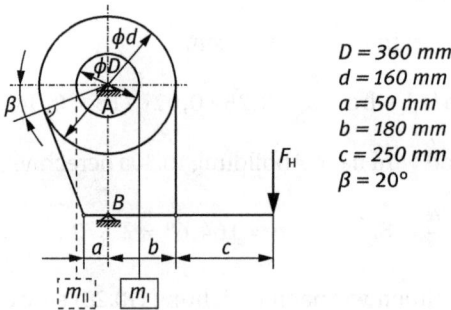

$D = 360\ mm$
$d = 160\ mm$
$a = 50\ mm$
$b = 180\ mm$
$c = 250\ mm$
$\beta = 20°$

Abb. 10.31: Differenzbandbremse

Lösung. Wir schneiden Bremstrommel und Bremshebel für beide Drehrichtungen frei und legen die Last- und Halteseite fest (Abbildung 10.32).

Die Differenzbandbremse hat einen zweiarmigen Bremshebel, an dem die Bandenden auf verschiedenen Seiten des Drehpunktes befestigt sind. Damit wird bei Betätigung der Bremse das rechte Bandende gespannt und das linke entspannt – und das unabhängig von der Drehrichtung der Bremstrommel. Daraus folgt, dass der rechte Hebelarm größer sein muss, als der linke, wenn die Bremse funktionieren soll.

Das Kräfteverhältnis der Seilkräfte im Last- und Leertrum ist unabhängig von der Drehrichtung der Bremse. Es nimmt mit dem Umschlingungswinkels a exponentiell zu.

Der Umschlingungswinkel beträgt nach Abbildung 10.31 $\alpha = 180° + \beta = 200° = 3{,}491$.

Mit $\mu = 0{,}3$ wird $e^{\mu \cdot \alpha} = e^{1{,}047} = 2{,}850$.

---

20 differential ‹lat.›: einen Unterschied darstellend. Differential: Mathematik: Zuwachs einer Funktion bei einer Änderung ihres Arguments; in der Technik auch Kurzwort für Differentialgetriebe (Ausgleichsgetriebe).

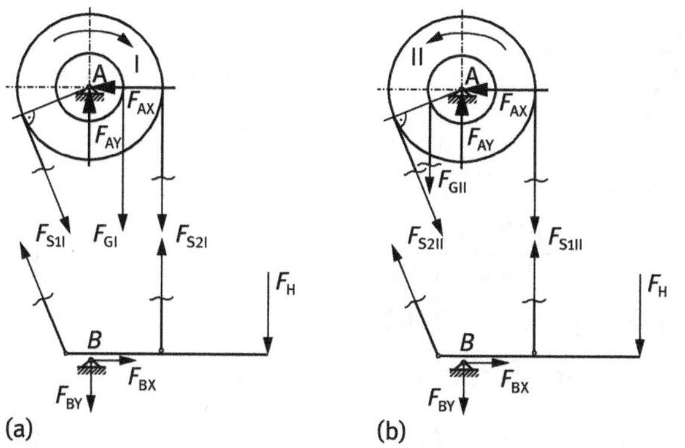

Abb. 10.32: Freigeschnittene Differenzbandbremse; (a) Rechtslauf, (b) Linkslauf

a) Drehrichtung I (Rechtslauf), Abbildung 10.32a

Die Momentengleichung für den Hebel um den Drehpunkt B ergibt

$$\sum M_B = 0: \quad -F_{S1\,I} \cdot \cos\beta \cdot a + F_{S2\,I} \cdot b - F_H(b+c) = 0 . \tag{1}$$

In dieser Gleichung stehen zwei unbekannte Seilkräfte. Mit der Seilreibungsgleichung (10.28) $F_{S1} = F_{S2} \cdot e^{\mu \cdot \alpha}$ in (1) eingesetzt, wird die Zugkraft im ablaufenden Seilende (Halteseite)

$$F_{S2\,I} = \frac{F_H(b+c)}{b - a \cdot \cos\beta \cdot e^{\mu \cdot \alpha}} = 1119\,\text{N} . \tag{2}$$

In dieser Gleichung erkennen wir die Bedingung, dass im Nenner des Bruches $b > a \cdot \cos\beta \cdot e^{\mu \cdot \alpha}$ sein muss, damit dieser nicht Null wird und die Seilkraft F_{S2} theoretisch unendlich große Werte annimmt und die Bremse selbstsperrend wirkt (siehe dazu auch Beispiel 10.7).

Mit Gleichung (10.28) wird die (maximale) Zugkraft im auflaufenden Seilende (Lastseite).

$$F_{S1\,I} = F_{S2\,I} \cdot e^{\mu \cdot \alpha} = 1{,}119\,\text{kN} \cdot 2{,}85 = 3189\,\text{N} .$$

Die Differenz der Seilkräfte ist die wirkende Bremskraft F_{Br}, was auch die Bezeichnung Differenzbremse erklärt:

$$F_{Br\,I} = F_{S1\,I} - F_{S2\,I} = 2070\,\text{N} . \tag{3}$$

Wir stellen die Momentengleichung für die Bremstrommel um den Drehpunkt A auf

$$\sum M_A = 0: \quad F_{S1\,I} \cdot R - F_{S1\,II} \cdot R - F_{GI} \cdot r = F_{Br\,I} \cdot R - F_{GI} \cdot r = 0 . \tag{4}$$

Aus dieser Gleichung berechnen wir die Gewichtskraft, die sich mit konstanter Geschwindigkeit im Rechtslauf der Bremse abwärts bewegt zu

$$F_{GI} = \frac{R}{r} \cdot F_{Br\,I} = \underline{4657\,\text{N}} .$$

Das entspricht einer Masse von $m_1 = 475$ kg.

b) Drehrichtung II (Linkslauf), Abbildung 10.32b

Für den Linkslauf, Drehrichtung II, kehren sich die Last- und Halteseite um. Die Rechnung erfolgt analog zur Drehrichtung I:

$$\sum M_{\mathrm{B}} = 0: \quad -F_{\mathrm{S2\,II}} \cdot \cos\beta \cdot a + F_{\mathrm{S1\,II}} \cdot b - F_{\mathrm{H}}(b + c) = 0 \tag{5}$$

$$F_{\mathrm{S2\,II}} = \frac{F_{\mathrm{H}}(b + c)}{b \cdot e^{\mu \cdot \alpha} - a \cdot \cos\beta} = 111\,\mathrm{N} \tag{6}$$

$$F_{\mathrm{S1\,II}} = F_{\mathrm{S2\,II}} \cdot e^{\mu \cdot \alpha} = 316\,\mathrm{N}$$

$$F_{\mathrm{Br\,II}} = F_{\mathrm{S1\,II}} - F_{\mathrm{S2\,II}} = 205\,\mathrm{N} \tag{7}$$

$$\sum M_{\mathrm{A}} = 0: \quad F_{\mathrm{S2\,II}} \cdot R - F_{\mathrm{S1\,II}} \cdot R - F_{\mathrm{G\,I}} \cdot r = 0 \tag{8}$$

$$F_{\mathrm{G\,II}} = \frac{R}{r} \cdot F_{\mathrm{Br\,II}} = \underline{461\,\mathrm{N}}(m_{\mathrm{II}} = 47\,\mathrm{kg})\,.$$

Es ist offensichtlich, dass diese Bremse nur bei Rechtslauf eine spürbare Bremswirkung erzielt. Dies ist schon an der freigeschnittenen Bremstrommel erkennbar. Im Rechtslauf (Abbildung 10.33a) zieht die Kraft auf der Lastseite als Gegenkraft zur Masse und Haltekraft. Im Linkslauf (Abbildung 10.33b) wirken die kleinere Haltekraft gegen die Masse zusammen mit der Kraft auf der Lastseite. Das kann, da das Verhältnis der Seilkräfte nach Gleichung (10.28) mit $e^{\mu \cdot \alpha}$ konstant ist, nur für deutlich kleinere Seilkräfte ein Gleichgewicht ergeben. Mathematisch zeigt dies auch der Vergleich der Nenner der Brüche, Gleichungen (2) und (6).

Hinweis. Die Bremse kann im Rechtslauf selbstsperrend ausgeführt werden, wenn die Hebellänge a vergrößert wird. Der Nenner in Gleichung (2) wird gleich Null für $a = b/(e^{\mu \cdot \alpha} \cdot \cos\beta) = 67\,\mathrm{mm}$ und die Bremse damit selbstsperrend.

10.4.4 Rollwiderstand

Beim Abrollen eines Rades, einer Walze oder einer Kugel auf einer ebenen oder auch gewölbten Unterlage ist zur Überwindung des Rollwiderstandes eine Kraft erforderlich. Zur Erklärung dieses Widerstandes müssen wir von der Annahme des ideal-starren Körpers abgehen. Da sowohl das Rad als auch die Laufbahn elastisch sind, findet die die Berührung zwischen beiden nicht in einem Punkte oder einer Linie statt, was eine unendlich große Flächenpressung bedeuten würde. Tatsächlich entsteht eine Flächenberührung. Je nach Elastizität und Härte der Körper verformen sich diese mehr oder weniger. Bei einer aufliegenden Walze oder Kugel ist die Verteilung der Kräfte pro Flächeneinheit, der Spannungen symmetrisch; bei der Rollbewegung ist sie unsymmetrisch. Das Rad plattet sich ab, die Unterlage wird unter Wulstbildung an den Rändern eingedrückt. Ein sehr anschauliches Beispiel mit großen Verformungen hierfür ist das Fahren von schweren Landwirtschaftsfahrzeugen auf der Straße oder auch weichem Untergrund, wo beide Effekte gut zu beobachten sind. Beim Kontakt

Metall auf Metall sind diese Verformungen – obwohl vorhanden – im elastischen Bereich mit bloßem Auge nicht zu erkennen.

Beim Abrollen des Rades werden die Wulsthügel vor dem Rad hergeschoben, sodass ein ständiges Kippen um eine Kante K, in der die Stützkraft F_N wirkt, erfolgt (Abbildung 10.33).

Unabhängig von der Verteilung der Spannungen muss aus Gleichgewichtsgründen die Wirkungslinie der Widerstandskraft durch den Mittelpunkt des Rollkörpers hindurchlaufen. Diese schneidet die Grenzfläche im Punkt K. Der Abstand f zwischen Normalbelastung und Gegenkraft wird als *Hebelarm der Rollreibung* bezeichnet.

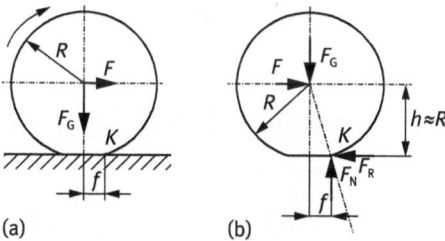

Abb. 10.33: Rollvorgang; (a) Abrollbewegung, (b) Gleichgewicht am Rollkörper

Bei der Fortbewegung des Rollkörpers wird dem rollenden System ständig Energie entzogen, sodass ein Antriebsmoment zur Aufrechterhaltung der Geschwindigkeit erforderlich ist. Bei konstanter Geschwindigkeit sind die Kräfte und Momente im Gleichgewicht. Wir stellen nach Abbildung 10.33b die Gleichgewichtsbedingungen auf:

$$\sum F_x = 0: \quad F = F_R$$

$$\sum F_y = 0: \quad F_N = F_G$$

$$\sum M_K = 0: \quad F_N \cdot f - F \cdot h = 0 \,.$$

Für sehr kleine (elastische) Verformungen setzen wir wegen des geringen Unterschiedes $h = R$. Damit wird für eine waagerechte ebene Rollbahn das *Rollreibungsmoment*

$$M_R = F_G \cdot f = F \cdot R \,. \tag{10.29}$$

Die *Rollkraft* zur Überwindung des Rollwiderstandes ist

$$F = \frac{f}{R} \cdot F_G \,, \tag{10.30}$$

bzw. der *Rollwiderstand*

$$F_R = \frac{f}{R} \cdot F_N = \mu_R \cdot F_N \,. \tag{10.31}$$

Das Verhältnis

$$\mu_R = f/R \tag{10.32}$$

wird *Rollreibungszahl* genannt. Diese Beziehung kann man als Definitionsgleichung für den Hebelarm der Rollreibung deuten.

Eine elastizitätstheoretische Lösung, die Angaben über den Hebelarm liefert, existiert nicht, sodass man auch hier auf Versuche angewiesen ist. Der Hebelarm wird experimentell ermittelt und hängt von der Werkstoffpaarung Rollkörper/Rollbahn[21] ab.

Beispiel 10.12. Bei der experimentellen Ermittlung der Rollreibzahl für die Werkstoffpaarung Stahl auf Stahl setzt sich der zylindrische Prüfkörper (Abbildung 10.34a) von $D = 150$ mm bei einem Neigungswinkel von $\alpha = 0,23°$ in Bewegung.

a) Es sind der Hebelarm der Rollreibung und die Rollreibungszahl zu berechnen.

b) Bei welchem Neigungswinkel würde ein Prüfkörper mit dem Durchmesser $D = 75$ mm zu rollen beginnen?

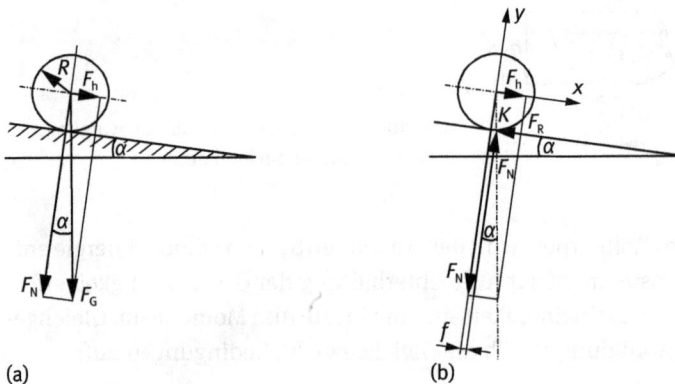

(a)　　　　　　　　　　　　　(b)

Abb. 10.34: Rollversuch auf schiefer Ebene (Neigung stark vergrößert dargestellt); (a) Versuchsanordnung, (b) freigeschnittener Rollkörper

Lösung. a) Wir schneiden den Prüfzylinder frei und lesen aus Abbildung 10.34b

$$F_G = m \cdot g, \qquad F_{Gx} = F_h = m \cdot g \cdot \sin \alpha, \qquad F_{Gy} = F_N = m \cdot g \cdot \cos \alpha$$

ab und stellen die Gleichgewichtsbedingungen im körperfesten Koordinatensystem auf

$$\left. \begin{array}{ll} \sum F_x = 0: & F_R = m \cdot g \cdot \sin \alpha \\ \sum F_y = 0: & F_N = m \cdot g \cdot \cos \alpha \\ \sum M_K = 0: & m \cdot g \cdot \sin \alpha \cdot R = m \cdot g \cdot \cos \alpha \cdot f \end{array} \right\} \quad \Rightarrow \quad \frac{f}{R} = \frac{\sin \alpha}{\cos \alpha} = \tan \alpha$$

---

21 Für viele technische Anwendungen, z. B. Wälzlager, Eisenbahnräder sind Versuchswerte in technischen Tabellenbüchern zu finden; für Wälzlager ausführlich in [31].

Daraus berechnen wir den Hebelarm der Rollreibung

$$f = R_a \cdot \tan \alpha = 75 \, \text{mm} \cdot \tan 0{,}23° = \underline{0{,}3 \, \text{mm}}$$

und nach Gleichung (10.32) die Rollreibungszahl

$$\mu_{Ra} = \frac{f}{R_a} = \frac{0{,}3 \, \text{mm}}{75 \, \text{mm}} = \underline{0{,}004} \, .$$

b)

$$\alpha = \arctan \frac{f}{R_b} = \arctan \frac{0{,}3 \, \text{mm}}{37{,}5 \, \text{mm}} = \underline{0{,}46°} \, .$$

Was aus der Gleichung (10.32) auch ohne Rechnung sofort ersichtlich ist, wird mit dem Rechenergebnis $\mu_{Rb} = f/R_b = 0{,}008 = 2\mu_{Ra}$ mit Zahlen belegt. Die Rollreibungszahl ist umgekehrt proportional zum Radius des Rollkörpers. Das heißt, der Rollwiderstand wird mit zunehmender Größe der Räder proportional kleiner. Die Anwendung dieser Erkenntnis findet man bei den großen Rädern von Landwirtschaftsfahrzeugen oder auch bei den sog. Ballonreifen für Strand- und Spaßfahrzeuge (Buggys).

Um das Gleiten der Räder zu verhindern, muss die Haftungskraft F_{R0} nach Gleichung (10.1) größer sein, als der Rollwiderstand F_R, Gleichung (10.31). Aus $F_R = \mu_R \cdot F_N < F_{R0} = \mu_0 \cdot F_N$ folgt die *Rollbedingung*

$$\frac{f}{R} = \mu_R < \mu_0 \, . \tag{10.33}$$

10.5 Übungen

Aufgabe A10.5.1
Ein Block mit der Masse $m_1 = 55 \, \text{kg}$ liegt auf einer Platte, Masse $m_2 = 30 \, \text{kg}$, die auf einer ebenen Unterlage ruht. Bei welcher, nach Abbildung A10.5.1 am Körper 1 angreifenden, Kraft F wird die Ruhelage aufgehoben, wenn der Reibwert zwischen den Körpern $\mu_{01} = 0{,}2$ und der zwischen dem Körper 2 und der Auflage $\mu_{02} = 0{,}1$ beträgt?

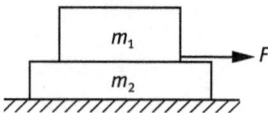

Abb. A10.5.1: Haftproblem   **Abb. A10.5.2:** Scheibenkupplung

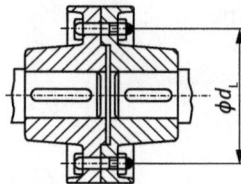

Aufgabe A10.5.2

Die auf Abbildung A10.5.2 dargestellte starre Scheibenkupplung überträgt ein Drehmoment von M_d = 650 Nm. Die beiden Hälften der Kupplung sind durch sechs Schrauben auf dem Lochkreisdurchmesser d_L = 125 mm verbunden. Die Übertragung des Drehmomentes soll nur durch den Reibschluss der Flanschflächen erfolgen (die Schrauben dürfen nicht auf Abscheren beansprucht werden!).

Wie groß muss die Anzugskraft F_V der Schrauben sein, wenn der im Versuch ermittelte Haftwert μ_0 = 0,18 beträgt?

Aufgabe A10.5.3

Die auf Abbildung A10.5.3 dargestellten, auf schiefen Ebenen liegenden, Massen sind reibungsfrei über eine Stufenrolle verbunden. Die Reibungsbedingungen für alle Auflageflächen werden mit μ_0 = 0,16 (St/GE) gleich angenommen.

Für m_1 = 10 kg soll die Masse m_2 jeweils so bestimmt werden, bei der diese mit konstanter Geschwindigkeit abwärts gleitet bzw. aufwärts gezogen wird.

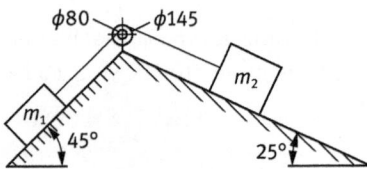

Abb. A10.5.3: Massen-Rolle-System

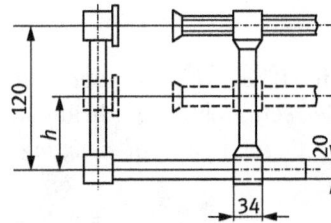

Abb. A10.5.4: Schraubzwinge

Aufgabe A10.5.4

Die im Beispiel 10.5 berechnete Schraubzwinge soll an die Platzverhältnisse einer Montagevorrichtung angepasst werden. Dazu müsste sie auf die Höhe h = 90 mm nach Abbildung A10.5.4 gekürzt werden. Es ist zu überprüfen, ob mit dieser gekürzten Ausführung eine Spannwirkung erreicht werden kann.

Aufgabe A10.5.5

Für das Austreiben des Treibkeiles, Beispiel 10.6, ist analog zum Beispiel die Gleichung zu entwickeln und die erforderliche Kraft F_l zu berechnen. Es wird von einer Anpresskraft des Keiles F_N = 500 N ausgegangen.

Aufgabe A10.5.6

Eine Betriebslast von $F_Q = 2,85$ kN soll in der nach Abbildung A10.5.6 skizzierten Lage gehalten werden. Der Stellkeil (1) und die Lastauflage (2) sind aus Stahl und werden nicht geschmiert; die Auflage- und seitliche Anlagefläche sind aus Gusseisen und werden geschmiert (Reibwerte nach Tabelle 10.1).

Wie groß muss bei Vernachlässigung der Massen der Keile die Kraft F_e am Stellkeil mindestens sein, wenn der Neigungswinkel der Keile $\alpha = 7°$ beträgt?

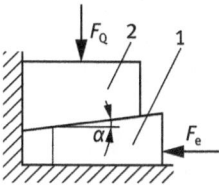

Abb. A10.5.6: Stellkeil   **Abb. A10.5.7:** Aufzug mit Riementrieb

Aufgabe A10.5.7

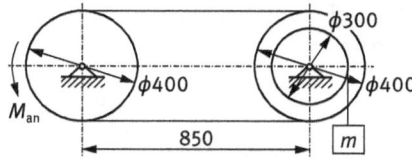

Für den Lastaufzug mit Riementrieb, Abbildung A10.5.7, sind für ein Antriebsmoment von $M_{an} = 105$ Nm die erforderliche Vorspannkraft F_V zur Übertragung des Drehmomentes bei einem Haftwert $\mu_0 = 0,35$ sowie die Höchstlast F_G, die der Aufzug befördern kann, zu berechnen.

Aufgabe A10.5.8

Die auf Abbildung A10.5.8 dargestellte Prinzipskizze einer Schienenfahrzeugbremse wird durch einen Druckkolben, Durchmesser $d = 140$ mm, der durch einen Öldruck von $p = 1,4$ MPa beaufschlagt wird, betätigt. Für einen Reibwert von $\mu = 0,25$ sind die Reibkräfte an den Bremsbacken zu berechnen.

Ist die Drehrichtung von Einfluss?

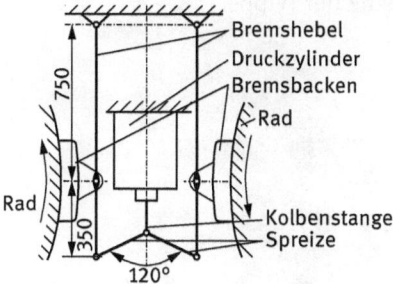

Abb. A10.5.8: Schienenfahrzeugbremse   **Abb. A10.5.9:** Trommelbremse

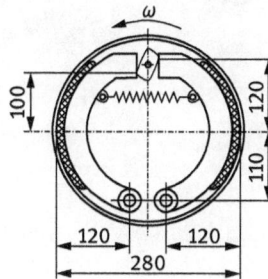

Aufgabe A10.5.9

Für die auf Abbildung A10.5.9 dargestellte Innenbacken-Trommelbremse ist das Bremsmoment für eine durch den Nocken ausgeübte Kraft von $F = 2500\,\text{N}$ bei einem Reibwert von $\mu = 0,35$ zu berechnen. Die Wirkung der Rückholfeder soll dabei vernachlässigt werden.

Aufgabe A10.5.10

Der auf Abbildung A10.5.10 dargestellte Antrieb zeigt ein Reibradgetriebe, bei dem die Reibscheibe des Elektromotors mittels einer Druckfeder über eine sog. Wippe gegen das Rad der Gegenradwelle zur Erzeugung der Anpresskraft gedrückt wird.

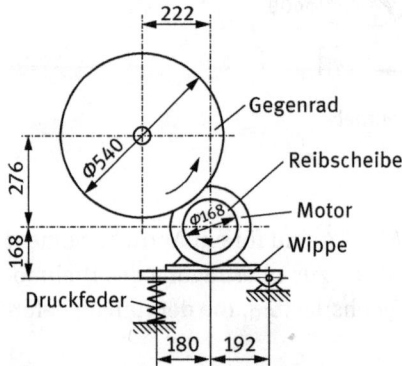

Abb. A10.5.10: Reibradgetriebe

Die Masse von Motor und Wippe beträgt $m = 60\,\text{kg}$ und wird als Einzellast in der Drehachse der Motorwelle angenommen. Die Reibscheibe soll ein Drehmoment von $M_\text{d} = 12,5\,\text{Nm}$ bei einem Reibwert von $\mu_0 = 0,2$ übertragen. Es sind zu berechnen:
a) die erforderliche Reibkraft F_R am Scheibenumfang
b) die Normalkraft F_N an der Kontaktstelle zwischen Reibscheibe und Gegenrad
c) die erforderliche Spannkraft F_F der Druckfeder.
d) Betrag und Richtung der Lagerkraft F_L im Gelenk der Wippe.

11 Das Prinzip der virtuellen Arbeit in der Statik

11.1 Vorbemerkung

Zur Klärung, ob sich ein System im Gleichgewicht befindet, gibt es in der Mechanik zwei Kriterien:
- Untersuchung, ob sich alle einwirkenden Kräfte und Momente in ihrer Wirkung gegenseitig aufheben.
- Anwendung eines Arbeitsprinzips mit Betrachtung der Arbeit, die Kräfte und Momente bei einer gedachten Änderung des Systems leisten würden. Aus dem Verschwinden dieser Arbeit kann auf das Gleichgewicht geschlossen werden.

Die erste Methode haben wir in den zehn Kapiteln dieses Lehrbuches mit den Gleichgewichtsbedingungen angewendet. Diese sehr anschauliche, einfach zu handhabende Methode ist an die Bedingungen geknüpft, dass alle Kräfte – die eingeprägten Kräfte, Reaktions- und Zwangskräfte sowie innere Kräfte – zu berücksichtigen sind und dass die Körper starr angenommen werden können.

Bei der zweiten Methode müssen Reaktions- und Zwangskräfte, weil leistungslos, nicht berücksichtigt werden. Die Anwendung ist nicht auf starre Körper beschränkt.

Das Arbeitsprinzip ist das allgemeinste, notwendige und hinreichende Gleichgewichtsprinzip der Statik.

Über die Anwendung in der Statik hinaus ist das Arbeitsprinzip Grundlage für Lösungen in der Festigkeitslehre und der Kinetik.

11.2 Arbeitssatz der Mechanik

Der mit den Grundlagen der Physik vertraute Leser wird mit dem Arbeitsbegriff mindestens die Merkregel „Kraft mal Weg" verbinden. Da sowohl der Weg als auch die Kraft Vektorcharakter haben, muss die präzise Formulierung „Skalarprodukt von Kraftvektor mal Wegvektor" heißen. Zur Berechnung z. B. der Federarbeit ist zu berücksichtigen, dass der Kraftvektor vom Federweg abhängt und somit nur für ein infinitesimales Wegstück als konstant angesehen werden kann. Somit erhalten wir also dort als Skalarprodukt des Kraftvektors mit einem Inkrement[1] des Verschiebungsvektors ein Arbeitsinkrement und aus der Summierung (Integration) aller Arbeitsinkremente die geleistete Arbeit.

Zur Bestimmung dieser Arbeit bringen wir die Last F schrittweise auf, bis die Endlast F_0 mit der Verlängerung s gemäß Abbildung 11.1a erreicht ist. Dabei durchläuft der

---

[1] Inkrement ‹lat.›: Zuwachs.

https://doi.org/10.1515/9783110425031-011

Körper eine Reihe von Gleichgewichtsfällen, wobei die inneren Kräfte den äußeren stets das Gleichgewicht halten. Für sehr kleine, elastische Verformungen kann von einem linearen Zusammenhang ausgegangen werden. Die schraffierte Fläche unter der Kurve auf Abbildung 11.1b ist ein Maß für die verrichtete Arbeit mit Erreichen der statischen Endlast F_0.

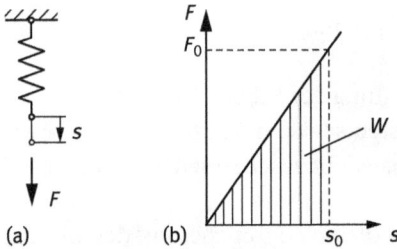

Abb. 11.1: Arbeit bei linearer Kraft-Verschiebungs-Beziehung; (a) Belastung, (b) Kraft-Weg-Diagramm

Werden die Lasten quasistatisch aufgebracht, so dass sie sich langsam von Null auf ihren Endwert steigern, können wir davon ausgehen, dass die inneren Kräfte (Spannungen) den äußeren Kräften (Belastungen) das Gleichgewicht halten.

Die Formänderungen rufen Spannungen im Körper hervor, sodass sich innere und äußere Kräfte längs eines Weges verschieben und dabei Arbeit leisten.

Bei einem elastischen Körper wird dabei die gesamte äußere Arbeit W in reversible[2] *Formänderungsarbeit* umgesetzt und im Körper als *Formänderungsenergie U* (potentielle Energie) gespeichert. Somit ist die Arbeit der äußeren Kräfte der der inneren Kräfte äquivalent

$$W = U \, . \tag{11.1}$$

Diese Gleichung wird allgemein als der *Arbeitssatz der Mechanik*[3] bezeichnet. In der linearen Theorie[4], die Gegenstand der Betrachtungen sein soll, gilt:

- Die Verformungen sind so klein, dass lineare Zusammenhänge zwischen den Verschiebungen und Verdrehungen zugrunde gelegt werden können (*geometrische Linearität*) und somit alle Belastungen am unverformten Bauteil angesetzt werden können.

- Es wird ideal-elastisches Verhalten vorausgesetzt; d. h. die Verrückungen sind den Belastungen proportional (*physikalische Linearität*).

- Die Vorgänge verlaufen so langsam, dass Änderungen der kinetischen Energie keinen Einfluss haben und somit vernachlässigt werden können (*quasistatische Verformungsvorgänge*).

---

2 reversibel ‹lat.›: umkehrbar
3 treffender: Arbeitssatz der Elastostatik
4 Theorie I. Ordnung: Formulierung der Gleichgewichtsbedingungen am *unverformten* System.

Unter diesen Voraussetzungen ist der Zusammenhang zwischen der Kraft F und der Verschiebung s ebenfalls linear. Aus Abbildung 11.1b erkennen wir den Zusammenhang

$$W = \int_0^{s_0} F(s) \cdot ds = \frac{1}{2}F_0 \cdot s_0 = \frac{1}{2}F \cdot s \tag{11.2a}$$

bzw. für die Verdrehung

$$W = \frac{1}{2}M \cdot \varphi . \tag{11.2b}$$

11.3 Die virtuelle Arbeit

Wie oben beschrieben, erhalten wir die real geleistete Arbeit unter Anwendung der Regel Belastung mal Verrückung[5] für kleine Verschiebungsinkremente mit anschließender Integration der Arbeitsinkremente.

Bei der *virtuellen*[6] *Arbeit* wird ein beliebiger Verrückungszustand mit einem davon unabhängigen Belastungszustand verknüpft. Dabei stehen die beiden Größen *nicht* in ursächlichem Zusammenhang, sondern stellen lediglich kartesische Koordinaten in einem Punkt dar. Der virtuelle Arbeitsbegriff ist damit zweifellos allgemeiner, als der reale. Der Begriff „virtuell" – weil die Verrückung tatsächlich nicht einzutreten braucht – wurde in diesem Zusammenhang erstmals 1717 von JOHANN BERNOULLI – ursprünglich für die Punktmechanik formuliert – gebraucht.

Das *Prinzip der virtuellen Arbeit* (PVA) gehört zu den grundlegenden Axiomen der Mechanik. Es besagt, dass Gleichgewicht herrscht, wenn bei einer virtuellen Verrückung die virtuelle Arbeit der Belastungen δW gleich der virtuellen Änderung der im System gespeicherten virtuellen Formänderungsenergie δU ist

$$\delta W = \delta U . \tag{11.3}$$

Dieses allgemeine Prinzip wollen wir auf das Gleichgewicht starrer Körper anwenden. Zum Verständnis betrachten wir einen freien materiellen Punkt, der sich unter der Wirkung zentraler Kräfte im Gleichgewicht befindet. Nach Gleichung (3.13) gilt $\sum_{i=1}^{n} \vec{F}_i = 0$.

Wir verschieben gedanklich (virtuelle Verschiebung) den materiellen Punkt um einen beliebigen differentiell kleinen Weg $\delta \vec{r}$.

Die *virtuelle Verschiebung* ist eine *gedachte, zeitlose, (differentiell) kleine, mit allen Bindungen des Systems verträgliche* und im Rahmen dieser Einschränkungen beliebige

---

5 Der Begriff der Verrückung umfasst die Begriffe Verschiebung (durch Kräfte) und Verdrehung (durch Momente). Häufig wird im „Ingenieurjargon" auch dann von Verschiebung gesprochen, wenn sowohl Verschiebung als auch Verdrehung, also Verrückung gemeint ist.

6 virtuell ‹lat.›: scheinbar, nur gedacht, der Möglichkeit nach vorhanden

Bewegung. Sie ist *nicht* als Folge der am System angreifenden Kräfte $\vec{F}_i$ zu betrachten. Diese werden bei der virtuellen Verschiebung $\delta\vec{r}$ ohne Änderung von Größe und Richtung mit verschoben.

Da virtuelle Verschiebungen nicht als Differentiale von Funktionen zu deuten sind, werden sie auch nicht mit dem Differentialsymbol d, sondern mit dem Variationssymbol δ[7] bezeichnet.

Multiplizieren wir die Verschiebung skalar mit der Gleichgewichtsbedingung (3.13), erhalten wir einen Arbeitsausdruck. Das ist die virtuelle Arbeit der äußeren Kräfte δW, die die infinitesimale Arbeit der *wirklichen* Kräfte bei der *gedachten* Verschiebung beschreibt.

Für die Aufrechterhaltung des Gleichgewichtszustandes muss auch diese Arbeit null sein:

$$\delta W = \sum_i \vec{F}_i \cdot \delta\vec{r} = 0 . \tag{11.4}$$

Für einen freien Massepunkt im Gleichgewicht ist also bei einer beliebigen virtuellen Verschiebung die gesamte virtuelle Arbeit gleich Null. Bei der Umkehrung dieser Aussage ist allerdings zu beachten, dass bei Verschwinden der virtuellen Arbeit *alle* möglichen unabhängigen virtuellen Verschiebungen untersucht werden müssen, um auf Gleichgewicht schließen zu können!

Das Prinzip der virtuellen Arbeit ist ein unabhängiges Naturgesetz, welches nicht aus den bekannten Gleichgewichtsbedingungen hergeleitet werden kann. Es ergeben sich jedoch keine Widersprüche zu den Aussagen, die aus den Gleichgewichtsbedingungen hervorgehen.

Den Sonderfall dieses Prinzips stellt die Statik starrer Körper dar. Weil starre Körper keine Formänderungsenergie speichern können ($U \equiv 0 \Rightarrow \delta U = 0$), wird nach Gleichung (11.3) $\delta W = 0$. Dieser Sonderfall lässt sich allerdings aus den Gleichgewichtsbedingungen und dem Wechselwirkungsaxiom *actio est reactio* mathematisch herleiten.

Die Gesetzmäßigkeiten für die virtuelle Arbeit, anhand der Kräfte und Verschiebungen dargestellt, gelten in gleicher Weise für virtuelle Drehungen. Deren virtuelle Arbeit ergibt sich als Produkt aus Moment mal virtuellem Winkelweg

$$\delta W = \sum_j \vec{M}_j \cdot \delta\vec{\varphi} = 0 , \tag{11.5}$$

sodass wir zusammenfassend schreiben können

$$\delta W = \sum_i \vec{F}_i \cdot \delta\vec{r} + \sum_j \vec{M}_j \cdot \delta\vec{\varphi} = 0 . \tag{11.6}$$

---

[7] Mathematisch hat das aus der Variationsrechnung entlehnte δ-Symbol die gleiche Bedeutung wie die übliche Differentialbezeichnung mit d.

In diesem Sinne halten wir fest:

Bei einem im Gleichgewicht stehenden mechanischen System ist die Summe aller virtuellen Arbeiten immer gleich Null.

Dieses Gesetz für die Statik starrer Körper wird als *Prinzip der virtuellen Verrückung in elementarer Formulierung* z. T. auch kürzer als *Arbeitssatz der Statik*[8] bezeichnet. Die Bezeichnungen hierzu werden in der Literatur und im Gebrauch nicht einheitlich gehandhabt.

Selbstverständlich lässt sich die virtuelle Arbeit auch als tatsächlicher Verrückungszustand mit einem davon unabhängigen virtuellen Belastungszustand zu

$$\delta W^* = \sum_i \vec{r}_i \cdot \delta \vec{F} + \sum_j \vec{\varphi}_j \cdot \delta \vec{M} = 0 \tag{11.7}$$

mit W^* als so genannter *komplementärer Arbeit* oder *Ergänzungsarbeit* beschreiben (siehe Abbildung 11.2). Zu beachten ist dabei, dass die virtuelle Arbeit das Produkt aus „voller", also bereits vorhandener virtueller Kraft und der korrespondierenden realen Verschiebung darstellt.

Im Gegensatz dazu wird für die reale Arbeit zugrunde gelegt, dass die Belastung von null auf den Endwert langsam vergrößert wird. Deshalb ist die reale Arbeit $W = 1/2 F \cdot s$ die Hälfte der virtuellen Arbeit $\delta W = F \cdot \delta s$ bzw. $\delta W^* = s \cdot \delta F$ (vgl. dazu Abbildung 11.1b).

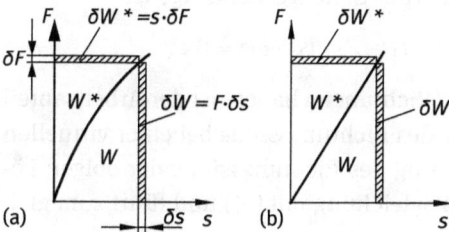

Abb. 11.2: Arbeit und Ergänzungsarbeit; (a) allgemein, (b) linear elastisch

In gleicher Weise, wie sich mit dem Prinzip der virtuellen Verrückung (PVV) Kräfte und Momente berechnen lassen, können wir mit dem *Prinzip der virtuellen Kräfte* (PVK), bei dem zur Bildung der virtuellen Arbeit der tatsächliche Verrückungszustand und ein virtueller Belastungszustand nach Gleichung (11.7) zugrunde gelegt werden, die Verformungen berechnen. Dies wird in der Festigkeitslehre sowie auch zur Berechnung statisch überbestimmter Systeme genutzt (siehe dazu vom Autor [36]).

---

[8] Diese Bezeichnung ist problematisch, weil sie zu Verwechselung mit Gleichung (11.1), dem Arbeitssatz des Elastostatik, meist als Arbeitssatz der Mechanik bezeichnet, führen kann.

11.4 Anwendungsbeispiele

Beispiel 11.1. Für den auf Abbildung 11.3 dargestellten, im Punkt A drehbar gelagerten Winkelhebel soll die Gleichgewichtsbedingung für die beiden Kräfte F_1 und F_2 mit dem Arbeitsprinzip aufgestellt werden.

Lösung. Der Winkelhebel besitzt mit der Drehung um das Gelenk einen Freiheitsgrad. Damit ist die einzige mögliche virtuelle Verrückung eine Drehung $\delta\varphi$ um das feste Gelenk A.

Die Verschiebungen der Kraftangriffspunkte können wir in Abhängigkeit vom Drehwinkel φ angeben:

$$\delta s_1 = l_1 \cdot \delta\varphi, \quad \delta s_2 = l_2 \cdot \delta\varphi .$$

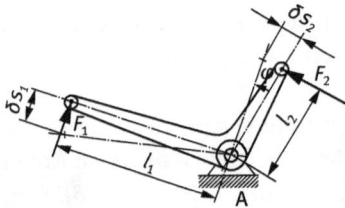

Abb. 11.3: Gleichgewicht am Winkelhebel.

Bei einer virtuellen Verdrehung des Hebels aus der Gleichgewichtslage ist

$$\delta W = F_1 \cdot \delta s_1 - F_2 \cdot \delta s_2 = (F_1 \cdot l_1 - F_2 \cdot l_2) \cdot \delta\varphi = 0 .$$

Da die Vektoren $\vec{F}_2$ und $\delta\vec{s}_2$ entgegengesetzte Richtungen haben, ist der Arbeitsanteil von $\vec{F}_2$ negativ. Prinzipiell ist die Festlegung des Richtungssinns bei einer virtuellen Verrückung beliebig zu wählen. Die Umkehrung des Richtungssinns der obigen Lösung entspricht der Multiplikation der Arbeitsgleichung mit (−1) und führt zum gleichen Ergebnis.

Trotz der nur infinitesimalen Größe ist die Verdrehung $\delta\varphi \neq 0$, sodass der Klammerausdruck verschwinden muss, wenn das Produkt Null sein soll. Für beliebige $\delta\varphi$ gilt somit

$$F_1 \cdot l_1 = F_2 \cdot l_2 .$$

Das ist das von ARCHIMEDES aufgestellte Hebelgesetz.

Obwohl leicht zu ermitteln, braucht die Auflagerkraft im Gelenk nicht bekannt zu sein, da sie bei der virtuellen Verrückung keine Arbeit leistet. Die mit dem Arbeitssatz der Statik gefundene Lösungsgleichung ist natürlich ohne obige Rechnung leicht aus der Anschauung zu formulieren. Mit diesem Beispiel soll das prinzipielle Vorgehen anhand eines überschaubaren Problems mit bekannter Lösung demonstriert werden.

Für einen einzelnen materiellen Punkt oder Starrkörper bietet das Prinzip der virtuellen Arbeit – wie oben gezeigt – keine Vorteile. Die Bedeutung des Prinzips liegt in der Anwendung auf gebundene starre Körpersysteme. Durch nichtverformbare Bindungen der Systeme wird die Zahl der Freiheitsgrade eingeschränkt, sodass die möglichen virtuellen Verschiebungen nicht mehr voneinander unabhängig sind. Ihre Anzahl entspricht der Anzahl der Systemfreiheitsgrade. Es gilt das Grundpostulat:

Die virtuelle Arbeit der Zwangskräfte (innere Kräfte durch die Bindung; Gelenkkräfte) ist gleich Null.

Damit verschwindet auch im Gleichgewichtsfall die virtuelle Arbeit der äußeren Kräfte für alle mit dem System verträglichen virtuellen Verschiebungen. Das heißt, dass die innerhalb des Systems starrer Körper auftretenden Bindungsgrößen (Auflager- und Stützreaktionen, Anschlusskräfte, Gelenkkräfte) vorab nicht bekannt sein müssen; ihre virtuelle Arbeit ist bei einer verträglichen virtuellen Verschiebung gleich Null. Die oft aufwendige Ermittlung der Zwangskräfte ist somit nicht erforderlich. Durch geschickte Wahl der virtuellen Verrückungen lässt sich häufig die Anzahl der Unbekannten in einer Gleichung reduzieren. Dafür muss man u. U. komplizierte kinematische Bedingungen aufstellen.

Beispiel 11.2. Für den auf Abbildung 11.4a durch F_G belasteten Scherenwagenheber ist die zum Halten des Gleichgewichtes benötigte Schraubenkraft F_A zu bestimmen.

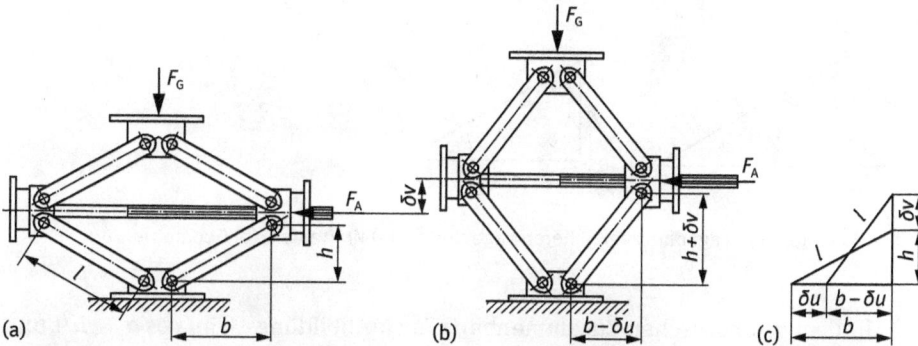

Abb. 11.4: Scherenwagenheber; (a) Belastungsskizze, (b) virtuelle Verschiebung, (c) Zwangsbedingung

Lösung. Wir verschieben den Angriffspunkt der Kraft F_A in Kraftrichtung um den virtuellen Betrag δu. Bei der virtuellen Verschiebung aus der Gleichgewichtslage gilt mit Gleichung (11.4)

$$\delta W = F_G \cdot \delta v - F_A \cdot \delta u = 0 \quad \Rightarrow \quad F_A = F_G \cdot \frac{\delta v}{\delta u}. \tag{1}$$

Der geometrische Zusammenhang der Verschiebungen (kinematische Zwangsbedingung) folgt aus der Bedingung, dass die Stablänge l konstant ist. Mit dem Satz des PYTHAGORAS nach Abbildung 11.4c gilt

$$l^2 = b^2 + h^2 = (b - \delta u)^2 + (h + \delta v)^2 ,$$

$$b^2 + h^2 = b^2 - 2 \cdot b \cdot \delta u + \delta u^2 + h^2 + 2 \cdot h \cdot \delta v + \delta v^2 ,$$

$$b \cdot \delta u + \delta u^2 = h \cdot \delta v + \delta v^2 .$$

Mit der Vernachlässigung der Größen zweiter Ordnung für kleine virtuelle Verschiebungen folgt

$$\frac{\delta v}{\delta u} = \frac{b}{h} . \tag{2}$$

(2) in (1) eingesetzt ergibt die Schraubenkraft

$$F_A = F_G \cdot \frac{b}{h} .$$

Die Kontrolle der Lösung wird nachfolgend mit den Gleichgewichtsbedingungen geführt:

An den Kraftangriffspunkten von F_G und F_A liegt jeweils ein zentrales Kräftesystem vor. Die beiden Kraftecke zeigt Abbildung 11.5a.

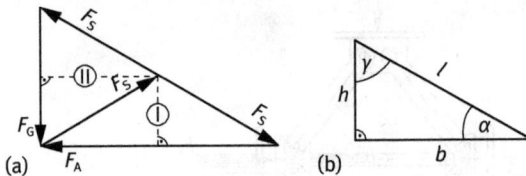

Abb. 11.5: Kräfte- und Lageplan zum Scherenwagenheber; (a) Kräfteplan, (b) Geometrie

Mit dem geometrischen Zusammenhang nach Abbildung 11.5b, $\cos \alpha = b/l$ und $\cos \gamma = h/l$,

folgt aus dem Krafteck I: $\quad F_A = 2 \cdot F_S \cdot \cos \alpha = F_S \cdot \dfrac{2 \cdot b}{l} \tag{3}$

und aus dem Krafteck II $\quad F_S = \dfrac{F_G}{2 \cdot \cos \gamma} = F_G \cdot \dfrac{l}{2 \cdot h} . \tag{4}$

(4) in (3) eingesetzt: $\quad F_A = F_G \cdot \dfrac{l}{2 \cdot h} \cdot \dfrac{2 \cdot b}{l} = F_G \cdot \dfrac{b}{h} \quad$ bestätigt die obige Lösung.

Beispiel 11.3. Auf Abbildung 11.6 ist der zentrischen Kurbeltrieb eines Einzylindermotors dargestellt. Es soll der Zusammenhang zwischen dem Antriebsdrehmoment und der Kolbenkraft untersucht werden.

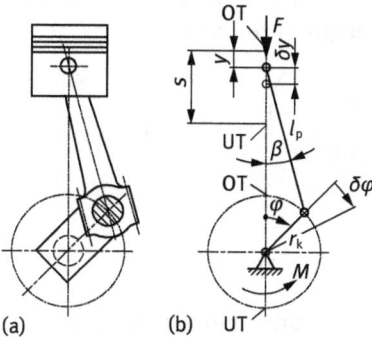

Abb. 11.6: Zentrischer Schubkurbeltrieb; (a) Triebwerk, (b) virtuelle Verrückung

Lösung. Aus dem Triebwerkschema, Abbildung 11.6b erkennen wir die Kolbenkraft F und das Drehmoment M an der Kurbelwelle, die sich als eingeprägte Belastungsgrößen im Gleichgewicht befinden.

Das System hat einen Freiheitsgrad, den Kurbelwinkel φ. Die virtuellen Verrückungen sind mit δy des Kolbens und $\delta\varphi$ der Kurbel in der Abbildung eingetragen.

Zur Problembeschreibung ist zunächst der geometrische Zusammenhang zwischen den virtuellen Verrückungen herzustellen.

Dabei ist das Pleuelstangenverhältnis (oder auch Schubstangenverhältnis) λ aus Kurbelradius $r_K = s/2$ und Pleuellänge l_P

$$\lambda = \frac{r_K}{l_P} \tag{11.8}$$

für die Abmessungen der Kolbenmaschine und Laufruhe des Motors von besonderer Bedeutung. Der Hubweg (Kolbenweg), vom oberen Totpunkt OT aus gezählt, beträgt mit den Winkeln φ = Kurbelwinkel, β = Pleuelschwenkwinkel (Abbildung 11.6b)

$$y = r_K + l_P - r_K \cdot \cos\varphi - l_P \cdot \cos\beta = r_K(1 - \cos\varphi) + l_P(1 - \cos\beta).$$

Um die Abhängigkeit von zwei Winkeln „loszuwerden" benutzen wir für das Pleuelstangenverhältnis den Sinussatz

$$\lambda = \frac{r_K}{l_P} = \frac{\sin\beta}{\sin\varphi} \quad \Rightarrow \quad \sin\beta = \lambda \cdot \sin\varphi.$$

Mit dem Additionstheorem für

$$\cos\beta = \sqrt{1 - \sin^2\beta} = \sqrt{1 - \lambda^2 \cdot \sin^2\varphi}$$

wird die Kolbenweggleichung

$$y = r_K \cdot \left(1 - \cos\varphi + \frac{1}{\lambda} \cdot \sqrt{1 - \lambda^2 \cdot \sin^2\varphi} \right). \tag{11.9}$$

Diesen Ausdruck differenzieren wir, um den Zusammenhang zwischen den virtuellen Verrückungen δy und $\delta\varphi$ (kinematische Zwangsbedingung) zu erhalten

$$\delta y = r_K \cdot \sin\varphi \left(1 + \lambda \cdot \frac{\cos\varphi}{\sqrt{1 - \lambda^2 \cdot \sin^2\varphi}} \right) \delta\varphi.$$

Mit Gleichung (11.6):

$$\delta W = F \cdot \delta y - M \cdot \delta\varphi = 0 \quad \Rightarrow \quad M = F \cdot \delta y / \delta\varphi$$

erhalten wir den für die Maschinendynamik wichtigen Zusammenhang zwischen dem Antriebsdrehmoment und der Kolbenkraft (Unförmigkeitsgrad) für Kolbenmotoren (siehe dazu auch [37].

$$M = F \cdot r_K \cdot \sin\varphi \left(1 + \lambda \cdot \frac{\cos\varphi}{\sqrt{1 - \lambda^2 \cdot \sin^2\varphi}} \right). \tag{11.10}$$

Beispiel 11.4. Für den auf Abbildung 11.7 dargestellten GERBER-Träger, der durch die Einzellast F und die Linienlast q belastet ist, sind die Auflagerkräfte mit dem Prinzip der virtuellen Verschiebung zu berechnen

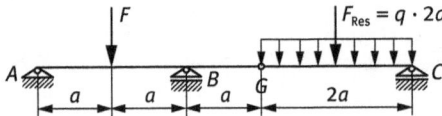

Abb. 11.7: GERBER-Träger

Lösung. Bei dieser Aufgabe handelt es sich um ein durch Lager gebundenes, nicht bewegliches System. Wird die Bewegung des Systems durch Lagerungen verhindert, sind auch keine virtuellen Verschiebungen möglich, da diese mit den geometrischen Bindungen verträglich sein müssen. Zur Anwendung des Prinzips der virtuellen Arbeit auch auf gebundene Systeme wenden wir das LAGRANGE*sche Befreiungsprinzip*[9] an:

Damit eine virtuelle Verschiebung möglich wird, wird das System durch gedankliche Entfernung einer Bindung beweglich gemacht. Die Gelenkkraft wird so zur äußeren Kraft. Die nicht befreiten Reaktionskräfte fallen – da sie keine Arbeit leisten – bei der Berechnung nicht an.

---

9 JOSEPH-LOUIS COMTE DE LAGRANGE, 1736–1813, italienischer Mathematiker und Astronom

Um die virtuelle Verschiebung aus der Arbeitsgleichung eliminieren zu können, muss die virtuelle Arbeit in Abhängigkeit von nur *einer* virtuellen Verschiebung ausgedrückt werden. Das bedeutet, dass wir nacheinander drei Bindungen lösen müssen, um aus drei Gleichungen die jeweiligen Auflagerkräfte zu berechnen (siehe Abbildung 11.8). Damit wird der Aufwand größer, als für die elementare Lösung über die Gleichgewichtsbedingungen.

Wir stellen die Gleichungen der Auflagerkräfte auf:

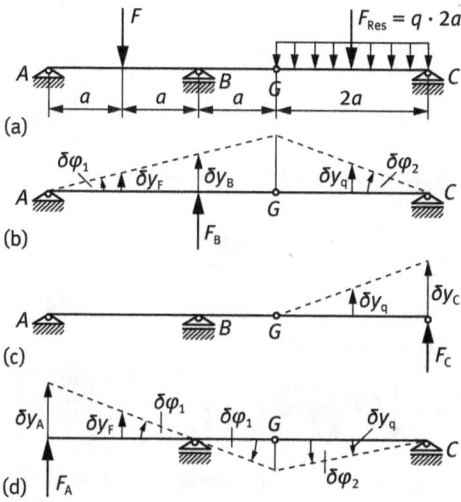

Abb. 11.8: Virtuelle Verrückungen; (a) Belastungsschema, (b) Auflagerkraft F_B, (c) Auflagerkraft F_C, (d) Auflagerkraft F_A

Lager B (Abbildung 11.8b):

Nach Entfernen des Auflagers B besitzt das System einen Freiheitsgrad und wir schreiben für die virtuellen Verschiebungen der Kraftangriffspunkte in Abhängigkeit vom Drehwinkel

$$\delta y_F = -a \cdot \delta\varphi_1 , \quad \delta y_B = 2a \cdot \delta\varphi_1 , \quad \delta y_q = -a \cdot \delta\varphi_2 .$$

Der Zusammenhang der beiden Drehwinkel wird mit dem Strahlensatz formuliert

$$\frac{\delta\varphi_1}{\delta\varphi_2} = \frac{2a}{3a} \quad \Rightarrow \quad \delta\varphi_2 = \frac{3}{2}\delta\varphi_1 .$$

Bei der virtuellen Verschiebung aus der Gleichgewichtslage gilt mit Gleichung (11.4)

$$\delta W = -F \cdot a \cdot \delta\varphi_1 + F_B \cdot 2a \cdot \delta\varphi_1 - q \cdot 2a \cdot a \cdot \frac{3}{2}\delta\varphi_1 = 0 ,$$

$$\delta W = (2F_B - F - 3q \cdot a)\delta\varphi_1 = 0 .$$

Für $\delta\varphi_1 \neq 0$ muss der Klammerausdruck null werden, somit wird

$$\underline{\underline{F_B = \frac{1}{2}F + \frac{3}{2}q \cdot a .}}$$

Lager C (Abbildung 11.8c):

virtuelle Verschiebungen der Kraftangriffspunkte: $\delta y_q = -a \cdot \delta\varphi$, $\quad \delta y_C = 2a \cdot \delta\varphi$

virtuelle Arbeit nach Gleichung (11.4): $\qquad\qquad \delta W = (2F_C - 2q \cdot a)\delta\varphi = 0$

Auflagerkraft: $\qquad\qquad\qquad\qquad\qquad\qquad F_C = q \cdot a$,

was – wie auch $F_C = F_G$ – das „geübte Auge" nach gedachtem Schnitt durch das Gelenk ohne Rechnung erkennt.

Lager A (Abbildung 11.8d):

virtuelle Verschiebungen der Kraftangriffspunkte: $\delta y_F = -a \cdot \delta\varphi_1$, $\quad \delta y_q = a \cdot \delta\varphi_2$

kinematische Zwangsbedingung mit dem Strahlensatz: $\dfrac{\delta\varphi_1}{\delta\varphi_2} = \dfrac{2a}{a} \Rightarrow \delta\varphi_2 = \dfrac{1}{2}\delta\varphi_1$.

virtuelle Arbeit nach Gleichung (11.4): $\qquad\qquad \delta W = (2F_A - F + q \cdot a)\delta\varphi_1 = 0$

Auflagerkraft: $\qquad\qquad\qquad\qquad\qquad\qquad F_A = \dfrac{1}{2}F - \dfrac{1}{2}q \cdot a$.

Die Kontrolle mit der Gleichgewichtsbedingung für die senkrechten Kräfte geführt, bestätigt die Ergebnisse:

$$\uparrow:\quad F_A + F_B + F_C - F - q \cdot 2a = \frac{1}{2}F - \frac{1}{2}q \cdot a + \frac{1}{2}F + \frac{3}{2}q \cdot a + q \cdot a - F - 2q \cdot a = 0.$$

Beispiel 11.5. Für das bereits im Beispiel 7.4 berechnete Fachwerk (siehe Abbildung 11.9a), soll der Fachwerkstab S_{11} nach dem Arbeitsprinzip berechnet werden.

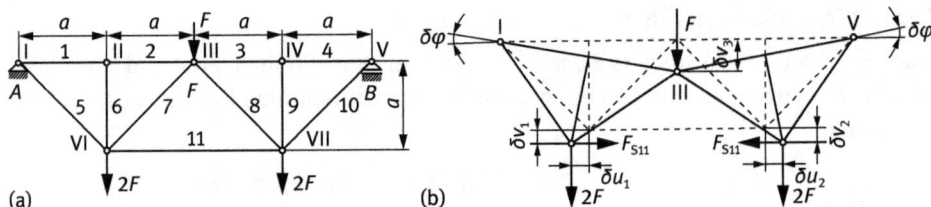

Abb. 11.9: Stabberechnung am Fachwerk; (a) belastetes Fachwerk, (b) virtuelle Verrückungen

Lösung. Wie beim obigen Beispiel wenden wir das Lagrangesche Befreiungsprinzip an. Durch Entfernen des Stabes S_{11} wird das starre Fachwerk beweglich. Es entstehen zwei starre Scheiben, die durch den Knoten III gelenkig verbunden sind und um die Knoten I und V (Auflager A und B) virtuelle Verdrehungen ausführen können (Abbildung 11.9b). Die Stabkraft F_{S11} wird damit zur äußeren Belastung und wird als Zugkraft an den befreiten Knoten VI und VII angetragen.

Die horizontalen und vertikalen Verschiebungen drücken wir danach durch den Drehwinkel φ wie folgt aus:

$$\delta u_1 = \delta u_2 = a \cdot \delta\varphi, \qquad \delta v_1 = \delta v_2 = a \cdot \delta\varphi, \qquad \delta v_3 = 2a \cdot \delta\varphi.$$

Bei der virtuellen Verschiebung wird mit Gleichung (11.4)

$$\delta W = 2F \cdot \delta v_1 + 2F \cdot \delta v_2 + F \cdot \delta v_3 - F_{S11} \cdot (\delta u_1 + \delta u_2) = 0$$
$$\delta W = (2F \cdot a + 2F \cdot a + F \cdot 2a) \cdot \delta\varphi - F_{S11}(a + a) \cdot \delta\varphi = 0$$

und mit $\delta\varphi \neq 0$ wird daraus (vgl. Beispiel 7.3)

$$\underline{F_{S11} = 3F}.$$

Die Berechnung einzelne Stäbe führt mit dem Prinzip der virtuellen Arbeit oft schneller zum Ziel, als das im Kapitel 7 besprochene RITTERsche Schnittverfahren.

Das Prinzip hat den Vorteil, dass die Zwangskräfte bei der Berechnung nicht berücksichtigt werden müssen, weil sie keine virtuelle Arbeit verrichten. Dadurch lassen sich viele Berechnungen vereinfachen, weil in den Gleichungen nur Größen auftreten, die zur Berechnung der Unbekannten erforderlich sind. Dem steht allerdings der Aufwand an geometrischen und kinematischen Überlegungen gegenüber.

Die Bedeutung des Prinzips der virtuellen Verrückung für die Statik liegt in der Anwendung auf gebundene starre Körpersysteme. Für Starrkörper oder einfache Körpersysteme bietet es – wie am Beispiel 11.4 exemplarisch gezeigt – in der Regel keine Vorteile.

Für die computergestützten Berechnungen, insbesondere der Festigkeitslehre, in der Strukturdynamik sowie der Schwingungslehre hat das Prinzip der virtuellen Arbeit eine große Bedeutung als Grundprinzip.

Zur selbständigen Übung, für die gedankliche Durchdringung der Kräfteproblematik und Schulung der Abläufe bei der Berechnung werden die durchgerechneten Beispiele und Aufgaben mit den bekannten Ergebnissen der Kapitel 6 und 7 empfohlen. Auf einen speziellen Abschnitt mit Übungsaufgaben hierzu wurde aus diesem Grunde verzichtet.

Ergebnisse der Übungsaufgaben

Hinweis. Grundsätzlich lassen sich Rechenergebnisse nicht mit einer höheren Genauigkeit angeben, als die Eingangsgrößen aufweisen (auch wenn numerische Rechenanlagen mehr als zehn Nachkommastellen ausweisen). Wenn die Lösungen z. T. mit einer höheren Rechengenauigkeit, als die Ausgangsgrößen angegeben sind, ist dies ausschließlich der besseren Überprüfbarkeit der Ergebnisse geschuldet.

Abschnitt 2.6

Aufgabe A2.6.1

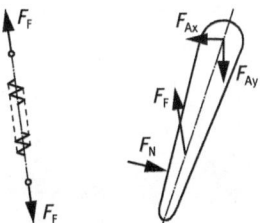

Abb. L2.6.1: Kippsprungwerk

Aufgabe A2.6.2

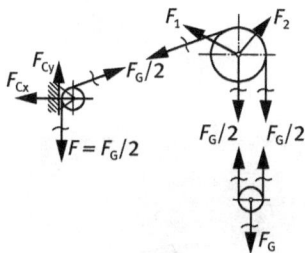

Abb. L2.6.2: Hebevorrichtung

Aufgabe A2.6.3

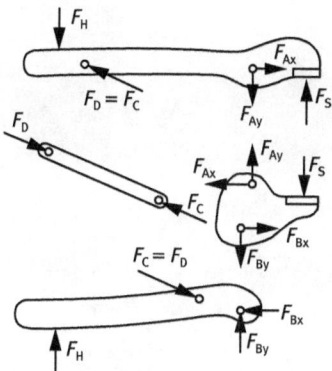

Abb. L2.6.3: Zange

Aufgabe A2.6.4

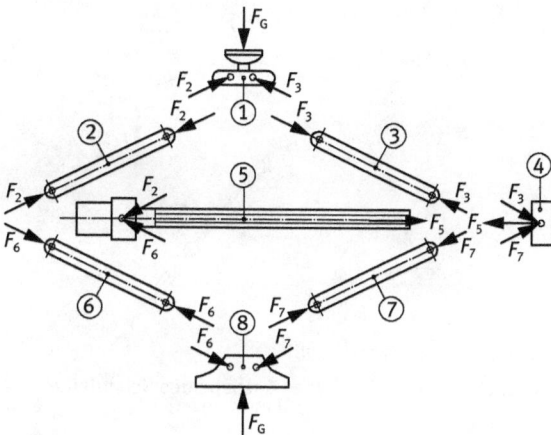

Abb. L2.6.4: Scherenwagenheber

https://doi.org/10.1515/9783110425031-012

Aufgabe A2.6.5

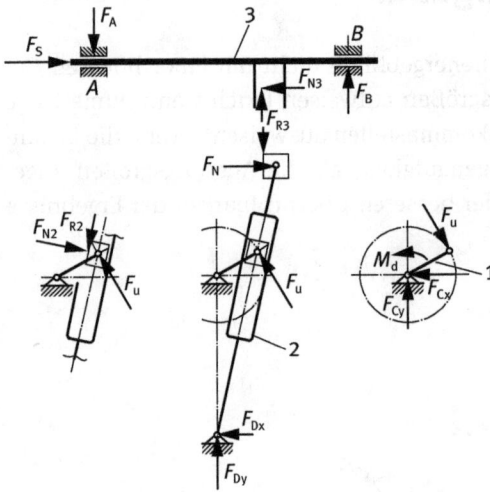

Abb. L2.6.5: Kurbelschleife

Aufgabe A2.6.6

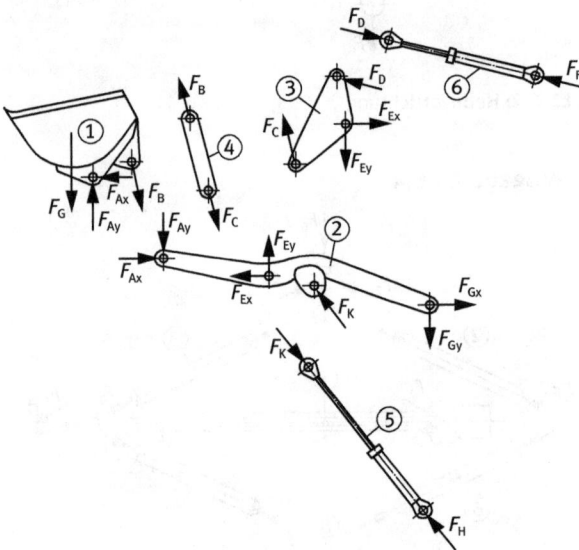

Abb. L2.6.6: Freigeschnittenes Getriebe des Schaufelradladers

Abschnitt 3.6

Aufgabe A3.6.1

a) $F_{Res} = 4500\,N$ $\quad\alpha_A = 320°$

b) $F_1 = 1763\,N$ $\quad F_2 = 2815\,N$

Aufgabe A3.6.2

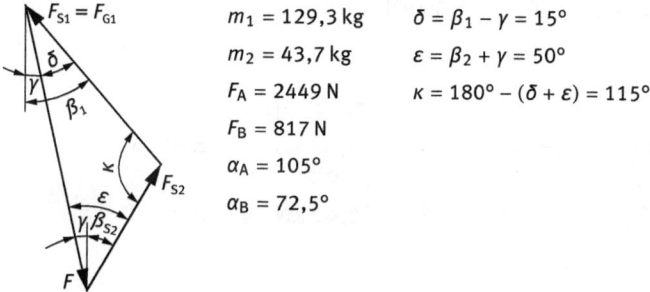

$m_1 = 129,3\,kg$ $\quad \delta = \beta_1 - \gamma = 15°$

$m_2 = 43,7\,kg$ $\quad \varepsilon = \beta_2 + \gamma = 50°$

$F_A = 2449\,N$ $\quad \kappa = 180° - (\delta + \varepsilon) = 115°$

$F_B = 817\,N$

$\alpha_A = 105°$

$\alpha_B = 72,5°$

Abb. L3.6.2: Krafteck Rollenzug

Aufgabe A3.6.3

Alle Teile freischneiden; maßstäblichen Lageplan für den Hebel zeichnen: Schnittpunkt von F_G und F_3 legt die Richtung von F_C fest; daraus folgt Krafteck I. Aus den bekannten Richtungen des vor und nach der Rolle geschnittenen Seiles und der Rolle folgt Krafteck II (Zahlenwerte aus der Rechnung; zur Nachahmung empfohlen).

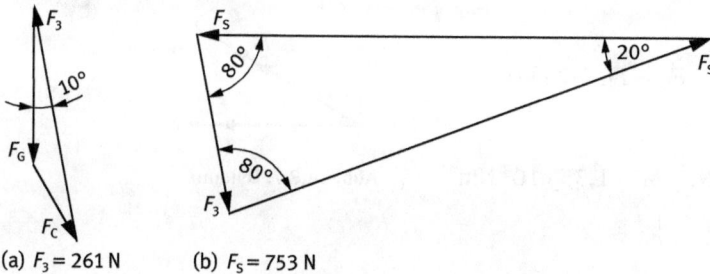

(a) $F_3 = 261\,N$ $\qquad$ (b) $F_S = 753\,N$

Abb. L3.6.3: Riemenspanner; (a) Krafteck I: Hebel, (b) Krafteck II: Rolle/Riemen.

Aufgabe A3.6.4

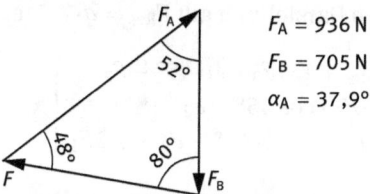

$F_A = 936\,N$

$F_B = 705\,N$

$\alpha_A = 37,9°$

Abb. L3.6.4: Krafteck Winkelhebel

Aufgabe A3.6.5

$F_3 = 19{,}54\,\text{kN}$ $\qquad F_4 = 36{,}24\,\text{kN}$

Aufgabe A3.6.6

a) $F_3 = 3{,}52\,\text{kN}$ $\qquad$ b) $F_{\text{Res}} = 1{,}75\,\text{kN}$, $\qquad \alpha_{\text{Res}} = 45°$

Aufgabe A3.6.7

$F_z = 8{,}83\,\text{kN}$ $\qquad F_1 = 7{,}04\,\text{kN}$ $\qquad F_2 = 22{,}39\,\text{kN}$

Aufgabe A3.6.8

$F_L = F_G = 34{,}50\,\text{kN}$	$F_H = 31{,}06\,\text{kN}$	$F_{LB} = 80{,}92\,\text{kN}$	
$F_{Ax} = 51{,}00\,\text{kN}$	$F_{Ay} = 45{,}92\,\text{kN}$	$F_A = 68{,}62\,\text{kN}$	Rolle A
$F_{Bx} = 31{,}05\,\text{kN}$	$F_{By} = 31{,}05\,\text{kN}$	$F_B = 43{,}93\,\text{kN}$	Rolle B
$F_{Cx} = 23{,}09\,\text{kN}$	$F_{Cy} = 60{,}14\,\text{kN}$	$F_C = 64{,}42\,\text{kN}$	Rolle C

Abschnitt 4.8

Aufgabe A4.8.1 $\qquad$ **Aufgabe A4.8.2** $\qquad$ **Aufgabe A4.8.3** $\qquad$ **Aufgabe A4.8.4**

$F_Q = 7{,}21\,\text{kN}$ $\qquad F = 53\,\text{N}$ $\qquad L \geq 1710\,\text{mm}$ $\qquad M_{\text{ab}} = 477\,\text{Nm}$

Aufgabe A4.8.5

a) $M_{\text{dT}} = 60{,}4\,\text{Nm}$ $\qquad M_{\text{dK}} = 13{,}9\,\text{Nm}$

b) $F_K = 567\,\text{N}$ $\qquad F_V = 41\,\text{N}$

Aufgabe A4.8.6

$F_A = 150\,\text{kN}$ $\qquad F_B = F_C = F_D = 75\,\text{kN}$

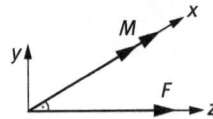

Aufgabe A4.8.7

Dyname: $F = 25\,\text{kN}$, $\quad M = 1{,}75 \cdot 10^3\,\text{Nm}$ $\qquad$ **Abb. L4.8.7:** Dyname

Aufgabe A4.8.8

$F_{Ax} = 2{,}48\,\text{kN}$ $\qquad F_{Ay} = 2{,}08\,\text{kN}$ $\qquad F_A = 3{,}23\,\text{kN}$

$F_{Bx} = 10{,}23\,\text{kN}$ $\qquad F_{By} = 6{,}68\,\text{kN}$

Aufgabe A4.8.9

alle Längen in Meter eingesetzt; zur übersichtlicheren Darstellung gilt $F_{\text{Res}} = q \cdot 2{,}5\,\text{m}$.

$$\begin{bmatrix} 6{,}5 \cdot \sin 40° & 0 & 0 \\ -\cos 40° & 1 & 0 \\ 0 & 0 & 6{,}5 \end{bmatrix} \cdot \begin{bmatrix} F_A \\ F_{Bx} \\ F_{By} \end{bmatrix} = \begin{bmatrix} 5{,}25 F_{\text{Res}} + 1{,}5 F_3 \cdot \sin 45° - F_2 \\ F_3 \cdot \cos 45° + F_2 \\ 1{,}25 F_{\text{Res}} + 5 F_3 \cdot \sin 45° + F_2 + 6{,}5 F_1 \end{bmatrix}$$

Abschnitt 5.3

Aufgabe A5.3.1
$x_S = 26,7\,\text{mm}$ $y_S = 43,7\,\text{mm}$ $z_S = 14,5\,\text{mm}$

Aufgabe A5.3.2
$e_A = 207\,\text{mm}$

Aufgabe A5.3.3
a) $x_S = 36,9\,\text{mm}$ $y_S = 44,4\,\text{mm}$
b) $x_S = 29,4\,\text{mm}$ $y_S = 48,0\,\text{mm}$
c) $x_S = 40\,\text{mm}$ $y_S = 11\,\text{mm}$ (x_S und y_S aus der Anschauung)

Aufgabe A5.3.4
a) Flächenschwerpunkt: $x_S = 37,2\,\text{mm}$ $y_S = 10,6\,\text{mm}$
    Linienschwerpunkt: $x_S = 38,9\,\text{mm}$ $y_S = 10,6\,\text{mm}$

b) Flächenschwerpunkt: $x_S = 24,7\,\text{mm}$ $y_S = 16,1\,\text{mm}$
    Linienschwerpunkt: $x_S = 25,7\,\text{mm}$ $y_S = 16,5\,\text{mm}$

Aufgabe A5.3.5
$x_S = 2783\,\text{mm}$ $y_S = 424\,\text{mm}$

Aufgabe A5.3.6
$x_S = 1132\,\text{mm}$ $y_S = 0$ $z_S = 295\,\text{mm}$

Abschnitt 6.4

Aufgabe A6.4.1
a) $n = 2$ Scheiben, $a = 5$: eine Einspannung, ein Festlager, $z = 1$ Zwischenreaktion (Stab),
    3 Gleichgewichtsbedingungen.
    Abzählbedingung: $a + z = 3 \cdot n = 5 + 1 = 2 \cdot 3$, statisch bestimmt.

b) $n = 2$ Scheiben, $a = 5$: zwei Festlager, eine Feder (Loslager), $z = 1$ Zwischenreaktion (Stab),
    drei Gleichgewichtsbedingungen.
    Abzählbedingung: $a + z = 3 \cdot n = 5 + 1 = 2 \cdot 3$, statisch bestimmt.

Aufgabe A6.4.2
$F_A = 4\,\text{kN}$ $F_B = 28\,\text{kN}$ $F_C = 18\,\text{kN}$
$F_D = 3\,\text{kN}$ $F_{G1} = 12\,\text{kN}$ $F_{G2} = 6\,\text{kN}$

Aufgabe A6.4.3

$F_{Ax} = -1,261 \, \text{kN} \ (\leftarrow)$ $F_{Ay} = 0,826 \, \text{kN}$ $F_A = 1,51 \, \text{kN}$

$F_{Bx} = -1,340 \, \text{kN} \ (\leftarrow)$ $F_{By} = 4,674 \, \text{kN}$ $F_B = 4,86 \, \text{kN}$

$F_{Gx} = 1,337 \, \text{kN}$ $F_{Gy} = 0,674 \, \text{kN}$ $F_G = 1,49 \, \text{kN}$

Aufgabe A6.4.4

$F_A = -2,25 \, \text{kN} \ (\leftarrow)$ $F_{Bx} = 2,25 \, \text{kN}$ $F_{By} = 6,00 \, \text{kN}$

$F_C = -1,50 \, \text{kN} \ (\leftarrow)$ $F_D = 1,50 \, \text{kN}$ $F_S = 3,00 \, \text{kN}$

Aufgabe A6.4.5

$F_{Ax} = -1068 \, \text{N} \ (\leftarrow)$ $F_{Ay} = 1250 \, \text{N}$ $F_A = 1644 \, \text{N}$

$F_{Bx} = 779 \, \text{N}$ $F_{By} = 1750 \, \text{N}$ $F_B = 1916 \, \text{N}$

$F_{Cx} = 289 \, \text{N}$ $F_{Cy} = 500 \, \text{N}$ $F_C = 578 \, \text{N}$

$F_{Dx} = 1068 \, \text{N}$ $F_{Dy} = 1250 \, \text{N}$ $F_D = 1644 \, \text{N}$

$F_{Ex} = 289 \, \text{N}$ $F_{Ey} = 500 \, \text{N}$ $F_E = 578 \, \text{N}$

Aufgabe A6.4.6

$F_{Ax} = 14,40 \, \text{kN}$ $F_{Ay} = 51,94 \, \text{kN}$ $F_A = 53,90 \, \text{kN}$

$F_{Bx} = 48,34 \, \text{kN}$ $F_{By} = 18,00 \, \text{kN}$ $F_B = 51,58 \, \text{kN}$

$F_{Gx} = 48,34 \, \text{kN}$ $F_{Gy} = 18,00 \, \text{kN}$ $F_G = 51,58 \, \text{kN}$

Aufgabe A6.4.7

Die freigeschnittenen Bauteile sind im Lösungsteil der Aufgabe A2.6.6, Abbildung L2.6.6, dargestellt.

Statische Bestimmtheit: $a + z = 3 \cdot n = 4 + 5 = 3 \cdot 3$; Das System ist statisch bestimmt.

$F_B = F_C = 25,80 \, \text{kN}$ $F_D = F_F = 30,20 \, \text{kN}$ $F_K = F_H = 15,39 \, \text{kN}$ (je Zylinder) .

Für jeweils einen Arm der Gabel $\overline{AG}$ mit einem Hydraulikzylinder $\overline{KH}$

$F_{Ax} = 3,28 \, \text{kN}$ $F_{Ay} = 12,48 \, \text{kN}$ $F_A = 12,90 \, \text{kN}$

$F_{Ex} = 18,01 \, \text{kN}$ $F_{Ey} = 15,76 \, \text{kN}$ $F_E = 23,93 \, \text{kN}$

$F_{Gx} = 24,57 \, \text{kN}$ $F_{Gy} = 15,13 \, \text{kN}$ $F_G = 28,85 \, \text{kN}$

Aufgabe A6.4.8

$F_z = 64 \, \text{N}$ $F_F = 151 \, \text{N}$

$F_{Ax} = -30 \, \text{N} \ (\leftarrow)$ $F_{Ay} = 64 \, \text{N}$ $F_A = 71 \, \text{N}$ $\alpha_A = 295°$

$F_{Bx} = 97 \, \text{N}$ $F_{By} = 52 \, \text{N}$ $F_B = 110 \, \text{N}$ $\alpha_B = 27,9°$

Aufgabe A6.4.9

$F_{Ax} = -1,43 \, \text{kN} \ (\leftarrow)$ $F_{Ay} = 3,07 \, \text{kN}$ $F_A = 3,39 \, \text{kN}$

$F_{Bx} = 1,43 \, \text{kN}$ $F_{By} = 2,50 \, \text{kN}$ $F_B = 2,88 \, \text{kN}$

$F_C = F_D = 1,43 \, \text{kN}$ $F_E = 5,57 \, \text{kN}$

Abschnitt 7.4

Aufgabe A7.4.1

a) Drei Teilkörper (zwei Fachwerkträger und ein Stab), die gelenkig an drei verschiedenen Punkten verbunden, sind innerlich statisch bestimmt. Das Tragwerk ist statisch bestimmt gelagert. Abzählbedingung: $s = 2k-a$; $27 = 2\cdot15-3$; das Fachwerk ist innerlich und äußerlich ($a = 3$) statisch bestimmt.

b) $s = 2k - a$; $20 < 2 \cdot 12 - 3 = 21$; $s < 2k - 3$ d. h. das Fachwerk ist verschieblich und damit nicht tragfähig.

c) Drei innerlich statisch bestimmte Fachwerke, gelenkig an drei verschiedenen Punkten verbunden, sind innerlich statisch bestimmt und bilden einen Starrkörper. Der mehrteilige Starrkörper ist mit $a = 3$ statisch bestimmt gelagert. Das System ist tragfähig.

Aufgabe A7.4.2

statische Bestimmtheit: $s = 2k - 3$; $\quad 17 = 20 - 3$

Nullstäbe sind: Stab V_1 und O_1 nach Kriterium 1

Stab V_2 nach Kriterium 2

Stab O_4 nach Kriterium 3.

Aufgabe A7.4.3

statische Bestimmtheit: $s = 2k - 3$; $13 = 16 - 3$

Nullstäbe: Stäbe 1, 2, 12, 13 nach Kriterium 1

Auflager: $F_A = F_B = 50\,\text{kN}$

Stabkräfte (rechnerisch):

F_{Si}	$F_{S1} = F_{S13}$	$F_{S2} = F_{S12}$	$F_{S3} = F_{S11}$	$F_{S4} = F_{S10}$	$F_{S5} = F_{S9}$	$F_{S6} = F_{S8}$	F_{S7}
kN	0	0	−71,15	+44,79	+16,34	−57,72	−12,00

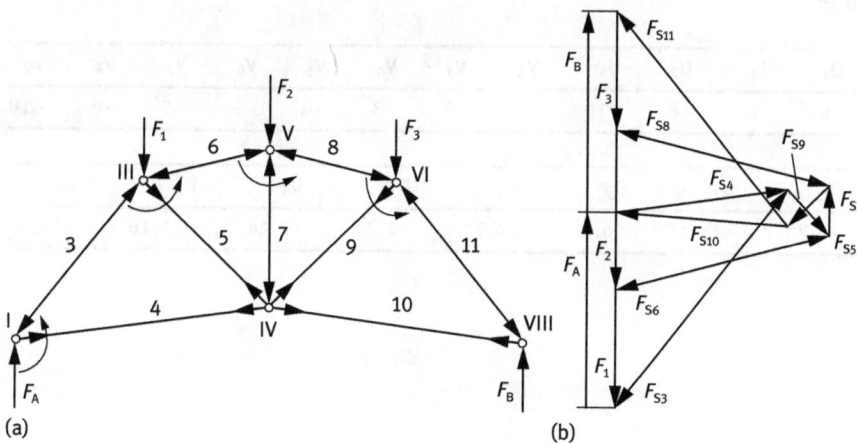

Abb. L7.4.3: Cremona-Plan; (a) Lageplan, (b) Kräfteplan

Aufgabe A7.4.4
Nullstäbe: Stab 6, 9, 10 und 11
Stabkräfte:

F_{Si}	F_{S1}	F_{S2}	F_{S3}	F_{S4}	F_{S5}	F_{S7}	F_{S8}
kN	+4,29	+16,85	+11,24	−26,07	−4,15	+18,00	−18,00

Aufgabe A7.4.5
$F_{S2} = -27,67\,\text{kN}$ $F_{S3} = -11,33\,\text{kN}$ $F_{S4} = 22,76\,\text{kN}$

Aufgabe A7.4.6
$F_A = 0$ $F_B = 6\,\text{kN}$ $F_C = 3,46\,\text{kN}$ $F_E = 15,10\,\text{kN}$
Stabkräfte:

F_{Si}	F_{S1}	F_{S2}	F_{S3}	F_{S4}	F_{S5}	F_{S6}
kN	+3,46	−6,93	−10,39	0	−10,39	0

Aufgabe A7.4.7
$F_{S1} = F_{S3} = F_{S4} = F_{S7} = -1,5\,\text{kN}$; alle übrigen Stäbe sind Nullstäbe.

Aufgabe A7.4.8
statische Bestimmtheit: $s = 2k - 3$; $25 = 2 \cdot 14 - 3$
Nullstäbe: Stäbe: $V_1, O_1, O_4, U_1, U_4,$
Auflager: $F_A = 3/4F = 6\,\text{kN}$ $F_B = 9/4F = 18\,\text{kN}$
Stabkräfte:

Stab	O_2	O_3	U_2	U_3	V_2	V_3	V_4	V_5	V_6	V_7	V_8	V_9
F/kN	−6	−10	+6	+10	−6	+3	−3	−4	−3	−5	−8	−18

Stab	D_1	D_2	D_3	D_4	D_5	D_6	D_7	D_8
F/kN	−6,71	+6,71	−6,71	+6,71	−2,24	+2,24	−11,18	+11,18

Aufgabe A7.4.9

$F_{Ax} = 5\,kN \qquad F_{Ay} = 2,5\,kN \qquad F_B = 7,5\,kN \qquad F_C = 0$
Stabkräfte:

F_{Si}	F_{S1}	F_{S2}	F_{S3}	F_{S4}	F_{S5}	F_{S6}	F_{S7}
kN	−2,50	−5,00	−3,75	−3,75	−2,50	0	−2,80

F_{Si}	F_{S8}	F_{S9}	F_{S10}	F_{S11}	F_{S12}	F_{S13}	F_{S14}
kN	+2,80	+2,80	−2,80	−5,59	+5,59	0	0

Aufgabe A7.4.10

Mit $F_A = F_B = 2,5F$, den Nullstäben F_{S6} und F_{S9} sowie $C = \cos 45°$ und $S = \sin 45°$ erfolgt die Berechnung der Stabkräfte in der Matrixform

$$\begin{bmatrix} 1 & 0 & 0 & 0 & C & 0 & 0 & 0 & 0 \\ 0 & -1 & 1 & 0 & 0 & -C & C & 0 & 0 \\ 0 & 0 & 0 & -1 & 0 & 0 & 0 & -C & 0 \\ 0 & 0 & 0 & 0 & S & 0 & 0 & 0 & 0 \\ 0 & 0 & 0 & 0 & 0 & -S & -S & 0 & 0 \\ 0 & 0 & 0 & 0 & 0 & 0 & 0 & S & 0 \\ 0 & 0 & 0 & 0 & -C & C & 0 & 0 & 1 \\ 0 & 0 & 0 & 0 & S & S & 0 & 0 & 0 \\ 0 & 0 & 0 & 0 & 0 & 0 & -C & C & -1 \end{bmatrix} \cdot \begin{bmatrix} F_{S1} \\ F_{S2} \\ F_{S3} \\ F_{S4} \\ F_{S5} \\ F_{S7} \\ F_{S8} \\ F_{S10} \\ F_{S11} \end{bmatrix} = \begin{bmatrix} 0 \\ 0 \\ 0 \\ 2,5F \\ F \\ 2,5F \\ 0 \\ 2F \\ 0 \end{bmatrix} \Rightarrow \begin{bmatrix} F_{S1} \\ F_{S2} \\ F_{S3} \\ F_{S4} \\ F_{S5} \\ F_{S7} \\ F_{S8} \\ F_{S10} \\ F_{S11} \end{bmatrix} = \begin{bmatrix} -30,000 \\ -30,000 \\ -30,000 \\ -30,000 \\ +42,426 \\ -8,486 \\ -8,486 \\ +42,426 \\ +36,000 \end{bmatrix} kN$$

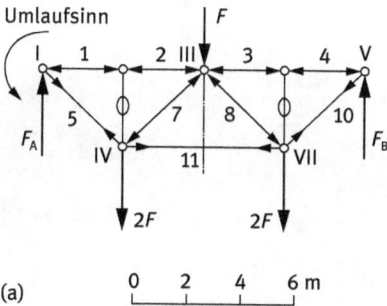

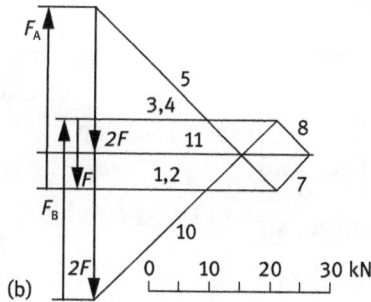

Abb. L7.4.10: Cremona-Plan (vereinfacht); (a) Lageplan, (b) Kräfteplan

Abschnitt 8.4

Aufgabe A8.4.1
zulässige Last $F_{G\,max} = 4,6\,\text{kN}$; damit $F_M \le 14,8\,\text{kN}$ $F_{S1} \le 8,4\,\text{kN}$ $F_{S2} \le 3,3\,\text{kN}$

Aufgabe A8.4.2
$F_G = 4747\,\text{N}$ $x_S = 676,4\,\text{mm}$ $y_S = 456,9\,\text{mm}$

$F_{S1} = 361\,\text{N}$ $F_{S2} = 2570\,\text{N}$ $F_{S3} = 3007\,\text{N}$

Aufgabe A8.4.3
a) $F_{S1} = -6894\,\text{N}$ $F_{S2} = 0$ $F_{S3} = 6894\,\text{N}$

   $F_{S4} = -421\,\text{N}$ $F_{S5} = 711\,\text{N}$ $F_{S6} = 6579\,\text{N}$

Die Stäbe 1 und 4 sind Druckstäbe, Stab 2 ist ein Nullstab, alle anderen Stäbe sind Zugstäbe.

b) $F_A = \begin{bmatrix} 2579 \\ 5000 \\ 3421 \end{bmatrix}\text{N} = 6584\,\text{N}$ $F_B = \begin{bmatrix} 0 \\ 0 \\ -421 \end{bmatrix}\text{N} = 421\,\text{N}$ $F_C = \begin{bmatrix} -6597 \\ 0 \\ 0 \end{bmatrix}\text{N} = 6597\,\text{N}$

Aufgabe A8.4.4
a) $F_{S1} = 1,64\,\text{kN}$ $F_{S2} = -7,95\,\text{kN}$ $F_{S3} = 0,14\,\text{kN}$

b) $\begin{bmatrix} \frac{x_1}{l_1} & \frac{x_2}{l_2} & \frac{x_3}{l_3} \\ \frac{y_1}{l_1} & \frac{y_2}{l_2} & \frac{y_3}{l_3} \\ \frac{z_1}{l_1} & \frac{z_2}{l_2} & \frac{z_3}{l_3} \end{bmatrix} \cdot \begin{bmatrix} F_{S1} \\ F_{S2} \\ F_{S3} \end{bmatrix} = \begin{bmatrix} F_x \\ -F_y \\ -F_z \end{bmatrix}$; $\begin{bmatrix} \frac{1,2}{5,660} & -\frac{4,4}{6,290} & \frac{4,4}{6,873} \\ -\frac{3,6}{5,660} & \frac{1,6}{6,290} & \frac{3,2}{6,873} \\ \frac{4,2}{5,660} & \frac{4,2}{6,290} & \frac{4,2}{6,873} \end{bmatrix} \cdot \begin{bmatrix} F_{S1} \\ F_{S2} \\ F_{S3} \end{bmatrix} = \begin{bmatrix} 6 \\ -3 \\ -4 \end{bmatrix}\text{kN}$

Aufgabe A8.4.5

$M = \begin{bmatrix} -875,0 \\ 867,6 \\ 437,5 \end{bmatrix}\text{Nm} = 1308\,\text{Nm}$ $\begin{aligned} \alpha_M &= 132,0° \\ \beta_M &= 48,4° \\ \gamma_M &= 70,5° \end{aligned}$

Aufgabe A8.4.6

$F_S = \begin{bmatrix} -450 \\ 450 \\ -900 \end{bmatrix}\text{N} = 1102\,\text{N}$ $F_A = 0$ $F_B = \begin{bmatrix} 450 \\ 450 \\ 900 \end{bmatrix}\text{N} = 1102\,\text{N}$

Aufgabe A8.4.7

$F_{Ax} = 10,38\,\text{kN}$ $F_{Ay} = 5,09\,\text{kN}$

$F_{Bx} = 0,98\,\text{kN}$ $F_{By} = 2,14\,\text{kN}$ $F_{Bz} = 1,61\,\text{kN}$

x-y-Ebene: $M_t = 739\,\text{Nm}$

x-z-Ebene: $M_{b1} = 622,8\,\text{Nm}$ $M_{b2} = 58,8\,\text{Nm}$

y-z-Ebene: $M_{b1.1} = 305,6\,\text{Nm}$ $M_{b2.1} = 128,2\,\text{Nm}$

     $M_{b1.2} = 505,5\,\text{Nm}$ $M_{b2.2} = 464,9\,\text{Nm}$

max. Biegemomente $M_{b\,\text{Res}1} = 802\,\text{Nm}$ $M_{b\,\text{Res}2} = 469\,\text{Nm}$

Aufgabe A8.4.8

$F_{S1} = -9,60\,\text{kN}$ $F_{S2} = 3,00\,\text{kN}$ $F_{S3} = 4,80\,\text{kN}$

$F_{S4} = 4,80\,\text{kN}$ $F_{S5} = -7,80\,\text{kN}$ $F_{S6} = 3,00\,\text{kN}$

Aufgabe A8.4.9

$F_{Ax} = 0$ $F_{Ay} = F/2$ $F_{Az} = 0$

$F_{Bx} = 0$ $F_{By} = -F/2$ $F_C = F$

Aufgabe A8.4.10

Mit $l_1 = l_3 = l_5 = a$; $l_2 = \sqrt{5} \cdot a$; $l_4 = \sqrt{17} \cdot a$; $l_6 = \sqrt{2} \cdot a$:

$$\cos \alpha_2 = 2a/l_2 = 2/\sqrt{5} \qquad \sin \alpha_2 = a/l_2 = 1/\sqrt{5}$$

$$\cos \alpha_4 = 4a/l_4 = 4/\sqrt{17} \qquad \sin \alpha_4 = a/l_4 = 1/\sqrt{17}$$

$$\cos \alpha_6 = a/l_6 = 1/\sqrt{2} \qquad \sin \alpha_6 = a/l_6 = 1/\sqrt{2}$$

$$
\begin{matrix}
(2) \\ (1) \\ (4) \\ (5) \\ (3) \\ (6)
\end{matrix}
\begin{bmatrix}
-1 & -1/\sqrt{5} & -1 & -1/\sqrt{17} & -1 & -1/\sqrt{2} \\
0 & -2/\sqrt{5} & 0 & 4/\sqrt{17} & 0 & 0 \\
0 & 0 & 2 & 2/\sqrt{17} & 2 & 2/\sqrt{2} \\
0 & 0 & 0 & 8/\sqrt{17} & 0 & 4/\sqrt{2} \\
0 & 0 & 0 & 0 & 0 & -1/\sqrt{2} \\
0 & -2/\sqrt{5} & 0 & 0 & -4 & -4/\sqrt{2}
\end{bmatrix}
\cdot
\begin{bmatrix}
F_{S1} \\ F_{S2} \\ F_{S3} \\ F_{S4} \\ F_{S5} \\ F_{S6}
\end{bmatrix}
=
\begin{bmatrix}
3F \\ -2F \\ -3F \\ -2F \\ F \\ 6F
\end{bmatrix}
$$

Abschnitt 9.6

Aufgabe A9.6.1

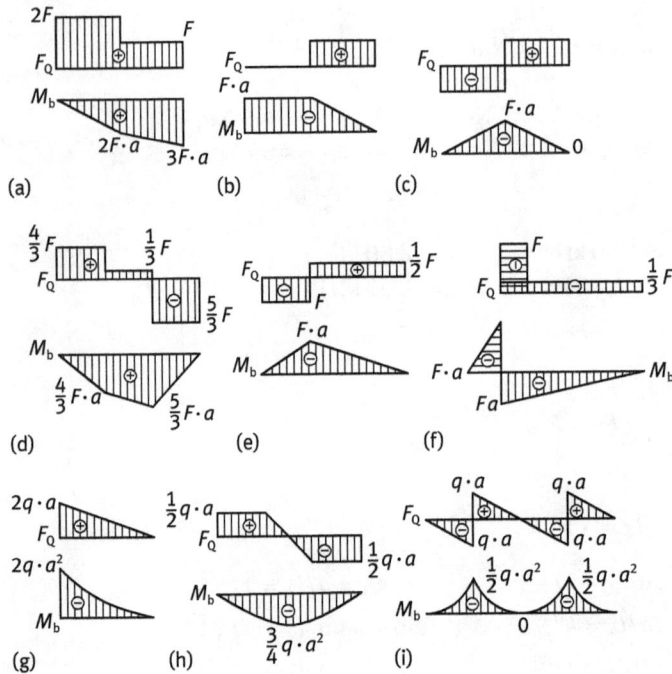

Abb. L9.6.1: Schnittgrößen

Aufgabe A9.6.2

$F_{Az} = 1,17\,\text{kN}$ $F_{Ay} = 2,03\,\text{kN}$
$F_{Bz} = 1,73\,\text{kN}$ $F_{By} = 2,11\,\text{kN}$

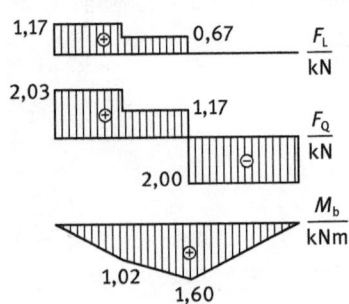

Abb. L9.6.2: Schnittgrößen

Aufgabe A9.6.3

$F_{Az} = 3F$ $F_{Ay} = 3F$ $F_B = 3F$

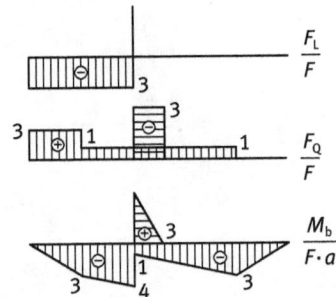

Abb. L9.6.3: Schnittgrößen

Aufgabe A9.6.4

$F_{Az} = 2,93\,\text{kN}$ $F_{Ay} = 0,23\,\text{kN}$
$F_{Bz} = 2,93\,\text{kN}$ $F_{By} = 2,93\,\text{kN}$

Aufgabe A9.6.5

$F_A = 12,5\,\text{kN}$ $F_B = 2,5\,\text{kN}$

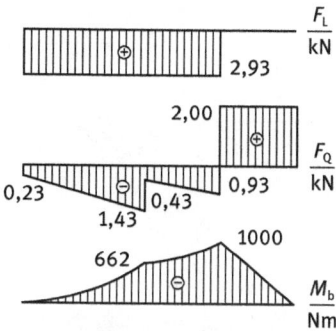

Abb. L9.6.4: Schnittgrößen

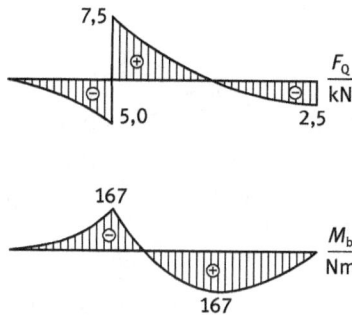

Abb. L9.6.5: Schnittgrößen

Aufgabe A9.6.6

$$F_Q(z) = -\int q(z) \cdot dz + C_1 = -\frac{q_{max}}{l} \int z \cdot dz + C_1 = -\frac{q_{max}}{2l} \cdot z^2 + C_1 \,.$$

$$M_b(z) = \int F_Q(z) \cdot dz + C_2 = -\frac{q_{max}}{2l} \int z^2\, dz + C_1 \cdot \int dz + C_2 = -\frac{q_{max}}{6l} \cdot z^3 + C_1 \cdot z + C_2$$

Randbedingungen: $F_Q(z=0) = 0 \;\Rightarrow\; C_1 = 0\,;\; M_b(z=0) = 0\,;\;\Rightarrow\; C_2 = 0$

$$F_Q(z) = -\frac{q_{max}}{2l} \cdot z^2$$

$$M_b(z) = -\frac{q_{max}}{6l} \cdot z^3$$

oder alternativ

$$F_Q(z) = \int\limits_0^z q(\zeta) \cdot d\zeta = \frac{q_{max}}{l} \int\limits_0^z \zeta \cdot d\zeta = \frac{q_{max}}{2l} \cdot \zeta^2 \Big|_0^z = \frac{q_{max}}{2l} \cdot z^2$$

$$M_b(z) = -\int\limits_0^z F_Q(\zeta) \cdot d\zeta = -\frac{q_{max}}{l} \int\limits_0^z \zeta^2 \cdot d\zeta = -\frac{q_{max}}{6l} \cdot \zeta^3 \Big|_0^z = -\frac{q_{max}}{6l} \cdot z^3 \,.$$

Aufgabe A9.6.7

$F_{Ax} = 4\,\text{kN}$ $\qquad F_{Ay} = 11,\overline{3}\,\text{kN}$

$F_{Bx} = 1\,\text{kN}$ $\qquad F_{By} = 12,\overline{6}\,\text{kN}$

$F_{Gx} = 4\,\text{kN}$ $\qquad F_{Gy} = 11,\overline{3}\,\text{kN}$

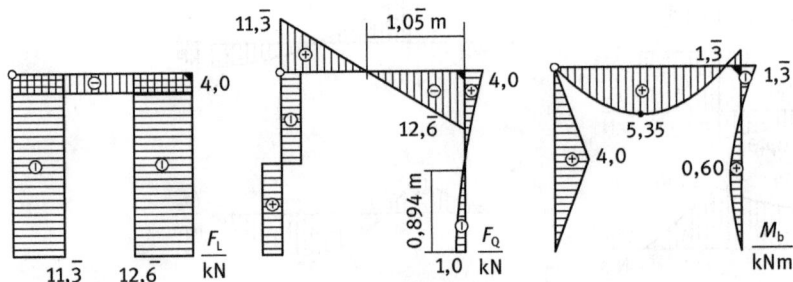

Abb. L9.6.7: Schnittgrößen; links: Längskraft, mitte: Querkraft, rechts: Biegemoment

Vergleich: – keine Unterschiede hinsichtlich der *Längskräfte*.

– Die *Querkräfte* im Gelenk sind kleiner, als die in der biegesteifen Ecke des Vergleichsbeispiels (durch das Eckgelenk wird der linke Stiel ein symmetrisch belasteter Balken).

Das Festlager B entlastet die biegesteife Ecke des rechten Stiels, damit wird das Biegemoment dort kleiner, als im Vergleichsbeispiel 9.9.

Aufgabe A9.6.8

$F_{Ax} = 16,80\,\text{kN}$ $\qquad F_{Ay} = 0$ $\qquad F_{B} = 9,70\,\text{kN}$

$F_{Gx} = 11,20\,\text{kN}$ $\qquad F_{Gy} = 9,70\,\text{kN}$ $\qquad F_{S} = 11,20\,\text{kN}$

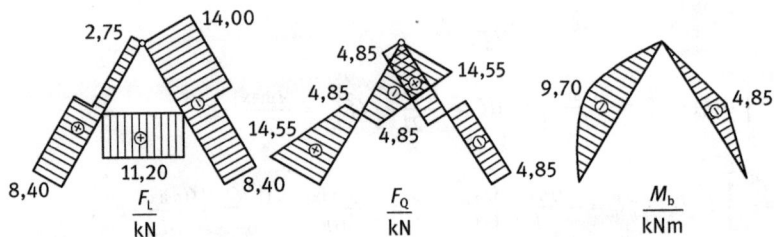

Abb. L9.6.8: Schnittgrößen; links: Längskraft, mitte: Querkraft, rechts: Biegemoment

Aufgabe A9.6.9

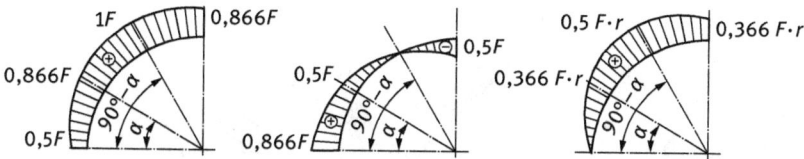

Abb. L9.6.9: Schnittgrößen; links: Längskraft, mitte: Querkraft, rechts: Biegemoment

Aufgabe A9.6.10

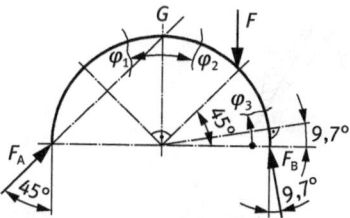

$F_{Ax} = 1,46\,\text{kN}$ $F_{Ay} = 1,46\,\text{kN}$ $F_A = 2,07\,\text{kN}$

$F_{Bx} = 1,46\,\text{kN}$ $F_{By} = 8,54\,\text{kN}$ $F_B = 8,66\,\text{kN}$

$F_{Gx} = 1,46\,\text{kN}$ $F_{Gy} = 1,46\,\text{kN}$ $F_G = 2,07\,\text{kN}$.

$\alpha = 45°$ $\beta = 9,7°$

Abb. L9.6.10a: Freigeschnittener Dreigelenkbogen

$$F_{L1} = -F_G \cdot \cos(\alpha - \varphi_1) \qquad F_{Q1} = F_G \cdot \sin(\alpha - \varphi_1) \qquad M_b = F_G \cdot r\,[\cos(\alpha - \varphi_1) - \cos\alpha]$$
$$F_{L2} = -F_G \cdot \cos(\alpha + \varphi_2) \qquad F_{Q2} = F_G \cdot \sin(\alpha + \varphi_2) \qquad M_b = F_G \cdot r\,[\cos(\alpha + \varphi_2) - \cos\alpha]$$
$$F_{L3} = -F_B \cdot \cos(\varphi_3 - \beta) \qquad F_{Q2} = -F_B \cdot \sin(\varphi_3 - \beta) \qquad M_b = F_G \cdot r\,[\cos(\varphi_3 - \beta) - \cos\beta]$$

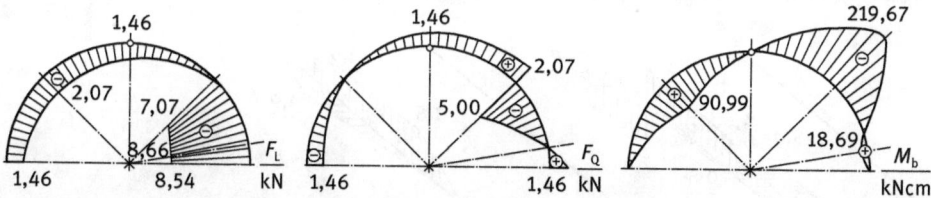

Abb. L9.6.10b: Schnittgrößen des Dreigelenkbogens; links: Längskraft, mitte: Querkraft, rechts: Biegemoment

Aufgabe A9.6.11

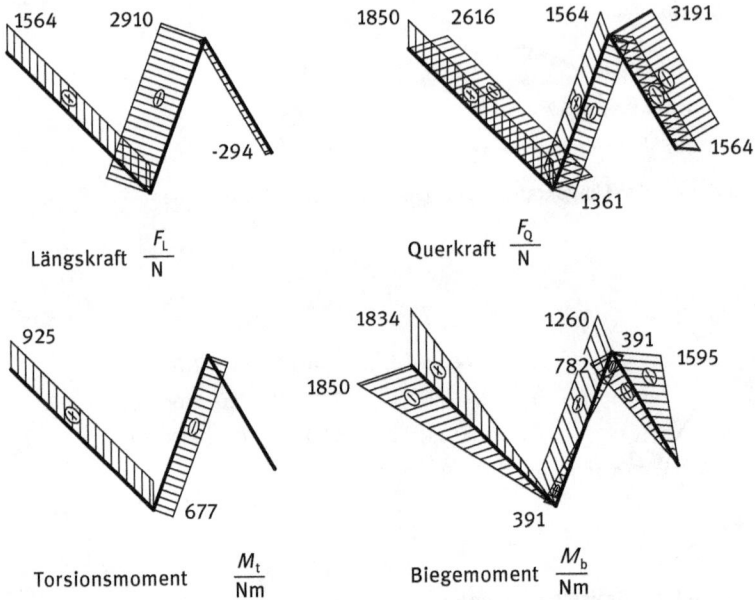

Längskraft $\dfrac{F_L}{N}$

Querkraft $\dfrac{F_Q}{N}$

Torsionsmoment $\dfrac{M_t}{Nm}$

Biegemoment $\dfrac{M_b}{Nm}$

Abb. L9.6.11: Schnittgrößen des Winkelhebels

Aufgabe A9.6.12

$$F_{Ax} = -8,92\,kN \qquad F_{Ay} = -1,62\,kN \qquad F_{Az} = 2,00\,kN$$
$$F_{Bx} = -5,17\,kN \qquad F_{By} = -7,39\,kN \qquad F_{Bz} = 0$$

$\dfrac{F_L}{kN}$	$\dfrac{F_Q}{kN}$	$\dfrac{M_t}{kNm}$	$\dfrac{M_b}{kNm}$
Längskraft	Querkraft	Torsionsmoment	Biegemoment

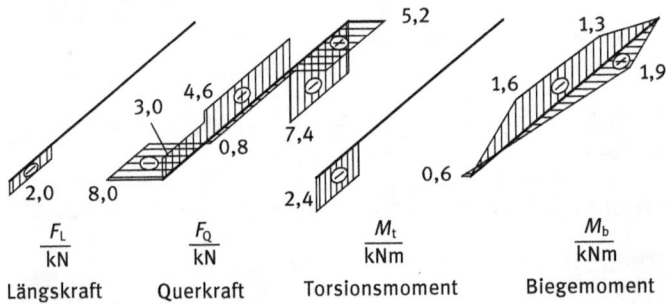

Abb. L9.6.12: Schnittgrößen der Getriebewelle

Aufgabe A9.6.13

$F_{Ax} = 2F$ $\quad\quad F_{Ay} = F$ $\quad F_{Az} = -2F$

$F_B = -3,5F$ $\quad F_C = F$ $\quad\quad F_G = -F$

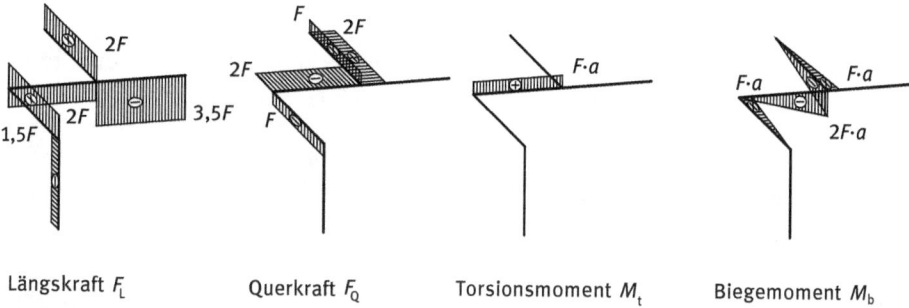

| Längskraft F_L | Querkraft F_Q | Torsionsmoment M_t | Biegemoment M_b |

Abb. L9.6.13: Schnittgrößen des Rahmentragwerkes

Abschnitt 10.5

Aufgabe A10.5.1

$F_{R01} = 107,9\,\text{N}$ $\quad\quad F_{R02} = 83,4\,\text{N}$

Die Haftkraft F_{R01}, die der Verschiebung des Körpers 1 entgegenwirkt, ist größer, als die Haftkraft F_{R02} der Auflage. Der Körper 1 bleibt in relativer Ruhe zu Körper 2; beide gleiten gemeinsam mit $F > F_{R02}$ auf der Unterlage.

Aufgabe A10.5.2

$F_V = 9,63\,\text{kN}$

Aufgabe A10.5.3

m_2 abwärts: $m_2 = 16,3\,\text{kg}$ $\quad\quad m_2$ aufwärts: $m_2 = 5,8\,\text{kg}$

Aufgabe A10.5.4

$S_H = 1,0$; mit dieser Version ist die Spannwirkung unter Betriebsbedingungen nicht gesichert. Es sind die Haftbedingungen durch bauliche Maßnahmen – z. B. teilweiser Formschluss durch Zacken, Spitzen oder Riefen – zu ändern (Haftwert $\mu_0 > 0,15$).

Aufgabe A10.5.5

$F_l \geq F_N \cdot [\tan(\rho_{01} - \alpha) + \tan\rho_{02}] = 30\,\text{N}$

Aufgabe A10.5.6

$F_e \geq 1,13\,\text{kN}$

Aufgabe A10.5.7

$F_V = 1049\,\text{N}$ $F_G = 700\,\text{N}$

Aufgabe A10.5.8

$F_R = 6,84\,\text{kN}$

Die Drehrichtung ist nicht von Einfluss, da die Bremsbacken gelenkig mit dem Bremshebel verbunden sind und die Reibungskraft somit keinen Hebelarm zur Bremsstange aufweist.

Aufgabe A10.5.9

$M_{Br} = 563,7\,\text{Nm}$

Aufgabe A10.5.10

a) $F_R = 149\,\text{N}$ b) $F_N = 744\,\text{N}$ c) $F_F = 258\,\text{N}$

d) $F_{Lx} = -582\,\text{N}$ $F_{Ly} = 817\,\text{N}$ $F_L = 1003\,\text{N}$ $\alpha_L = 144,5°$

Formelzeichen

Lateinische Buchstaben

A	Fläche	m	Masse
$\underline{\underline{A}}$	Koeffizientenmatrix	m	Maßstabsfaktor
a	Hebelarm des Kräftepaares	p	Flächenlast, Druck
$\underline{b}$	Lastvektor (Spaltenvektor)	p	Parameter der Kraftschraube
C	Federkonstante	q	Streckenlast
D, d	Durchmesser	R	Federrate
e	Exzentrität	R, r	Radius
$\vec{e}_x, \vec{e}_y, \vec{e}_z$	Einheitsvektoren	r	Wertigkeit (Anzahl der Lagerreaktionen)
F	Kraft	$\vec{r}$	Ortsvektor
$\underline{F}$	Spaltenvektor der Kraft	s	Weg (allgemein)
f	Freiheitsgrad	U	Formänderungsarbeit, potentielle Energie
f	Hebelarm der Rollreibung	U	Unwucht
f	Kraftwirkungslinie	u	statische Unbestimmtheit
g	Erdbeschleunigung	V	Volumen
h	Höhe	W	(äußere) Arbeit
l	Länge	W^*	Ergänzungsarbeit
K	Proportionalitätsfaktor	$\underline{x}$	Lösungsvektor (Spaltenvektor)
M	Moment	x, y, z	Koordinaten

Griechische (meist altgriechische) Buchstaben

α	Richtungswinkel
α	Umschlingungswinkel
β	Peuelschwenkwinkel
δ	Variationssymbol
φ	Drehwinkel
ρ	Dichte
ρ	Reibungswinkel,
μ	Reibungszahl
λ	Parameter
λ	Peuelstangenverhältnis

https://doi.org/10.1515/9783110425031-013

Indizes

A, B, C,...	bezogen auf so bezeichnete Punkte	N	normal, Normalenrichtung
A	außen	P	Pleuel
a	axial	Q	quer
a	Ausgleich	R	Reibung
ab	Abtrieb	Res	resultierend
an	Antrieb	r	radial
b	Biegung	S	Seil
d	Dreh(moment)	S	Stab
erf	erforderlich	t	tangential
F	Kraft	t	Torsion
G	Gewicht	U	Unwucht
Gl	Gleichgewicht	u	Umfangsrichtung
ges	Gesamt	V	Verschiebung
H	halten	V	Vorspann(kraft)
H	Hilfs(kraft)	v	vertikal
h	horizontal	W	Welle
i	innen	W	Widerstand
i	Laufvariable	w	Wälzkreis
K	Kurbel	x, y, z	Richtungssinn nach vorgegebenen
L	Last		Koordinatensystem
L	Längs(kraft)	z	Zapfen
l	längs	0	Haftung
M	Moment	0	Ruhezustand

Literatur

[1]   ASSMANN B, SELKE P: Technische Mechanik 1 Statik, München: Oldenbourg Verlag, 2010.
[2]   BALKE H: Einführung in die Technische Mechanik Statik, Berlin, Heidelberg: Springer Verlag, 2010.
[3]   BERGER J: Technische Mechanik für Ingenieure Band1 Statik, Braunschweig/Wiesbaden: Friedrich Vieweg & Sohn Verlagsgesellschaft m.b.H., 1991.
[4]   BROMMUNDT E, SACHS G, SACHAU D: Technische Mechanik, München/Wien: R. Oldenbourg Verlag GmbH, 2007.
[5]   DALLMANN R: Baustatik 1, München: Carl Hanser Verlag, 2015.
[6]   DANKERT H, DANKERT J: Technische Mechanik, Berlin, Heidelberg, Wiesbaden: SpringerVieweg, 2013.
[7]   GLOISTEHN HH: Lehr- und Übungsbuch der Technischen Mechanik Band 1 Statik, Braunschweig/Wiesbaden: Friedrich Vieweg & Sohn Verlagsgesellschaft m.b.H., 1992.
[8]   GROSS D, HAUGER W, SCHRÖDER J, WALL W: Technische Mechanik Band 1 Statik, Berlin/Heidelberg: Springer Verlag, 2016.
[9]   HAGEDORN P: Technische Mechanik Band 1 Statik, Frankfurt/Main: Verlag Harri Deutsch, 2006.
[10] HAHN HG: Technische Mechanik fester Körper, München, Wien: Carl Hanser Verlag, 1990.
[11] HIBBELER RC: Technische Mechanik Band 1 Statik, München, Boston: Pearson Education, 2012.
[12] HOLZMANN G, MEYER H, SCHUMPICH G: Technische Mechanik Band 1 Statik, SpringerVieweg, Berlin, Heidelberg, Wiesbaden 2015.
[13] KÜHHORN A, SILBER G: Technische Mechanik für Ingenieure, Heidelberg: Hüthig Verlag, 2000.
[14] MAGNUS K, MÜLLER-SLANY HH: Grundlagen der Technische Mechanik, Wiesbaden: B. G. Teubner Verlag/GWV Fachbuchverlage GmbH, 2005.
[15] MAHNKEN R: Lehrbuch der Technische Mechanik Statik, Heidelberg: Springer Verlag, 2016.
[16] MATHIAK FU: Technische Mechanik 1, München: Oldenbourg Verlag, 2012.
[17] MAYR M: Technische Mechanik, München/Wien: Carl Hanser Verlag, 2015.
[18] MOTZ HD: Ingenieur-Mechanik, Düsseldorf: VDI Verlag, 1991.
[19] MÜLLER W, FERBER F: Technische Mechanik für Ingenieure, München/Wien: Fachbuchverlag Leipzig im Hanser Verlag, 2011.
[20] PESTEL E: Technische Mechanik Band 1 Statik, Mannheim/Wien/Zürich: BI Wissenschaftsverlag, 1988.
[21] SAYIR MB, DUAL J, KAUFMANN S: Ingenieurmechanik 1, Berlin, Heidelberg, Wiesbaden: SpringerVieweg, 2015.
[22] SZABO I: Einführung in die Technische Mechanik, Berlin/Heidelberg: Springer Verlag, 1959.
[23] WOHLHART K: Statik, Braunschweig/Wiesbaden: Friedrich Vieweg & Sohn Verlagsgesellschaft m.b.H., 1998.
[24] WRIGGERS P, NACKENHORST U, BEUERMANN S, LÖHNERT S: Technische Mechanik kompakt, Berlin, Heidelberg, Wiesbaden: SpringerVieweg, 2006.

Weiterführende Literatur

[25] Autorenkoll.: Roloff/Matek Maschinenelemente, Berlin, Heidelberg, Wiesbaden: SpringerVieweg, 2015.
[26] ENGELN-MÜLLGES G: (Hrsg.); SCHÄFER W, TRIPPLER G: Kompaktkurs Ingenieurmathematik, München/Wien: Fachbuchverlag Leipzig im Carl Hanser Verlag 1999.
[27] ERVEN J, SCHWÄGERL D: Mathematik für Ingenieure, München/Wien: Oldenbourg Verlag, 2008.

https://doi.org/10.1515/9783110425031-014

[28] GUMMERT P, RECKLING, K-A: Mechanik, Braunschweig/Wiesbaden: Friedrich Vieweg & Sohn Verlagsgesellschaft m.b.H., 1987.

[29] HARTMANN F, KATZ C: Statik mit finiten Elementen, Berlin/Heidelberg: Springer Verlag, 2002.

[30] HENNING G, JAHR A, MROWKA U: Technische Mechanik mit Mathcad, Matlab und Maple, Braunschweig/Wiesbaden: Friedrich Vieweg & Sohn, 2004.

[31] NIEMANN G, WINTER H, HÖHN B-R: Maschinenelemente Band 1: Konstruktion und Berechnung, Berlin/Heidelberg: Springer Verlag, 2005.

[32] NIEMANN G, WINTER H: Maschinenelemente Band 2: Getriebe, Berlin/Heidelberg: Springer Verlag, 2002.

[33] POPOV V: Kontaktmechanik und Reibung, Berlin/Heidelberg: Springer Verlag, 2015.

[34] PRECHT M, VOIT K, KRAFT R: Mathematik 1 für Nichtmathematiker, München/Wien: Oldenburg Verlag, 2006.

[35] SCHNEIDER H: Auswuchttechnik, Berlin/Heidelberg: Springer Verlag, 2013.

[36] SELKE P: Höhere Festigkeitslehre, München: Oldenbourg Verlag, 2013.

[37] SELKE P, ZIEGLER G: Maschinendynamik, Hohenwarsleben: Westarp Wissenschaften Verlagsgesellschaft, 2009.

[38] SZABO I: Geschichte der mechanischen Prinzipien, Basel/Boston/Stuttgart: Birkhäuser Verlag, 1987.

Sachwortverzeichnis

https://doi.org/10.1515/9783110425031-015

www.ingramcontent.com/pod-product-compliance
Lightning Source LLC
Chambersburg PA
CBHW080922220326
41598CB00034B/5648